纳米材料的 X射线分析

第二版

程国峰　杨传铮　编著

X–Ray Analysis
of
Nano Materials

化学工业出版社

·北京·

本书是主要介绍利用 X 射线等激发样品从而表征材料结构，特别是纳米材料晶体结构相关信息的专著。考虑到纳米材料的特殊性，本书分为三个部分：晶体学基础、X 射线衍射理论基础、X 射线实验装置和方法等四章为基础部分；中间部分是 X 射线衍射分析方法和应用，包括物相定性和定量、晶体学参数测定、纳米材料微结构的衍射线形分析、Rietveld 结构精修和小角散射等；最后介绍了化学组成和原子价态、纳米薄膜和介孔材料等的 X 射线分析。

本书可供从事 X 射线衍射与散射技术以及 X 射线谱等分析的专业人员参考，也可供从事纳米材料相关的研究人员、工程技术人员以及高等院校相关专业的教师和学生阅读。

图书在版编目（CIP）数据

纳米材料的 X 射线分析/程国峰，杨传铮编著 . —2 版 .
北京：化学工业出版社，2019.2
ISBN 978-7-122-33416-9

Ⅰ. ①纳…　Ⅱ. ①程…②杨…　Ⅲ. ①纳米材料-X 射线-分析　Ⅳ. ①TB383

中国版本图书馆 CIP 数据核字（2018）第 270611 号

责任编辑：窦　臻　林　媛　　　　　　装帧设计：王晓宇
责任校对：宋　玮

出版发行：化学工业出版社（北京市东城区青年湖南街 13 号　邮政编码 100011）
印　　刷：北京京华铭诚工贸有限公司
装　　订：三河市振勇印装有限公司
710mm×1000mm　1/16　印张 23　字数 442 千字　　2019 年 6 月北京第 2 版第 1 次印刷

购书咨询：010-64518888　　　　　　售后服务：010-64518899
网　　址：http://www.cip.com.cn
凡购买本书，如有缺损质量问题，本社销售中心负责调换。

定　　价：88.00 元　　　　　　　　　　　　　　　版权所有　违者必究

前 言
Preface

　　纳米材料是当前材料科学领域的研究热点，由于它具有区别于一般材料的优异特性而备受人们关注，并得到了广泛应用。由于纳米材料的性能与它们的结构、成分等息息相关，因此对其表征显得尤为重要。当前原子力显微镜和扫描隧道显微镜等显微技术在纳米材料结构研究中得到大量应用，成为纳米科技的"手"和"眼"。但是，传统的表征纳米材料结构的方法也不容小觑，这些方法主要包括 X 射线衍射分析、透射电子显微镜分析、扫描电子显微镜分析等，其中 X 射线分析又是研究晶体材料的最基本和最重要的手段。

　　本书在第一版的基础上，做了部分修改。主要包括：重点关注纳米晶体材料的 X 射线衍射分析，删除了非晶局域结构的 X 射线分析这一章；新增了多晶 X 射线衍射实验方法、晶体学参数的 X 射线测定方法、Rietveld 结构精修原理与方法三章；同时对部分章节内容进行了少量修订，以突出本书的实用性。在修改过程中，参考并采用了编者所在课题组（中国科学院上海硅酸盐研究所无机材料 X 射线衍射结构表征组）的部分成果，其中第 3、第 7、第 9 章部分内容由郭常霖、黄月鸿、郭荣发和刘红超等编写，阮音捷、尹晗迪和孙玥也参与编写了本书的部分章节（第 4 章）。本书在编写过程中还得到了中国科学院上海硅酸盐研究所的大力支持，在此一并表示感谢！

　　由于编著者学识所限以及编写经验不足，书中难免有疏漏之处，恳请广大读者批评指正。

编著者
2018 年 10 月

第一版前言
Preface

　　纳米材料是当前材料科学领域的研究热点，由于它具有区别于一般材料的优异特性而备受关注，在塑料、陶瓷、建材、纤维、金属等领域得到广泛应用，前景辉煌。纳米材料是一个不十分明确的概念，它是纳米大小、纳米尺度、纳米颗粒、纳米晶粒材料的统称，它们的大小、尺度、颗粒或晶粒一般在 1～100nm 范围。由于纳米材料的性能与它们的结构、成分等息息相关，因此对纳米材料的表征显得尤为重要。传统的表征手段主要有透射电子显微镜、扫描电子显微镜、X 射线衍射仪、粒度分布仪等，近年来，扫描探针显微镜、扫描隧道显微镜和原子力显微镜等在纳米材料研究中得到广泛应用，成为纳米科技的"手"和"眼"，但是那些传统表征方法的作用仍不容小觑。

　　X 射线分析是基本的材料表征手段，因为不管材料是晶态抑或是非晶态，也不管它是否在纳米尺度，都是 X 射线衍射、散射等的极好研究对象。本书就是介绍利用 X 射线表征纳米材料的著作，它的主要特点在于详细介绍了利用 X 射线衍射方法表征纳米材料的微结构，即纳米晶体的形状、尺度、微应力存在情况以及纳米材料中的堆垛层错的存在情况，同时分别用一章的篇幅介绍了纳米薄膜和介孔材料的 X 射线表征以及表征纳米材料粒度分布与分形结构的小角散射法。

　　本书在编写过程中得到了中科院上海硅酸盐研究所的大力支持，在此致以衷心的感谢！

　　由于编著者学识所限以及编写经验的不足，书中疏漏之处在所难免，恳请广大读者批评指正。

编著者
2010 年 3 月

目 录
Contents

第 1 章
晶体几何学基础
001

第 2 章
X 射线衍射理论基础
022

第 **3** 章
X射线衍射实验装置

046

第 **4** 章
多晶 X 射线衍射实验方法

074 ———————

第 **5** 章
物相定性分析

091 ———————

第 **6** 章
物相定量分析

125 ——————

第 **7** 章
指标化和晶胞参数的测定

171 ——————

第 **8** 章

纳米材料微结构的 X 射线表征

185 ————————

第**9**章
Rietveld 结构精修原理与方法

230

第 10 章
粒度分布和分形结构的小角散射测定

250 ——————

第 **13** 章

介孔材料的 X 射线表征

327

第 1 章

晶体几何学基础

传统的固体分为晶体和非晶体，这两者的主要差别在于原子、分子排列是否具有周期性和对称性，具有周期性和对称性的是晶体（结晶体）。晶体是由原子（或离子、分子等）在空间周期性地排列构成的固体物质，这种周期性是三维空间的。这种周期性结构，使得晶体具有以下共性：晶体的外形往往是有规则的多面体，即使外观上没有明显的形状，但在显微条件下，仍可看出它们是由很多具有一定形状的细小晶粒堆积而成的；晶体在一定的压力条件下往往具有恒定的熔点和熔解热；晶体的物理性质往往因观察方向不同而有差异，呈现出各向异性，即晶体的不同方向具有不同的物理性质；晶体还具有均一性，即从单晶体中任何一个部位取出足够大的一块体积时，它们内部物质点的排列方式和各种性质都是完全一致的，这种均一性来源于原子分布的统计规律。

非晶体不具备上述周期性和对称性，但它有短程的局域结构，它们的性质在不同方向上没有差别，具有各向同性。非晶体没有恒定的熔点和熔解热，其内部原子、离子或分子的排列是无规则的，处于热力学的不稳定状态。近年来，人们又发现一种介于晶体（取向及平移有长程序）及玻璃态（取向及平移无长程序）之间的固体存在新状态，这种既没有平移周期性又能产生明锐衍射斑点花样的凝聚态固体，显然属于一类新的有序物质，称为准晶态。本章的主要研究对象是晶体。

1.1 晶体点阵[1,2]

1.1.1 点阵概念

为了集中描述晶体内部原子排列的周期性，把晶体中按周期重复的那一部分原子团抽象成一个几何点，由这样的点在三维空间排列构成一个点阵，点阵结构中每一个阵点代表的具体的原子、分子或离子团称为结构基元，故晶体结构可表示为：

$$晶体结构＝点阵＋结构基元$$

　　图 1.1 表示晶体结构和点阵的关系。所谓结构基元就是重复单元，如原子、原子团、分子等。如果把重复单元想象为一个几何点，并按结构周期排列，这就是点阵，根据点阵的性质，把分布在同一直线上的点阵称为直线点阵或一维点阵，分布在同一平面中的点阵称为平面点阵或二维点阵，分布在三维空间的点阵称为空间点阵或三维点阵。图 1.2 给出了一维、二维和三维点阵的示意图。

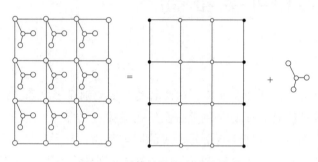

图 1.1　晶体结构和点阵的关系

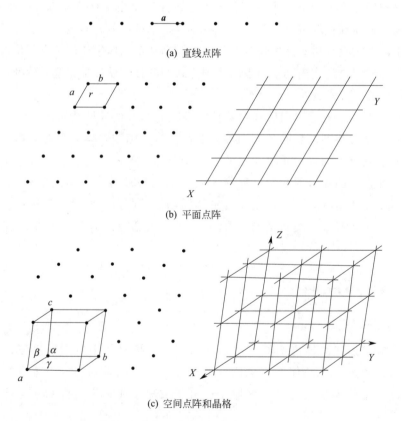

(a) 直线点阵

(b) 平面点阵

(c) 空间点阵和晶格

图 1.2　一维、二维和三维点阵的示意图

在直线点阵中，若以连接两个点阵点的单位矢量 a 进行平移，必指向另一点阵点，而矢量的长度 $|a|=a$ 称为点阵参数。平面点阵可分解为一组平行的直线点阵，并选择两个不相平行的单位向量 a 和 b 划分为无数并置的平行四边形单位，点阵中的各点都位于平行四边形的顶点处，矢量 a 和 b 的长度 $|a|=a$、$|b|=b$ 及其夹角 $\angle ab=\gamma$，称为平面点阵参数。空间点阵可分解为一组平行的平面点阵，并可选择三个不相平行的单位矢量 a、b 和 c 划分成并置的平行六面体，而点阵中各点都位于各平行六面体的顶点。矢量 a、b 和 c 的长度 a、b、c 及其相互间的夹角 $\angle ab=\gamma$、$\angle ac=\beta$ 和 $\angle bc=\alpha$，称为点阵参数。晶体三个坐标轴方向 X、Y、Z 或称格子线方向，通常选择右手定则，它们分别与 a、b 和 c 平行。

必须指出的是，晶体的空间点阵只不过是晶体中原子、离子或分子所占据的位置在三维空间的重复平移而已，因此点阵这个词绝不应该用来代表由原子堆垛成的真实晶体的结构。

1.1.2　晶胞、晶系

根据晶体内部结构的周期性，划分出许多大小和形状完全等同的平行六面体，在晶体点阵中，这些确定的平行六面体称为晶胞（或称单胞），用来代表晶体结构的基本重复单元。这种平行六面体可以由晶体点阵中不同结点连接而形成形状大小不同的各种晶胞，显然这种分割方法有无穷多种，但在实际确定晶胞时，应遵守布拉菲法则，即选择晶胞时应与宏观晶体具有相同的对称性，具有最多的相等晶轴长度 a、b、c，晶轴之间的夹角 α、β、γ 呈直角数目最多，满足上述条件时所选择的平行六面体的体积最小，这样在三维点阵中选择三个基矢 a、b 和 c，它们间的夹角 α、β 和 γ，按它们的特性把晶体分为七大晶系，即立方、六方、四方、三方（又称菱形）、正交、单斜、三斜。立方晶系对称性最高，是高级晶系（有一个以上高次轴）；六方、四方、三方（又称菱形）属中级晶系（只有一个高次轴）；正交、单斜、三斜属低级晶系（没有高次轴），三斜晶系对称性最低。

1.1.3　点阵类型

单位晶胞中，若只在平行六面体顶角上有阵点，即一个晶胞只分配到一个阵点时，则称它为初基晶胞。若在平行六面体的中心或面的中心含有阵点，即一个晶胞含有两个以上的阵点时，称为非初基晶胞。初基晶胞构成的点阵称为简单点阵，记为 P。非初基晶胞构成的点阵根据顶角外的阵点是在体心、面心和底面心而分别称为体心、面心和底心点阵，记为 I、F、C。用数学方法可以证明只存在 7 种初基和 7 种非初基类型，称为布拉菲点阵，因是通过平移操作而得，故又称为平移群或点阵类型，示于图 1.3 中。表 1.1 列出的是晶系划分和点阵类型的对应关系。

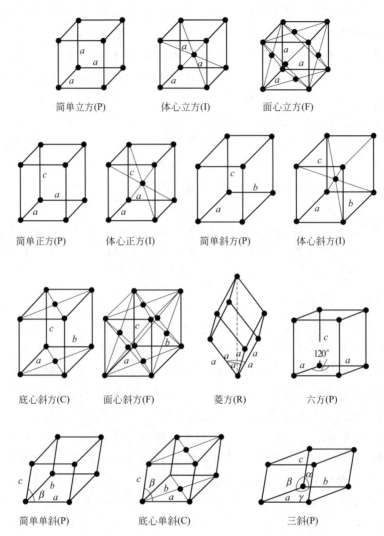

图 1.3　14 种布拉菲点阵或平移群

表 1.1　晶系划分和点阵类型的对应关系

晶系	晶胞参数	点阵类型	点阵符号
立方	$a=b=c$ $\alpha=\beta=\gamma=90°$	简单、体心、面心	P、I、F
六方	$a=b\neq c$ $\alpha=\beta=90°,\gamma=120°$	简单	P
四方	$a=b\neq c$ $\alpha=\beta=\gamma=90°$	简单 体心	P I
三方	$a=b=c$ $\alpha=\beta=\gamma\neq90°$	简单	P(R)

续表

晶系	晶胞参数	点阵类型	点阵符号
正交	$a \neq b \neq c$ $\alpha = \beta = \gamma = 90°$	简单、体心、底心、面心	P、I C、F
单斜	$a \neq b \neq c$ $\alpha = \gamma = 90° \neq \beta$	简单 底心	P C
三斜	$a \neq b \neq c$ $\alpha \neq \beta \neq \gamma \neq 90°$	简单	P

1.2　晶体的宏观对称性和点群[1,2]

晶体的宏观外形可同时存在多种点对称元素，如图 1.4 所示的岩盐晶体，同时具有一个对称中心、三个 4 次轴、四个 3 次轴、若干个 2 次轴和若干个镜面。晶体的对称元素相互结合，就构成了晶体的各种宏观对称性。

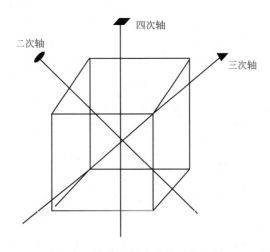

图 1.4　晶体可具有多种对称元素

1.2.1　宏观对称元素和宏观对称操作

1.2.1.1　对称中心

对称中心的对称操作是反演，它的效果是使 (x, y, z) 变到 $(\bar{x}, \bar{y}, \bar{z})$ 处，有手性变化。操作矩阵 $\boldsymbol{R}$ 为：

$$\boldsymbol{R} = \begin{bmatrix} \bar{1} & 0 & 0 \\ 0 & \bar{1} & 0 \\ 0 & 0 & \bar{1} \end{bmatrix} \tag{1.1}$$

1.2.1.2 镜面

镜面的对称操作是反映，涉及手性变化，如图 1.5 所示。图中⊙表示对称操作前后手性有变化。当纸面为镜面时，上下等效点重合在一起，按国际表的表示方法，此时可用−⊕+来表示这两个重叠的对称相关点。"＋"表示镜面上方的点；"－"表示镜面下方的点。

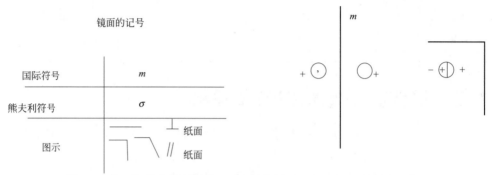

图 1.5　镜面记号和镜面反映（"＋"在纸面上方；"－"在纸面下方）

镜面反映操作可表达为：

$$\{m[uvw]\}(x,y,z)=(x',y',z') \tag{1.2}$$

式中 $[u\,v\,w]$ 表示镜面法线方向。以 $m[0\,0\,1]$ 为例，它的操作矩阵为：

$$\boldsymbol{R}=\begin{bmatrix}1 & 0 & 0\\0 & 1 & 0\\0 & 0 & \bar{1}\end{bmatrix} \tag{1.3}$$

当它作用到某个一般点 (x,y,z) 上时，其对称相关点坐标可如下求得：

$$\{m[001]\}(x,y,z)=\boldsymbol{R}\begin{bmatrix}x\\y\\z\end{bmatrix}=\begin{bmatrix}x\\y\\\bar{z}\end{bmatrix} \tag{1.4}$$

这就是图 1.5 中上下等效点重合的情况（纸面为 m，$[0\,0\,1]$ 和纸面垂直）。

1.2.1.3 旋转（真旋转）

一个 n 次旋转轴定义为绕此轴旋转 $\alpha(=2\pi/n)$ 后晶体的外观复原，α 称为旋转角。

国际符号	2	3	4	6
熊夫利符号	C_2	C_3	C_4	C_6
图示				

和一般的宏观图形旋转对称不同的是，晶体中只存在 $n=1,2,3,4,6$ 几种旋转轴，不存在 5 次及 6 次以上的旋转轴。这是晶体的三维周期性制约所致。

旋转轴除了轴次外还有轴线的方向。晶体学中用记号 $[u\,v\,w]$ 表示某一方向，在需要时常常同时标出轴次和轴的方向，如

国际符号：$n[u\,v\,w]$

熊夫利符号：$C_n[u\ v\ w]$

真旋转的效果，如用手来表示，只涉及单手，"手性"没有变化。

以 $2[0\ 0\ 1]$ 为例，它的操作矩阵为：

$$\boldsymbol{R}=\begin{bmatrix} \bar{1} & 0 & 0 \\ 0 & \bar{1} & 0 \\ 0 & 0 & 1 \end{bmatrix} \tag{1.5}$$

当它作用到某个一般点 (x,y,z) 上时，其等效点坐标可如下求得：

$$\{2[001]\}(x,y,z)=\boldsymbol{R}\begin{bmatrix} x \\ y \\ z \end{bmatrix}=\begin{bmatrix} \bar{x} \\ \bar{y} \\ z \end{bmatrix} \tag{1.6}$$

写成通式：$\begin{bmatrix} 1 & 0 & 0 \\ 0 & \cos\theta & -\sin\theta \\ 0 & \sin\theta & \cos\theta \end{bmatrix}\begin{bmatrix} x \\ y \\ z \end{bmatrix}=\begin{bmatrix} x \\ y\cos\theta-z\sin\theta \\ y\sin\theta+z\cos\theta \end{bmatrix}$ $\tag{1.7}$

1.2.1.4　反轴（非真旋转轴）

反轴又称为旋转倒反轴，下面就是两种符号的对比：

国际符号	$\bar{1}$	$\bar{2}$	$\bar{3}$	$\bar{4}$	$\bar{6}$
熊夫利符号	i	σ	S_6^5	S_4^3	S_3^5

它的对称操作是旋转倒反，是一种复合操作，即是另两个操作的乘积。对特定晶体，组成这种复合操作的每一步不一定是对称操作，但两者合起来的效果却是对称操作。在国际方案中，它是先进行 n 次旋转，接着进行 $\bar{1}$ 倒反，记为 $\bar{1}n$，简略符号 $\bar{n}$。图 1.6 示出反轴对称操作中的对称相关点位置。

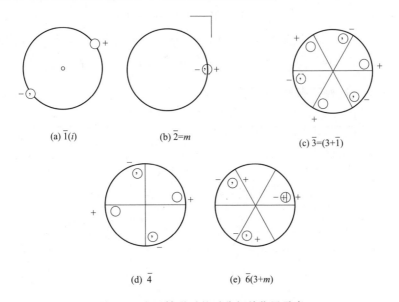

(a) $\bar{1}(i)$　　　　(b) $\bar{2}=m$　　　　(c) $\bar{3}=(3+\bar{1})$

(d) $\bar{4}$　　　　(e) $\bar{6}(3+m)$

图 1.6　由反轴联系的对称相关位置示意

由图可以看出，$\bar{1}$ 相当于对称中心，$\bar{2}$ 相当于存在镜面，$\bar{3}$ 相当于 $3+\bar{1}$，$\bar{6}$ 相当于 $3+m$，只有 $\bar{4}$ 有新对称性。

因此，晶体的宏观对称元素只有 8 个基本的，即 $1,2,3,4,6,\bar{1},m,\bar{4}$。操作通式：

$$\begin{bmatrix} -1 & 0 & 0 \\ 0 & -\cos\theta & \sin\theta \\ 0 & -\sin\theta & -\cos\theta \end{bmatrix} \begin{bmatrix} x \\ y \\ z \end{bmatrix} = \begin{bmatrix} -x \\ -y\cos\theta + z\sin\theta \\ -y\sin\theta - z\cos\theta \end{bmatrix} \tag{1.8}$$

称不改变"手性"的对称操作为第一类对称操作，如旋转；改变手性为第二类对称操作，如反映、反演、旋转倒反等。这种左右手的手性关系称为对称关系或对映关系。如果两个物体具有这种关系，则称为对映体（enantiomorph），如右旋 α 石英和左旋 α 石英就是一对典型的对映体。显然，对映体中不可能具有使手性变化的对称元素，如镜面、对称中心及反轴等。如果两个物体具有相同的手性，就称它们是同字（congruent）的。

1.2.2 宏观对称性和点群

1.2.2.1 对称元素的组合规律

晶体的点对称元素的组合有两条限制：一是对称元素必交于一点。这是因为晶体的大小有限，若无公交点，经过对称操作后就会产生无限多的对称元素，使晶体外形发散。另一个是点阵周期性的限制。组合的结果不能有与点阵不兼容的对称元素，如 5 次或 6 次以上的旋转轴。

1.2.2.2 32 种结晶学点群

把八种基本的点对称元素按一定的组合规律组合起来，可得到 32 种结晶学点群。"点"是指所有对称元素有一个公共点，它在全部对称操作中始终不动（通常取为原点）；"群"在这里是指一种对称元素或一组对称操作的集合。需要指出的是，每种点群的一组对称操作实际上也是数学意义上的一个群。

表 1.2　32 种点群符号和有关性质（国际符号中 n/m 表示镜面垂直于 n 次轴，bm 表示镜面包含 n 次轴）

晶系	序号	熊夫利符号	国际符号（全写）	国际符号（简写）	对映	旋光	压电	热电	倍频	劳厄群
三斜	1	C_1	1	1	+	+	+	+	+	$\bar{1}$
	2	C_1	$\bar{1}$	$\bar{1}$	−	−	−	−	−	
单斜	3	C_2	2	2	+	+	+	+	+	$2m$
	4	C_3	m	m	−	(+)	+	+	+	
	5	C_{2h}	$2/m$	$2/m$	−	−	−	−	−	
正交	6	D_3	$2\,2\,2$	$2\,2\,2$	+	+	+	−	+	mmm
	7	C_{2v}	$m\,m\,2$	$m\,m\,2$	−	(+)	+	+	+	
	8	D_{2h}	$\dfrac{2}{m}\dfrac{2}{m}\dfrac{2}{m}$	$m\,m\,m$	−	−	−	−	−	

续表

晶系	序号	熊夫利符号	国际符号(全写)	国际符号(简写)	对映	旋光	压电	热电	倍频	劳厄群
四方	9	C_4	4	4	+	+	+	+	+	$4/m$
	10	S_4	$\bar{4}$	$\bar{4}$	−	(+)	+	−	+	
	11	C_{4H}	$4/m$	$4/m$	−	−	−	−	−	
	12	D_4	422	422	+	+	+	−	−	
	13	C_{4v}	$4mm$	$4mm$	−	−	+	+	+	
	14	D_{2h}	$\bar{4}mm$	$\bar{4}2m$	(+)	−	+	−	+	$4/mmm$
	15	C_{4h}	$\frac{4}{m}\frac{2}{m}\frac{2}{m}$	$4/mmm$	−	−	−	−	−	
三方	16	C_3	3	3	+	+	+	+	+	$\bar{3}$
	17	C_{3i}	$\bar{3}$	$\bar{3}$	−	−	−	−	−	
	18	D_3	32	32	+	+	+	−	+	
	19	C_{3v}	$3m$	$3m$	−	−	+	+	+	$\bar{3}m$
	20	D_{4h}	$\bar{3}\frac{2}{m}$	$\bar{3}m$	−	−	−	−	−	
六方	21	C_6	6	6	+	+	+	+	+	$6/m$
	22	C_{3h}	$\bar{6}$	$\bar{6}$	−	−	+	−	+	
	23	C_{6h}	$\frac{6}{m}$	$6/m$	−	−	−	−	−	
	24	D_6	622	622	+	+	+	−	−	$6/mmm$
	25	C_{6v}	$6mm$	$6mm$	−	−	+	+	+	
	26	D_{4h}	$\bar{6}m2$	$\bar{6}m2$	−	−	+	−	+	
	27	D_{4h}	$\frac{6}{m}\frac{2}{m}\frac{2}{m}$	$6/mmm$	−	−	−	−	−	
立方	28	T	23	23	+	+	+	−	+	$m3$
	29	T_h	$\frac{2}{m}\bar{3}$	$m3$	−	−	−	−	−	
	30	O	432	432	+	+	−	−	−	
	31	T_d	$\bar{4}3m$	$\bar{4}3m$	−	−	+	−	+	
	32	O_h	$\frac{4}{m}\bar{3}\frac{2}{m}$	$m3m$	−	−	−	−	−	$m3m$

点群的研究是很重要的，因为：

① 可以利用它对晶体分类。历史上对晶体的研究是从它的外表面开始的。如果从同一点画出各晶面的法线方向，并以此来表征晶体，人们发现所有的晶体可分为 32 种晶体。一种晶类对应一种点群，它有特定的面法线关系。

② 为了导出空间群，只要在点群中加入空间点阵的平移对称性即可。

③ 晶体物理性质的许多对称性都与点群有关。表 1.2 列出点群的符号以及有关物理性能。

1.2.2.3　点群和符号

点群的表示方法主要有两套，即国际符号（Hermann-Mauguin）和熊夫利（Schoenflies）符号。国际符号能一目了然地表示出对称性，本节主要介绍它。为帮助提高和看懂更多文献，本节也简单介绍一下熊夫利符号。

国际符号一般有三个符号，每一字表示一个轴向的对称元素。对于不同的晶系，这三个字符位置所代表的轴向并不同，兹列于表1.3中。国际符号有全写和简写两种，如点群 $\frac{4}{m}3\frac{2}{m}$ 可简写为 $m3m$。这是因为垂直于立方体三个晶轴和垂直于六个面对角线的各镜面组合，必然导致三个晶轴为4次轴和六个面对角线方向为2次轴，而偶次轴和垂直于它的镜面组合又会产生对称中心，从而使 $3+\bar{1}\rightarrow\bar{3}$，因而简写符号更简洁概括。不过，简写符号省略了一些对称元素，增加了识别的困难。

表 1.3　点群国际符号中三个字符位置所代表的位置

品级	品系	位置1	位置2	位置3	位置1	位置2	位置3
高级	立方	a	$a+b+c$	$a+b$	[100]	[111]	[110]
中	六方	c	a	$2a+b$	[001]	[100]	[110]
	四方	c	a		[001]	[100]	[210]
级	菱形（R晶胞）	$a+b+c$	$a-b$				
	菱形（H晶胞）	c	a				
低	正交	a	b	c	[100]	[010]	[001]
	单斜	b 或 c			[010]或[001]		
级	三斜	a			[100]		

最后，简要介绍一下熊夫利符号系统，它包括以下规定记号：

C_n　　有一个 n 次轴，C 表示循环。

C_{nh}　　有一个 n 次轴及垂直于该轴的水平镜面。

C_{nm}　　有一个 n 次轴含有此轴的垂直镜面。

D_n　　有一个 n 次旋转轴及 n 个垂直于该轴的二次轴，D 表示两面体。

d　　有通过对角线的对称面，如 Dsd。

S_n　　有一个 n 次旋转-反映对称轴，S 表示反映。在熊夫利方案中用旋转-反映取代国际方案中旋转-反演。

T　　有四个 3 次轴及三个 2 次轴，T 表示四面体。

O　　有三个 4 次轴、四个 3 次轴及六个 2 次轴，O 代表八面体。

此外，还有 E 表示恒等，i 表示对称中心，σ 表示镜面等。

1.2.2.4　点群和晶体性质

（1）**等效晶面族**　通过点群对称操作，可将一组晶面和另一组相重合。如点群 $m3m$ 中，$(\bar{1}00)$ 面（有关晶面及晶向指数）可经对称操作转为 （100）、（0$\bar{1}$0）、（010）、（001）及（00$\bar{1}$）。这些由点群对称性联系的晶面族称为等效晶面族，晶体学中用符号 $\{hkl\}$ 表示（也称单形符号），如 {100}。在理想情形下，这些晶面不但几何同形、等大，原子的排列也相同，表示的物理和化学性质也相同，性能各向同性。

（2）**等效晶向族**　类似地，由点群对称性联系的晶面族称为等效晶面族，用

$\langle u\,v\,w \rangle$ 表示。如 $m3m$ 中的 $\langle 1\,0\,0 \rangle$ 方向包括 $[1\,0\,0]$、$[\bar{1}\,0\,0]$、$[0\,1\,0]$、$[0\,\bar{1}\,0]$、$[0\,0\,1]$ 以及 $[0\,0\,\bar{1}]$。

有些晶类中 $[u\,v\,w]$ 和 $[\bar{u}\,\bar{v}\,\bar{w}]$ 是不等效的。这些不等效的方向称为极性方向，晶轴称为极轴。显然，有极轴的晶体不含有使正方向和负方向等效的对称元素如对称中心、垂直于极轴的偶次轴、镜面等。

α-石英（α-SiO_2，即水晶）属点群 32，c 方向是 3 次轴，垂直 c 方向是 2 次轴。尽管水晶是压水晶体，但它的 c 方向不可能是极轴。因此水晶 Z 切片（表面垂直 c 轴）没有压电效应。又如 $LiNbO_3$ 在居里点（1210℃）以下是铁电相，属点群 $3m$，c 方向也是 3 次轴，但镜面包含 c 轴，因此它的 c 是极轴。自发极化方向可沿 $+c$ 和 $-c$，有反平行极化的两种电畴。

(3) 诺伊曼（Neumann）原理　这个原理是说晶体的物理性质的对称性比相应的点群对称性高，即晶体的宏观（张量）性质至少具有点群的对称性。因此晶体的一些张量物理量，如弹性常数、压电常数等的独立分量数目由于点群对称性可以简化。

根据点群还大致判断晶体的一些物理性质。例如，有对称中心的晶体不可能有压电性。再如对映体中不含 $\bar{1}$、m、$\bar{n}$ 等对称元素，因此对映体一般有压电性（点群 432 例外）。

1.3　晶体的微观对称性和空间群[1,2]

1.3.1　微观对称要素与对称操作

(1) 螺旋轴　螺转轴为一直线，相应的对称操作是绕此直线的旋转，伴随沿此直线方向平移。每次旋转角 $\alpha = 2\pi/n$，沿轴方向平移距离为 r，旋转 2π 角度后，必定达到轴方向一个或几个周期。当 T 是轴方向周期时，即

$$n\tau = mT \qquad \tau = (m/n)T \tag{1.9}$$

m 是小于 n 的自然数。螺旋轴的符号记为 n_m，n 是轴次，晶体中也只能有 2、3、4、6 次螺旋轴。2 次轴有 2_1 轴，3 次轴有 3_1、3_2 轴，4 次轴有 4_1、4_2、4_3 轴，6 次轴有 6_1、6_2、6_3、6_4、6_5 轴。以图 1.7(a) 的 4_1 螺旋轴为例，从左下面 A_0 出发，右旋 90°，向上平移 1/4 遇到 A_1 点，再右旋 90°，向上平移 1/4 遇到 A_2 点，再右旋 90°，向上平移 1/4 遇到 A_3 点，再右旋 90°，向上平移 1/4 遇到 A_4 点，这个点与出发点等同，但已上移了一个周期。图 1.7(b) 为金刚石结构的投影，它有 4_1 和 4_3 两种螺旋轴。

(2) 滑动面　滑动面为一平面，相应的对称操作是对此平面图的反映，并伴随沿平行于此面的某一方向平移的联合操作。图 1.8 所示是一种轴，称为 b 滑动。虚线代表滑动面，与纸面垂直。从左上角起始点出发，沿 b 方向滑动 $\dfrac{1}{2}b$，紧接着反

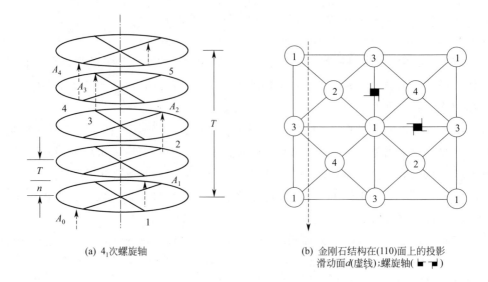

(a) 4_1 次螺旋轴

(b) 金刚石结构在(110)面上的投影
滑动面d(虚线):螺旋轴(▄━ ━▄)

图 1.7　螺旋轴

①为晶胞底层原子;②为高 $a/4$ 的原子; ③为高 $a/2$ 的原子; ④为高 $3a/4$ 的原子

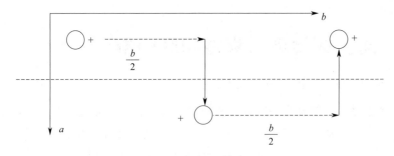

图 1.8　b 滑动面操作

映到下面的第二个点, 由这个点再沿 b 方向滑动 $\frac{1}{2}b$, 反映到右上方第三个点。第三个点与起始点等同, 完成一个周期。滑动面可分为轴滑动和对角滑动。轴滑动的滑动方向在轴方向, 滑动量分别为 $\frac{1}{2}a$、$\frac{1}{2}b$、$\frac{1}{2}c$, 依次用符号 a、b、c 表示。对角线滑动又分为面对角滑动和体对角滑动。面对角滑动的滑动方向为面对角方向, 滑动量为面对角线长的 $1/2$。对角滑动面的符号都用 n 表示。金刚石滑动面也是一种体对角滑动面, 滑动量为体对角线长或面对角线的 $1/4$。金刚石滑动面的符号用 d 表示。n 滑动和 d 滑动只在四方晶系和立方晶体中存在。

1.3.2　230 种空间群

点式空间群由 32 种点群和 14 种布拉菲点阵直接组合而成。为了不破坏晶体对称性，组合时每一种点群必须同该种晶类可能有的布拉菲点阵直接组合。这样可得到 73 种点式空间群。非点式空间群则含有非点式操作的对称元素螺旋轴和滑动面。它们有 157 种。这样加起来共有 230 种空间群。有关空间群和符号可查阅《X 射线结晶学国际表》（简称国际表）第一卷。

需要指出的是，常用的空间群只有几十个。对我们来说，重要的是会识别空间群符号及了解所表达的对称性，能根据国际表提供的对称元素及等效点的排列情况处理实际问题。

空间群的国际符号由两部分组成：前面大写英文字母表示布拉菲点类型——P（初基），A、B 或 C（底心），I（体心），F（面心），R（菱形）；后面是一个或者几个表示对称性的符号。符号位置所代表的轴向对不同的晶系并不相同，其规定和点群符号相似。例如 Pnma 和 P$2_1/c$ 是属于不同晶系的两种空间群，点阵均为初基的。很容易写出的点群分别为 mmm 和 $2/m$。由点群符号很容易看出前者属正交晶系，后者属单斜晶系。

Pnma 是简称的国际符号，表示垂直于三个正交晶轴分别有 n 滑移面、m 镜面和 a 滑动面。根据这些对称元素的组合，在三个正交方面上必产生三个 2_1 螺旋轴。因此它的完全符号为 $\mathrm{P}\dfrac{2_1}{m}\dfrac{2_1}{m}\dfrac{2_1}{m}$。

P$2_1/c$ 也是简写，表示有一个 c 滑移面垂直于 2_1 轴，完全符号为 $\mathrm{P}1\dfrac{2_1}{c}1$（第二种定向）。这个空间群如用单斜的第一种定向则写成 P$2_1/b$，完全符号为 $\mathrm{P}1\dfrac{2_1}{c}1$，可见空间群的国际符号写法和晶胞的定向有关。但如用熊夫利符号，不论何种定向，这个空间群都是 $\mathrm{C}_{2\mathrm{h}}^{5}$。因此这两套符号是各有优缺点的。

在《X 射线结晶学国际表》第一卷里给出了空间群的两种图示描述：①等效点系图。从某个一般位置起，经过该空间群的全部对称操作，引出其他的等效点。②对称元素排布图。把晶胞中各对称元素分布用图示记号画出，使对称性一目了然。

国际表中给出了上述两种图示的同时，还列出了等效点的位置数、对称性高低记号（Wyckoff 记号，用 a、b、c…表示。a 的对称性最高，以下按顺序降低）、点对称性、等效点位置坐标和出现衍射的条件等。

1.4　倒易点阵[1]

1.4.1　倒易点阵概念的引入

因为在晶体学中通常关心的是晶体取向，即晶面的法线方向，希望能利用点阵的三个基矢 $\boldsymbol{a}$、$\boldsymbol{b}$、$\boldsymbol{c}$ 来表示出某晶面的法向矢量 $\boldsymbol{S}_{hkl}$。由图 1.9 可看出晶面法向矢量：

$$S_{hkl} \perp P \text{ 及 } Q \tag{1.10}$$

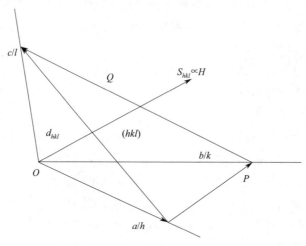

图 1.9　倒易矢量的引入

其中 $P = \dfrac{b}{k} - \dfrac{a}{h}$；$Q = \dfrac{c}{l} - \dfrac{b}{k}$，即　$P \times Q \propto S_{hkl}$

$$\tag{1.11}$$

因为矢量 S_{hkl} 的大小尚未限制，不妨定义一个矢量

$$H = \frac{P \times Q}{\text{"规一化因子"}} \propto S_{hkl} \tag{1.12}$$

来表示晶面法向，并取"规一化因子"为：

$$\frac{a \cdot b \times c}{hkl} = \frac{V}{hkl} (V \text{ 为晶胞体积}) \tag{1.13}$$

因此

$$H \equiv \left[\frac{hkl}{a \cdot b \times c} \right] \cdot \left(\frac{b}{k} - \frac{a}{h} \right) \times \left(\frac{c}{l} - \frac{b}{k} \right)$$

即

$$H = ha^* + kb^* + lc^* \tag{1.14}$$

上式中：

$$a^* = \frac{b \times c}{V}; \quad b^* = \frac{c \times a}{V}; \quad c^* = \frac{a \times b}{V} \tag{1.15}$$

于是我们能用点阵的基矢来表示出晶面的法向。

　　现在，以 a^*、b^*、c^* 为三个新的基矢，引入另一个点阵。显然该点阵矢量 H 的方向就是晶面 ($h\,k\,l$) 的法线方向，该矢量指向的阵点指数为 hkl。这个有意义的性质表明：新点阵的每个阵点是和一族晶面（hkl）相对应的。我们称这个新点阵为倒易点阵，而原来的点阵为正点阵；称 H 为倒易矢量（在电子衍射中，常用符号 g 表示被激发的倒易矢量）。

倒易点阵的引入可以把正点阵中的二维问题化为一维处理，使许多问题得到简化。

1.4.2 正点阵与倒易点阵间的几何关系

（1）基矢间关系 由式（1.15），利用矢量运算关系可得到：

$$a \cdot a^* = b \cdot b^* = c \cdot c^* \equiv 1$$
$$a \cdot b^* = a \cdot c^* = b \cdot a^* = b \cdot c^* = c \cdot a^* = c \cdot b^* \equiv 0 \qquad (1.16)$$

以及 $VV^* = 1$，即正空间晶胞体积和倒易空间晶胞体积互为倒易关系。同样利用矢量运算公式可证明：

$$a = \frac{b^* \times c^*}{V^*}; \ b = \frac{c^* \times a^*}{V^*}; \ c = \frac{a^* \times b^*}{V^*} \qquad (1.17)$$

可见正点阵基矢和倒易点阵基矢间有倒易关系。正点阵基矢量有［长度］量纲，而倒易点阵基矢量具有［长度］$^{-1}$ 量纲。

（2）倒易矢量大小和晶面间距的关系 图 1.9 示出了（hkl）晶面族中最靠近原点 O 的晶面（设 O 点也在该晶面族的一个晶面上），O 点到 hkl 晶面的垂直距离即为晶面间距 d_{hkl}。由图中几何关系及式（1.14）和式（1.16）：

$$d_{hkl} = \frac{a}{h} \cdot \frac{H}{|H|} = \frac{1}{|H|} \quad \text{或} \quad |H| = \frac{1}{d_{hkl}} \qquad (1.18)$$

表明和晶面（hkl）相应的倒易矢量的大小就是该面晶族中相邻晶面间距的倒数。因此，由式（1.14）定义的倒易矢量 H 具备了描述（hkl）晶面族的条件（取向及面间距），H 一旦确定，晶面族也就完全确定。用一个矢量来代替平面族的确带来很大方便。不仅如此，在晶体衍射现象中，倒易矢量还有更重要的物理意义，它正是满足 hkl 衍射条件的衍射矢量。因而在倒易空间中讨论晶体衍射问题自然是很方便的。

（3）晶胞参数间关系 正点阵晶胞参数 a、b、c、α、β、γ 和倒易点阵晶胞参数 a^*、b^*、c^*、α^*、β^*、γ^* 可以利用前面介绍的基矢间关系来互相推求。这也是由射线衍射数据（如旋进照相给出倒易点阵参数）来推求实空间正点阵参数的依据。例如，当倒易点阵参数已知时，正点阵参数可由下式计算：

$$a = \frac{b^* c^* \sin\alpha^*}{V^*}; \ b = \frac{a^* c^* \sin\beta^*}{V^*}; \ c = \frac{a^* b^* \sin\gamma^*}{V^*}$$

$$\sin\alpha = \frac{V^*}{a^* b^* c^* \sin\beta^* \sin\gamma^*}$$

$$\sin\beta = \frac{V^*}{a^* b^* c^* \sin\alpha^* \sin\gamma^*}$$
(1.19)

$$\sin\gamma = \frac{V^*}{a^* b^* c^* \sin\alpha^* \sin\beta^*}$$

$$V = (V^*)^{-1}$$

反之亦然，公式形式不变，只是 * 号移至等号左边。

(4) 利用倒易矢量求面间距和面夹角　在这里，我们将看到用一个矢量代表平面的好处。

设两组晶面的倒易矢量分别为 $\boldsymbol{H}_1$、$\boldsymbol{H}_2$，它们的夹角为 ϕ，则

$$\boldsymbol{H}_1 \cdot \boldsymbol{H}_2 = |\boldsymbol{H}_1| \cdot |\boldsymbol{H}_2| \cos\phi = \frac{1}{d_1 d_2} \cos\phi$$
(1.20)

式中，d_1、d_2 分别为每组晶面的面间距。

当 $\boldsymbol{H}_1 = \boldsymbol{H}_2$，即晶面相同，$d_1 = d_2 = d$，可得到晶面间距的计算公式：

$$\frac{1}{d^2} = H \cdot H = h^2 a^{*2} + k^2 b^{*2} + l^2 c^{*2} + 2hk(a^* \cdot b^*) + 2hl(a^* \cdot c^*) + 2kl(b^* \cdot c^*)$$
(1.21)

当 $\boldsymbol{H}_1 \neq \boldsymbol{H}_2$，$\phi \neq 0$，可求得两组晶面的面夹角计算公式：

$$\cos\phi = \boldsymbol{H}_1 \cdot \boldsymbol{H}_2 \cdot d_1 \cdot d_2$$
(1.22)

将各晶系的有关晶胞参数代入，即能得到任一晶系下的面间距和面夹角公式。例如，对立方晶系有：

$$d_{hkl} = \frac{a}{\sqrt{h^2 + k^2 + l^2}}$$
(1.23)

$$\cos\phi = \frac{h_1 h_2 + k_1 k_2 + l_1 l_2}{\sqrt{(h_1^2 + k_1^2 + l_1^2)(h_2^2 + k_2^2 + l_2^2)}}$$
(1.24)

其他晶系的公式在一般参考资料中均能查到，兹不累列。需要说明的是，立方晶系的面间距公式与点阵常数无关，其他晶系的则与晶胞参数有关。因此只有立方晶系可以先绘制标准极图，其他晶系的极图只能对具体晶体绘制。

1.4.3　晶带、晶带定律

(1) 晶带　在晶体中如果许多晶面族同时平行于一个轴向，前者总称为一个晶带，后者为晶带轴。如立方晶体中的 (100)、(210)、($\bar{1}$10) 和 ($\bar{2}$10) 等晶面族同时和 [001] 晶向平行，因此这些晶面族构成了一个以 [001] 为晶带轴的晶带。晶带中的每一晶面称为晶带面。

(2) 晶带定律

① 某晶面属于某晶带的条件。设晶带轴的方向指数为 [$u\,v\,w$]，任一晶面

（$h\,k\,l$）如满足以下条件：

$$hu+kv+lw=0 \tag{1.25}$$

则（$h\,k\,l$）晶面属于以 $[u\,v\,w]$ 为晶带轴的晶带面。利用晶带面法线和晶带轴垂直的条件，上述定律不难证明。

② 晶带轴方向指数可由该晶带中两族已知不平行的晶面指数定出。设（$h_1\,k_1\,l_1$）和（$h_2\,k_2\,l_2$）是以 $[u\,v\,w]$ 为晶带轴的两族晶带面且不平行，按式(1.25)有：

$$h_1u+k_1v+l_1w=0$$
$$h_2u+k_2v+l_2w=0 \tag{1.26}$$

可解得

$$u:v:w=\begin{vmatrix}k_1l_1\\k_2l_2\end{vmatrix}:\begin{vmatrix}l_1h_1\\l_2h_2\end{vmatrix}:\begin{vmatrix}h_1k_1\\h_2k_2\end{vmatrix} \tag{1.27}$$

上式也可用来求两相交晶面交线的方向指数，在电子衍射中可用来求平行于某一晶向的电子束方向。

③ 同属于两个晶带的晶面指数，可由这两个晶带轴指数定出。设 $[u_1\,v_1\,w_1]$ 和 $[u_2\,v_2\,w_2]$ 是两个已知的晶带轴，它们所共有的晶带面指数（$h\,k\,l$）利用式(1.27)可求得：

$$h:k:l=\begin{vmatrix}v_1w_1\\v_2w_2\end{vmatrix}:\begin{vmatrix}w_1u_1\\w_2u_2\end{vmatrix}:\begin{vmatrix}u_1v_1\\u_2v_2\end{vmatrix} \tag{1.28}$$

上式可用来求两个取向已知的晶向所决定的晶面的指数。

1.5　晶体的结合类型[3,4]

原子结合成晶体时，原子的外层电子要做重新分布，外层电子的不同分布产生了不同类型的结合力，各种晶体中粒子之间的结合力本质上都是原子核和电子静电相互作用的结果，这种相互作用服从量子力学，由薛定谔方程描述。然而，由于原子、分子或离子的性质不同，这种相互作用力的表现形式也不同，从而导致了晶体结合的不同类型。典型的晶体结合类型是：离子结合、共价结合、金属结合、分子结合和氢键结合，前三种是强结合，后两种是弱结合。尽管晶体结合类型不同，但结合力有其共性：库仑吸引力是原子结合的动力，它是长程力；晶体原子间还存在排斥力，它是短程力；在平衡时，吸引力和排斥力相等。同一种原子，在不同结合类型中有不同的电子云分布，因此呈现出不同的原子半径和离子半径。图 1.10 是几种主要结合类型的示意图。

1.5.1　离子结合

离子结合是正、负离子在库仑引力作用下结合为晶体。元素周期表左边元素的电负性小，容易失去电子形成正离子，而右边的元素电负性大，容易俘获电子形成

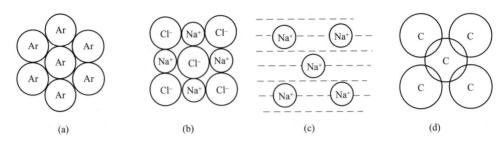

图 1.10   晶体结合的主要类型示意图

(a) 范德瓦尔斯结合（晶态氩）；(b) 离子结合（氯化钠）；

(c) 金属结合（钠）；(d) 共价结合（金刚石）

负离子，两者结合在一起形成的这种晶体称为离子晶体。最典型的离子晶体是 I A 族碱金属 Li、Na、K、Rb、Cs 和 ⅦA 族卤族元素 F、Cl、Br、I 之间形成的化合物，如 NaCl、CsCl 等。ⅡA 族元素和 ⅥA 族元素构成的晶体也可基本视为离子晶体。I A 族碱金属元素，最外层电子只有一个，当这一电子被 ⅦA 族卤族元素俘获后，碱金属离子的电子组态与原子序号比它小一号的惰性原子的电子组态一样，而卤族离子的电子组态与原子序号比它大一号的惰性原子的电子组态一样，即正负离子的电子壳层都是球对称稳定结构。离子晶体结合过程中的动力显然是正负离子间的库仑力，离子晶体中正负离子是相间排列的，这样可以使异号离子之间的吸引作用强于同号离子之间的排斥作用，库仑作用的总效果是吸引的，晶体势能可达到最低值从而使晶体稳定。

典型的离子晶体结构有两种，一种是 NaCl 型面心立方结构，即 Na 原子失去一个外层电子形成正一价的离子 Na^+，Cl 原子得到一个电子成为负一价离子 Cl^-，它们都是满壳层的离子，其排列方式如图 1.11 所示，呈面心立方结构，每个离子与六个异号离子为最近邻。另一种典型的离子晶体是 CsCl 结构，如图 1.12 所示，每个离子与八个异号离子为最近邻。

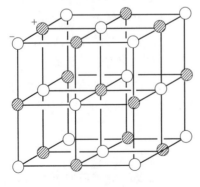

图 1.11   氯化钠结构

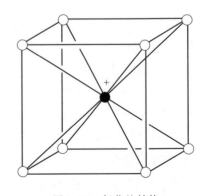

图 1.12   氯化铯结构

离子晶体主要依靠较强的库仑引力而结合，故结构都很稳定，结合能都很大，这就导致了离子晶体熔点高、硬度大、膨胀系数小。离子的满壳层结构，使得这种晶体的电子导电性差，但在高温下可发生离子导电，电导率随温度升高而加大。

1.5.2　共价结合

电负性较大的原子倾向于俘获电子而难以失去电子，因此，由这类同种原子结合形成晶体时，原子之间通过形成共价键，使最外层的电子不脱离原来电子，但靠近的两个电负性大的原子可以各给出一个电子，形成两原子共有的自旋相反的电子对，从而产生结合力，这样形成的晶体称为共价晶体或原子晶体。氢分子中两个氢原子之间就是典型的共价键。ⅣA 族元素能结合成最典型的共价结合晶体，其次是 VA、ⅥA、ⅦA 族元素，它们的元素晶体也是共价晶体。

共价键的基本特征是饱和性和方向性。由于共价键只能由未配对的电子形成，故一个原子能与其他原子形成共价键的数目是有限制的，这称为共价键的饱和性。氢原子只有一个原子，故可与其他原子形成一个共价键。氦原子有两个 1s 电子，已构成自旋相反的电子对，故不能与其他原子形成共价键。一般说来，如原子价电子壳层的电子数不到半满，则每个电子都可以是不配对的，因而能形成共价键的数目与价电子相等。如果原子的价电子数目超过半满，根据泡利原理，其中必有部分电子已配对，因而能形成共价键的数目少于价电子数，一般符合 $8-N$ 定则，N 是价电子数，$8-N$ 等于最外壳层的空态数目。共价键的方向性指的是一个原子与其他原子形成的各个共价键之间有确定的相对取向，该方向是配对电子的波函数的对称轴。最典型的共价晶体是金刚石，每个碳原子与邻近的碳原子形成四个共价键，相互夹角均为 $109°28'$，单晶硅和单晶锗也属于金刚石结构。

共价键是一种强结合，并且其方向性使晶体具有特定结构，因而共价晶体结合能很大、熔点高、硬度大、脆性大。由于共价键使电子形成封闭壳层结构，故共价晶体一般导电性差。

1.5.3　金属结合

金属结合的特点是原子最外层价电子的共有化，即这些价电子为整个晶体所共有。带负电的电子云与沉浸于其中的带正电的诸离子实之间的库仑引力使金属晶体得以形成。由于电子的共有化，可使电子动能小于自由原子时的动能，从而使晶体内部能量下降。原子越紧凑，电子云与原子实就越紧密，库仑能就越低，所以许多金属原子是立方密堆或六方密堆排列，配位数最高。金属的另一种较紧密的结构是体心立方结构。易于失去外层价电子的ⅠA、ⅡA 族元素及过渡元素形成的晶体都是典型的金属。

金属结合也是一种较强的结合，并且由于配位数较高，金属一般具有稳定、密度大、熔点高的特点。由于金属中价电子的共有化，所以金属的导电导热性能都很好。金属具有光泽也是和价电子的共有化相关的。另外，由于金属结合是一种体积效应，对原子排列没有特殊要求，故在外力作用下容易造成原子排列的不规则及重新排列，从而金属表现出很大的延展性，容易进行机械加工。

1.5.4　分子结合

组成粒子为具有稳定电子结构的原子或分子，形成晶体时它们的状态不变，只是依靠相互间的范德瓦尔斯力（或称分子力）结合，这类晶体统称为分子晶体。CO_2、HCl、H_2、Cl_2 等以及惰性元素 Ne、Ar、Kr、Xe 在低温下形成的晶体都是分子晶体。大部分有机化合物的晶体也是分子晶体。分子间的范德瓦尔斯力一般可分为三种类型：极性分子间的结合、极性分子与非极性分子的结合、非极性分子间的结合。

范德瓦尔斯键（分子键）无方向性和饱和性。对于惰性元素，由于分子外形是球对称的，故其晶体采取最密排列方式以使势能最低。Ne、Ar、Kr、Xe 晶体均为面心立方结构，对其他分子晶体，微观结构和分子的几何构型相关。范德瓦尔斯键是弱结合，所以分子晶体熔点低、硬度小。

1.5.5　氢键结合

除以上四种基本结合类型外，还有氢键结合，即氢原子可以同时和两个电负性大的原子形成一强一弱的两个键。它涉及许多由氢和电负性强的元素构成的化合物晶体，如冰、HF 及许多有机化合物晶体。氢原子核外只有一个电子，其外电子壳层饱和情况也只有两个电子而不是绝大多数原子的八个电子，氢的电离能很大，不易失去电子。当氢原子与电负性强的元素结合时，形成共价键，而不是离子键，而且只能形成一个共价键。由于电子的配对，氢的电子云被拉向另一个原子一侧，从而氢核便处于电子云的边缘。这个带正电的氢核还可以通过库仑引力和另一个电负性较大的原子结合，形成另一个键，这个键弱于前面的共价键。体积几乎为零的氢核夹在两团带负电的电子云之间，就阻止了其他原子接近氢核，不能再形成更多的键。所以氢键结合具有方向性和饱和性。在化学结构式中，氢键一般表示为X-H—Y 或 X-H⋯Y，其中短线表示共价强键（键长短，即原子间距小），而另一个为弱键（键长大）。冰是典型的氢键晶体。

由于氢键较弱，故氢键晶体一般熔点低、硬度小。氢键的性质是比较复杂的，以上仅仅是定性的描述。

1.5.6　混合键晶体

值得注意的是，上述几种结合类型的划分只是为了研究的方便，实际晶体的结合往往很复杂。一方面，有些结合难于看作是某一种单纯的结合形式。例如，ZnS、AgI 一般称为离子晶体，但它含有相当的共价键成分，即使典型的离子晶体

NaCl 也含有少量共价键成分。而共价晶体 GaAs、GaP 等也含有离子键成分。另一方面，一种晶体中又可有多种形式的结合。例如石墨晶体（见图 1.13）。石墨是层状结构，每一层内碳原子以三个共价键与邻近原子结合成二维蜂房型结构，而多余的一个价电子则成为层内的共有化电子（金属性结合），在层与层之间靠范德瓦尔斯力结合。这种结合特点使石墨性质与金刚石有天壤之别，它质软而熔点高，导电性好。

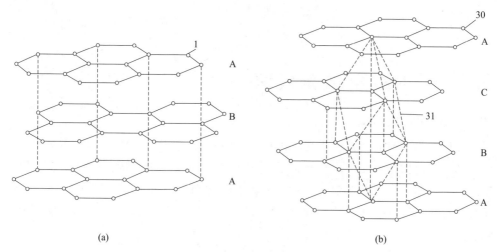

图 1.13　两种石墨的晶体结构

（a）六方 2H-石墨；（b）三方 3R-石墨

参 考 文 献

[1]　张建中，杨传铮. 晶体的射线衍射基础. 南京：南京大学出版社，1992.

[2]　韩建成等. 多晶 X 射线结构分析. 上海：华东师范大学出版社，1989.

[3]　王矜奉. 固体物理教程. 济南：山东大学出版社，2008.

[4]　徐婉棠，吴英凯. 固体物理学. 北京：北京师范大学出版社，1991.

第2章

X 射线衍射理论基础

2.1 X 射线及 X 射线谱[1~6]

2.1.1 X 射线的本质

X 射线是一种电磁辐射，其波长在 $0.01\sim100\text{Å}$ 范围，它具有波粒二象性。X 射线的直线传播、可使气体电离、激发 X 射线荧光以及康普顿散射效应等都是 X 射线粒子性的表现，而散射、衍射、偏振等特性则是 X 射线波动性的表现。从量子理论可知，X 射线光量子具有的动量 p 和能量 E 与 X 射线波长 λ 和频率 ν 的关系为

$$p=h\nu/c=h/\lambda \tag{2.1}$$

$$E=h\nu=hc/\lambda \tag{2.2}$$

式中，h 为普朗克常数，等于 $6.626\times10^{-34}\text{J}\cdot\text{s}$（$6.626\times10^{-27}\text{erg}\cdot\text{s}$）；$c$ 为光速，也是 X 射线传播的速度，为 $2.998\times10^{10}\text{cm/s}$。X 射线电磁波由两个位相相同、相互垂直，且都与传播速度矢量垂直的电场强度矢量 $\boldsymbol{E}$ 和磁场强度矢量 $\boldsymbol{H}$ 组成。这一电磁场的传播具有正弦的性质，在传播方向上的任一点 s 和时间 t 时，波的传播方程为：

$$\begin{cases} E_{s,t}=E_0\sin2\pi\left(\dfrac{s}{\lambda}-\nu t\right) \\ H_{s,t}=H_0\sin2\pi\left(\dfrac{s}{\lambda}-\nu t\right) \end{cases} \tag{2.3}$$

2.1.2 X 射线谱

2.1.2.1 连续 X 射线谱

普通 X 射线管产生的 X 射线含有不同波长的辐射，其 X 射线谱由连续 X 射线谱和特征 X 射线谱所组成，见图 2.1。任何具有足够动能的带电粒子迅速受到减速，就可能产生 X 射线。通常用的带电粒子是电子，所以 X 射线管内必须含有

一个电子源和一个金属阳极，高速运动的电子射向阳极靶的表面时，电子穿过靠近各个原子核的强电场会突然受到减速甚至制止，产生了极大的负加速度。这时电子周围的电磁场发生急速的变化而产生一个电磁脉冲。大部分撞击阳极靶的电子动能被转化成热，小于 1% 的电子动能转化为 X 射线光能，在撞击点产生 X 射线，同时向四面八方辐射。电子所减少的能量 $\Delta\varepsilon$ 就作为一个 X 射线光量子辐射出来，其频率 ν 由爱因斯坦方程给出：

$$h\nu = \Delta\varepsilon \tag{2.4}$$

数量极大的电子射向阳极靶受到减速的条件不可能相同，电子损失的能量也不同，因而出现了不同波长及不同数量的光量子，形成了连续分布的 X 射线谱。当 X 射线管高压为 V 时，在其真空中飞行的电荷为 e 的电子具有能量 eV，

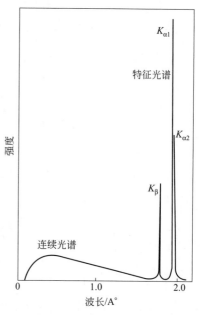

图 2.1　X 射线管发出的 X 射线谱

故 X 射线光量子的最大能量为电子突然受阻时动能全部转化为光量子时的能量 eV。设飞行电子的速度为 v，质量为 m，则

$$\frac{mv^2}{2} = eV = h\nu_{\max} = \frac{hc}{\lambda_{\min}} \tag{2.5}$$

此时的光量子波长最短，$\lambda_{\min}$ 称为管电压 V 时连续谱的短波限。例如，管电压 30kV 时，$\lambda_{\min} = 0.41\text{Å}$，管电压 40kV 时，$\lambda_{\min} = 0.31\text{Å}$，由以下公式计算

$$\lambda_{\min} = \frac{hc}{eV} = \frac{12.4}{V(\text{kV})} \tag{2.6}$$

连续谱的分布在靠近短波限处有一强度最高值，对应的波长约为短波限的 2.5 倍。连续谱的总功率与靶元素的原子序数 Z、管电压 V 以及管电流 i 有关（见图 2.2、图 2.3）。

$$P_1 = k_1 Z i V^a \tag{2.7}$$

式中，k_1 为常数，当 i 为 mA、V 为 kV 量度时，$k_1 = 2.5 \times 10^{-6}$；指数 a 为 2。因 X 射线管输入功率为 iV，故功率为

$$\eta = \frac{k_1 Z i V^a}{iV} = k_1 Z V \tag{2.8}$$

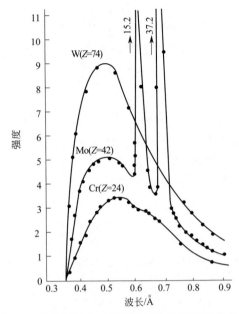

图 2.2　管电压恒定时不同靶元素的连续 X 射线谱

结构分析用的 X 射线管施加的电压通常小于 100kV，故发射 X 射线的效率小于 1%。连续 X 射线谱具有以下三个特征：

① 连续 X 射线是各种波长辐射的混合体；由于它像白色光一样，由许多不同波长的射线所构成，因此又称为白色 X 射线或多色 X 射线；又因为这种 X 射线是由电子减速而产生的，所以也叫做韧致 X 射线即制动 X 射线。

② 在每一种管电压时，在短波长的一边，有一个 X 射线的强度为零的短波限，

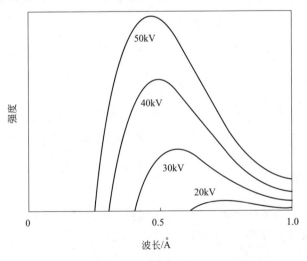

图 2.3　相同靶元素时不同管电压的连续 X 射线谱

但是，在长波长一边，却没有这种明显的极限。

③ 当升高电压时，如图 2.3 所示，连续 X 射线谱曲线发生了如下变化：短波限向更短波长方向移动；所有波长的 X 射线相对强度普遍增强；最大强度位置移向更短波长方向。

2.1.2.2　特征 X 射线谱

当管电压比较小时，只有连续 X 射线产生。当管电压上升到超过某一临界激发电压时，在某一特定的波长处，将会有强度很强的特征 X 射线叠加在连续 X 射线谱上。例如对于钼阳极靶来说，它的临界激发电压为 20.01kV，如将电压升高到激发电压以上时，则除连续 X 射线谱外，还有特征 X 射线谱产生（见图 2.4），这些谱位于特定的波长处，它的波长范围窄、强度强、与靶元素有关。由于特征 X 射线的波长是特定的，而特定波长是由阳极靶材料决定的，它们的强度曲线非常窄，故称之为特征 X 射线，又名标识 X 射线。

特征 X 射线谱的产生机理起源于电子的跃迁。某些高速射向阳极靶的电子，可能将靶元素原子的内层电子击出。根据量子理论，电子处于稳定时不发出任何辐射，只有电子从能量较高的态 ε_2 跃迁到能量较低的态 ε_1 时才发出辐射。

$$h\nu = \varepsilon_2 - \varepsilon_1 = \frac{2\pi^2 e^4 m}{h^2} Z^2 \left(\frac{1}{n_1^2} - \frac{1}{n_2^2} \right) \tag{2.9}$$

n_i 为轨道的主量子数。当最靠近原子核的最内层 K 层的电子被击出时，外面的 L、M、N 层电子都可能跃迁到 K 层，相应的产生 K_α、K_β、K_γ 谱线，其频率逐个加强或者说波长逐个缩短（见图 2.4）。这一组谱线称为 K 系谱线，产生 K 系谱线的条件必须是射入电子的能量足够大，以至于能把 K 层电子击出。这一能量或电压称 K 系的激发能量或激发电压。如常用的 Cu 靶 K 系 X 射线的激发电压为 8.98kV。此能量对应的光量子波长应为该系谱线的最短波长。相应地若将 L 层、M 层电子击出，则产生 L 系、M 系特征谱线，所需的管电压称 L 系、M 系激发电压，它们应比 K 系激发电压低。从式(2.9)可知，某一系的某一特征谱线（如 K_α 线）的频率与元素的原子序数的平方成正比。较为精确的有莫塞莱（Moseley）定律：

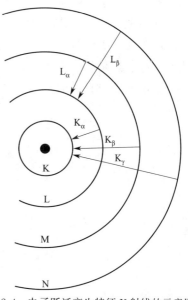

图 2.4　电子跃迁产生特征 X 射线的示意图

$$\sqrt{v} = k(Z - \sigma) \tag{2.10}$$

式中，k 为常数；σ 为屏蔽因子。

　　每一条特征谱线的强度要比周围连续谱的强度高得多，主谱线（如 $K_{\alpha 1}$）的强度一般比周围连续谱的强度高 4~6 个数量级，因而晶体结构的 X 射线研究多利用特征谱线。常用靶的 K 系特征谱线波长如表 2.1 所示。K_{α} 谱由波长极接近的 $K_{\alpha 1}$ 和 $K_{\alpha 2}$ 双线组成，通常未能分辨，可由 K_{α} 表示。

表 2.1   X 射线衍射研究中常用靶的特征谱线

阳极靶		特征谱线波长/Å				K 吸收限 /Å	K 系激发 电压/kV	β 滤光片	
元素	Z	$K_{\alpha 1}$	$K_{\alpha 2}$	K_{α}	K_{β}			元素	Z
Ag	47	0.55941	0.56380	0.56084	0.49707	0.4859	25.52	Rh	45
Mo	42	0.70930	0.71359	0.71073	0.63229	0.6198	20.00	Zr	40
Cu	29	2.54056	2.54439	2.54184	2.39222	2.3806	8.98	Ni	28
Co	27	2.78897	2.79285	2.79026	2.62079	2.6082	7.71	Fe	26
Fe	26	2.93604	2.93998	2.93735	2.75661	2.7435	7.11	Mn	25
Cr	24	2.28970	2.29361	2.29100	2.08487	2.0702	5.99	V	23

2.2　射线与物质的交互作用[1,3]

2.2.1　X 射线的吸收

　　高速电子可以与阳极靶原子相互作用，使阳极靶原子内不同壳层的电子跃迁，产生特征 X 射线。而 X 射线亦可与撞击物的原子相互作用，被撞击物质吸收。当 X 射线遇到任何物质时，一部分 X 射线透过物质，另一部分则被物质吸收，这称为吸收现象，这是第一类效应。实验证实，当 X 射线通过任何均匀物质时，它的强度衰减的程度与经过的距离 x 成正比，其微分形式是：

$$-\frac{dI}{I} = \mu_L dx \tag{2.11}$$

式中的比例常数 μ_L 称作线性吸收系数，它与物质种类、密度以及 X 射线的波长有关，将式(2.11) 积分得

$$I_x = I_o e^{-\mu_L x} \tag{2.12}$$

式中，I_o 是入射 X 射线束的强度；I_x 是透过厚度为 x 后的 X 射线束强度。由于线性吸收系数与密度 ρ 成正比，对于一定物质来说，这就意味着 $\dfrac{\mu_L}{\rho}$ 的量是一个常数，它与物质存在的状态无关。$\dfrac{\mu_L}{\rho}$ 用 μ_m 表示，称为质量吸收系数。式(2.12) 可以改

写成更为合适的形式:

$$I_x = I_o e^{-\mu_m \rho x} \tag{2.13}$$

这就是比耳定律。

在实际工作中经常遇到的吸收体物质是含有多于一种元素的物质,例如机械混合物、化合物和合金,它们的质量吸收系数如何确定呢? 设 w_1, w_2, w_3, $\cdots$, w_n 是吸收体中各组分元素的质量分数, μ_{m1}, μ_{m2}, μ_{m3}, $\cdots$, μ_{mn} 为相应元素对特定 X 射线的质量吸收系数, μ_m 的单位是 cm^2/g,则吸收体的质量吸收系数:

$$\mu_m = w_1 \mu_{m1} + w_2 \mu_{m2} + w_3 \mu_{m3} + \cdots + w_n \mu_{mn} \tag{2.14}$$

2.2.2 激发效应

第二类是激发效应。X 射线光子把能量交给被轰击的原子,使原子内层电子被电离成为光电子,产生一个空穴,原子处于激发状态而发射次级(又称荧光)X 射线或俄歇电子。前者的强度随入射 X 射线的强度和试样中元素的含量而增加,这是荧光 X 射线定性定量元素化学分析的基础。X 射线激发的光电子和俄歇电子是 X 射线光电子能谱(XPS)和俄歇电子能谱(AES)分析的基础。电子束也能激发试样产生 X 射线和俄歇电子,同样能作试样的元素分析。

2.2.3 X 射线的折射

由于 X 射线的波长很短,在 1919 年以前未能证明 X 射线由一个介质进入另一个介质时可以产生折射,但用经典物理学方法可以推算出 X 射线由真空进入另一介质中的折射率 μ 为:

$$\mu = 1 - \frac{ne^2}{2\pi m v^2} = 1 - \frac{ne^2 \lambda^2}{2\pi mc^2} = 1 - \delta \tag{2.15}$$

式中, n 为每立方厘米介质中的总电子数; λ 为 X 射线的波长; m 为电子质量; v 为 X 射线频率; e 为电子电荷; c 为 X 射线速度。而 δ 很小, $\delta = \frac{ne^2 \lambda^2}{2\pi mc^2} \approx 10^{-6}$ 数量级,故由此计算出 X 射线的折射率非常接近于 1,约在 0.99999~0.999999 之间。因此不能像可见光那样用透镜来会聚或发散 X 射线,也无法利用普通透镜的成像原理直接得到发出 X 射线的原子的像。在一般的衍射实验中可以忽略折射的影响,但某些精度要求很高的测量工作(如点阵参数的精确测定)则需要对折射进行修正。当 X 射线进入完整和近完整晶体并产生衍射时,由于衍射动力学效应,折射率有更细微的变化,会出现色散现象。对这种色散现象的深入研究将获得晶体的许多重要信息。

2.2.4 X 射线的反射

在图 2.5 中, AB 为一光滑的固体表面,X 射线由右上方穿过此表面进入固体介质时,折射至 PR 方向。当入射角 i 接近于 90°(即掠射角 θ_i 接近于 0°),可以产生全反射，此时反射角 $r=90°$。当 θ_i 接近于临界掠射角 θ_c 时，i 接近于临界入射角 i_c，$r=r_c=90°$。由于

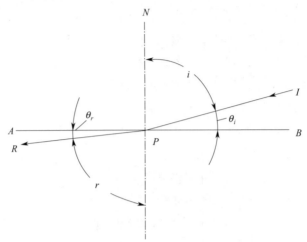

图 2.5　X 射线的全反射临界角

$$\mu=\frac{\sin i}{\sin r} \tag{2.16}$$

$$\cos\theta_c=\sin i_c=\mu\sin90°=\mu=1-\delta \tag{2.17}$$

因此
$$\delta=1-\cos\theta_c \tag{2.18}$$

由三角公式 $1-\cos2x=2\sin^2x$ 得到：

$$1-\cos\theta_c=2\sin^2\left(\frac{1}{2}\theta_c\right)=\delta \tag{2.19}$$

因为 δ 极小，故 $\sin\frac{1}{2}\theta_c$ 可近似等于 $\frac{1}{2}\theta_c$，所以

$$\delta=2\left(\frac{1}{2}\theta_c\right)^2=\frac{1}{2}\theta_c^2 \qquad 或 \qquad \theta_c=\sqrt{2\delta} \tag{2.20}$$

2.2.5　物质对 X 射线的散射和衍射

　　散射效应属于第三类效应，散射总的分为弹性散射和非弹性散射。弹性散射是一种几乎无能量损失的散射，换言之，被 X 射线照射的物质将发出与入射线波长相同的次级 X 射线，并向各个方向传播。如果散射体是理想无序分布的电子、原子或分子，由于向各个方向传播的次级 X 射线没有确定的相差，不能探测到衍射X 射线。如果原子或分子排列具有长程周期性或短程周期性，则会发生相互加强的干涉现象，产生相干散射波，这就是 X 射线衍射现象。如果散射体是短程有序的或散射体存在某些杂质原子或缺陷，那么相干散射的 X 射线很弱，且叠加在背景上，这种相干散射称为漫散射。如果散射体中原子呈长程有序排列，则在许多特定方向上会产生大大加强的衍射线束，这就是劳厄-布拉格衍射现象。

非弹性散射是 X 射线冲击束缚不大的电子或自由电子后产生的，这种新的辐射波长比入射线波长大一些，但比由物质产生的荧光 X 射线的波长短，且随方向不同而改变，这就是著名的康普顿-吴有训散射。非弹性散射是非相干且损失能量的散射。在这种散射过程中，入射 X 射线光子将电子冲至另一个方向形成反冲电子，因而使散射 X 射线光子能量有所减少，波长变长，波长的这种变化 $\Delta\lambda$ 为：

$$\Delta\lambda(\text{Å})=\frac{h}{mc}(1-\cos 2\theta)\approx 0.024(1-\cos 2\theta) \tag{2.21}$$

可见波长的变化与入射线波长无关，但与散射角 2θ 有关。当 $2\theta=\pi$，$\Delta\lambda$ 值最大；$\theta=0°$，$\Delta\lambda=0°$。

2.3　衍射线的方向[3~6]

2.3.1　劳厄方程

为研究晶体的衍射定律，先考虑最简单的一维情况：由 n 个等同原子等距排列的系统的衍射（设 n 很大）。设相邻原子间距为 a，并把每个原子看成点散射体，如图 2.6 所示。该系统在 n 趋近于 ∞ 时就是一维点阵。

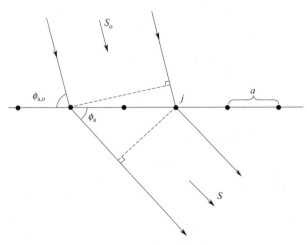

图 2.6　一维点阵的衍射

引入一个矢量

$$\boldsymbol{H}\equiv\frac{S-S_\text{o}}{\lambda} \tag{2.22}$$

系统的散射振幅为

$$\eta=\eta_\text{a}\sum_{j=1}^{n}\text{e}^{i2\pi H\cdot r_j} \tag{2.23}$$

式中，η_a 为一个原子放在原点时引起的散射振幅；r_j 为第 j 个原子的位矢，$r_j = ja$。

式(2.23) 右端为一几何级数，公比为 $e^{i2\pi H \cdot r_j}$，求和时可只取对强度有贡献的模部，即

$$\eta = \eta_a \frac{\sin \pi n H \cdot a}{\sin \pi H \cdot a} \tag{2.24}$$

于是散射强度

$$I \propto \eta^2 = \eta_a^2 \cdot K \tag{2.25}$$

式中

$$K = \left(\frac{\sin \pi n H \cdot a}{\sin \pi H \cdot a} \right)^2 \tag{2.26}$$

称为干涉函数。这和一维光栅的夫琅和费衍射现象是一样的。从式(2.26) 中看出，散射强度的分布取决于干涉函数 K 的分布。K 有如下特性：

① 主极大出现在 $H \cdot a = h$（整数）时，极大值 $K_M = n^2$；主极大的峰宽为 $\frac{2}{n}$。因此当原子的数目 n 很大时，衍射强度峰很尖锐；当原子数少时，衍射峰变得弥散。

② 在两个主极大之间，有 $n-1$ 个极小，有 $n-2$ 个次级小。次级大位于 $H \cdot a = \frac{2m+1}{2n}$ 处（$m=1$ 到 $n-2$）。当 n 很大时，第 m 个次级大的峰高为

$$\frac{\sin^2 \left[\pi n \left(\frac{2m+1}{2n} \right) \right]}{\sin^2 \pi \left(\frac{2m+1}{2n} \right)} \approx \frac{4n^2}{\pi^2 (2m+1)^2} \tag{2.27}$$

所以第 m 个次级大和主极大的峰高比为 $\frac{4}{\pi^2 (2m+1)^2}$。可见，当 m 增大时，次级峰迅速衰减。对于很大的 n（理论上 $n \to \infty$），当

$$H \cdot a = h \tag{2.28}$$

时，除了主极大两侧有很微弱的次级大外，其余方向上的次极大峰高趋近于 0。此

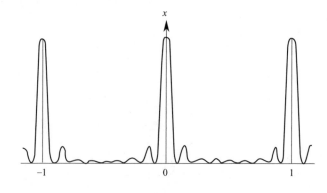

图 2.7 干涉函数曲线（强度轮廓）

时主极大峰变得很窄很尖锐，如图 2.7 所示。事实上，当 $n \to \infty$ 时，K 具有 δ 函数性质。因此散射光强全部集中在主极大的方向，这就是衍射方向，在其他方向不会产生有意义的强度。由式(2.23) 和式(2.29) 可得

$$a \cdot S - a \cdot S_o = h\lambda \qquad (2.29a)$$

或

$$a(\cos\phi_a - \cos\phi_{a,o}) = h\lambda \qquad (2.29b)$$

式中，$\phi_{a,o}$ 和 ϕ_a 分别是入射方向和散射方向与原子列方向间的夹角。式(2.29) 和式(2.30) 就是一维原子列的衍射条件，称为一维劳厄方程。

值得注意的是，入射方向、衍射方向和原子列可以不共面。当 $\phi_{a,o}$ 一定时，对于某个整数 h，可允许的 ϕ_a 确定出一个空间圆锥，圆锥半顶角为 ϕ_a，锥轴线即为原子列线，锥母线方向即为衍射强度不为零的方向，如图 2.8 所示。

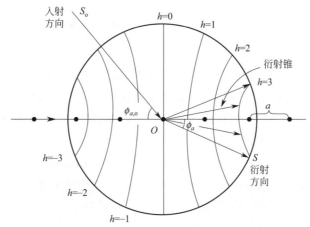

图 2.8　一维原子列的衍射圆锥示意

把以上结果推广到二维，就得到原子平面的衍射条件或二维劳厄方程。在三维情形下，则是晶体光栅的衍射条件或晶体衍射的劳厄方程，即

$$\begin{cases} H \cdot a = h \\ H \cdot b = k \quad (h,k,l \text{ 为整数}) \\ H \cdot c = l \end{cases} \qquad (2.30)$$

或
$$\begin{cases} a(\cos\phi_a - \cos\phi_{a,o}) = h\lambda \\ b(\cos\phi_b - \cos\phi_{b,o}) = k\lambda \\ c(\cos\phi_c - \cos\phi_{c,o}) = l\lambda \end{cases} \qquad (2.31)$$

式中，a、b、c 为晶体点阵的基矢；ϕ 角的意义如图 2.9 所示。

2.3.2　布拉格定律

当一束 X 射线照射到晶体上时，首先被电子所散射，每个电子都是一个新的辐射波源，向空间中辐射出与入射波同频率的电磁波。在一个原子系统中，所有电

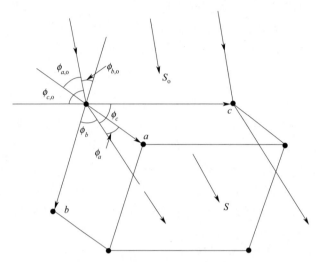

图 2.9　三维点阵的衍射几何关系

子散射波都可以近似地看作是由原子中心发出的。因此，可以把晶体中每个原子都看成是一个散射波源。由于这些散射波的干涉作用，使得空间某方向上的波始终保持互相叠加，在这些方向上可以观测到衍射线，而在另外一些方向上的波始终是互相抵消的，没有出现衍射线。

　　晶体可看成由平行的原子面所组成，晶体衍射线则是原子面的衍射叠加效应，也可视为原子面对 X 射线的反射，这是导出布拉格方程的基础。

　　先考虑同一晶面原子的散射线叠加条件。假设图 2.10 中一束平行单色 X 射线，以 θ 角入射到晶面 AA 原子层的 M_1M_2 位置，在对称侧 R_1R_2 部位观察散射线强度。如果入射线在 L_1L_2 位置的相位相同，经晶面散射并到达 R_1R_2 后的相位也相同，这是由于路程 $L_1M_1R_1$ 与 $L_2M_2R_2$ 相同的缘故。考虑到同周相的电磁波叠加后振幅相加，因此同一层晶面原子的散射线，在反射方向上互相加强。这一点与可见光的镜面反射类似。

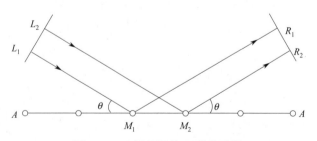

图 2.10　一层原子的 X 射线反射

　　由于 X 射线具有穿透性，不仅可照射到晶体表面，而且可以照射到晶体内部的原子面，这些原子面都要参与对 X 射线的散射。假设图 2.11 中入射线 L_1 和 L_2

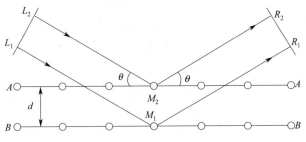

图 2.11　多层原子的 X 射线反射

分别照射到 BB 层的 M_1 和 AA 层的 M_2 位置，经两层原子反射后分别到达 R_1 和 R_2 位置。可以证明，路程 $L_2M_2R_2$ 与 $L_1M_1R_1$ 之差为 $\Delta s = L_1M_1R_1 - L_2M_2R_2 = 2d\sin\theta$。当路程差 $\Delta s = 2d\sin\theta$ 为射线的半个波长时，两晶面散射波的相位差为 π 时，两散射波互相抵消为零。当路程差 $\Delta s = 2d\sin\theta$ 为射线波长 λ 的整倍数 n 时，两晶面散射波的相位差为 $2n\pi$ 时，两散射波叠加后互相加强。因此，在反射方向上两晶面的散射线互相加强的条件为

$$2d\sin\theta = n\lambda \tag{2.32}$$

式(2.32) 就是著名的布拉格方程。式中，d 为晶面间距；θ 为入射线（或反射线）与晶面的夹角，即布拉格角；n 为整数，即反射的级；λ 为辐射线波长。入射线与衍射线之间的夹角则为 2θ。

　　将衍射看成反射是布拉格方程的基础，但反射仅是为了简化描述衍射的方式。X 射线的晶面反射与可见光的镜面反射有所不同，镜面可以任意角度反射可见光，但 X 射线只有在满足布拉格方程的 θ 角时才能发生反射，因此这种反射也称选择反射。

　　布拉格方程在解决衍射方向问题时是极其简单而明确的。波长为 λ 的 X 射线，以 θ 角投射到间距为 d 的晶面系列时，有可能在晶面的反射方向上产生反射（衍射）线，其条件为相邻晶面反射线的光程差为波长的整数倍。

　　推导布拉格方程时，默认的假设包括：①原子不作热振动，并按理想的有序空间方式排列；②原子中的电子皆集中在原子核中心，简化为一个几何点；③晶体中包含无穷多个晶面，即晶体尺寸为无限大；④入射 X 射线严格平行，且为严格的单一波长。还要注意，布拉格方程只是获得 X 射线衍射的必要条件，而并非充分条件。

　　由于布拉格方程是晶体 X 射线衍射分析的最重要关系式，为了更深刻地理解布拉格方程的物理含义，下面将就某些问题进行详细讨论。

　　(1) 反射级数　布拉格公式中 n 为反射级数。从相邻的两个平行晶面反射出的 X 射线束，其光程差用波长去量度，所得的整份数在数值上就等于 n。在使用布

拉格方程时并不直接赋予 n 值，而是采用另一种方式。如图 2.12 所示，假定 X 射线照射到晶体的（100）面，且刚好能发生二级反射，此时相邻晶面反射线光程差为两个波长，则相应的布拉格方程为

$$2d_{100}\sin\theta = 2\lambda \qquad (2.33)$$

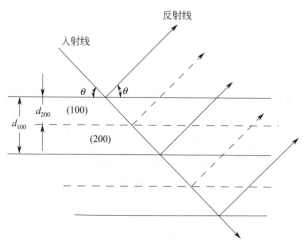

图 2.12　二级反射示意图

设想在每两个（100）面中间均插入一个原子分布与之完全相同的面，此时面族中最近原点的晶面在图中竖直轴上的截距变为 1/2，故该面族的指数可写作（200）。考虑到面间距已为原先的一半，而此时相邻晶面反射线的光程差只有一个波长，故相当于（200）晶面发生了一级反射，相应的布拉格方程可写成

$$2d_{200}\sin\theta = \lambda,\ 2(d_{100}/2)\sin\theta = \lambda \qquad (2.34)$$

式中，即可以将（100）晶面二级反射看成（200）晶面的一级反射。

一般的说法是，把（hkl）晶面的 n 级反射，看作是 $n(hkl)$ 晶面的一级反射。如果（hkl）的面间距是 d，则 $n(hkl)$ 的面间距是 d/n，于是布拉格方程可以写成以下形式：

$$2(d/n)\sin\theta = \lambda$$

习惯上写成以下形式：

$$2d\sin\theta = \lambda \qquad (2.35)$$

这种形式的布拉格方程在使用上极为方便，可认为反射级数永远等于 1，因为反射级数 n 实际上已包含在 d 之中。也就是（hkl）晶面的 n 级反射，可看成来自某虚拟晶面的 1 级反射。

（2）干涉面指数　晶面（hkl）的 n 级反射面 $n(hkl)$ 用符号（HKL）表示，

称为反射面或干涉面，其中 $H=nh$，$K=nk$ 及 $L=nl$。指数（hkl）表示晶体中实际存在的晶面，而（HKL）只是为了使问题简化而引入的虚拟晶面。干涉面的晶面指数称为干涉指数，一般有公约数 n。当 $n=1$ 时，干涉指数即为晶面指数。对于立方晶系，晶面间距 d_{hkl} 与晶面指数的关系为 $d_{hkl}=a/(h^2+k^2+l^2)^{1/2}$，并且晶面间距 d_{HKL} 与干涉指数的关系与此相似，即 $d_{HKL}=a/(H^2+K^2+L^2)^{1/2}$。在 X 射线结构分析中，如无特别声明，所用的面间距一般是指干涉晶面间距。

（3）布拉格角 θ　　布拉格角 θ 是入射线或反射线与衍射晶面的夹角，可以表征衍射的方向。如果将布拉格方程改写为 $\sin\theta=\lambda/(2d)$，则可表达出两个概念。首先，对于固定的波长 λ，晶面 d 值相同时只能在相同情况下获得反射，因此当采用单色 X 射线照射多晶体时，各相同 d 值晶面的反射线将有着确定的衍射方向。其次，对于固定的波长 λ，d 值减小的同时则 θ 角增大，这就是说间距较小的晶面，其布拉格角必然较大。

（4）射线波长 λ　　考虑到 $|\sin\theta|\leqslant 1$，这就使得在衍射中的反射级数 n 或干涉面的间距 d 将会受到限制。当面间距 d 一定时，λ 减小的同时则 n 值可以增大，说明对同一种晶面，当采用短波单色 X 射线照射时，可以获得多级数的反射效果。

从干涉晶面角度去分析亦有类似现象，由于在晶体中干涉面划取是无限的，但并非所有的干涉面均参与衍射，衍射条件为 $d\geqslant\lambda/2$。这说明，只有间距大于或等于 X 射线半波长的那些干涉面才能参与反射。很明显，当采用短波 X 射线照射时，能够参与反射的干涉晶面将会增多。

2.4　多晶体衍射强度的运动学理论[4~6]

2.4.1　单个电子散射强度

电子在入射 X 射线电场矢量的作用下产生受迫振动而被加速，同时作为新的波源向四周辐射与入射线频率相同并且具有确定周相关系的电磁波。汤姆逊（Thomson）根据经典电动力学导出，一个电荷为 e、质量为 m 的自由电子，在强度为 I_0 的偏振 X 射线作用下，距其 R 处的散射波强度为

$$I_e=I_0[e^2/(4\pi\varepsilon_0 mRc^2)]^2\cos^2\phi \qquad (2.36)$$

式中，c 为光速；ε_0 为真空介电常数；ϕ 为散射方向与入射 X 射线电场矢量之间的夹角。

事实上，入射到晶体上的 X 射线并非是偏振光。在垂直于传播方向的平面上，电场矢量可以指向任意方向，在此平面内可把任意电场矢量分解为两个互相垂直的分量，各方向概率相等且互相独立，将它们分别按偏振光来处理，求得各自的散射强度，最后再将它们叠加。由此得到非偏振 X 射线的散射强度为

$$I_e = I_0 \big[e^2 / (4\pi\varepsilon_0 mRc^2) \big]^2 \big[(1 + \cos^2 2\theta)/2 \big] = I_0 \left(\frac{r_e}{R} \right)^2 \times \frac{1 + \cos^2\theta}{2} \quad (2.37)$$

式中，$e^2/(4\pi\varepsilon_0 mRc^2)$ 具有长度的量纲，称为电子的经典半径 r_e，约为 3.8×10^{-6} nm；$2\theta = 90° - \phi$，为散射线与入射线之间夹角；项 $(1 + \cos^2 2\theta)/2$ 为偏振因子或极化因子。该式表明，X 射线受到电子散射后，其强度在空间是有方向性的。

2.4.2　单个原子散射强度

原子是由原子核和核外电子组成的。原子核带有电荷，对 X 射线也有散射作用，只是由于原子核的质量较大，其散射效应比电子小得多。在计算原子的散射时，可忽略原子核的作用，只考虑电子散射对 X 射线的贡献。

如果原子中的电子都集中在一个点上，则各个电子散射波之间将不存在周相差，但实际原子中电子是按电子云状态分布在其核外空间的，不同位置的电子散射波必然存在有周相差。由于用于衍射分析的 X 射线波长与原子尺寸为同一数量级，这种周相差的影响不可忽略。

图 2.13 表示原子对 X 射线的散射情况，一束 X 射线由 $L_1 L_2$ 沿水平方向入射到原子内部，分别与 A 及 B 两个电子作用，如果两电子散射波沿水平传播至 $R_1 R_2$ 点，此时两电子散射波周相完全相同，合成波的振幅等于各散射波的振幅之和，这是一个 $2\theta = 0°$ 的特殊方向。如果两电子散射波以一定角度 $2\theta > 0°$ 分别散射至 $R_3 R_4$ 点，散射线路程 $L_1 A R_3$ 与 $L_2 B R_4$ 有所不同，两电子散射波之间存在一定周相差，必然要发生干涉。原子中电子间距通常小于射线半波长 $\lambda/2$，即电子散射波之间周相差小于 π，因此任何位置都不会出现散射波振幅完全抵消的现象，这与布拉格反射不同。当然在此情况下，任何位置也不会出现振幅成倍加强的现象（$2\theta = 0°$ 除外），即合成波振幅永远小于各电子散射波振幅的代数和。

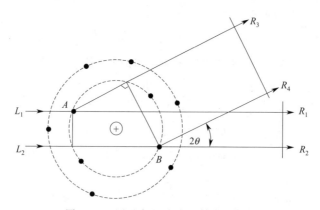

图 2.13　原子中电子对 X 射线的散射

原子中全部电子相干散射合成波振幅 A_a 与一个电子相干散射波振幅 A_e 的比值 f 称为原子散射因子，如下等式

$$f = A_a / A_e \tag{2.38}$$

原子散射因子 f_{oj} 不是被散射能量的函数，且由原子的电子密度 ρ_j 的傅里叶变换给出：

$$f_{oj} = 4\pi \int_0^\infty \rho_{j(R)} R^2 \, \mathrm{d}R \tag{2.39}$$

因假定电子密度分布 $\rho_{j(R)}$ 是球形对称的，球的体积为 $\int R^2 \, \mathrm{d}R$，故式(2.39)积分后表示原子中电子的数目 Z_j，即原子序数 Z_j。若入射 X 射线近原子的吸收限时，由非弹性散射引起的原子散射因子相应变化称为异常散射。总的原子散射因子 $f_{(\vec{S}, \lambda)}$ 写为

$$f_{(\vec{S}, \lambda)} = f_{0(\vec{S})} + f'_{(\vec{S}, \lambda)} + i f''_{(\vec{S}, \lambda)} \tag{2.40}$$

式(2.40) 中后面两项表明异常散射对原子散射因子的贡献，f' 的相位与 f_0 相反，f'' 显示相位有 90°位移。f 的大小为

$$f = \sqrt{(f_0 + f')^2 + (f'')^2} \tag{2.41a}$$

并可近似地写成

$$f = f_0 + f' + \frac{1}{2} \frac{(f'')^2}{f_0 + f'} \tag{2.41b}$$

理论分析表明，随着 θ 角即 $\sin\theta$ 值的增大，原子中电子散射波之间的相位差增大，即原子散射因子减小。当 θ 角固定时，X 射线波长 λ 愈短，则电子散射波之间的相位差愈大，即原子散射因子愈小。因此，原子散射因子随着 $\sin\theta / \lambda$ 值的增大而减小。各种元素原子的散射因子可通过理论计算或查表获得。

2.4.3　单个晶胞散射强度[7]

简单点阵中每个晶胞中只有一个原子，原子的散射强度就是晶胞的散射强度。复杂点阵中每个晶胞中包含多个原子，原子散射波之间的周相差必然引起波的干涉效应，合成波被加强或减弱，甚至布拉格衍射也会消失。为了描述复杂点阵晶胞结构对散射强度的影响，在分析散射强度的基础上，将引入晶胞结构因子的概念。

设复杂点阵晶胞中有 n 个原子，f_j 是晶胞中第 j 个原子的原子散射因子，ϕ_j 是该原子与位于晶胞原点位置上原子散射波的位相差，则该原子的散射振幅为 $f_j A_e \mathrm{e}^{i\phi_j}$。

一个晶胞的散射振幅 A_c 可表示为

$$A_c = \sum_{j=1}^n A_e \mathrm{e}^{i\phi_j} = \sum_{j=1}^n f_j A_e \mathrm{e}^{i\phi_j} = A_e \sum_{j=1}^n f_j \mathrm{e}^{i\phi_j} \tag{2.42}$$

一个晶胞的散射振幅 A_c，实际是晶胞中全部电子相干散射的合成波振幅，它与一个电子散射波振幅 A_e 的比值称为结构振幅 F，如下等式

$$F = A_c / A_e = \sum_{j=1}^n f_j \mathrm{e}^{i\phi_j} \tag{2.43}$$

如图 2.14 所示，O 为晶胞的原点，A 为晶胞中的任一原子，它与 O 原子之间散射波的光程差为 $\delta_j = r_j \cdot (S - S_0)$，其相位差为

$$\phi_j = (2\pi/\lambda)\delta_j = 2\pi r_j \cdot (S - S_0)/\lambda \tag{2.44}$$

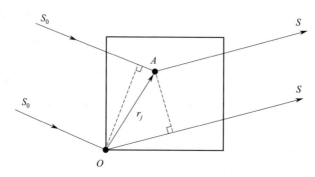

图 2.14　复杂点阵晶胞原子间的相干散射

根据布拉格方程以及倒易点阵的知识，(hkl) 晶面衍射条件为 $(S - S_0)/\lambda = g_{hkl}$，倒易矢量为 $g_{hkl} = ha^* + kb^* + lc^*$，坐标矢量为 $r_j = x_j a + y_j b + z_j c$，其中 a、b 及 c 为点阵基本平移矢量，简称基矢。因此，式(2.44) 变为

$$\phi_j = 2\pi(hx_j + ky_j + lz_j) \tag{2.45}$$

式中，x_j、y_j 及 z_j 代表晶胞内的原子位置，它们都是小于 1 的非整数；h、k 及 l 则代表这些原子所组成晶面的晶面指数，它们都被描述为整数形式。

由式(2.43) 及式(2.45) 得到如下结构振幅的表达式

$$F_{hkl} = \sum_{j=1}^{n} f_j e^{2\pi i(hx_j + ky_j + lz_j)} \tag{2.46}$$

写成三角函数的形式为

$$F_{hkl} = \sum_{j=1}^{n} f_j \left[\cos 2\pi(hx_j + ky_j + lz_j) + i\sin 2\pi(hx_j + ky_j + lz_j)\right] \tag{2.47}$$

结构振幅的平方为

$$|F_{hkl}|^2 = F_{hkl} F_{hkl}^* = \left[\sum_{j=1}^{n} f_j \cos 2\pi(hx_j + ky_j + lz_j)\right]^2$$

$$+ \left[\sum_{j=1}^{n} f_j \sin 2\pi(hx_j + ky_j + lz_j)\right]^2 \tag{2.48}$$

式中，F_{hkl}^* 为 F_{hkl} 的共轭复数；$j = 1, 2, \cdots, n$，为整数。

由于强度正比于振幅的平方，故一个晶胞散射强度 I_c 与一个电子散射强度 I_e 之间的关系为

$$I_c = |F_{hkl}|^2 I_e \tag{2.49}$$

上式表明，结构振幅平方 $|F_{hkl}|^2$ 决定了晶胞的散射强度，故被定义为晶胞结构因子或简称结构因子，它表征了晶胞内原子种类、原子个数、原子位置对 (hkl) 晶面衍射强

度的影响。某些晶面（hkl）对应的结构因子 $|F_{hkl}|^2 = 0$ 即散射强度为零，称为消光。

下面以面心立方结构为例介绍消光规律。面心立方晶胞中原子数 $n = 4$，坐标为 $(0,0,0)$、$(1/2,1/2,0)$、$(0,1/2,1/2)$ 及 $(1/2,0,1/2)$，由式(2.48)得到：当 hkl 全为奇数或全为偶数时，$|F|^2 = 16f^2$；当 hkl 为奇偶混合时，$|F|^2 = 0$。这说明面心点阵只有晶面指数为全奇数或全偶数时才会出现衍射现象，例如发生衍射的晶面包括 (111)、(200)、(220)、(311)、(222)，…。晶面指数为奇偶混合时则不发生衍射。这就是面心立方结构的系统消光规律。

对于体心点阵，每个晶胞中有两个相同的原子，其坐标为 $(0,0,0)$、$(\frac{1}{2}, \frac{1}{2}, \frac{1}{2})$。结构因子为

$$F = f\left[1 + e^{\pi i(h+k+l)}\right] \tag{2.50}$$

当 $h+k+l$ 为偶数时，$F = 2f$。当 $h+k+l$ 为奇数时，$F = 0$。因此，体心点阵的系统消光为不出现 (100)、(111)、(210)、(300)、(311) 等的衍射线。

因此根据（hkl）衍射的消光规律，可以了解晶体所属的点阵类型。另外，根据消光规律还可以了解晶体结构中存在的滑移面和螺旋轴。

例如，若在 C 方向上有一平移量为 $\frac{1}{2}C$ 的二重螺旋轴 2_1 处在 $x = y = 0$ 处，则晶胞中每一对由它联系的原子坐标为 xyz，$\overline{xy}\left(z + \frac{1}{2}\right)$。对（$00l$）衍射的结构因子为

$$F_{00l} = \sum_{j}^{N/2} f_j e^{2\pi i l z_j}(1 + e^{\pi i l}) \tag{2.51}$$

因此，当 l 为奇数时，结构因子为 0，即消光，可见若不存在 (001)、(003)、(005) 等的衍射线，则晶体中有 $\vec{C}$ 方向上的 2_1 螺旋轴。

通过衍射图中的系统消光规律，一般不能给出有无旋转轴、镜面或对称中心的数据。所以只能完全定出 230 个空间群中的 58 个空间群，剩余的 172 个空间群分属于 62 种消光规律中。也就是说，消光规律只能把 230 种空间群区分成 120 种衍射群。

系统消光规律相同的两种空间群，最常见的是有无对称中心的区别。利用晶体的物理性质和衍射强度分布的统计规律可以将系统消光规律相同的空间群进一步区分开来。例如，没有对称中心的晶体将出现压电效应、热电效应、倍频效应、旋光性等。

2.4.4　实际小晶粒积分衍射强度

实际多晶中包括无数个均匀分布的小晶粒，通过分析小晶粒的衍射，充分考虑

各种因素的影响，最终将得到实际多晶体的衍射强度公式，其中相对衍射强度公式更具有实际意义。

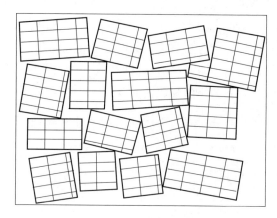

图 2.15　实际晶粒中的亚晶块

　　多晶材料由无数个小晶粒构成，每个晶粒相当于一个小晶体，但它并非是理想完整晶体，小晶粒内部包含有许多方位差很小（＜1°）的亚晶块结构，如图 2.15 所示。这类晶粒的衍射畴肯定比理想晶体的大，即衍射畴与反射球相交的面积扩大，在偏离布拉格角时仍有衍射线的存在。另一方面，对于实际的测量条件而言，X 射线通常具有一定的发散角度，这相当于反射球围绕倒易原点摇摆，使处于衍射条件下的衍射畴中各点，都能与反射球相交而对衍射强度有贡献。因此，实际小晶粒发生衍射的概率要比理想小晶体大得多。

　　实际小晶粒与理想小晶体不同之处在于，实际小晶粒衍射畴中任何部位都可能发生衍射，而理想小晶体只是在衍射畴与反射球相交的面上才会发生衍射。为表征实际小晶粒的这种衍射本领，在此引入积分衍射强度的概念，就是假定衍射畴区域分别与反射球相交而发生衍射，并能获得总的衍射强度。

　　图 2.16 示出小晶粒的反射球与衍射畴示意图，衍射畴与反射球中心形成 $\Delta\Omega$ 夹角，与倒易空间原点形成 $\Delta\alpha$ 夹角。对于理想小晶体，其（hkl）晶面衍射总强度只是式(2.49) 在衍射畴与反射球面相交的面积上进行积分，即仅在 $\Delta\Omega$ 区间积分，而不必考虑 $\Delta\alpha$ 区间。但对于实际小晶粒，晶粒中（hkl）晶面衍射总强度则为式(2.49) 在整个衍射畴体积内积分，即同时在 $\Delta\alpha$ 及 $\Delta\Omega$ 区间积分。如果被测实际小晶粒与射线探测器的距离为 R，则该晶粒在 $\Delta\alpha$ 及 $\Delta\Omega$ 角度区间的衍射线总能量，即积分衍射强度可表示为

$$I_g = I_e R^2 \, | F_{hkl} |^2 \int_{\Delta\alpha} \int_{\Delta\Omega} | G(g_{hkl}) |^2 \mathrm{d}\alpha \, \mathrm{d}\Omega \qquad (2.52)$$

2.4.5　实际多晶体衍射强度

　　实际多晶的衍射强度，还与参加衍射的晶粒数、多重因子、单位弧长的衍射

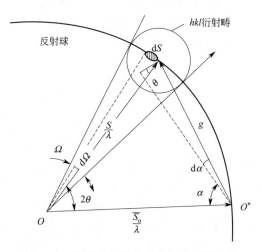

图 2.16　实际小晶粒积分衍射强度的求解

强度、吸收因子及温度因子等有关。

（1）参加衍射的晶粒数　在 n 个小晶粒组成的多晶体中，符合衍射条件的晶粒数为 Δn，它们的倒易点落在图 2.17 倒易球面的一个环带内，环带半径 $g_{hkl}\sin(90°-\theta)$，g_{hkl} 为（hkl）衍射面的倒易矢量长度，环带宽度为 $g_{hkl}\Delta\alpha$，参加衍射的晶粒比例 $\Delta n/n$ 为环带面积（图中阴影区）与倒易球面积之比，即

$$\Delta n/n=\left[2\pi g_{hkl}\sin(90°-\theta)g_{hkl}\Delta\alpha\right]/\left[4\pi(g_{hkl})^2\right]=(\cos\theta/2)\Delta\alpha \qquad (2.53)$$

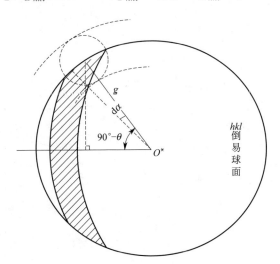

图 2.17　参加衍射晶粒数的求解

参加衍射的晶粒数为

$$\Delta n=n(\cos\theta/2)\Delta\alpha \qquad (2.54)$$

式中，$\Delta\alpha$ 为衍射畴与倒易原点所形成的夹角，受晶粒尺寸及晶粒中亚晶块方位角的影响。该式表明，布拉格角 θ 越小，则参加衍射的晶粒数越多。

式(2.52) 与式(2.54) 相乘，得到

$$I_s = I_e R^2 |F_{hkl}|^2 n(\cos\theta/2)\,\Delta\alpha \int_{\Delta\alpha} \int_{\Delta\Omega} |G(g_{hkl})|^2 \mathrm{d}\Omega\mathrm{d}\alpha \tag{2.55}$$

对上式积分，得到实际小晶粒 (hkl) 晶面的积分衍射强度，即为

$$I_s = I_e R^2 \lambda^3 |F_{hkl}|^2 [(\cos\theta/2)/\sin2\theta](V/V_c^2) \tag{2.56}$$

式中，V 为被照射多晶体的体积；V_c 是晶胞的体积。

(2) 多重因子　前面已经做过讲述，某族 (hkl) 晶面中等同晶面的数量，即为该晶面的多重性因子 P_{hkl}，这又是一个重要概念。由于多晶体物质中某晶面族 $\{hkl\}$ 的各等同晶面的倒易球面互相重叠，它们的衍射强度必然也发生叠加。因此，在计算多晶体物质衍射强度时，必须乘以多重因子。通过晶体几何学计算或查表，可获得各类晶系的多重因子。

考虑多重因子 P_{hkl} 的影响，式(2.56) 变为

$$I_s = I_e R^2 \lambda^3 |F_{hkl}|^2 P_{hkl} [(\cos\theta/2)/\sin2\theta](V/V_c^2) \tag{2.57}$$

(3) 单位弧长的衍射强度　在多晶衍射分析中，测量的并不是整个衍射圆环的总积分强度，而是测定衍射环上单位弧长上的积分强度。在图 2.18 中，衍射环距试样的距离为 R，衍射花样的圆环半径为 $R\sin2\theta$，周长为 $2\pi R\sin2\theta$，单位弧长积分强度 I_u 与整个衍射环积分强度 I_s 的关系为

$$I_u = I_s/(2\pi R\sin2\theta) \tag{2.58}$$

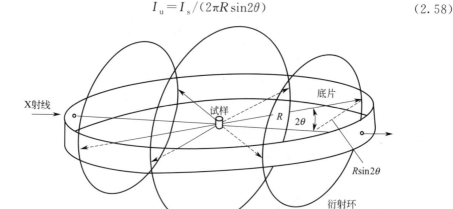

图 2.18　单位弧长的积分衍射强度

结合式(2.52)、式(2.57) 及式(2.58)，得到单位弧长的衍射强度为

$$I = I_0 \frac{\lambda^3}{32\pi R} \left(\frac{e^2}{4\pi\varepsilon_0 mc^2}\right)^2 \frac{V}{V_c^2} P_{hkl} |F_{hkl}|^2 L_p \tag{2.59}$$

式中，$L_p = (1 + \cos^2 2\theta)/(\sin^2 \theta \cos \theta)$，称为角因子或洛伦兹-偏振因子。

（4）吸收因子　在上述衍射强度公式的导出过程中，均未考虑试样本身对 X 射线的吸收效应。实际上由于试样形状及衍射方向的不同，衍射线在试样中穿行路径的不同，会造成衍射强度实测值与计算值存在差异，而且这种差异随着射线吸收系数的增大而增大。为了校正吸收效应的影响，需要在衍射强度公式中乘以吸收因子 A 值。

（5）温度因子　晶体中原子总是在平衡位置附近进行热振动，并随着温度的升高，原子振动被加强。由于原子振动频率比 X 射线（电磁波）频率小得多，所以可把原子看成总是处在偏离平衡位置的某个地方，偏离平衡位置的方向和距离是随机的。原子热振动使晶体点阵排列的周期性受到破坏，在原来严格满足布拉格条件的相干散射波之间产生附加的周相差，但这个周相差较小，只是造成一定程度的衍射强度减弱。

考虑实验温度给衍射强度带来的影响，须在衍射强度公式中乘上温度因子 e^{-2M}，显然这是一个小于 1 的系数。温度因子的物理意义是，一个在温度 T 下热振动的原子，其散射振幅等于该原子在热力学零度下原子散射振幅的 e^{-M} 倍。由于强度是振幅的平方，故原子散射强度是热力学零度下的 e^{-2M} 倍。根据固体物理的理论，可以得到如下 M 的表达式

$$M = [6h^2 T/(m_a k \Theta^2)][\varphi(\chi) + \chi/4](\sin\theta/\lambda)^2 \tag{2.60}$$

式中，h 为普朗克常数；m_a 为原子的质量；k 为玻尔兹曼常数；T 为热力学温度；$\Theta = h\nu_m/k$，为德拜特征温度，ν_m 为原子热振动最大频率；$\varphi(\chi)$ 为德拜函数，$\chi = \Theta/T$；θ 为布拉格角；λ 为射线波长。各种材料的德拜温度 Θ 和函数 $\varphi(\chi)$ 均可查表获得，其他参数均已知，利用该式即可计算出 M 及温度因子 e^{-2M} 值。

式（2.60）表明，温度 T 越高则 M 越大，即 e^{-2M} 越小，说明原子振动越剧烈，则衍射强度的减弱越严重。当温度 T 一定时，$\sin\theta/\lambda$ 越大则 M 越大，即 e^{-2M} 越小，说明在同一衍射花样中，θ 越大，则衍射强度减弱越明显。

晶体中原子的热振动，在减弱布拉格方向上衍射强度的同时，却增强了非布拉格角方向的散射强度，其结果必然是造成衍射花样背底的增高，并且随 θ 增加而愈趋严重，这当然对正常的衍射分析是不利的。

需要说明的是，对于圆柱形状的试样，布拉格角 θ 对温度因子与吸收因子的影响相反，二者可以近似抵消，因此在一些对强度要求不很精确的工作中，可以把 e^{-2M} 和 A 同时略去。

前面已讨论了影响多晶材料 X 射线衍射强度的全部因素，将吸收因子 A 与温度因子 e^{-2M} 计入式（2.59），衍射强度的理论公式为

$$I = I_0 \frac{\lambda^3}{32\pi R} \left(\frac{e^2}{4\pi\varepsilon_0 mc^2}\right)^2 \frac{V}{V_c^2} P_{hkl} |F_{hkl}|^2 L_p A e^{-2M} \tag{2.61}$$

式中，V 为被照射多晶材料的体积；V_c 为晶胞体积；P_{hkl} 为（hkl）晶面多重因子；$|F_{hkl}|^2$ 为（hkl）晶面结构因子；$L_p = (1 + \cos^2 2\theta)/(\sin^2 \theta \cos \theta)$，为角因子或洛伦兹-偏振因子；$A$ 为吸收因子；e^{-2M} 为温度因子；其他的参数已在前面作过介绍。

在实际工作中，通常只需要了解各衍射线的相对强度。在同一条衍射谱线中，I_0、λ 及 R 等均为常数，故可将式（2.61）简化为

$$I = (V/V_c^2)P_{hkl}|F_{hkl}|^2 L_p A e^{-2M} \tag{2.62}$$

至此，得到了多晶体材料 X 射线衍射相对强度的通用表达式，它是诸如物相含量测定等定量 X 射线衍射分析的理论基础。

2.5 X 射线衍射及相关的研究方法

X 射线衍射可以了解物质的微观结构和原子的排列，因而在材料研究中可以用来测定物相组成、晶体结构、应力状态、多晶的粒度分布以及单晶中的缺陷等。与 X 射线相关联的研究方法有 X 射线荧光光谱、软 X 射线光电子能谱、X 射线显微分析（电子探针）、质子（或离子）激发 X 射线谱等。它们可对物质的元素成分、价态、表面或微区的成分进行分析研究。与 X 射线衍射原理相类似的研究方法有电子衍射、低能电子衍射、中子衍射等。它们可补充 X 射线衍射的结果，对固体表面结构、微区组成及结构、磁结构、同位素结构、气体或轻元素的原子排列等作出测定。除了通常的多晶和单晶 X 射线衍射方法外，利用 X 射线进行材料研究的方法还有 X 射线广延吸收边精细结构方法（EXAFS）、X 射线近吸收边精细结构方法（NEXAFS）、X 射线小角散射（SAXS）、X 射线衍衬形貌术、X 射线显微术、X 射线探伤等。它们可对物质的价态、化学键、能态、非晶结构、配位数、键长键角、粉末的粒度分布以及单晶缺陷、固态物质的显微缺陷等进行测定和研究。

同步辐射源发出的偏振准直的强 X 射线可以进行普通 X 射线源所能做的各种研究工作，并且可得到更好的分辨率和精准度，更可进行普通 X 射线源无法进行或很难做的动态、微量、微区的结构变化研究。

由此可见，作为微观结构的研究工具，X 射线衍射可以涉及的领域和方法是十分广泛的。各领域之间所用的方法、涉及的基础、解决的问题十分不同。主要有四个领域：

（1）单晶结构测定 利用回摆相机、旋进相机、外森堡相机、四圆衍射仪等收集一个化合物小单晶体的衍射斑点位置和强度数据进行分析计算，以确定该化合物的晶胞参数及原子在晶胞中的位置坐标，并给出键长、键角、分子构型、配位状况等参数。

（2）多晶衍射应用 自然界中及实际使用的材料中绝大多数是多晶体，因而多

晶衍射是材料研究的主要手段。利用德拜（Debye）照相、聚焦照相、衍射仪以及针对某种应用的专门设备（如应力仪、高温衍射仪、高温聚焦相机、低温衍射仪、极图测定仪、纤维拉伸台等）可以对多晶材料的结构和缺陷进行各种研究。例如，进行物相定性、定量、结构相变、热膨胀、密度、晶粒大小、德拜温度、残余应力、固溶度、择优取向、超点阵、有序化、合金时效、极图等的测定。从多晶衍射图还可以对化合物的晶系、对称性、空间群（衍射群）、晶胞参数进行测定。由于多晶衍射图上不同指数的一些衍射线有重叠现象，进行晶体结构分析比较困难。但目前已发展了较好的解谱方法，加上大型计算机的广泛应用，已能用多晶衍射方法解小分子的结构。

（3）非晶结构分析　非晶态固体也是一类重要的材料，其原子并没有严格的周期性排列，只有近程有序基团构成的无规网络结构。用衍射仪收集到的衍射图是漫散的少数几个衍射峰。用径向分布函数法可以求出电子密度的径向分布，从而可得到最近邻原子平均距离、原子的平均位移、配位数和有序畴尺寸等结构参数。用EXAFS谱仪测定试样对不同波长的吸收系数，在吸收边跳跃处附近的振荡经数据处理后可以得到键长、键角、配位数等短程有序结构信息。用小角散射仪测定的散射曲线可以测定偏聚区或分凝颗粒的大小及分布、相干长度、相不均区大小、相分离球滴大小等，这些方法对晶态物质也可以适用。

（4）单晶缺陷研究　新晶体材料在激光、电子、信息等新技术领域有重要应用，晶体中的缺陷对材料的性能有重要影响。X 射线衍衬形貌术是研究晶体缺陷的主要技术。用郎（Lang）相机可获得晶体中的位错、层错、畴界、空位团、生长区界和胞状结构等的缺陷图像。用双晶衍射仪和双晶形貌相机测定摇摆曲线和形貌图可以给出晶体缺陷密度和完整性的判据，得到外延层点阵匹配程度、平整度、应力状态的信息。

参　考　文　献

[1]　克鲁格 HP，亚历山大 LE. X 射线衍射技术. 第 2 版. 北京：冶金工业出版社，1986.

[2]　韩建成. 多晶 X 射线结构分析. 上海：华东师范大学出版社，1989.

[3]　许顺生. 金属 X 射线学. 上海：上海科学技术出版社，1962.

[4]　张建中，杨传铮. 晶体的射线衍射基础. 南京：南京大学出版社，1992.

[5]　黄胜涛主编. 固体 X 射线学：（一）、（二）. 北京：高等教育出版社，1985.

[6]　杨于兴，漆弦. X 射线衍射分析. 上海：上海交通大学出版社，1989.

[7]　周公度. 晶体结构测定. 北京：科学出版社，1981.

第3章

X射线衍射实验装置

粉末衍射是材料表征技术的基本方法，它可以提供关于材料结构的准确信息，本质上得到的粉末衍射花样代表的是晶体的三维倒易点阵的一维投影。粉末衍射谱图的质量通常由几个因素决定：物质本身、射线的能量、仪器分辨率、样品的物理和化学环境。粉末衍射数据的获取方式通常只需测量衍射强度随着布拉格角的变化。不同结构特征的材料对粉末衍射图谱的各个要素有不同的影响，这些要素主要包括衍射花样（衍射峰）的位置、形状和强度。例如，结晶相会产生一系列布拉格衍射峰，每一个峰都有特定的强度和位置。如果单胞中原子的坐标或结晶相的晶格中位置的分布改变，那么这个物相相应的峰的强度或布拉格峰的位置也会改变。材料微结构的变化（晶粒尺寸细化、应变或畸变等），除了改变峰强和峰位外，也会使布拉格峰的形状发生改变。因此，粉末衍射图谱中蕴藏着丰富的结构信息，如果收集到合适的实验数据，并进行处理，就可以获取到不同尺度的材料结构、相和化学组成等大量的细节。

X射线粉末衍射法可以追溯至Debye和Scherrer首次观测到LiF的衍射并成功地解析了其晶体结构。此后，由Hull提出并由Hanawalt、Rinn和Frevel确立了基于粉末衍射图样确定晶体物质的方法。这种方法不仅能够测定未知粉末的晶体结构相关信息（或者证明样品为非晶物质），更能够确定纯相以及混合物相的结构信息。

早期粉末衍射的数据被记录在Debye-Scherrer相机的X射线底片上。从Debye环在底片上的位置以及不同的强度（发黑的程度）可以确定材料成分并建立其晶体结构。当样品和底片被安装在相机上以后，整个衍射图样只需一次曝光便能得

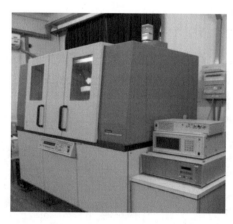

图3.1　现代粉末衍射仪全景图

（日本理学 D/max 2550v）

到。记录一套粉末衍射图样一般需要 1～3h，取决于相机的半径、样品的结晶度以及底片的敏感度，而底片则需要在暗室中装载和冲洗，这势必非常麻烦，并且测量的精度也较差。自 20 世纪 70 年代起，粉末相机以及 X 射线底片基本被粉末衍射仪取代。因此，现代粉末衍射几乎都是用粉末衍射仪完成的（代表性的现代粉末衍射仪全景图如图 3.1），其数据分辨率远高于传统的 X 射线底片。特别是随着大功率和小焦点旋转阳极靶、液态金属靶、高强度中子光源和高亮度同步辐射光源的发展，以及新一代半导体探测器技术的发展（包括大面积二维探测器等），粉末衍射在材料研究中发挥着越来越大的作用。但无论技术如何更新，其目的无非是提高实验数据的精度，而粉末衍射的基本原理则是不变的，粉末衍射在研究者心中的地位也是不可动摇的。

3.1　X 射线衍射仪原理和实验技术

用计数器自动记录 X 射线衍射图谱的设备称为 X 射线衍射仪。衍射仪基本由以下四部分组成：产生 X 射线的 X 射线发生装置、测量衍射角度的测角仪、记录衍射强度的记录（计数）装置和控制计算装置。

3.1.1　一般特点[1]

图 3.2 为 Seemann-Bohlin 准聚焦几何。从图看出，弯曲试样 S 经 X 射线照射后产生晶面间距为 d_1、d_2 和 d_3 的衍射 G_1、G_2 和 G_3。此几何关系中，聚焦圆半径是常数，而对于不同的衍射来说，SG_1、SG_2 和 SG_3 的距离是各不相等的。然而在准聚焦衍射仪中（图 3.3）计数器 G 围绕试样 S 而旋转，保持着试样到计数器的距离 SG 不变（通常为 185mm）。这样可将试样制成平面，且试样的转动速度为计数器转动角速度的一半（即 $2\theta:\theta=2:1$），这样试样表面在任何时候都保持与聚焦圆相切。随着 G 以 S 为中心向大的 2θ 角度方向转动，而使聚焦圆半径逐渐变小，从图 3.3 可见，衍射角 $2\theta_1$、$2\theta_2$ 和 $2\theta_3$ 的反射都有各自半径为 r_1、r_2 和 r_3 的聚焦圆。对 $2\theta=0°$ 时，$r=\infty$；反之，当 $2\theta=180°$ 时，$r=SF/2=SG/2$，达到最小值。

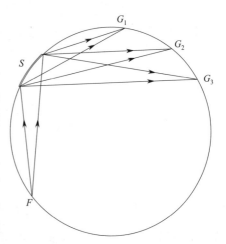

图 3.2　Seemann-Bohlin 准聚焦几何

图 3.4 详尽地描述了标准粉末衍射仪中所应用的准聚焦几何的理想二维特性。

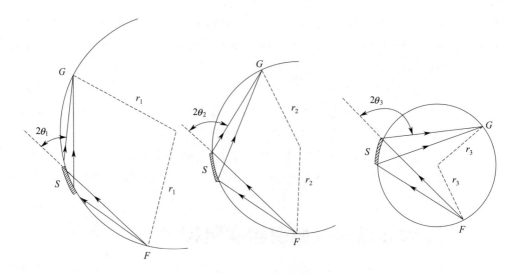

图 3.3　衍射仪准聚焦图

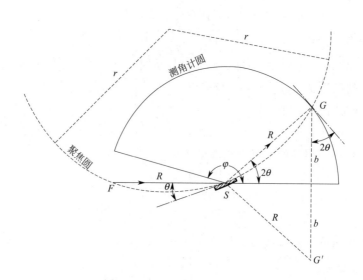

图 3.4　粉末衍射仪二维几何图

　　平板试样 S 与半径为 r 的聚焦圆相切。试样到 X 射线焦点的距离 FS 与试样到计数器的距离 SG 是相等的，且等于测角仪圆的半径 R。三角形 SGG' 是自 S 发射的半顶角为 2θ 的衍射圆锥的轴向垂直截面，显然这个三角形是表示此圆锥与测角仪圆平面间的交线。衍射线能近似地在接收狭缝位置 G 处进行聚焦，而后当它射入计数器窗口时再发散。从图 3.4 看出，r 是有角度关系的：

$$r = R / (2\sin\theta) \tag{3.1}$$

母线被截止在接收狭缝 G 处的衍射圆锥的锥底是半径为 b 的圆，

$$b = R \sin 2\theta \tag{3.2}$$

角度 φ 所表示的是测角计的极限弧长范围，在多数仪器中，此极限为 $165°$。

3.1.2　光学原理

通常衍射仪光学原理设计如图 3.5 所示。一般 X 射线源的焦点是线焦点，其射线源宽度为 $w \sin\alpha$，α 通常是 $3°\sim6°$。赤道发散由 X 孔（一般称为发射狭缝，DS）的 X 尺寸所限制；但是轴向发散不是由射线源的高度 h 和发散狭缝 y 来限定，而是采用两个索拉（Soller）的狭缝准直器 S_1 和 S_2 分别对入射线束和衍射线束的轴向发散严格地加以限制。索拉狭缝准直器是由许多间距很小互相平行且对 X 射线是高度吸收的金属片（如钼片等）制成，这些金属小片将 X 射线线束分割成为许多平行的切片线束，每一切片线束的轴向发散都受到非常严格的限制。采用此方法，从延伸的线焦点出发的辐射将消除轴向发散所产生的聚焦处的严重像差，因而大大地改善分辨本领，但其代价当然是不可避免地强度损失大约 50%。索拉狭缝准直器是由长度 $l=12.7\text{mm}$，间距 $S=0.5\text{mm}$ 的金属小片所组成，轴向堆砌高度为 10mm，任何一对邻片的基始角度间隙，可以确定为

$$\Delta = \tan^{-1} S/l \tag{3.3}$$

对于 $S=0.5\text{mm}$，$l=12.7\text{mm}$，$\Delta=2.25°$。

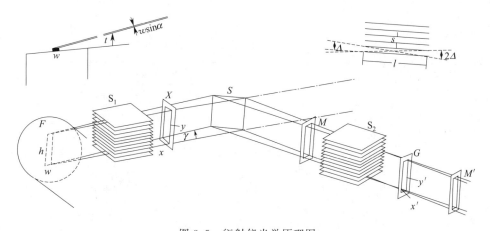

图 3.5　衍射仪光学原理图

在 M 或 M' 处放置防散射狭缝（SS），使计数器除接受试样的衍射线外，其余均加以排除，以此来改善背景状况。

3.1.3　衍射仪的准直和角度校准

衍射仪一般在出厂前由厂方调试好准直和角度都被校准在允许误差范围以内（$2\theta = \pm 0.01°$）。但由于灯丝装置（如高功率旋转靶是可拆式，一定时间后灯丝需更换）的更换或辐射材料更换（如封闭式在用不同的辐射波长时需更换 X 光管如 Cu、Fe、Mo 等靶）时，都应进行零点准直和角度校正，这样经过正确的准直和角度校准，可使 X 射线衍射数据有最佳分辨率、最大衍射强度和正确的 2θ 或 θ 角度。

作为已调整好准直和角度校正的衍射仪来说，其功能既要考虑到其衍射线的分辨率又要考虑到其衍射角度读数的正确性，而用标准物质法来近似地检验是有用的。一般所用的标准物质有硅（Si）、α-石英（α-SiO$_2$）、钨（W）粉等。因为以上物质在用 CuK$_\alpha$ 辐射时，在 2θ 角为 20°以上都有大量的分布良好且强度强、明锐的衍射线出现。

3.1.4　衍射仪参数的选择

衍射仪的晶体衍射数据的收集一般为连续扫描法和阶梯（步进）扫描法。其具体扫描方式和用途详见第 4 章。不管是快速扫描或慢速扫描或阶梯扫描，其一些衍射参数的选择很重要，选择得适宜，其线型、分辨率和衍射强度均能得到满意结果，反之就差。

从表 3.1 看出，减小线形宽度（增大分辨率）的仪器参数与提高强度的仪器参数是相互矛盾的。采用大的赤道发散狭缝和相当厚的试样，对分辨率损失极小，却能提高衍射强度，而在调整其他因素时，有必要在强度与分辨率之间折中选取。

表 3.1　仪器参数选择比较

因　素	合理的调整因素	
	提高分辨本领	提高强度
1. 源		
观察方向	侧向（用 Soller 狭缝）[①]	纵向
观察角	3°或更低	不低于 6°
2. 接收狭缝宽度	小[①]	大[①]
3. 试样对 X 射线束的吸收	薄层粉末	厚层粉末
4. 赤道发散，γ	中等小	大[①]
5. 轴向发散，δ	小	大

① 表明有主要影响的项目。

3.1.5　晶体单色器

为做到衍射线尽可能纯单色化，配有零维探测器（如 NaI）等的衍射仪一般在试样后面即衍射线束中使用晶体单色器。晶体单色器放在试样的衍射线束中可清除来自试样的荧光或放射性的背景并阻截不相干的辐射。单色器的几何位置如图 3.6 所示。

从平试样 AOB 衍射出来的准聚焦 X 射线通过接收狭缝 S_1 然后发散进入经过弯曲研磨过的晶体单色器聚焦器，焦点落在计数器狭缝 S_2 处。由图 3.6 可看出狭缝 S_1 和 S_2 及晶体表面都处在半径为 R_c 的公共圆上，并满足如下的关系：

$$D = R_c \sin\theta \qquad (3.4)$$

D 等于距离 $S_1 T$ 和 $S_2 T$，θ 是单色晶体衍射面的布拉格角。通过选取适当的距离 D 和角度 θ，单色器装置可以适用其他特征波长。利用晶体单

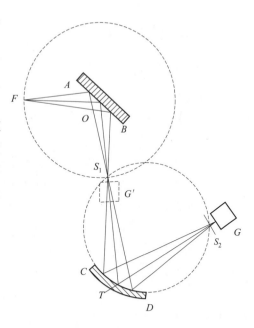

图 3.6　单色器在衍射仪中的几何位置（RR）

色器可以很好地记录高吸收试样的衍射，如对 CuK_α 辐射，Fe 等高吸收试样特别适用于晶体单色器衍射，如不用晶体单色器，则衍射谱背景特别高，衍射线强度特别弱，一些较弱的和中等强度的衍射线就可能不显示出来。在一般的情况下单色器晶体采用石墨单色器，其优点是反射率非常高。从表 3.2 中看出，石墨单色器的反射强度特别高。另外，它在 X 射线辐射下比较稳定，并且也易加工。

表 3.2　几种单色器衍射强度（CuK_α）

晶　体	衍　射　面	相对衍射本领
LiF	（200）	93
石墨	（0002）	620
PET[①]	（002）	115
金刚石	（111）	120
钼	（200）	24
铜	（200）	71
石英	（10 $\bar{1}$1）	43
NaCl	（200）	31
EDDT[②]	（020）	约 62[③]

① 季戊四醇。

② 酒石酸乙二胺。

③ 近似值。

3.2　X 射线源

3.2.1　普通 X 射线源[2,3]

　　实验室 X 射线源一般是用高能电子束激发金属靶发出的 X 射线。X 射线发生器的核心部件是 X 射线管，它有一个从可折式、封闭式到旋转阳极可折式 X 射线管的发展过程。前者已很少使用，后两者现常用。封闭式 X 射线管的功率已从几百瓦发展到 2～4kW，旋转阳极可折式 X 射线管的功率从几千瓦到几十千瓦。当高速电子束轰击金属靶面时，电子束与靶元素原子中的电子进行能量交换，便激发出 X 射线。从靶元素发出的 X 射线分为连续谱和特征谱两部分，第 2 章已有介绍。

　　X 射线发生器是提供 X 射线源的机械、电器、电子装置系统，它由 X 射线管、高压发生器、稳压稳流系统、控制操作系统、水冷系统等部分组成。其中 X 射线管是 X 射线发生器的核心部件，它的实质是一只特殊的高真空二极管，由发射电子的热阴极、使电子束聚焦的聚焦套、阳极靶三部分组成。经高压加速的电子束轰击阳极时，电子的大部分能量转变成热能，仅 1% 的能量转化为 X 射线，因此阳极靶必须用水冷却。阳极一般接地，为负高压状态。从靶面射出的 X 射线在空间有一个分布，大约在 6°角的方向射线最强，所以在相应方向开两个或四个窗口让 X 射线射出。靶面上的焦点形状与灯丝的形状直接有关，尺寸通常为 1mm×12 mm、1mm×10mm 和 0.4mm×8mm。有效焦点是它在 6°方向的投影，有线状和点状两种，见图 3.7。在照相法中，除四重照相机外，多用点焦点。粉末衍射仪用线焦点。图 3.8 给出旋转阳极靶的示意图。普通的 X 射线焦点多在毫米量级。然而在

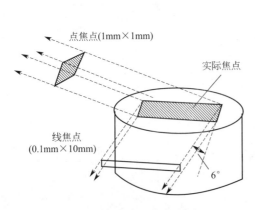

图 3.7　点焦点和线焦点源

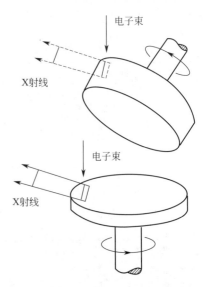

图 3.8　两种旋转方式的旋转阳极

高分辨率的衍射实验中，常要求焦点在 $100\mu m$ 以下。目前主要用电磁透镜把电子束聚焦到靶面上，可得到 $10\mu m$ 的点焦点 X 射线源，它呈球面发散。

特征辐射的强度的经验表达式为

$$I = Ai(V - V_k)^n$$

$$\left.\begin{array}{l}\text{当 } V \leqslant 2.3V_k \text{ 时，} n = 2 \\[4pt] \text{当 } V > 2.3V_k \text{ 时，} n \text{ 下降，} n = 1.5 \sim 0.5\end{array}\right\} \qquad (3.5)$$

式中，V_k 为 K 系特征辐射的激发电压，kV；i 为管流，mA。令 $A=1$，设定 n 值便可按式(3.5) 计算特征辐射强度 I 随工作管压 V 的变化，如图 3.9 所示。这说明，一般书籍中推荐 Mo 和 Ag 靶的适宜工作电压分别为 $50\sim55$kV 和 $50\sim60$kV 是不尽合理的，而应选择 $V \approx 3.3V_k$，即 $V_{Mo}=46$、$V_{Ag}=58$kV 最合理，而管流则愈高愈有利。这表明使用特征辐射的 X 射线源，$V_{max}=60$kV，发展高密度束流（即提高管流）的发展方向是完全正确的。

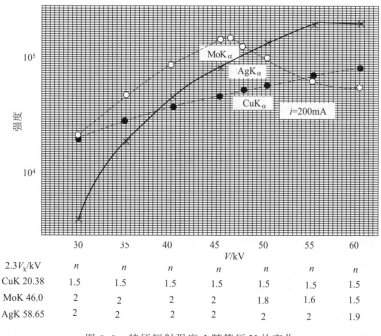

2.3V_k/kV	n	n	n	n	n	n	n
CuK 20.38	1.5	1.5	1.5	1.5	1.5	1.5	1.5
MoK 46.0	2	2	2	2	1.8	1.6	1.5
AgK 58.65	2	2	2	2	2	2	1.9

图 3.9　特征辐射强度 I 随管压 V 的变化

连续 X 射线的强度随其波长变化，连续谱的强度公式为

$$I_{\lambda\text{-连续}} = K_2 iZ(V - V_\lambda)V_\lambda^2 \qquad (3.6)$$

式中，K_2 为常数，令 $K_2=1$；Z 为原子序数；V 为管压；i 为管流；$V_\lambda = 13.3985/\lambda$，$\lambda$ 的单位为 Å。可见连续辐射的强度与 Z、i 成正比。图 3.10 给出 I_λ-λ 的关系曲线，进一步说明 I_λ 与管压的关系、λ_{min} 与管压的关系。连续谱线的强度峰值在 $3.5\lambda_{min}$ 处。了解连续谱分布的这些特性对于如何选用靶元素发出的连

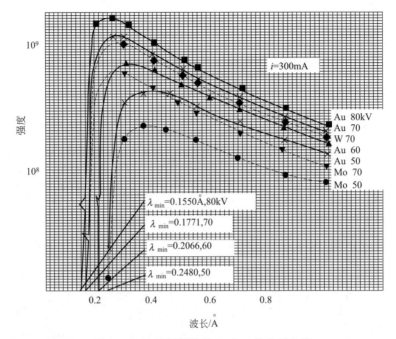

图 3.10　连续辐射强度 I_λ 与 λ 的关系曲线

续辐射进行 X 射线分析是很有益的。

3.2.2　同步辐射光源[4]

3.2.2.1　同步辐射光源的原理和发展简史

同步辐射是电子在作高速曲线运动时沿轨道切线方向产生的电磁波，因为是在电子同步加速器上首次观察到，人们称这种由接近光速的带电粒子在磁场中运动时产生的电磁辐射为同步辐射，由于电子在圆形轨道上运行时能量损失，故发出能量是连续分布的同步辐射光。

同步辐射特征的实验研究始于 20 世纪 40 年代，Pollack 与合作者在上述 70MeV 电子同步加速器上完成。50 年代，前苏联的几个研究组用莫斯科 Lebedev 研究所的 250MeV 同步辐射，Corson 和 Tomboulian 用美国 Cornell 的 300MeV 电子同步加速器，Codting 和 Madden 用华盛顿特区美国国家标准局 180MeV 加速器进一步开展了实验研究，从而获得同步辐射具有高强度高亮度、宽而连续分布谱范围、高度偏振、脉冲时间结构和准直性好五大特征。

至今，同步辐射光源的建造经历了三代，并向第四代发展。第一代（first generation）同步辐射光源是在为高能物理研究建造与电子加速器和储存环上"寄生地"运行，第二代同步辐射光是专门为同步辐射的应用而设计建造的，美国的 Brokhaven 国家实验（BNL）两位加速器物理学家 Chasman 和 Green 把加速器上使电子弯转、散热等作用磁铁按特殊的序列组装成 Chasman-Green 阵列（Lattice)，这种阵列在电子储存环中采用标志着第二代同步辐射的建造成功。第三代同步辐射光源的特征是大量使用插入件（insertion devices）：扭摆磁体（wiggler）和波荡磁体（undulator）而设计的低发散度的电子储存环。

目前，世界上已使用的第一代光源 19 台，第二代 24 台，第三代 11 台。正在建设或设计中的第三代 14 台，这些光源遍及美国、英国、德国、俄罗斯、日本、中国、印度、韩国、瑞典、西班牙、巴西等国。

这些同步辐射光源大概可分为三类：

第一类，建立以 VUV（真空紫外）为主的光源，借助储存环直线部分的扭摆磁体把光谱扩展到硬 X 射线范围，中国台湾新竹同步辐射研究中心（SRRC）和合肥国家同步辐射实验室（NSRL）光源属此类。

第二类，利用同步电子加速器能在高能、中能两种模式下操作，可在同一台电子同步加速器（增强器）下，建立 VUV 和 X 射线两个电子储存环，位于美国长岛 Brookhaven 国家实验室（BNL）的国家同步辐射光源（NSLS）属于此类，图 3.11 为其结构的平面示意图。

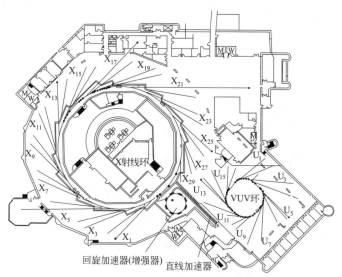

图 3.11　美国纽约州长岛 Brookhaven 国家实验室（BNL）
国家同步辐射光源（NSLS）结构平面布置图

第三类，建立以 X 射线环为主同时兼顾 VUV 的储存环看来是可行的，因为 X 射线环能提供硬 X 射线、软 X 射线或和紫外、可见光到红外的光谱分布，但长波部分的亮度较 VUV 环低些，当然也可用长波段进行工作，上海同步辐射装置（SSRF）就属此类。图 3.12 示出 SSRF 的平面示意图，增强器能分别采用高能、中能两种模式工作。在中能模式下操作，注入储存环提供的光子通量较高，主要进行 VUV 环的工作；在高能模式下操作，既能进行硬 X 射线、软 X 射线方面的工

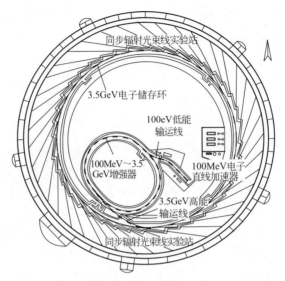

图 3.12 上海同步辐射装置（SSRF）结构的平面示意图

作，也能进行不少 VUV 方面的工作，只要光束线和实验站作合理布置。其中 X 射线亮度的进展示于图 3.13 中。

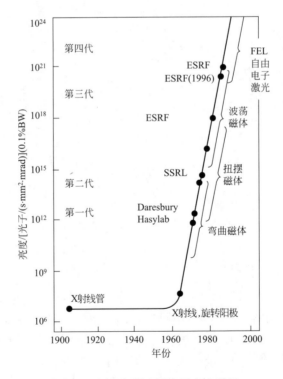

图 3.13 同步辐射光源光子亮度进展

近些年来，由于自由电子激光（FEL）技术的发展和成功，以及在电子储存环中的应用，从自由电子激光（FEL）中引出同步辐射已经实现，这就是第四代同步辐射光源。第四代同步辐射光源的标志性参数为：

① 亮度要比第三代大两个量级以上。第三代光源最高亮度已达 10^{20} 光子/(s·mm^2·mrad)(0.1%BW)，目前第四代光源的亮度达 10^{22} 光子/(s·mm^2·mrad)(0.1%BW)。

② 相干性。要求空间全相干，即横向全相干。

③ 光脉冲长度要求到皮秒（ps），甚至小于 ps。

④ 多用户和高稳定性。同步辐射光源的一大特点是多用户和高稳定性，可同时有数百人进行试验。

因此有人认为，同步辐射光源就像能量广泛分布的一台超大型激光光源，特别是光的相干大大改善的第三代和第四代同步辐射光源更是如此。

3.2.2.2　同步辐射光源的主要特征

与一般 X 射线源相比较，同步辐射光源有如下特征。

(1) 高强度（高亮度）　若用实用单位，总的辐射功率 W 为

$$W(kW)=88.47E^4 I/\rho=2.654E^3 IB \tag{3.7}$$

式中，E 为运动电子的能量，GeV；I 为储存环的束流，A；ρ 是弯曲半径，m；B 是磁场强度（kG）。对于英国 Daresbury 同步辐射光源，$E=2GeV$，$\rho=5.5m$，最大电流为 370mA，因此在 2π 弧度内的总功率 $W=95.2kW$ 或 15W/mrad，但由于它分布在很小的角度范围，$r=mc^2/E$（这里 m 是电子静止质量 $10^{-30}kg$，c 是光速），当 $E=2GeV$，$r^{-1}=0.25mrad$ 或 $0.016°$，因此同步辐射 X 射线亮度比 60kW 旋转阳极 X 射线源所发出的特征辐射的亮度分别高出 3～6 个数量级。

当使用 Wiggler 或 Undulator 时，对于给定长度 L 的磁场，总功率为

$$W(kW)=1.267\times10^{-2}E^2(GeV)\langle B^2(kG)\rangle I(A)L(m) \tag{3.8}$$

式中，$\langle B^2 \rangle$ 是遍及整个 L 的平均值。

描述高亮度的另一参量是光子通量，即光子/(s·mm^2·mrad)(0.1%BW)。前面提到，第二代同步辐射光源的光子通量达 10^{15}～10^{16}，第三代光源达 10^{18}～10^{20}，到了第四代，光子通量可在 10^{22} 以上，已超过高功率的激光器。从这个意义上讲，一台同步辐射光源相当于无数台激光器。

(2) 宽而连续分布的谱范围　图 3.14 给出日本光子工厂（PF）同步辐射光源的光谱分布图。可见其波谱的分布跨越了红外—可见光—紫外—软 X 射线—硬 X 射线整个范围。Wiggler 和 Undulator 的作用也显然可见。实验所用的波长能方便地使用光栅单色器或晶单色器从连续谱中选出。谱分布的一个重要特点是临界波长（又称特征波长）λ_c，它由下式给出：

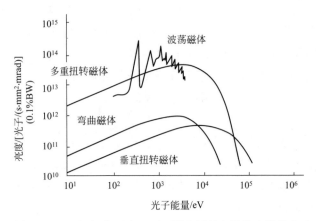

图 3.14　日本光子工厂（PF）同步辐射光源的光谱分布

$$\lambda_c(\text{Å}) = 5.59\rho E^{-3} = 18.64 B^{-1} E^{-2} \tag{3.9}$$

有时也用特征能量 E_c 表达

$$E_c = 2.218 E^3 \rho^{-1}(\text{keV}) = 0.665 B E^2(\text{keV}) \tag{3.10}$$

ρ、E 的单位同前，B 的单位为 T。

所谓特征波长是指这个波长具有表征同步辐射谱的特征，即大于 λ_c 和小于 λ_c 的光子总辐射能量相等，$0.2\lambda_c \sim 10\lambda_c$ 占总辐射功率的 95% 左右，故选 $0.2\lambda_c \sim 10\lambda_c$ 为同步辐射装置的可用波长是有充分理由的。

当 $\lambda = \lambda_c$ 时，10% 带宽内的光子能量为 $N_{0.1}(\lambda_c)$：

$$N_{0.1}(\lambda_c) = 1.601 \times 10^{12} E[\text{光子}/(\text{s} \cdot \text{mA} \cdot \text{mrad})] \tag{3.11}$$

当 $\lambda \gg \lambda_c$ 时

$$N(\lambda) = 9.35 \times 10^{16} I \left[\frac{\rho}{\lambda_c}\right]^{1/3} [\text{光子}/(\text{s} \cdot \text{mA} \cdot \text{mrad})] \tag{3.12}$$

当 $\lambda \ll \lambda_c$ 时

$$N(\lambda) = 3.08 \times 10^{16} IE \left[\frac{\lambda}{\lambda_c}\right]^{1/2} \text{e}^{-\left(\frac{\lambda_c}{\lambda}\right)} \frac{\Delta\lambda}{\lambda} [\text{光子}/(\text{s} \cdot \text{mA} \cdot \text{mrad})] \tag{3.13}$$

最大光通量处辐射波长定义为 λ_p，与 λ_c 的关系如下：

$$\lambda_p = 0.75\lambda_c \tag{3.14}$$

(3) 高度偏振　同步辐射在运动电子方向的瞬时轨道平面内电场矢量具有 100% 偏振，遍及所有角度和波长积分约 75% 偏振，在中平面以外呈椭圆偏振。图 3.15 概括了不同波长的单个电子的平行偏振分量、垂直偏振分量强度与发射角的关系。由图可知，当 $\lambda \approx \lambda_c$ 时，即曲线 1，张角近似为 r^{-1}；在波长较短时，张角变得较小；

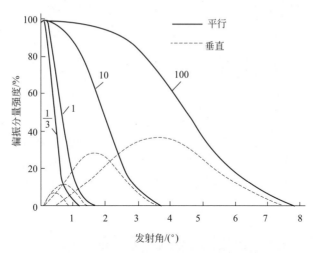

图 3.15　偏振的平行分量、垂直分量在垂直方向的角分布

波长较长时，张角变得较大；当 $\lambda = 100\lambda_c$ 时，张角达 $4r^{-1}$。

(4) 脉冲时间结构　脉冲时间结构由储存环的机构引起，即由辐射阻尼现象引起，当电子从增强器注入储存环，且当注入的束团几乎充满储存环真空不能再注入电子时，由于自由振荡和同步辐射以及不断地由高频腔给电子提供能量补充，使其自由振荡的振幅越来越小，这种现象称辐射阻尼。当经过 $2\sim3$ 倍阻尼时间后，振幅已变得小得多了，这就意味着束团尺寸已由注入末了时的满真空室变得只占真空的 1/10 空间了。因此可进行注入 $2\sim3$ 倍阻尼时间的重复过程，这样即积累了电子数，而且束团的横向尺寸变小，长度也短。具体脉冲时间间隔与储存环的参数和使用模式有关，已获得 $3.8\sim780\mathrm{ns}$。第三代同步辐射光源的最小光脉冲时间约达 30ps。同步辐射源的脉冲时间结构能用来作时间分辨光谱和时间分辨衍射研究，已在晶体学、化学和生物学方面获得应用。

(5) 准直性好　天然的准直性和低的发散度，使得同步辐射光源有小的源尺寸。同步辐射光束的平行性可以同激光束相比美。能量越高，光束的平行性越好。在轨道平面的垂直方向上的辐射张角为

$$\langle \phi^2 \rangle^{1/2} \approx \frac{1}{r} \tag{3.15}$$

其中 $r = E/(mc) = E/E_0$，由此可知，能量越高，光的发散角越小。如电子能量 $E = 800\mathrm{MeV}$，则 $r \approx 1600$，辐射张角 $\langle \phi^2 \rangle^{1/2} \approx 0.625\mathrm{mrad}$。

(6) 同步辐射相干性的不断提高　第一代和第二代同步辐射光源的相干性较差，到了第三代，光的相干性已相当好，预计第四代同步辐射光源的相干性将更好，且具有空间全相干性。

(7) 同步辐射实验站的设备庞大　试样周围空间大，适宜于安装如像高低温、高压、高磁场以及反应器等附件，能进行特殊条件下的动态研究；还特别有利于安装联合实验设备，用各种方法对试样进行综合测量分析和研究。

(8) 具有精确的可预算的特性　可以用作各种波长的标准光源。

(9) 绝对洁净　因为它在超高真空产生，而没有任何方面，如阳极、阴极和窗口带来的干扰。

潜在的实验问题是强度的稳定性不好，这与同步辐射光源的短暂性能有关，如储存环中电子流的变化和轨道漂移明显影响入射线的强度。所谓储存环的工作寿命，是指当已注入的电子流达最大设计之后，能在储存环中循环运动，电子流损失至允许值的时间。

3.3　X 射线探测器和记录系统[2,3,5]

探测器是用来记录样品衍射花样和衍射强度的。最早使用的探测器是照相底片，其所记录的衍射花样是一目了然的，但所记录的强度数据以黑度显示出来，一般用黑度计测量。由于它的计数线性范围不大、强度测量不准，而发展出下列探测器。但在照相法中仍多使用底片。

3.3.1　盖格计数器、正比计数器和闪烁计数器

3.3.1.1　零维盖格计数器、正比计数器

盖格计数器和正比计数器均属于气体计数器，其基本构造是位于中心的金属丝阳极和管壳阴极组成二极管，管中充以不同的气体，诸如 Ar、Ne、甲烷、丁烷等混合气体。工作时，在两极间加以高压。X 射线光子从二极管的端窗或侧窗进入计数管，会使气体原子中的电子电离，产生光电子，在电场的作用下，光电子奔向金属丝阳极，而正离子奔向阴极，在外电路中形成电流，经过一定的电子线路以脉冲的形式输出，这就是计数过程。

一个 X 射线光子可以产生几个光电子，故有放大作用：

$$G = N/n \tag{3.16}$$

图 3.16 是以放大倍数 G 为纵坐标，以两极间所加的电压 V 为横坐标的图，图中给出电离室计数器、正比计数管和盖格管的工作区，可见，电离室是无放大作用的。在 $G = 10^2 \sim 10^5$ 范围，一个 X 射线光子只在前进的方向引起一个"雪崩"，故电路中收集到的"雪崩"数目（脉冲数目）与入射的 X 射线光子成正比。这种成正比的特性被用来作正比计数器。在 $G = 10^7 \sim 10^8$ 范围，气体中各种光子、原子、离子及电极之间的相互作用、解离、复合过程变得很复杂，造成了一系列的"雪崩"，它约为正比段的 $10^2 \sim 10^3$ 倍。但外电路中输出的电流（脉冲数目）与入射的 X 射线光子的数目成正比，故被用作盖格（Geiger-Muller）计数管。

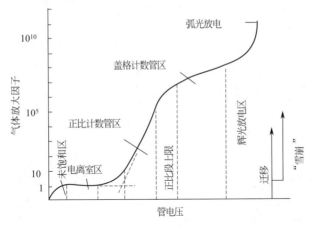

图 3.16　气体计数管中放大倍数 G 与两极间电压 V 之间的关系

在电离室与正比计数器之间，以及正比计数器与盖格计数器之间都存在过渡区，是不适宜作计数器的。

3.3.1.2　一维和二维位敏探测器

位置灵敏探测器（position sensitive proportional detector）本质上是气体正比计数器。它分为一维和二维两种，现分别简介如下。

（1）一维位敏探测器　一维气体正比计数管的中间是一根金属丝阳极，阴极不再是一个圆筒，而是与阳极丝平行的、等间距排列的许多金属小条。在计数管外有一根螺旋状的延迟线，各阴极等距离地连接在延迟线上，在延迟线的两端各有一个前置放大器，见图 3.17。当有一个 X 射线光子在 P 位置射入计数管，它就会使 P 位置上的气体原子发生电离，产生光电子和正离子，在电场的作用下分别奔向两极。由于是工作在正比计数管的范围，它们只能在离子或电子前进的方向上使其他

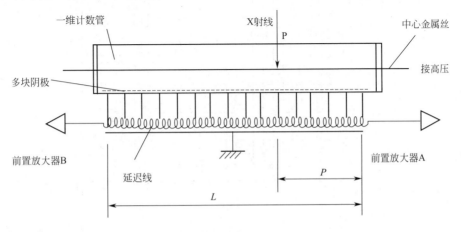

图 3.17　一维位敏探测器的构造示意图

原子发生电离，产生局部"雪崩"，而不影响管子的其他部分，因此是位置灵敏的。电子在中心阳极丝的 P 位置上产生一个负脉冲，而在以 P 为中心的几个点上会收集到感应电荷。这一电荷脉冲从连接着的延迟线的两端输出，到达 A 、B 端的时间不同，并与 P 的位置有关。设单位长度（mm）延迟线造成延迟时间 D（ns/mm），信号到达 A、B 的时间分别为 T_A、T_B，则

$$T_A = DP,\ T_B = D(L-P)$$

$$T_B - T_A = D(L-2P) \tag{3.17}$$

式中，L 为延迟线的长度。故可从（$T_B - T_A$）值定出 X 射线光子的位置 P。若 $P > L/2$，则（$T_B - T_A$）为负值。为此在 T_B 上加一个不变的延迟时间 DL，即 $T_B' = T_B + DL$，则

$$T_B' - T_A = 2D(L-P)$$

总为正值。

(2) 二维位敏探测器　二维位敏探测器的计数原理与正比计数管相同。图 3.18 是一种利用延迟线作读出系统的多丝正比二维探测器。该探测器有三组平行的、用 $50\mu m$ 的金属丝做成的阴极丝，上下两组相互垂直，每组都有自己的延迟线，因此可从 X 、Y 两个坐标来确定 X 射线光子进入面探测器的位置。中间一层与上下两层斜交 45°的方向排列，由直径为 $15\sim25\mu m$ 的较细的、镀有 Au 的钨丝做成，为接正高压的阳极。各面网内丝间距离为 $1\sim3mm$，而面网间距在 $3\sim$

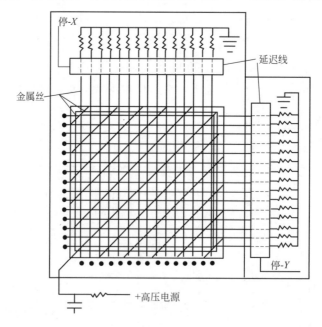

图 3.18　一种利用延迟线定位的二维多丝正比二维探测器的示意图

10mm 间可变。由入射 X 射线光子引起的电子"雪崩"在此形成信号脉冲,通过共同的总线输出,以得到脉冲高度的信息。

此外,还有利用阳极直接读出的多丝二维探测器。Bruker 公司推出的商品化的多丝正比二维探测器,成像面积直径为 13.5cm,像素为 1024×1024,对于 8keV 的 X 射线,其量子效率 $>80\%$,适用的能量范围为 $3\sim15$keV。

3.3.1.3　闪烁计数器

闪烁计数器主要由闪烁晶体和光电倍增管组成,光电倍增管主要由入口处的光阴极和以后的多个(如 10 个)倍增电极构成。在光阴极和第一倍增极间以及以后各倍增极间均存在一定的电压差以加速电子。X 射线光子通过 Be 窗进入闪烁晶体后被吸收而激发出可见光子,一个 X 射线光子可转化为多个可见光光子,有放大的作用。可见光光子进入光阴极后会被吸收而发出光电子。光电子在光阴极与第一倍增极间的电压作用下被加速,并奔向第一倍增极,在它轰击倍增极表面时,会激发出更多的电子,达到放大的目的。在继后的各倍增极之间有同样的放大作用,故放大倍数是很大的。几种闪烁晶体的主要性能参数列入表 3.3 中。最为常用的闪烁晶体是 NaI(Ti),这是由于碘对 X 射线的吸收系数大,不会漏计,且发光时间短,转换效率高。

表 3.3　几种闪烁晶体的主要性能参数

闪烁晶体	发光时间/μs	最强发射波长/nm	转换效率(以蒽晶体为1)
NaI(Ti)	0.25	410	3.0
CsI(Ti)	0.50	560	0.6
ZnS(Ag)	3.00	450	3.0
LiI(Eu)	3.40	440	0.75
蒽($C_{14}H_{10}$)	$25\sim30$	445	1.0
萘($C_{10}H_8$)	$70\sim80$	345	$0.1\sim0.2$
二苯乙炔	$3\sim5$	390	$0.3\sim0.5$

3.3.2　能量探测器

最常用的能量探测器是 Si(Li) 和 Ge(Li) 漂移固体探测器,其为 PIN 结构。当这种探测器上加 $300\sim400$V 电压时,无电流通过。但若有一个 X 射线光子射入半导体的本征层(I)而被吸收,则形成若干电子-空穴对,电子和空穴在 P-N 结两端电压的作用下,迅速地分别奔向 P 层和 N 层,形成一个脉冲,并被外电路中的电容 C_d 收集。若收集到的电量为 ΔQ,在 C_d 两侧则形成一个电压 Δu,$\Delta u = \Delta Q / C_d$,对应一个入射 X 射线光子,就有一个对应脉冲输出。从输出的脉冲高度可判别入射 X 射线光子的能量(波长)。从输出的脉冲数目可测出输入光子的数量(强度)。故 Si(Li)、Ge(Li) 固体探测器是能分别测量入射 X 射线不同能量和对应的强度的能量探测器。表 3.4 和表 3.5 分别给出固体能量探测器、闪烁计数器、正比计数器的比较和常用的能量探测器的性能。

表 3.4   固体能量探测器、闪烁计数器、正比计数器主要性能的比较

性 能	固体能量探测器	闪烁计数器	正比计数器
放大倍数		约 10^6	约 10^6
一个 X 射线光子产生的电子数	2116	161	305
输出脉冲的幅度		约 10^{-3}	约 10^{-3}
适用的波长范围/nm	>0.04	0.01～0.4	0.03～0.4;0.07～1
最大计数率/cps	10^4	约 10^6	10^5
本底/cps		约 10	约 0.5;约 0.2
能量分辨率/%	约 5(CuK$_\alpha$)	约 45(CuK$_\alpha$)	约 15(CuK$_\alpha$)

表 3.5   一些主要能量探测器的性能

探测器	制冷温度	能量分辨率	探测能量范围
Si(Li)	液氮、电制冷 −90℃	优于 150eV	3.24～124keV
Si PIN	电制冷−20℃	一般为 250eV,最好达 158eV	
SDD	电制冷−10℃	一般优于 200eV,最新达 127eV	
NaI(Ⅱ)闪烁管	室温	非能量色散探测器	4～124keV

3.3.3　面探测器

面探测器又称二维探测器，前面提到的二维多丝位敏正比探测器也属面探测器。这里主要介绍成像板（imaging plate）和电荷耦合探测器（CCD）。

（1）成像板面探测器　成像板是由厚度约 0.5mm 的塑料薄膜上涂有约 $150\mu m$ 掺铕的卤化钡（BaFBr：Eu）的磷光体组成的，其结构和工作原理示于图 3.19 中。

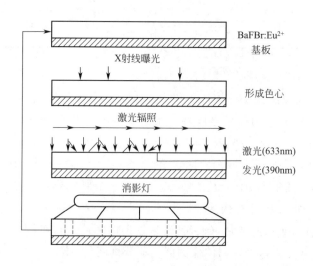

图 3.19　成像板的构造和工作原理

当 X 射线照射到板上时，X 射线光子会使 Eu^{2+} 进一步电离为 Eu^{3+}，被电离的电子进入磷光体的导带，然后被 Br 原子空位俘获，形成一个临时的色心（F心），就形成了潜像，这类似于照相底片的成像过程。如用可见光照射曝光过的成像板，被 F 心俘获的电子重新进入导带，使 Eu^{3+} 变回 Eu^{2+}，在此过程中发出一个光子，此光子的波长约 390nm。用光电倍增管探测这些光子，记录下其位置，就得到了成像板上潜隐的 X 射线花样，这一过程类似于照相底片的显影过程。为了重复使用成像板，要用强的可见光（消像灯）再照一次显影过的成像板，以清扫除残留的潜像。

成像板探测 X 射线有探测效率高、像元尺寸小、线性范围大、探测面积大、读出时间短、可重复使用等特点。

(2) 电荷耦合面探测器　电荷耦合面探测器的核心是电荷耦合器件（charge coupled device，CCD）。它实际上是金属-氧化物-半导体（MOS）电容或 PN 结光电二极管。实际应用的 CCD 探测器是由大量的 MOS 电容排列成的二维阵列面探测器，每一个电容为一个像元。若有 X 射线光子射入半导体中，就会产生电子-空穴对，在电场的作用下，电子就会进入半导体的耗尽区的势阱而被储存形成电荷。势阱中存储的电子数和照射的 X 射线的强度成正比。照射到面探测器上各处的 X 射线就在对应位置上的电容中转变为电荷而被储存，整个 X 射线谱形成一个潜像。该潜像用电子线路读出来，也就是要将所储存的电荷转移出来。至于转移方式，有行间转移、帧转移和帧行间转移等，这里不再介绍。

3.3.4　阵列探测器

前面介绍的固体探测器是单点式的，因此需要通过扫描才能完成一维的数据收集。所谓阵列探测器就是将许多小尺度（如 $50\mu m$）的固体探测器有规律地排列成一维或二维构成阵列探测器。它既能同时分别记录到达不同位置上的 X 射线的能量和 X 射线光子的数目，又能按位置输出 X 射线的强度。

(1) 一维阵列探测器　PANalytical 公司推出的 X'Celerator（超能探测器）就是一种一维阵列式探测器。它由 100 个并排排列的像元构成，每个像元是一个独立的半导体探头，配备有自己的计数系统，其在扫描过程中的作用见图 3.20。在扫描过程中，每一个方向都被每一个像元测量一次。如这个方向正好是衍射方向，则这 100 个固体探测器都要记录这个衍射方向一次。很显然，它记录到的总强度是这100 个探测器记录的总和，即 100 倍于单个探测器记录的结果。从图 3.20 可知，从扫描的起点算，第 1 像元、第 2 像元……第 99 像元，它们分别计数 1 次、2次……99 次；类似在扫描的终点，倒数第 1 像元、倒数第 2 像元……倒数第 99 像元，也只分别计数 1 次、2 次……99 次。因此必须把扫描的起点和终点放大一个一维探测器所覆盖的角范围，或让计算机对上述第 1（倒数第 1）……第 99（倒数第

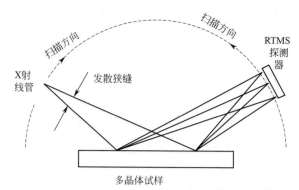

图 3.20　PANalytical 公司的 X'Celerator 在扫描过程中的作用

99）像元作倍率处理。

从上可见，利用 100 个像元的一维探测器记录比用单个强度提高 100 倍，而且噪声低，灵敏度提高了 10 倍。

（2）二维阵列探测器　由于硅二极管阵列面探测器比目前常用的探测器（如正比计算器、成像板、CCD 等）的性能优越，故还处在发展之中。如美国加利福尼亚大学发展的双层结构的二维探测器，硅片厚度在 $300\sim500\mu m$。上一层为硅二极管阵列，下一层为计数电路阵列。每个硅二极管与一个计数电路相连接。一个计数电路中包括一个前置放大器、一个脉冲成型器、一个甄别器和一个三位定标器。一个硅二极管为一个像元，每个像元的尺度为 $150\mu m\times150\mu m$，由 50×50 个像元构成一块模板，一个探测器由 20×20 块模板并排而成。总的尺度为 $15cm\times15cm$，其上有 1000×1000 个像元。

PANalytical 最近推出的 PIXcel（像素）探测器就属于硅二极管阵列面探测器，它包括的像素为 256×256，每个像素大小为 $55\mu m\times55\mu m$，单个探测器作用的区域是 $20mm\times20mm$，具有高的计数效率（对于 CuK_α 辐射为 95%）、极好的线性和非常好的分辨率。

3.3.5　记录系统的发展

记录系统，即记录由探测器的读出线路输出脉冲的设备。最早的记录系统是照相底片，后来用纸带描绘记录输出计数率仪以及定标器记录和输出，并打印在纸带上。现代衍射仪则是把原始数据自动记录并存于计算机的硬盘中，并多以原始数据格式保存为"＊＊＊.raw"文件。

3.4　工作模式及附件[2,3,5]

粉末衍射仪分为水平扫描和垂直扫描两种，即扫描平面可为水平面或铅垂面，它们都与衍射仪轴垂直。两者比较如表 3.6 所列。

表 3.6 水平扫描和垂直扫描的比较

项 目	水平扫描型	垂直扫描型
焦平面	水平	铅垂面
X 射线管	固定靶:水平安装 可折式靶:水平安装或垂直安装 水平安装仅能使用两个窗口	垂直安装 可同时使用四个窗口
空间利用率	较低	较高
2θ 扫描角范围	约 −100°～165°	约 −40°～165°
附件安装	便于改装,可安装结构分析、高低温、高压、反应器等特殊附件	原则上可以,但困难较多

3.4.1 粉末衍射仪的工作模式

现代粉末衍射仪有波长色散和能量色散两种工作模式,现分别介绍如下。

(1) 波长色散粉末衍射 波长色散衍射就是通常用单色(特征)X 射线入射、计数管(盖格管、闪烁管、正比计数管等)作探测器的粉末衍射,其衍射条件必须满足布拉格定律:

$$2d\sin\theta = n\lambda \qquad\qquad (3.18)$$

有如表 3.7 所列的几种扫描方法。

表 3.7 波长色散衍射的几种扫描方法

扫描方式	主 要 特 点	主 要 应 用
反射式 θ/2θ 连动	衍射面近乎平行于试样表面,准聚焦几何	广角衍射和广角散射
反射式 2θ 扫描	掠入射,非聚焦几何,改变掠射角可改参与衍射试样的深度	薄膜样品的广角衍射和散射
θ 扫描	固定 2θ,仅 θ 扫描	一维极密度测定
θ～θ 扫描	试样不动,射线源和探测器同步作 θ～θ 扫描	最适宜液态样品
透射式 2θ 扫描	固定 θ 于 −90°,仅 2θ 扫描	厚样品非破坏分析

现代粉末衍射仪仍分连续扫描、分阶扫描(又分定时计数和定数计时)两种记录模式,其实两种扫描模式已经没有差别,连续扫描也是分阶的,只是阶宽(step size)称为取样宽度(sampling width)。

当前,许多实验者对透射几何衍射技术的应用不够注意。现讨论如下:透射衍射几何示于图 3.21 中。其中 (a)、(b) 和 (c) 分别示出平行束、发散束和会聚束三种入射光的情况。仔细观察和分析图 3.21(a) 和 (b) 可知:①衍射线明显宽化,一些衍射线会重叠,实际上可能变为一个个晕圈和/或晕圈重叠;②这种宽化重叠现象还会随试样厚度增加而更趋严重;③衍射峰位移和峰宽化的方向随样品厚度增加，向低角度方向或向高角度方向发展，这与以衍射仪轴为中心，厚度向出射线方向或向入射线方向增加有关。为了遏制或消除这种宽化，在紧贴样品的出射面加一截限狭缝（SLS）和添加一发散狭缝（DS-1），便能获得与标准数据比对的衍射数据。如使用经椭球形晶体单色器获得的能聚焦于 RS 处的会聚光束，那是最理想的。

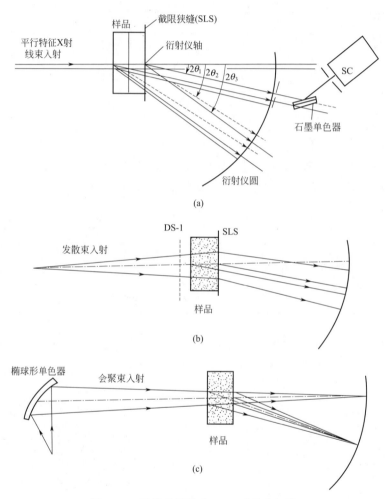

图 3.21　厚样品透射式 Laue 对称几何学

（a）平行光束入射，显示衍射线明显宽化；（b）发散光束入射，显示衍射光束的散焦效应；

（c）会聚光束入射，显示衍射束的聚焦效应

(2) 能量色散粉末衍射　如果使用白色（连续波长）的 X 射线入射，不同 d 值的晶面处在相同方位，入射线的方向不变，则不同 d 值各晶面的衍射线方向相同，因此探测器必须固定在一选定的 2θ 位置，各衍射线服从

$$2d\sin\theta = 13.3985/E \tag{3.19}$$

式中，E 为入射线的能量，keV；d 的单位为 Å；$\sin\theta$ 固定。因此，处在同样方位的不同 d 值的晶面衍射不同能量的 X 射线，入射线应为连续辐射，称为能量色散衍射。它有两种工作模式。

① 同时测量不同能量衍射强度的模式。入射线是不同能量的 X 射线同时入射，相同方位的不同 d 值晶面选择满足衍射条件的不同能量的 X 射线衍射到同一方向，因此探测器必须是在固定 2θ 位置的能量色散探测器，经过探测器的接收和后继处理给出各衍射线的能量和强度，即 $I\text{-}E$ 谱。

② 入射线能量扫描模式。光源发出的 X 射线是能量连续分布的，在入射到试样之前经分光晶体作能量扫描，换言之，不同能量的 X 射线相继入射到样品上，处在相同位置的不同 d 值的晶面选择满足衍射条件的能量相继产生衍射，固定在 $2\theta_S$ 位置的探测器相继测量不同能量衍射线的强度，给出 $I\text{-}2\theta_M$ 花样，其中 θ_M 为分光晶体的布拉格角。

两种模式的特点比较于表 3.8 中。透射能量色散衍射与反射能量色散衍射的比较列入表 3.9，可见两者各有特点，其互补性是明显的。

表 3.8　两种工作模式的特点比较

工作模式	入射到试样的方式	花样探测方式	获得花样的速度	花样的谱性质	数据处理方式
能量色散探测器[Si(Li)]模式	不同能量的 X 射线同时入射到试样上	能量色散探测器，同时记录各衍射线	快数秒钟	$I\text{-}E$	按 $2d_{S_j}\sin\theta_S = 13.3985/E_j$ 求 d_{S_j}，给出 $I\text{-}d_{S_j}$
能量扫描方式	使用分光晶体扫描，不同能量的 X 射线相继入射到试样上	闪烁计数管随分光晶体的转动相继纪录各衍射线	慢十分钟量级	$I\text{-}2\theta_M$	依据 $2d_M\sin\theta_{Mj} = 2d_{S_j}\sin\theta_S$ 求 d_{S_j}，给出 $I\text{-}d_{S_j}$

表 3.9　透射能量色散衍射与反射能量色散衍射的比较

比较项目	反射式能量色散衍射	透射式能量色散衍射
入射 X 射线特征	大约 100kV 下钨靶发射的连续 X 射线，或白色同步辐射	
参与衍射的能量范围	5.4～70keV(3.296～0.177Å)	24～95keV(0.5166～0.1337Å)
固定的衍射角 θ_S	较大(5°～20°)	较小(1°～4°)，可选的范围较小
吸收的影响	影响不大，不予考虑	影响很大，最小能量决定被检测样的最大厚度
能量衍射花样的特征	随 θ_S 的大小而不同　不大会漏掉大 d 值的线条	随 θ_S 的大小而不同　因低能量 X 射线可能被吸收，可能漏掉大 d 值的线条而影响物相的最后判断
	两种方法具有互补性	

(3) 波长色散和能量色散衍射方法的比较　这里不准备对波长色散衍射和能量色散衍射做全面比较，仅把两种透射式方法的特点列入表 3.10 中。从非破坏性检测的实用角度来看，在超厚样品效应和衍射中心位置两方面，能量色散衍射优越得多、方便得多；从有效穿透厚度和适用性来看，两种方法有自己的应用范围，波长色散衍射能检测样品厚度 4～20mm 范围（与用的靶元素有关），能量色散衍射能检测样品厚度约 20cm 量级。在透射的情况下，能量色散衍射可以取代波长色散衍射，但波长色散衍射不能取代能量色散衍射。

表 3.10　波长色散衍射和能量色散衍射的比较

	比较项目	透射式波长色散衍射	透射式能量色散衍射
1	入射式	单色的辐射	一定能量范围的连续 X 射线
2	衍射式	与入射线相同的特征辐射,各衍射线在样品中的行程不同	选择一定能量范围的 X 射线衍射,各衍射在样品中的行程相同
3	衍射花样特征	与相同辐射的标准花样差不多	与选定的 2θ 位置有关
4	超厚样品效应	线条宽化和重叠效应严重,用截限狭缝可减少和克服这种效应	不存在线条宽化和重叠效应
5	衍射几何中心的位置	应处在 X 射线与检测物出射面交截处,实际中较难实现	可处在 X 射线与检测物相交截的任何位置,实际中不难实现
6	衍射花样的接收和记录	计数管作 2θ 扫描,或使用零维或一维探测器	能量扫描,计数管固定在 2θ 位置或用固定在 2θ 位置能量色散探测器
7	有效穿透厚度	小,与所用辐射波长有关	大得多,3～5 倍
8	适用性	用 AgK_α 或 MoK_α 辐射可作毒品和小包装爆炸物在线检查	用 Au 或 W 靶,100kV 或更高千伏管压,可在线检测大包装的爆炸物
9	价格	计数管扫描与能量扫描差不多,使用一维探测器与用能量色散探测器相差不会太大	

3.4.2　X 射线粉末衍射仪中的附件

一台现代 X 射线粉末衍射仪，除了光源、测角仪、探测器和记录系统、设备的控制系统和数据处理系统这些基本结构外，为了扩大应用范围，还有许多附件可供选择。表 3.11 列出了一些主要附件及其特征和应用范围。由表可知，附件是多种多样的，各仪器公司生产的主机功能大致相同，但附件的配置各不相同。每种附件不仅有机械部件，还必须有计算机控制和数据处理软件，以及相应的作图软件。如织构附件，不仅带有 α 和 β 角的旋转机构，还需要控制 α 和 β 抄作系统、对数据

表 3.11　X 射线粉末衍射仪的主要附件

序号	附件名称	特　征	作　用　和　应　用
1	入射束单色器	使入射束单色化,可以仍为发散光束	X 射线粉末衍射仪中一般不用
	平行光束	使入射的发散束变为平行束	适宜于薄膜样品的掠入射衍射
	会聚光束	使入射的发散束变为聚集束	特别适宜于厚样品的透射衍射

序号	附件名称	特　征	作　用　和　应　用
2	衍射束单色器	使衍射束单色化	提高衍射花样的分辨率
3	试样旋转附件	使试样在样品平面内快速旋转	消除或减少样品的大晶粒效应；单晶片的多重衍射
4	试样自动交换台	在同心圆上设有多个填样区	自动更换样品
5	真空附件	试样处于真空或保护气氛下	防止和降低空气散射，防止样品的氧化和潮解
6	高温附件	在衍射实验过程中加热试样	测定样品在高温下的相变和相结构，测定样品的热膨胀系数
7	低温附件	降低试样温度，低达 4.2K	测定样品在低温下的相变和相结构，消除或降低热漫散射
8	高压附件	使样品处于高压下	测定样品在高压下的相变和相结构
9	纤维样品附件	安装纤维样品	测量纤维样品的衍射
10	拉伸附件	使试样在拉伸状态下衍射	测定试样在拉伸状态下的衍射
11	应力附件		测定材料的内（第一类）应力
12	织构附件	带有 α 和 β 旋转的透(反)射	测定板材织构的极图
13	单晶附件		分析单晶样品
14	多功能测角头	具有几种附件的复合功能	测定样品几种性质和参数
15	微区衍射附件	光束仅照射在样品的微小区域	适宜样品微小区域分析

$I(\alpha , \beta)$ 进行处理和最后自动描绘极图等软件。

下面重点介绍高低温衍射附件以及最新发展的化学反应器附件。

3.4.2.1　高低温衍射仪结构

其仪器结构完全同一般衍射仪，只是在原测角仪上的样品台换上有高低温加热炉的样品台，炉子外壳一般用金属做成，中间加热体为 Pt、W、Ta 等，炉体外围还预留有进气和出气孔等，并且开有以 Be 金属或有机物组成的窗口，可以让 X 射线照射到加热体上。有些加热炉内部还有保温材料。一般测量室温到 1600℃ 时，使用 Pt，在高真空下加热到 2300℃ 时需要使用 W 加热条。测量温度用铂-铂铑热电偶对。温度控制由一台温度控制柜自动控制，可以实现由软件精确控制温度升温、升温速率、保温温度、保温时间、重复次数及降温等一系列过程。也可进行阶梯升温、等速升温→降温→升温过程。图 3-22 是高低温衍射仪加热炉（液氮温度至 1600℃）和超高温衍射仪加热炉（真空下室温至 2300℃）。

3.4.2.2　高低温衍射技术的应用

在高低温下，一些物质会发生各种变化，同时它们的物质结构也会有所改变，有的完全变成另一种相组分。这就要求有一种实验手段能将物质在加温过程中的一

(a) 高低温衍射仪加热炉的结构

(b) 超高温衍射仪加热炉的结构

图 3.22　高低温和超高温衍射仪加热炉的结构

系列变化用仪器记录下来，这就产生了高低温衍射仪。高低温衍射仪一般可进行如下一些分析和研究：

① 热膨胀及其温度；

② 各向异性及其温度；

③ 物质变态或相变及其温度；

④ 非晶质物质的再结晶及其温度；

⑤ 晶格常数测定及其温度；

⑥ 化学转化或反应及其温度等。

3.4.2.3　温度校正

由于各种因素会使测量温度值与实际温度有一定的误差。这些因素主要有以下几种：

① 加温装置本身的精度引起的误差；

② 热电偶本身含有杂质和结构的不规则性引起的误差；

③ 测温点与试样表面之间的温度差而引起误差，因试样架周围会产生一定的温度梯度因而测温热电偶的读数与样品的实际平均温度之间的差异在 1000℃时可高达 30～50℃；

④ 冷接点温度变化引起的误差。

由于有上述一些主要因素引起样品实际温度与测量温度之间的差别，有必要进行温度的校正。校正的方式有多种。最简单的方法是待测样品的高低温相变衍射完成后，用一种其熔融点或相变点的温度是标准已知的材料来进行高温测量得到熔融或相变的温度，这样就得出一个标准温度与实际测量温度的差异，以此进行校正。但这种校正是粗略的，精度不高，一般常规使用也就可以了。另一种就是选择一些材料，它们有各自的熔融温度（标准）或相变温度（标准），最好温度范围从较低温度开始到高温都有其熔融或相变的温度。这样可逐个试样测量其熔融或相变温度，制成一个标准熔融或相变温度——实际测量温度的曲线。在对其他材料进行高温衍射时就可用此校正曲线进行温度的校正，此方法较精确。

参 考 文 献

[1] 克鲁格 HP，亚历山大 LE. X 射线衍射技术（多晶体与非晶质材料）. 盛世雄等译. 第 2 版. 北京：冶金工业出版社，1986.

[2] 杨传铮，谢达材，陈癸尊等. 物相衍射分析. 北京：冶金工业出版社，1988：201-265.

[3] 张建中，杨传铮. 晶体的射线衍射基础. 南京：南京大学出版社，1992：1-9.

[4] 杨传铮，程国峰，黄月鸿. 同步辐射 X 射线应用技术基础. 上海：上海科学技术出版社，2009.

[5] 马礼敦. 近代 X 射线多晶衍射——实验技术与数据分析. 北京：化学工业出版社，2004.

第4章
多晶 X 射线衍射实验方法

现代粉末衍射仪主要是按照 Bragg-Brentano（B-B）聚焦原理，把 X 射线源、样品台、探测器等通过测角仪连接起来的测量仪器，它通过对试样产生的衍射线进行位置、强度、线形等进行记录和测量，从而实现对材料晶体结构的表征。在粉末衍射仪中，测角仪是其中的核心部件。

4.1 测角仪[1,2]

由于标准 X 射线管发出的是发散光束，大部分高分辨粉末衍射仪都采用聚焦几何，在增强衍射强度的同时可以提高仪器的分辨率。因此需要通过对测角仪的校准来实现高精度的 X 射线光路。

粉末衍射仪的测角仪放置通常有两种方式，一种是垂直放置，一种是水平放置。垂直放置时样品可以平放，水平放置时样品则必须要放置在垂直面上。此外，粉末衍射的几何一般也分为反射几何和透射几何两种形式。

图 4.1 给出了反射（B-B）几何的原理示意图，它可以同时得到高分辨率和高强度的衍射图谱。

假设从焦点中心 F 发出的射线被位于测角仪圆心 O 的试样衍射后在 C 处聚焦，聚焦圆 O' 中按旋切角与所对圆周角相等的定律，有 $\angle OPF = \theta_1$，$\angle OPC = \theta_2$。在直角三角形 OPF 和 OPC 中，$R_1/\sin\theta_1 = R_2/\sin\theta_2 = 2l$（聚焦圆直径）。若测角仪圆半径 $R = R_1 = R_2$，则 $\theta_1 = \theta_2 = \theta$（半衍射角）。相应的一个衍射角则对应一个聚焦点 C。因此，在 B-B 几何中光源中心到样品表面中心的距离，应该与表面中心到接收狭缝中心的距离一致，并且等于测角仪半径。同时，入射 X 射线与试样表面的夹角也应该与衍射线与试样表面的夹角一致，即等于衍射角 2θ 的一半。因此粉末衍射仪的测角仪也通常有两种构造，一种是样品和探测器绕着一个共同的测角仪轴旋转，即 θ-2θ 模式；另一种是固定样品，X 射线源和探测器同时旋转，即 θ-θ 模式，如图 4.2。图 4.3 是拥有水平 B-B 聚焦几何的测角仪的实物图，探测器和光源同时绕着一个共同的水平测角仪轴旋转。测角仪的两条臂都在垂直方向转动，这是

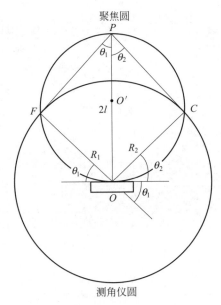

图 4.1　Bragg-Brentano 反射几何（B-B 几何）原理图

目前最常用的粉末衍射仪几何。但是 B-B 几何有两个缺点，一个是可能存在择优取向，另外一个是难以避免 X 射线不穿透某些样品。因此，也发展了透射几何模式，在此不过多介绍。

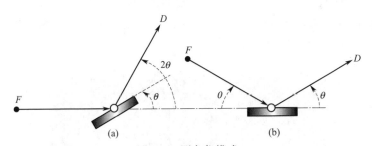

图 4.2　测角仪模式

（a）θ-2θ 模式，光源不动，样品及探测器分别以 1∶2 的速率旋转，
有些特殊测试时，只做探测器旋转，即 2θ 扫描；（b）θ-θ 模式，
样品不动，光源和探测器以 1∶1 的速率旋转
F—光源焦点；D—探测器；θ—布拉格角

　　粉末衍射仪测角仪在使用一段时间后或经过更换光管、衍射仪附件等后，均需要对测角仪进行调整，以保证获得准确的衍射线角度位置。同时，仪器使用者应该定期使用从 NIST 得到的标准样品对测角仪进行校准。常用的标样包括硅（SRM640b），刚玉（SRM676）以及 LaB_6（SRM660/660a）。如果位置误差大到不能忽略不计，则测角仪需要维护或者更换。因为这种情况下该测角

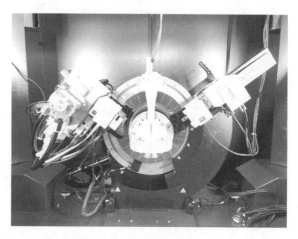

图 4.3　常见的 θ-θ 模式粉末衍射仪（Bruker D8 Discover 6kW 粉末衍射仪）

仪本质上已经不可能得到高质量的衍射数据，测得的衍射角也不可避免地会带有系统误差以及随机误差。调整测角仪时要注意，X 射线焦斑 F 的中心线、发散狭缝、防散射狭缝、接收狭缝和试样台的中心线应该与测角仪圆中心轴线相互平行，在 0°时，这些中心线应在同一平面上，同时要求试样表面与上述平面重合。

此外，粉末衍射仪的分辨率是随着测角仪半径的增大而增加的，但衍射线的强度却是随之减小的，这是因为 X 射线源发射的 X 射线光束是发散的，因此粉末衍射仪的测角仪半径在设计时会兼顾分辨率和强度，比较典型的测角仪半径范围一般在 150～300mm 之间。最近几年，随着探测器技术的发展，尤其是大面积面探测

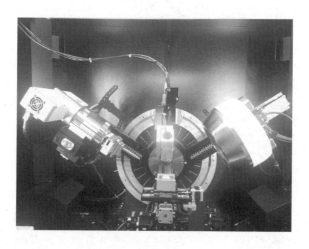

图 4.4　二维粉末 X 射线衍射仪（Bruker D8，光源为
微焦斑 Iμs 光管，探测器为 Ventec 500）

器技术的发展，当 X 射线光束穿过样品时，所有方向的衍射光束可以同时被面探测器计数，如果面探测器尺寸足够大，甚至可以测得整个德拜环，而不是点探测器的一小块，这在某种意义上就恢复了粉末衍射花样的二维性。同时，应用这类探测器时，衍射数据的收集速率也非常快；如果把入射光束聚焦到一个较小的区域，理论上可以测量几个晶粒甚至一个晶粒的粉末衍射数据（这就是微区衍射技术），通过调整入射光束随样品的取向变化，也可以测出所有的晶粒取向等，这在材料微区、织构和应力分析方面具有较大的优势，这也即是近年来比较热的二维粉末 X 射线衍射技术（衍射仪见图 4.4）。

4.2　狭缝系统及几何光学[1~3]

按照聚焦原理，试样表面应该是与聚焦圆一段弧相重合的曲面，且随聚焦圆半径的变化而变化，但是试样表面实际上只能为一个平面，且不能随衍射角变化而改变其表面曲率，因此聚焦是不完全的。这就需要限制试样被照射的宽度，以减少对圆弧的偏离，因此必须在入射光路上加上发散狭缝（DS），以限制 X 射线光束的水平发散度。此外，还需要在入射和衍射光路上分别设置索拉狭缝（S_1，S_2），用来限制 X 射线光束的垂直发散度，减少接收狭缝（RS）的散焦效应，接收狭缝的作用主要是用来控制接收信号的强度和线形以及分辨率。同时在衍射光路上通过设置防散射狭缝（SS），用以减少荧光辐射、空气散射和非相干散射线的通过，这些狭缝组成了聚焦 B-B 几何光路的狭缝系统（见图 4.5）。衍射光束可以用 β 滤波片或晶体单色器来进行单色化。有时也会对入射 X 射线光束进行单色化，这样做的目的是降低 X 射线荧光对背底的影响，以及进行高分辨率的 X 射线衍射（如进行单晶外延膜或单晶的测量等）。

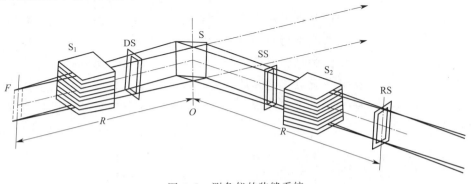

图 4.5　测角仪的狭缝系统

如果发散狭缝距焦斑中心 F 的距离为 D，狭缝本身的宽度为 W，R 为测角仪半径（以 mm 为单位），A 为试样被照射区最大水平宽度（以 mm 为单位），则 X 射线光束的水平发散度 γ（以弧度为单位）为（见图 4.6）：

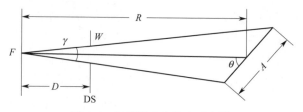

图 4.6　X 射线光束的水平发散

$$\gamma = 2\tan^{-1}\frac{W}{2D} \tag{4.1}$$

近似的,

$$\gamma \approx \frac{A\sin\theta}{R} \tag{4.2}$$

索拉狭缝一般是由吸收较强的一组平行于测角仪的薄片重金属如钽或钼组成,其片间距为 D,薄片长度为 L,这样可以把光束分割成一个个小段,每小段光束的垂直发散度 δ 则可以由下式计算,

$$\tan\delta = \frac{D}{L} \tag{4.3}$$

一般的,增大发散狭缝,就能够增加光束的发散度,使得照射的试样面积增大,可以显著增加衍射强度,同时引起平板试样的散焦效应增大,使得衍射线的半高宽增加、分辨率降低、衍射峰的不对称性增大等。防发散狭缝一般要求与发散狭缝宽度一致,用于增大峰背比。而增大接收狭缝,则可以使衍射线强度增大,背底强度和衍射线的半高宽也会相应增大,降低峰背比和角度分辨率。索拉狭缝主要是限制光束的垂直发散度,降低衍射线的强度,同时能够提高衍射线的分辨率,以及改善衍射线的峰形对称性和德拜环宽度的均匀性。为了得到准确的峰形、峰位和足够的衍射强度,在做粉末衍射实验时需要综合考虑发散狭缝、接收狭缝、索拉狭缝等的设置,同时根据需要选择扫描步长、测量时间等参数,这样才能给出高分辨、高精确的衍射图谱,为进一步的数据分析打下基础。

4.3　样品制备

样品制备是影响粉末衍射数据质量的一个重要因素,一般说来,高质量的样品制备能够获得更加精确的衍射数据,为后续的数据处理和分析打下基础。在样品制备的时候,特别需要注意晶粒尺寸、样品厚度、择优取向、样品表面平整度等的影响。

4.3.1　粉末的要求和制备

粉末衍射数据的收集，一般要求在射线照射体积内的样品包含无限个粒子，有无限多个取向，即样品中的晶粒或微晶都是随机取向的。这样对每一反射有贡献的晶体颗粒数目越多则产生的强度信号则越容易重现。因此，通过减小颗粒平均尺寸来达到近似无穷的颗粒个数则是一种十分有效的方法。如果用二维衍射或者德拜-谢乐法测试时，应该满足粉末细化到没有不连续状或点状线的产生，一般的，要求粉末至少能够通过 325 目（线孔径约为 $50\mu m$）筛网才能保证测量强度的基本重复性。当然，测量强度的重复性除了决定于粉末晶粒的尺寸，还和被照射样品的总量等相关。而即使通过 325 目筛孔的粉末，很多情况下也显得过于粗大。一般说来，粉末的平均有效晶粒尺寸在 $10\mu m$ 以下时，能够保证其平均强度偏差在 3% 以内。否则，则需要减小粒径。

最常规的减小粒径的方法就是用研钵和杵研磨，研钵和杵通常是用玛瑙或陶瓷制作的。玛瑙可用来研磨硬材料，如矿物或合金等，陶瓷研钵适合研磨较软的无机物和高分子化合物。当然机械研磨也能达到较好的效果。不过需要特别注意的是，过长的研磨通常会使粒子产生过多的表面，和块体的结构就不同了，或是使小颗粒结块，导致测试结果不可信。某些情况下，过度的研磨会导致材料结晶度的严重下降以及引入某些缺陷，如对于较软的有机化合物晶体，长时间的过度研磨可能会引起点阵畸变并伴随着 X 射线衍射图谱谱线的宽化。最终的粉末可以通过过筛的方法进行筛选，这样既可以有效去除较大的颗粒，也可以帮助分解研磨过程中的团聚现象。

此外，对粉末的要求是其择优取向应当很小。理想的随机颗粒取向仅仅在有大量的球形或近似球形粒子时才能实现。多数情况下，研磨后的颗粒都不是各向同性的形状，片状或针状粒子研磨后的非随机取向性分散尤为严重，因此在制样时要引起注意。当粉末的颗粒是薄片状时，倾向于将它们的平面平行排列，聚集在一起。结果是薄片的取向是绕着一个垂直于它们最大面的共同的轴随机分布的，这种样品就会有一个单一轴择优取向（或纹理）。当颗粒由针状粒子组成时，针的轴的方向在平面上几乎是随机的。此外，每个针都有一个额外的旋转自由度，也就是说当它绕其长轴转动时，样品就有一个面内择优取向。如果样品是平的长条状粒子时，如条带状样品，择优取向的影响就更复杂了。这些条带会排列在样品表面，而且因为它们是平的，它们的表面也平行于样品表面排列。这样两种择优取向轴就结合起来了：一个是条带的长轴，另一个垂直于平面。而不论样品是哪种择优取向，它们都由其独有的方式来影响衍射强度。因此，比较有效的可以同时增加射线照射体积内的粒子数目和其取向的随机性的方式，是在收集数据的过程中持续旋转样品。现代的粉末衍射仪都会配有旋转样品台，可以使样品沿水平方向进行 360°旋转，旋转的速度也可以根据需要进行设置。这种旋转样品的方式能够很大程度上改进衍射强度的偏差和重复性。

不同的衍射几何，其适合的制样方式是有区别的，最常用的 B-B 几何的样品架见图 4.7，样品架可以由金属、塑料或玻璃制成。当粉末足够多时，可以将粉末填充在如图 4.7(a) 的凹处来进行 X 射线衍射测试。多余的粉末需要用刀片或载玻片的边缘一次刮除。对于少量样品，可以撒在无反射零背景的单晶硅片上 [图 4.7(b)]。在制备样品时，特别要注意对粉末的按压尽量不要沿同一方向，这可能引起颗粒的取向重排，对于较轻的材料，可以用与样品平均颗粒尺寸相匹配的粗糙表面的物体轻轻按压。这需要一定的经验才能保证制备样品的平整性和无取向，但即使这样，颗粒的均匀无取向分布也很难实现，尤其是轻的蓬松的粉末。可以把粉末用黏结剂溶液稀释，使各个颗粒都被胶完全覆盖，制成黏稠的悬浊液再倒入样品架的凹槽或无反射零背景的单晶硅片上进行测试。值得注意的是，采用这种方法制备的样品衍射强度可能较低以及带来背底的变化，并且比较容易出现样品表面的粗糙不平，导致衍射峰位置的偏差。

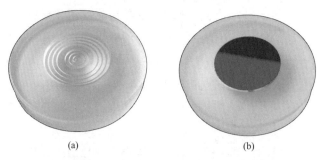

(a) (b)

图 4.7 标准的粉末样品架 (a) 和零背景单晶硅样品架 (b)

另外，经验表明，当需要使样品的择优取向最小时，有效地减少择优取向的制样方法是采用侧装法或背装法。这类方法需要特殊的样品架，其侧面或背面是开口的。在填装样品时，样品架表面盖上一块载玻片，其朝向样品的一面的粗糙度要和样品粒径相当。用这种技术填装样品可以降低样品表面的择优取向的影响。

当然，随着 Rietveld 结构精修方法和软件的发展，可以通过对样品进行慢扫描，利用各种精修软件对实验数据的择优取向进行修正，从而达到理想的测试结果，但这是一种后期补救的措施，尽管有效但仍然建议在制备样品的时候尽量降低择优取向，从而减小后期数据分析的工作量，并能够最大程度地保证测试数据的可靠性和准确性。

4.3.2 填样宽度和深度[4,5]

在粉末衍射实验的样品制备中还需要考虑一些其他因素，其中之一是沿着 B-B

几何的测角仪的光学轴的平面样品的长度（L）。它应该足够大，以保证在收集数据的任何布拉格角时，照射在样品表面的 X 射线都不会超出样品长度。如图 4.8，假设光束的发散角是 φ，可以很容易得到受到照射的长度 L 的变化与 φ、测角仪半径 R、布拉格角 θ 的关系：

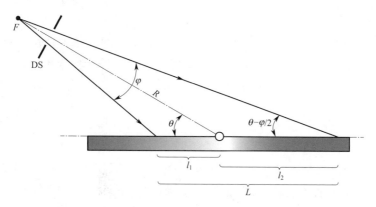

图 4.8　入射光束在 B-B 几何平面样品上的长度

F—光源焦点；DS—发散狭缝；R—测角仪半径；φ—入射光发散角；θ—布拉格角

$$L = l_1 + l_2 = \frac{R\sin\left(\dfrac{\varphi}{2}\right)}{\sin\left(\theta + \dfrac{\varphi}{2}\right)} + \frac{R\sin\left(\dfrac{\varphi}{2}\right)}{\sin\left(\theta - \dfrac{\varphi}{2}\right)} \approx \frac{\varphi R}{\sin\theta} \tag{4.4}$$

$$\frac{l_2}{\sin\left(\dfrac{\varphi}{2}\right)} = \frac{R}{\sin\left(\theta - \dfrac{\varphi}{2}\right)} \tag{4.5}$$

$$\frac{l_1}{\sin\left(\dfrac{\varphi}{2}\right)} = \frac{R}{\sin\left(180 - \theta - \dfrac{\varphi}{2}\right)} = \frac{R}{\sin\left(\theta + \dfrac{\varphi}{2}\right)} \tag{4.6}$$

式中，φ 是入射光束的发散角，（°）；R 是测角仪半径，mm。当入射光发散角很小（$\varphi \leqslant 1°$）且 $\theta \geqslant 5°$ 时，可使用近似。

根据上式可得，长度 l_2 在布拉格角很小、发散狭缝较宽、测角仪半径较大时变得很重要。实用的粉末衍射样品尺寸应小于 25mm，当布拉格角很小时，就需要调整合适的入射光斑大小，避免 X 射线照射的尺寸超出样品尺寸。如果这样，低角度时测得的强度就会被低估，因为与高角度时相比，这时只有部分的射线照射在样品上。分析这种影响是不可能也不现实的，因为入射光束的截面的光子流密度是不均匀分散的。

一般的，

① 粉末 X 射线衍射仪的填样尺度：深、长、宽各起不同的作用，除长度为充分使用 X 射线线焦源的长度之外，其他两个尺度都十分重要。

② 宽度是为保证在 2θ 大于盲区（$2\theta_{min}$）的扫描过程中参与衍射体积不变。填样宽度 l 严重影响单相和复相及复相中的单相的衍射线的相对强度，进而严重影响复相的定量分析结果。因此，即使样品量较少或太少，也应保证填样宽度 l 达最大值，特别是使用较大的 DS 和 SS 时。

此外，在 B-B 几何中，填样深度是为保证在整个扫描角度范围样品均能满足无穷厚度的要求。假设样品对入射光束吸收 99.9%，即为完全不透明，则光束强度会被衰减 1000 倍，可以写出下式：

$$\frac{I_t}{I_0} = \exp(-2\mu_{eff}l) = 10^{-3} \tag{4.7}$$

式中，I_0 和 I_t 分别是入射和透过的光束强度；μ_{eff} 是有效线性吸收因子，与样品本身和粉末的多孔性有关；l 是样品的穿透深度，mm，与样品厚度 t 有关，$l = t/\sin\theta$，最小的样品厚度可以由下式估算：

$$t \approx \frac{3.45}{\mu_{eff}}\sin\theta_{max} \tag{4.8}$$

式中，θ_{max} 表示实验中测定的最大的布拉格角。通常密度大的金属合金容易制备成满足 B-B 几何的样品，因为比 Al 重的元素都有较大的线性吸收系数。但密度较小的或轻原子（C、N、O、H）组成的物质，如有机物，就很难满足无限厚度的要求。相反的是，透射几何要求样品的吸收越小越好。

一般的，

① 对于吸收系数较大的金属样品填样深度效应可以忽略，填样深度在 0.2～0.5mm 范围，足以满足无穷厚度要求。

② 对于低吸收系数样品，如聚合物、高分子材料、有机类医药、毒品、爆炸物等，当样品不满足无穷厚要求的反射几何情况下，填样深度对相对强度、FWHM 和峰位都有一定影响，应引起实验者的充分注意。对于绝大多数有机样品应使用较大深度的样品架，3.5 mm 厚可满足一般有机样品的要求。

③ 对于有机样品，在透射几何情况下，样品厚度引起严重宽化和严重重叠效应，无法得到可与标准数据比对的多晶衍射数据。作者提出在样品出射面设置截限狭缝和减小 DS 大小（0.5°）的方法，能揭制和消除这类宽化和重叠效应，能获得可与标准数据比对的多晶衍射数据。

④ 分析表明，将 Cu 靶换 Mo 靶，透射方法就能非破坏检查小包低吸收物质，以判定它究竟是哪种物质。

4.3.3　样品的放置位置[2]

　　做粉末衍射时，需要恰当地把样品放在样品台上，图 4.9 所示在 B-B 几何中样品位置放置不当所造成的影响。当样品摆放合适（如图中虚线部分所示，样品表面与测角仪轴平齐），且射线不能完全穿透样品时，才能测得正确的布拉格角 θ。当样品与测角仪轴偏移距离 s 时，即使入射光束和衍射光束的夹角还是 θ，也会测出不同的布拉格角 θ_s。当样品偏移严重时，衍射光束的聚焦就不再精确了，这会使衍射仪分辨率降低。这个现象在测角仪半径较小时尤其严重。在透射几何中也会出现类似的问题。

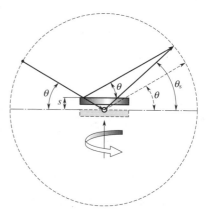

图 4.9　B-B 几何中样品偏高 s
距离时测量角的变化示意图
理想的样品位置如虚线所示，样品
在实线位置时，测量角 θ_s 要大于 θ

　　样品位置高低导致的布拉格角的偏差与不合适的样品制备方法导致的强度变化比较起来并不是十分严重，这是因为可以通过调整测角仪来完全消除。另外，样品位置产生的误差是有规律的，可以通过粉末衍射几何分析校正。例如，B-B 几何中样品偏移的误差可写作：

$$\theta_s - \theta = \frac{s\cos\theta}{R} \tag{4.9}$$

式中，s 是样品偏移距离；R 是测角仪半径；θ_s−θ 是布拉格角偏差，用弧度表示。这个偏差通常与样品厚度（尤其是用撒的方法制样时）和样品透明度的变化有关。值得一提的是，样品偏移距离 s 可以与晶格常数一起被精修，而低角度的峰对 s 更敏感。

4.3.4　样品颗粒粗细对数据的影响

　　颗粒粗细对衍射数据的影响，可以由同一种但不同粗细的 SiO_2 材料作为样品，都用 B-B 几何收集的数据做比对说明。图 4.10 为细的 SiO_2 粉末衍射图谱，采用连续扫描方式，扫描速度 2°/min，为了清晰地表现图谱的细节，在图上仅体现 2θ 角度在 20°～70°这段，可以看到由于照射面积的晶粒数量足够多，使得衍射线强度很高，各晶面的衍射峰相对强度与标准卡片值基本一致，一些相对强度较弱的衍射峰也很明显，同时衍射峰的线形也很好，这样得到的图谱即为高精度的粉末衍射数据。图 4.11 为粗的 SiO_2 粉末，由于颗粒较大，在 X 射线照射面积上参加衍射的晶粒则相对较少，导致采用同样仪器同样测试条件得到的衍射数据强度非常弱，特别是各晶面衍射峰的相对强度与标准卡片值相比变化极大，某些相对强度较弱的衍射峰则基本探测不到，而某些则出现了较强的尖峰，同时衍射角度也出现了稍许偏移。由此可以看出，样品的颗粒粗细对衍射数据精度有很大的影响，对于较粗的样品必须经过研磨处理才能进行测试。

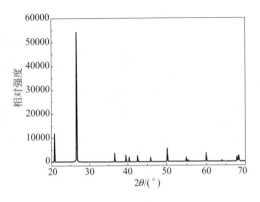

图 4.10 细的 SiO_2 粉末的衍射图谱   图 4.11 粗的 SiO_2 粉末的衍射图谱

4.4 粉末衍射数据的获取[1,2]

制备了合适的样品后，下一步就是如何获取粉末衍射数据，这对于数据是否可信也十分关键。有非常多的变量能调整，可以测出一系列或好或坏的数据，其中仪器参数包括：X 射线的波长、单色性、测角仪半径、功率设定；还有数据收集参数：扫描模式、扫描范围、步长、计数时间。

4.4.1 波长的选择

通常只有同步辐射光源可以自由选择 X 射线的波长。在一般的实验室中，改变 X 射线波长就意味着要更换 X 射线光管，还要重新老化以及对测角仪进行校准。这些操作需要经过专门培训才能完成。但是，X 射线光管（靶）的选择是基于实用考虑的，是看通常要研究的是什么类型的材料，以及对样品进行粉末衍射测试的目的。

粉末衍射中最常见的是用 Cu 做阳极靶，但其他材料也可以使用，如 Cr、Fe、Co、Mo 阳极。一般更倾向于使用波长较长的，如 Cr、Fe、Co，这与晶格常数测量的精确度有关，因为它们可以测到高角度的散射强度。另一个方面，选择粉末衍射实验的 X 射线波长，还取决于材料中的化学元素的 K 吸收边是否恰好在使用的特征波长之前。举个例子，Co 的 K 吸收边约 1.61Å（1Å＝10^{-10} m），Cu 的最强 $K_{\alpha_1}/K_{\alpha_2}$ 谱线约 1.54Å。因此，几乎所有的 Cu 的 $K_{\alpha_1}/K_{\alpha_2}$ 特征辐射都被 Co 吸收了，所以这种 X 射线光管就不适合分析含 Co 的材料。反过来说，Co 和 Fe 的阳极的 Co $K_{\alpha_1}/K_{\alpha_2}$ 和 Fe $K_{\alpha_1}/K_{\alpha_2}$ 就很适合测量含有 Co、Fe 物质的材料。

一些特征谱线和化学元素的组合会产生很强的 X 射线荧光。这个现象和可见光区的荧光类似，当带有足够能量的光子打在原子中的电子上时，可发生能量交换，激发电子离开基态，高能态的电子占据产生的空穴时放出能量，产生荧光。荧光辐射向各个方向发散，常常会造成背底增加。拥有强吸收的化学元素就会产生强的荧光背底。

4.4.2　单色化

入射光和散射光都需要单色化。用传统的 X 射线光源时，其特征光谱中一些不同能量的弱的谱线会"污染"衍射图谱，造成峰的重叠。阳极材料最强的干扰波长是 K_β。使用连续光谱（如同步辐射或中子）时，如果不单色化是不能得到分离的布拉格反射的。

粉末衍射实验中最简单的单色化方式是使用 β 滤波片。滤波片的材料的 K 吸收边要恰好在 X 射线光管的阳极靶的最强 K_β 谱线的波长之前，效果的好坏取决于是否能完全吸收特征杂质波长以及需要的特征 X 射线谱通过的程度。例如，要消除铜靶的 K_β 线（波长约 1.39Å），同时使绝大部分 K_α 线（波长约 1.54Å）通过，需要使用 Ni（其 K 吸收边的波长约 1.49Å）。Ni 对于铜的 K_α 和 K_β 的线性吸收系数的差别有近 80%。

通常 β 滤波片用来使衍射光束单色化，但有时也用于滤除入射光束的 K_β 线。β 滤波片的优点是简单且便宜。缺点包括：①非完全单色化，总有一小部分 K_β 线剩余；②K_α 线的强度被减弱了至少两倍；③β 滤波片的效果对波长大于 K_α 的白光过滤效果较差，同时在波长低于 K_β 时过滤效果会迅速下降。而且 β 滤波片几乎完全不能消除背底，尤其是 X 射线荧光造成的背底（滤波片由于吸收了 K_β 线而产生荧光）。

现代的粉末衍射仪另外常用的单色法是晶体单色器。这种单色器仅能通过选择的很窄波长范围的光。晶体单色器有多种，但最好的常常是弯晶单色器，因为它可得到精确聚焦的 X 射线，且可以降低强度损失。一个好的单色器可以只留下 K_{α_1} 和 K_{α_2} 两个特征波长，而且当放置在衍射光束中时要有效地降低背底。事实上，衍射光路单色器就非常有效，可以几乎完全消除很严重的荧光背底。有些时候，高质量的弯晶单色器通过较长的聚焦距离和较窄的单色器狭缝，可以消除 K_{α_2}，这主要用在高分辨衍射仪上，用来表征单晶外延膜等单晶材料。

第三种单色化的选择是能量色散固体探测器。通过调节能量窗口，可以使探测器只对特定的 X 射线光子能量敏感，所以就通过电子手段实现了 X 射线的单色化。这种方法最大的优点是不会有能量损失。

4.4.3　功率设定

在设定功率前，首先要了解高压发生器和 X 射线光管的功率等级。有两个可调参数：加速电压（kV）和光管电流（mA），它们可以调控发生器的输出电压和 X 射线源的输入功率。加速电压通常选择等于或稍高于有效激发阳极材料的特征谱线的阈值。例如，Cu 靶的最佳激发电压约 45kV，Mo 靶的约 80kV。但多数商业的高压发生器最高只能产生 60kV 的高压，所以对于 Mo 靶来说，就不能达到其最佳激发电压。第二个参数，光管电流，要选择不超过光管或发生器的功率等级的最高电流，因为光管电流和入射光强度成正比。

4.4.4　步进扫描

扫描模式决定了探测器和 X 射线源或探测器和样品（取决于测角仪的设计）在收集数据时如何移动，是间断方式还是连续方式。使用间断方式时，当 X 射线源（样品）和探测器停止转动时进行信号收集，这通常称作步进扫描模式。步进扫描的主要用途是：进行反射线形的高精度测量，用来计算晶粒大小或点阵畸变；测量由于非晶带来的弥散衍射峰，用来计算材料的结晶度等。

步进扫描的数据收集算法，包括以下步骤：

① 测角仪臂移动到初始位置；

② 持续收集衍射数据一段时间（计数时间）；

③ 计数时间结束后储存当前布拉格角度和强度；

④ 判断是否到达最后一个布拉格角：如果没有，测角仪臂移动至当前 2θ 再增加一个固定步长，重复之前步骤；如果到达，停止数据收集。

粉末衍射图谱的结果通常由许多个布拉格角处的强度数据组成，使用者可以设定的两个重要参数是步长 $\Delta 2\theta$ 和计数时间 t。整个实验中步长是固定的，通常在 $0.01°\sim0.05°$ 范围内选择。用 Cu 靶时，$\Delta 2\theta = 0.02°$ 最为常见，用 Mo 靶时通常减小到 $0.01°$，高能量的同步辐射射线需要步长减小到 $0.001°$，中子粉末衍射数据通常使用 $0.05°\sim0.1°$ 的步长。

快速扫描样品时，当布拉格峰较宽时，可以选用较大的步长。相反，当测试的材料结晶性很好，峰较窄，要选用较小的步长。选择步长的规则是：在分辨的较好的峰的半高以上至少有 $8\sim12$ 个数据点。当需要结构精修或微结构分析时，为了获取精确的布拉格峰形，甚至需要选择更低的步长。需要注意的是，较小的步长可以提高分辨率，当然步长最小不能低于测角仪能达到的极限，较大步长能减少测试时间。

计数时间是测角仪臂停留收集衍射数据的时间。与步长不同，计数时间在收集数据的过程中可以保持不变也可以改变。多数实验中，计数时间都是维持不变的，这样可以直接得到正确的相对强度而不需要额外的数据处理。收集数据的过程中改变计数时间可以用来获取一些弱峰的精确信息。

4.4.5　连续扫描

连续扫描模式下，测角仪臂以一个固定速度移动，每隔一个固定间隔（$\Delta 2\theta$）

储存一次数据。测角仪臂从初始位置开始以一个固定速度（扫描速度）移动时，探测器即开始计数，累计计数持续至事先设定好的间隔 $\Delta 2\theta$ 扫描完成，然后储存累计计数强度和此扫描范围中点的角度值。接着计数归零，开始新一轮循环，重复此过程直到最后一个 $\Delta 2\theta$ 间隔扫描完成。连续扫描和步进扫描几乎相同，差异在于连续扫描的强度不是一个固定位置收集的，而是一个扫描间隔的中点。连续扫描模式中由用户定义的最重要的两个参数是取样间隔（步长 s）以及角速度（扫描速率）r。取样步长等价于步进扫描模式中的步长。步进扫描模式中的计数时间和连续模式中的扫描速率两者相互关联：

$$t = \frac{60s}{r} \tag{4.10}$$

使用现代衍射仪在两种扫描模式下得到的实验数据几乎完全相同。一般认为步进模式的位置误差相对更小，这对于注重晶格参数的实验来说非常重要。连续模式往往用于快速扫描，主要做样品的定性分析，而步进模式则常常用于全谱扫描或对衍射花样的某些衍射峰的精细扫描，主要用于混合物相的定量分析，精确的晶面间距测定，晶胞参数的精确测定，晶粒尺寸和点阵畸变的研究，小角散射的研究，以及 Rietveld 结构精修等。

4.4.6　扫描范围

除了扫描模式和其他实验条件，角度范围的选择也很关键。角度范围用起始角度和结束角度表示。起始角度要比第一个布拉格峰低几度，以获得足够的背底数据。如果测试一个未知物，要从可能的最低角度开始扫，这与样品槽的几何有关。在角度极低时，背底非常高，是因为一部分入射光的散射进入探测器造成的。测试更低角度的数据也可以通过将 DS 和 RS 都调得很小来尽量降低入射光的影响。

当使用 Cu 的 K_α 射线，一般计算结晶度或物相分析测到 $70°$ 就可以了，当进行单胞或晶体结构精修时，结束角度越高越好。测试只含有轻元素的材料时（例如有机物），一般仅需要测试低于 $50°$ 的低角度范围。对于用 Rietveld 方法进行物相定量或结构精修来说，则需要把样品的全部谱线收集起来，这时扫描范围一般处于 $2°\sim150°$ 之间，具体根据样品出峰情况决定。

4.5　实验方法和数据处理方法对实验结果的影响[6]

在粉末衍射仪的实验中获得的数据主要是：衍射强度（峰强度或积分强度）、峰位和线形（以半高宽 FWHM 来表征）。实验方法和数据处理方法对它们的影响总结如下：

① 衍射强度受 2θ 扫描速度、步长和光路中狭缝尺度的影响，为了得到强度数

据统计误差满意的实验结果，在保证实验分辨率的情况下，可用较大狭缝尺度的光路和适中的 2θ 扫描速度，不要只追求缩短实验收集数据的时间，而采用过快的扫描速度。

② 衍射峰位受 2θ 扫描步长和寻峰方法的影响，为了获得精确的峰位值，要避免扫描速度过快和采用适宜的步长。在一系列对比研究中，要保持扫描速度、阶宽的一致性，同时寻峰方法也要一致。

③ 衍射线形的半高宽 FWHM 受步长、光阑狭缝尺度的影响明显，同时还受寻峰方法的影响，为了获得真实试样的宽化效应的 FWHM 数据，必须保持实验时光阑狭缝合适尺度和步长，采用适宜的寻峰方法；当试样的衍射线仅存在微小（或不存在）宽化用三种自动寻峰法（顶峰法、质心法、抛物线法）任意一种均可，但当试样的衍射线严重宽化时，自动寻峰方法给出的结果不可信，一定要用拟合或精修（fit all peaks or refine）方法才能获得过硬的可信的 FWHM 数据。

④ 阶宽（步长）是粉末衍射实验中最为重要的参数之一，在同样的取样时间情况下，阶宽过小，比如 $0.010°$、$0.005°$，会花费过长的数据收集时间，阶宽过大，会产生衍射峰的漏记，或衍射线形的失真或过度失真，因此可按公式判据选择，

$$\frac{\text{FWHM}}{\text{步长}} \geqslant 5 \sim 8 \tag{4.11}$$

简言之，对于几乎无宽化或宽化效应较小的试样则应用较小步长，$0.01° \sim 0.02°$，对于存在严重宽化的样品，如微晶、纳米晶样品，可用较大的步长，如 $0.05° \sim 0.08°$。

⑤ 在掠入射情况下，由于非对称几何和发散光束的散焦效应，使衍射线很宽，而且不同于 $\theta/2\theta$ 扫描时的宽化效应，一般而言，FWHM 则随掠射角的增大而减小，并出现一个极小值，极小值对应于掠射角 α 接近 θ 角时，如：Si 111 衍射峰出现在掠射角 15°附近，即 15°接近 $28.4°/2 = 14.2°$；220 衍射线出现在掠射角 23.6°附近，即 20°接近 $47.2°/2 = 23.6°$。这符合准聚焦条件。衍射强度也随掠射角的增大而增加，平行光束入射可大大改善上述宽化现象，但在对称布拉格几何情况，平行光束入射并不能获得优于发散光束下的聚焦效应的衍射线形。

4.6　X 射线的安全与防护[1]

从事 X 射线衍射仪操作的人员都应该具有必要的安全意识，避免持续或瞬间暴露在 X 射线中带来的危险与伤害。X 射线通过与束缚电子或原子核的随机碰撞而将能量转移到物质上。这种随机碰撞使原子中的高能电子射出。每一个电子都通过一些直接的离子化过程（如带电粒子的碰撞），将其能量转移到物质上。X 射线传输能量的方式主要是间接的电离辐射。由于 X 射线光子和原子的碰撞是偶然的，所以一个给定的光子完全穿过介质的概率是有限的。一个光子完全穿过一个介质的

概率与许多因素有关，包括 X 射线的能量、介质的化学组成和厚度。

通常用曝光量表示辐射长短的度量，其定义为完全吸收了光子的单位质量的空气中产生的电荷量。通用的单位是伦琴（R），定义为每千克干燥空气可产生 2.58×10^{-4} C 电荷的辐射量。有时也用曝光率来表示，单位是 R/h 或 mR/h。吸收剂量则是指射线在已知质量材料中传递时损失的量，它的国际单位是戈瑞（Gy），$1Gy = 1J/kg$。有时也用速率表示，单位是 rad/h 或 mrad/h。辐射对生物的影响与吸收剂量有关，人们使用生物有效剂量描述暴露在射线中对人体的危害，它是一个与辐射损伤有关的重要量，其单位是雷姆（Rem），国际单位是希［沃特］（Sv，$1Sv = 1J/kg$）。有时也用生物有效剂量率来表示，单位是 rem/h 或 mrem/h。

电离辐射储存的能量可以和物质相互作用，破坏其化学键。如果作用在活体上，这些化学变化会导致细胞的结构和功能转变。短期大剂量照射会导致身体损伤，局部大剂量照射也可使组织损伤。长期小剂量照射可使人精神衰颓、记忆力下降、头晕、脱发、血象改变，直至产生 X 射线病。电离辐射对人体组织的影响有些是随机发生的，它可以影响基因、引发癌症。随着个体辐射剂量的增加，癌症概率和基因影响也增加。非随机影响主要包括：不孕、红斑、溃疡、白内障等。受影响的程度与辐射的尺寸和剂量成正比，并且有一个阈值，在阈值以下一般不会产生影响并且每种影响的剂量和辐射时间的阈值都不同。一般的，眼晶体的阈值是 $\leqslant$ 150mSv/a，其他单个组织或器官 $\leqslant$ 500mSv/a。

粉末 X 射线衍射仪使用的是高强度的 X 射线，所以不当使用可能造成操作者的严重危害。射线的原始光束和散射（衍射）光束以及样品或防护材料的二次辐射都会造成辐射暴露。分析设备一般都使用波长在 $0.5 \sim 10$Å 之间的 X 射线，通常称为软 X 射线，因为它很容易被物质吸收。这个特性使其较容易被遮挡，一般使用几毫米的铅或铁板即可。对于 60kV 的衍射仪，1mm 厚的铅板或铅玻璃就可以挡住直射线及散射线。粉末衍射仪的 X 射线光束一般不超过 1cm，但因为其高强度和高度的易被组织吸收的特性，使得人们只要暴露在其下不到 1s 就会造成严重危害。因此，在使用 X 射线分析仪器时，一般要求设置警示标识，同时对操作人员进行安全培训，并按照相应的操作规程进行操作，避免射线对人体的危害。同时，按规定，X 射线衍射仪在安装使用后，应由当地劳动卫生部门检测辐射的情况，并对操作人员定期检查身体，发现异常时应避免接触 X 射线。比如，白细胞总数持续低于 $4 \times 10^3 /mm^3$，或红细胞或血红蛋白或血小板持续异常低时，以及严重的眼晶体混浊、皮肤疾患等。

参 考 文 献

［1］ 丘利，胡玉和. X 射线衍射技术及设备. 北京：冶金工业出版社，1998.

［2］ Vitalij K. Pecharsky, Peter Y. Zavalij. Fundamentals of powder diffraction and structural characterization of materials. New York：Springer Science＋Business Media，Inc.，2003.

［3］ 克鲁格 HP，亚历山大 LE. X 射线衍射技术（多晶体与非晶质材料）. 盛世雄等译 . 第 2 版 . 北京：冶金工业出版社，1986.

［4］ 程利芳，杨传铮，程国峰 . 多晶 X 射线衍射仪中填样宽度效应的研究 . 测试技术学报，2008，（增刊）：64-69.

［5］ 程国峰，杨传铮，张建 . 填样深度对多晶粉末衍射仪测试结果的影响的研究 . 分析测试学报，2009 （3）：342-348.

［6］ 杨传铮，程利芳，汪保国，蒲朝辉，李志林 . XRD 实验参数和数据处理方法对衍射结果的影响 . 理学中国用户论文集 . 2008：70-81.

第5章
物相定性分析

物相，简称相，它是具有某种晶体结构并能用某化学式表征其化学成分（或有一定的成分范围）的固体物质。比如，同样是铁，它能以体心立方结构的 α-Fe、面心立方结构的 γ-Fe 和体心立方结构的高温 δ-Fe 三种物相形式存在。碳能溶解于这三种相中形成固溶体。碳在 α-Fe 中的固溶体称为铁素体，碳在 γ-Fe 中的固溶体称为奥氏体。铁和碳还能形成化合物 Fe_3C，称为渗碳体，其晶体结构相当复杂。而碳钢中的莱氏体则是奥氏体和渗碳体的共晶混合物，珠光体是铁素体和渗碳体的共析混合物，显然，这两种混合物都分别包括两种物相。又如，矿物中同样是 SiO_2，它能以菱形结构的 α-石英、两种不同四方结构的方英石和超石英以及两种不同单斜结构的鳞石英和柯石英等形式存在。Al_2O_3 的同分异构体就更多了。随着近代材料科学的迅猛发展，物相的含义有所扩大。高分子材料和其他凝聚态固体在热处理后，其结构常常包括结晶相、过渡相、亚稳相和非结晶部分，现在人们常把这种材料中的非晶部分统称为非晶相。

同样一种物相，可以单独存在，也可以存在于含有其他一种或多种物相的混合体中。当它单独存在时，能以不同的形式和大小出现，当它存在于某种材料中时，能呈不同的形态和不同的分布，且随材料的状态而变化，同时保持晶体结构和化学成分不变。

就广义而言，物相衍射分析包括物相鉴定（定性分析）、定量分析、相结构的测定和相变等内容。本章仅介绍物相定性分析。

5.1 物相定性原理和 ICDD 数据库

5.1.1 物相定性分析的原理和方法[1]

任何结晶物质，无论它是单晶体还是多晶体，都具有特定的晶体结构类型，晶胞大小，晶胞中的原子、离子或分子数目的多少，以及它们所在的位置，因此能给出特定的多晶体衍射花样。也就是说，一种多晶物质，无论是纯相还是存在于多相混合试样中，它都给出特定的衍射花样。事实上没有两种不同的结晶物质可以给出完全相同的衍射花样，就像不可能找到指纹全然相同的两个人一样。另一方面，未知混合物的衍射花样是混合物中各相物质衍射花样的总和，每种相的各衍射线条的 d 值、相对强度 (I/I_1) 不变，这就是能用各种衍射方法作物相定性分析（物相鉴定）的基础。任何化学分析的方法只能得出试样中所含的元素及其含量，而不能说明其存在的物相状态。多晶的电子衍射和中子衍射花样除相对强度不同于 X 射线衍射外，其他则应相同。

物相定性分析的基本方法是将未知物相的衍射花样与已知物质的衍射花样相对照。这种方法是 Hanawalt（哈纳沃特）及其合作者[2] 首先创建的。起初，他们搜集了 1000 多种化合物的衍射数据作为基本参考。后来，美国材料试验学会和 X 射线及电子衍射学会在 1942 年出版了第一组衍射数据卡片，以后逐年增编，到 1963 年一共出版了十三组，后来每年出版一组，并分为有机和无机两部分，称为 ASTM 卡片。1969 年建立了粉末衍射标准联合委员会（简称 JCPDS）这个国际性组织，在有关国家相应组织的合作下，编辑出版粉末衍射卡组，简称 PDF 卡组。1998 年改由国际衍射数据中心（ICDD）收集编辑出版 PDF 卡组。

5.1.2　粉末衍射卡组 (PDF) 及其索引

图 5.1 给出一张 Fe_3O_4 的 PDF 卡片，其中（a）的左边第一栏中的 2.53、1.49、2.97 是卡片中的第一、二、三条最强线的 d 值，4.85 为卡片中出现的最大 d 值，下面是对应的相对强度数据；左边第三栏给出实验条件，如辐射、波长、滤片、照相机直径，其中截止为该照相机所能获得的最大晶面间距；I/I_1 指示相对强度的测量方法，如衍射仪强度标定或目测估计等。

左边第四栏给出该相所属晶系、空间群，点阵参数 a_0、b_0、c_0 和 α、β、γ，其 $A=a_0/b_0$，$C=c_0/a_0$，Z 后面的数字表示晶胞中相当于化学式的分子数目，D_x 是由晶胞体积和其中原子总质量计算的理论密度。

左边第五栏给出该相的光学及其他物理性能数据，其中 ε_α、$n\omega\beta$、ε_γ——折射率，Sign——光性质的正负，2V——光轴间夹角，D——实测密度，mp——熔点，还注明物相的颜色，如 Fe_3O_4 为黑色。

左边第六栏说明物相分析出的化学成分、试样来源及处理、分解温度（DF）、转变点（TP）、摄照温度等。

右边第一栏的左侧给出该物相的化学式和名称，右侧给出物相的结构式、矿物学名称。右上角还给出一些符号："★"表示数据高度可靠，"c"表示衍射数据是计算的，"i"表示强度是估计的，"O"表示数据可靠性差。

右边这张表给出衍射花样的 d 值、以最强线强度为 100 计的相对强度 I/I_1 和衍射晶面指数 hkl，这是卡片的最重要部分，其中还有一些附加说明：b——线条宽化或漫散；d——双线；n——不是所有资料上都有的线；nc——与晶胞参数不符的线；ni——用晶胞参数不能指标化的线；np——空间群不允许的指数；β——因 β 辐射存在或重叠而使强度不可靠的线；fr——痕迹；+——可能是另一指数。

11-0614

d	2.53	1.49	2.97	4.85	Fe_3O_4 ★ 氧化铁(Ⅱ,Ⅲ)　磁铁矿
I/I_1	100	40	30	8	

辐射 CuK_α　1.5405　滤片　Ni　直径
截止　I/I_1　衍射仪
参考文献 National Bureau of Standards, Monograph 25, Sec. 5, 31 (1967)

晶系　立方　　空间群 $Fd3m$(227)
a_0　8.396　b_0　c_0　A　C
α　β　γ　Z8　D_x5.197
参考文献　同上

ε_α　$n\omega\beta$　ε_γ　Sign(符号)
2V　D　mp　颜色黑
参考文献　同上

样品从纽约哥伦比亚碳 Gonsi 获得，纽约光谱照相分析表明主要杂质 0.01%～0.1%Co，0.01%～0.1%Ag，Al，Mg，Mn，Mo，Ni，Ti 和 Zn。花样在 25℃下获得

d/Å	I/I_1	hkl	d/Å	I/I_1	hkl
4.85	8	111	1.050	6	800
2.967	30	220	0.9896	2	822
2.532	100	311	0.9695	6	751
2.424	8	222	0.9632	4	662
2.099	20	400	0.9388	4	840
1.715	10	422	0.8952	2	864
1.616	30	511	0.8802	6	931
1.485	40	440	0.8569	8	844
1.419	2	531	0.8233	4	1020
1.323	4	620	0.8117	6	951
1.281	10	533	0.8080	4	1022
1.266	4	622			
1.212	2	444			
1.122	4	642			
1.093	12	731			

(a)

PDF# 19-0629: QM=Common(=);　Diffractometer; I=(Unknown)　PDFCard

Magnetite, sys
Fe+2Fe2+3O4

Radiation=CuKα1　Lambda=1.5406　Filter=
Calibration=　2Theta=18.269-143.848　I/Ic(RIR)=3.9
Ref: Level-1PDF

Cubic, Fd-3m(227)　Z=8　mp=
Cell: 8.396×8.396×8.396<90.0×90.0×90.0>　P.S=
Density (c) = 3.173　Density (m)=　Mwt=　Vol=591.9

Ref: lbid

Strong Lines: 2.53/X 1.48/4 2.97/3 1.62/3 2.10/2 1.09/1 1.71/1 1.28/1

26 Lines, Wavelength to Compute Theta=1。54056(Cu) I%=(Unknown)

	D(Å)	I(f)	(hkl)	2Theta	Theta	1/(2d)		d(Å)	I(f)	(hkl)	2Theta	Theta	1/(2d)
1	4.8520	8.0	111	18.269	9.135	0.1031	14	1.1221	3.0	642	86.702	43.351	0.4456
2	2.9670	30.0	220	30.095	13.047	0.1685	15	1.0930	13.0	731	89.617	43.9808	0.4575
3	2.5320	100.0	311	33.422	17.711	0.1975	16	1.0496	6.0	800	93.425	47.213	0.4764
4	2.4243	8.0	222	37.052	18.526	0.2062	17	0.9696	3.0	660	10.2224	51.112	0.5053
5	2.0993	20.0	400	43.052	21.526	0.2382	18	0.9695	6.0	751	103.218	53.609	0.5157
6	1.7146	10.0	422	53.391	26.695	0.2916	19	0.9632	3.0	662	106.205	53.102	0.5191
7	1.6158	30.0	511	56.942	28.471	0.3094	20	0.9388	3.0	840	110.269	53.102	0.5191
8	1.4845	40.0	440	63.515	31.257	0.3368	21	0.8952	3.0	664	118.736	59.368	0.5585
9	1.4192	3.0	531	63.743	33.871	0.3523	22	0.8802	6.0	931	123.118	61.059	0.5681
10	1.3277	3.0	620	70.924	33.462	0.3766	23	0.8569	8.0	844	128.032	63.016	0.5835
11	1.2807	10.0	533	73.948	36.974	0.3904	24	0.8233	3.0	1020	138.032	69.325	0.6073
12	1.2659	3.0	622	73.960	37.480	0.3950	25	0.8117	6.0	951	143.235	71.617	0.6160
13	1.2119	3.0	444	78.929	39.464	0.4126	26	0.8080	3.0	1022	143.848	73.424	0.6188

(b)

图 5.1　磁铁矿（Fe_3O_4）的标准粉末衍射卡

(a) 第 11 组中第 614 号卡片；(b) 取代 11-0614 的卡片

如图 5.1（a）说明最后三条线是用 CuK_α、$\lambda = 1.54056\text{Å}$ 得到的；$1.0922 \sim 0.9386\text{Å}$ 的衍射线是 $\lambda = 1.78890\text{Å}$ 获得的。

卡片左上角给出该物相的 PDF 卡号 11-0614，即第 11 组第 614 号卡。

随着实验和制样技术的发展，人们发现过去出版的某些卡片的数据已不太可靠而被抛弃，由一张新编出版卡组中的新卡所代替，如 19-0629 代替了 11-0614，见图 5.1(b)。被废弃的卡片在每年的新编索引中列有号码。新卡 19-0629 见图 5.1（b），最明显的变化是 Fe_3O_4 变为 $Fe^{2+}Fe_2^{3+}O_4$，即 Fe_3O_4 中有一个 2 价 Fe 离子、2 个 3 价 Fe 离子。

ICDD 编辑出版的粉末衍射卡组，到 1985 年已出了 35 组，包括有机和无机物质共 53000 多张，并以每年 2000 多张的速度继续增加。2000 年已出版 50 组。怎样从几万张卡片中获得所需要的卡片呢？其中一种方法是借助于对一些索引的查阅。下面介绍索引的结构和用法。

（1）Hanawalt 索引[3] **和 Fink 索引**[4]　在已知的衍射花样数据中选择三条最强线的 d 值和选择八条最强线的 d 值，按一定规则排列的数字索引分别称为 Hanawalt 索引（即三强线索引）和 Fink 索引（即八强线索引）。强度数据按 10 等分写在 d 值数字的右下角，"x"指示 10，其具体排列历年来由于卡片数量的增多而略有不同。比如，三强线索引在 1977 年版本的排列方法是：选任意一条线为排首强线，然后按 d 值递减顺序循环排列，这样每张卡片在 Hanawalt 索引中的三个不同区间共出现三次，并在三条线的后面，按强度递减顺序给出另外五条线的 d 值和强度，以便在检索时决定取舍。如 19-0629 号卡在 Hanawalt 索引中为

$3.57 \sim 3.51(\pm 0.01)$

| 2.53_x | 1.49_4 | 2.97_3 | 1.63_3 | 3.10_2 | 1.09_1 | 1.72_1 | 1.28_1 | $(Fe_3O_4)56F$ | 19-629 | 4.90 |

$1.57 \sim 1.48(\pm 0.01)$

| 1.49_4 | 2.97_3 | 2.53_x | 1.63_3 | 3.10_2 | 1.09_1 | 1.72_1 | 1.28_1 | $(Fe_3O_4)56F$ | 19-629 | 4.90 |

$3.99 \sim 3.05(\pm 0.01)$

| 2.97_3 | 1.49_4 | 2.53_x | 1.63_3 | 3.10_2 | 1.09_1 | 1.72_1 | 1.28_1 | $(Fe_3O_4)56F$ | 19-629 | 4.90 |

Fink 索引的排列曾以八条线或按 d 值由大至小顺序的前六条线中任一条线为排首强线，然后按 d 值递减顺序循环排列，这样每张卡将在索引中分别出现八次或六次。1977 年出版的仅以八条强线中四条最强线为排首强线，然后按 d 值递减顺序循环排列，且四条最强线的 d 值以黑体字印刷。19-0629 号卡在 Fink 索引中为

$3.99 \sim 3.95$

| $\mathbf{2.97_3}$ | $\mathbf{2.53_x}$ | 3.10_2 | 1.72_1 | $\mathbf{1.63_3}$ | $\mathbf{1.49_4}$ | 1.28_1 | 1.09_1 | $(Fe_3O_4)56F$ | 19-629 | 4.90 |

$3.57 \sim 3.51$

| $\mathbf{2.53_x}$ | 3.10_2 | 1.72_1 | $\mathbf{1.63_3}$ | $\mathbf{1.49_4}$ | 1.28_1 | 1.09_1 | $\mathbf{2.97_3}$ | $(Fe_3O_4)56F$ | 19-629 | 4.90 |

$1.67 \sim 1.58$

1.63₃	**1.49₄**	1.28₁	1.09₁	**2.97₃**	**2.53ₓ**	3.10₂	1.72₁	(Fe₃O₄)56F	19-629	4.90

$1.63_3 \quad 1.49_4 \quad 1.28_1 \quad 1.09_1 \quad 2.97_3 \quad 2.53_x \quad 3.10_2 \quad 1.72_1 \quad (Fe_3O_4)56F \quad 19\text{-}629 \quad 4.90$

$$1.57\sim1.48$$

$1.49_4 \quad 1.28_1 \quad 1.09_1 \quad 2.97_3 \quad 2.53_x \quad 3.10_2 \quad 1.72_1 \quad 1.63_3 \quad (Fe_3O_4)56F \quad 19\text{-}629 \quad 4.90$

无论是 Hanawalt 索引还是 Fink 索引，在八条强线 d 值后面均给出化学式、单胞中的原子数和结构符号：

C——简单立方	O——简单正交
B——体心立方	P——体心正交
F——面心立方	Q——底心正交
T——简单四方	S——面心正交
U——体心四方	M——简单单斜
R——菱形	N——底心单斜
H——六方	Z——三斜

（Fe₃O₄）56F 表示该相是四氧化三铁（Fe_3O_4），属面心立方结构，单胞中有 56 个原子，即有 8 个 Fe_3O_4 分子。最后给出卡片号码。有的条条在卡号后面给出参比强度 I/I_c 的数值，它表示该相与刚玉（α-Al_2O_3）重量配比为 1∶1 时两最强线的强度比，即 $I_{Fe_3O_4}^{100}/I_c^{100}=4.90$。

Hanawalt 索引与 Fink 索引都按首强线的 d 值分许多区间，具体所分区间的多少，不同版本的索引有所不同。各区间之间有一定交叉。在每个区间中又按次强线的 d 值依次递减排列，并以五个条条为一组。这样，首强线的 d 值决定该卡的条条所在的区间，次强线的 d 值决定条条在该区间中的位置。

（2）字母顺序索引[5]　　以物相所含的化学元素、化合物的英文名称的第一个字母为顺序排列（矿物学英文名称另排），在同一元素档中又以另一元素的英文名称为序排列，故又称物质名称索引。如 19-0629 号卡在这种索引中有

Iron Oxide	(Fe₃O₄)56F	2.53ₓ	1.49₄	2.97₃	19-629　4.90
Oxide Iron/Magnetite Syn	(Fe₃O₄)56F	2.53ₓ	1.49₄	2.97₃	19-629　4.90
Magnetite Syn	(Fe₃O₄)56F	2.53ₓ	1.49₄	2.97₃	19-629　4.90

可见，如果我们已知待测试样中所含元素，便可应用这种索引，这是字母顺序索引的最大优点。

（3）化学式索引[6]　　以上讨论是有关无机化合物的。有机化合物的 PDF 卡索引除了上述的 Hanawalt 索引、字母顺序索引外，还有化学式索引。它是按有机化合物的化学式中"碳原子"递增顺序排列的，若碳原子数目相同则以"氢原子"（依次以 N、O）数目递增排列。比如分子式为（NH_2CH_2COOH）₃·H_2SO_4 的硫酸三甘肽（即 TGS）在 Hanawalt 索引中为

3.35ₓ	3.62₉	3.16₈	4.95₅	4.20₅	3.38₅	4.10₅	5.06₄	C₆H₁₇N₃O₁₀S	14-873	0.60
3.16₈	3.35ₓ	3.62₉	4.95₅	4.20₅	3.38₅	4.10₅	5.06₄	C₆H₁₇N₃O₁₀S	14-873	0.60

3.62_9　3.16_8　3.35_x　4.95_5　4.20_5　3.38_5　4.10_5　5.06_4　$C_6H_{17}N_3O_{10}S$　14-873　0.60

在有机化合物的字母顺序索引中有

Triglycine Sulbate　$C_6H_{17}N_3O_{10}S$　3.35_x　3.62_9　3.16_8　14-873　0.60

在化学式索引中有

$C_6H_{17}N_3O_{10}S$　Triglycine Sulbate　3.35_x　3.62_9　3.16_8　14-873　0.60

(4) 结构数据编纂　在 PDF 卡中给出的晶面间距 d、相对强度 I/I_1 和相应的晶面指数 hkl，一般统称为多晶衍射数据。结构数据包括晶系、空间群、点阵参数等。Donnay 和 Ondik 的《晶体数据》(Crystal Data)[7] 已补编出第三版，其编排方法是按三斜、单斜、正交、四方、六方和立方六个晶系顺序分为六类，菱形晶系按六方晶系换算排列在六方晶系中。前三者按 a/b 递增依次排列。在同一 a/b 范围又按 c/b 递增排列。其后三者以 c/a 的值递增排列。对于立方晶系是以 a 值递增次序排列。在每一列数据中都给出点阵参数、空间群、结构类型、晶胞中原子数目以及数据来源等。

此外，还有《结构报告》(Structure Reports)[8]、各种相图[9]、各种手册[10]等都是物相衍射分析常用的参考书。

5.1.3　PDF 数据库

由于 PDF 卡片越来越多，通过人工检索和对卡来识别物相也就更加困难，为了克服这两方面的困难，各专业系统根据所接触的对象编制专门的数据手册，可以提供某些方便；另一方面是借助计算机，自从 1965 年以来，计算机在物相鉴定方面的应用有很大发展。

利用计算机进行物相鉴定的工作包括两个方面：

① 建立数据库。就是把已知物相衍射花样的数据，用各种可能的方式存入计算机的硬盘中。

② 检索/匹配（S/M）程序。即把未知样品（单相或多相混合物）的实验衍射数据在考虑一定误差窗口之后输入计算机，然后计算机按给定程序自动与数据库的已知花样的数据进行检索、核对和匹配。

由于数据库的建立和检索匹配系统不同，出现各种各样的方法。《物相衍射分析》一书中有较多的介绍，这里仅介绍 J-V (Johnson-Vand) 的方法[11]，因为 JCPDS 和 ICDD 的数据库都按这种方法建库和检索。

5.1.3.1　J-V 法数据库

J-V 法的数据库包括正文件和反文件。正文件包含所有的标准衍射数据。反文件仅包含标准谱中强线数据，便于加快检索速度。对面间距 d 和相对强度 $(I/I_1) \times 100$，采用了代码存储的办法，建库时用正整数 PS(packed spacing)，即组合面间距作为 d 的存储代码值，$PS = [1000/d]$ 取整（d 单位为 Å），对 0.7～

20Å 范围的面间距 d 值，相应的 PS 值范围为 50～1430。

将 PDF 标准衍射卡片中的相对强度 $(I/I_1) \times 100$（以后提到的 I/I_1 值为已乘 100 的值）用 10 为底的对数变换成 0～9 的一位整数，作为相对强度 I/I_1 的存储代码 I'。相对强度 I/I_1 与其存储代码 I' 的换算是 $I' = [5\lg(I/I_1)]$ 取其整数，其对应换算值列于表 5.1 中。对 $I/I_1 = 10$ 及 100，按 $I' = [5\lg(I/I_1)]$ 计算取整，其存储代码 I' 值分别为 5 和 10，可将它们归入到存储代码 I' 为 4 及 9 内，这样衍射强度存储代码 I' 均为一位的正整数。

表 5.1 相对强度 I/I_1 与存储代码 I' 值对照表

相对强度 I/I_1	0～1	2	3	4～6	7～10	11～15	16～25	26～39	40～63	64～100
存储代码 I'	0	1	2	3	4	5	6	7	8	9

正文件以 PDF 卡片号为序，存放各卡片的 d 值、I/I_1 值、化学式、PDF 卡片号等为主要内容，最初方案是把 I' 接在 PS 后面组合成 $PS\ I'$，$PS\ I' = \left[\dfrac{1000}{d}\right]$ 取整 $+ I'$，对于 16 位的计算机，前 11 位用于存放 $[1000/d]$，后 5 位存放 I'。一个物相构成一个记录，记录中包括该物相的 PDF 卡片号及物相名称、I/I_c 参考强度比、化学式及全部 d 值、I/I_1 值，即所有 $PS\ I'$ 值。以 $PS\ I'$ 的顺序按相对强度增加的方式排列，建立起正文件。这样正文件包括了全部 PDF 卡片，每个物相衍射花样的 $PS\ I'$ 数值后均附有它的 PDF 卡片号。

以后对上述方案作了改进，将 PS 值与 I' 值分开存放，以便与不同的检索匹配程序相适应。

这种正文件便于在检索匹配对比时，有统一的误差窗口，也便于数据存储及传输，又能使衍射线高、低强度对比较为平衡，有利于强度匹配，这些均有利提高运算及检索速度。

反文件并不是把每一物相所有衍射线均列入反文件，它有一个相对强度的限制。只有相对强度存储代码 $I' \geqslant 7$ 的衍射线，即从表 5.1 中可查出相对强度 $I/I_1 \geqslant 26$ 以上的那些较强衍射线才被列入反文件。反文件以面间距倒数递增顺序存放 PDF 卡片，但此处 d_{PS} 值为 $\left[\dfrac{1000}{d} - 50\right]$ 取整，因此相应于 d 值为 3.0～0.07nm 范围的 d_{PS} 值就变为 0～1380 左右了。反文件按 d_{PS} 建立记录，每一记录包括一个 d_{PS} 值和包含这个 d_{PS} 值的所有 PDF 卡片号，即与这些卡片号相对应的物相，必然有一条 $I/I_1 \geqslant 26$ 的衍射线，其 d_{PS} 值与这个记录中的 d_{PS} 值相同。而一个物相的 PDF 卡片号会在与它的相对强度 $I/I_1 \geqslant 26$ 的衍射线相应的所有 d_{PS} 记录中存在。显然反文件的优点主要是考虑衍射花样中的那些强衍射线，这些强线是检索匹配时首先要关心的。反文件体积比正文件的小得多，计算机自动检索时，可首先检索反文件，因此可大大加快检索速度。

5.1.3.2　检索与匹配

J-V 法检索程序利用标准衍射数据库的正文件和反文件对所测样品衍射数据与标准数据进行比较：筛选出初步入选文件卡，进而首先进行 d 值的匹配，其次进行强度 I 值匹配，第三步进行化学元素的筛选与匹配。每一步均计算其匹配率或匹配质量因素。将这三步所得的数值相乘，得出匹配可靠性因数 RF，并与查出的化学元素信息因数 SF 值相乘，求出 FM 值，然后按 FM 值的大小顺序排列，输出前 50 个可能的物相，并将 FM 值最高的亦即匹配得最好的前面几个物相的标准衍射数据与所测得试样数据 d 值和 I 值匹配情况详细列出。程序也可允许将中间过程，根据人机对话输入参数的要求，输出一部分内容。

下面将这三步简介如下。

(1) d 值筛选与匹配　首先，自动检索程序将反文件中的标准衍射谱中的强峰 ($I/I_1 > 37$ 者) 与被测试样衍射谱进行比较，若被测试样衍射谱中包括三强线在内，一般约有 1/3 的强峰能对上，则此标准衍射谱被选中。其次进行 d 值匹配，程序把正文件中标准谱线与被测样全部谱线进行比较，计算出衍射峰匹配率 A

$$A = (n/n_0) \times 100$$

及匹配质量因数 B：

$$B = (1 - \sum |\Delta d| / nW) \times 100$$

式中，n 为标准谱线中已对上的衍射峰数目；n_0 为标准谱线在实验测量范围内的峰数；Δd 为已对上的标准谱线峰的 d 值与相应的被测样谱线峰 d 值之差；W 为 d 值的允许误差窗口，$|d_{测理} - d_{标准}| \leqslant W$。

(2) I 值筛选与匹配　对通过了 d 值筛选与匹配的那些选中的标准谱，进行 I 值匹配，并按下列公式计算 I 值匹配质量因数 C。

$$C = (1 - \sum |\Delta I| / \sum |I|) \times 100$$

式中，ΔI 为标准谱中已对上的衍射线与被测试样相应线条强度之差；I 为标准谱中已对上的衍射峰强度。

为表示匹配质量的好坏，可按下式计算被选中相的可能性系数 RF。

$$RF = ABC$$

(3) 化学元素筛选　对经过 d 值和 I 值筛选和匹配后选中的物相，还需进行化学元素的筛选，按化学元素的大量、少量、微量、未检测和不可能存在等几种情况，按表 5.2 查出化学元素信息因数 SF。将查出的 SF 值与 RF 值相乘后，以 FM 表示。按 FM 值大小顺序排列输出前 50 个物相，并根据人机对话时输入的参数，将前几个匹配较好的物相的 d 值、I 值匹配情况输出在显示终端屏幕上，或打印出来。

表 5.2　按化学元素信息查 *SF* 值

大量	少量	微量	未检测	*SF*
0	0	1	1	0.074
0	0	0		0.180
0	1	0		0.440
0	1	1		0.480
0	2	0		0.510
0	2	1		0.570
1	0	0		0.740
1	0	1		0.770
1	1	0		0.810
1	1	1		0.850
1	2	0		0.850
1	2	1		0.880
2	0	0		0.920
2	1	0		1.000
2	1	1		1.000

5.1.3.3　J-V 法自动检索

J-V 法自动检索分两步进行。

(1) 开始阶段　通过人机对话，输入自动检索程序要求的有关参数，如文件名称、误差窗口值（也可输入 d 代码单位的数目，1 个 d 代码单位约等于 $2\theta = 0.05°$，当 d 用 $1000/d$ 作代码时），能否存在的化学元素符号。所检物相类别（如有机物、无机物、矿物等），检索哪几个数据库（如大、中、小库）及检索顺序，排除或强制匹配哪些 PDF 卡片，检索匹配的某些判断数据值（品质因数、可靠性因数等），报告要求（一般报告、中间结果、全部详细结果），详细列出几个匹配好的物相的 d、I 值细节。如果试样衍射数据未在外存储器中，则需先用键盘输入 d-I 数据（最多输入 200 条衍射线），以建立相应文件。

(2) 检索匹配阶段　自动检索程序根据所提供的文件名从磁盘中调出所测得并经确认的 d-I 数据，并自动把 d 转换成 d_{PS} 值，按给定的误差窗口，检索出具有强线 d_{PS} 值的所有 PDF 卡片号（对被测试样 $I/I_1 > 37$ 的衍射线进行此种检索），并统计每张 PDF 卡片入选次数 n，给定初选门限 N，那些 $n > N$ 的 PDF 卡片即为初选入选卡片（如果在一个数据库如 MICRO 库中经过几个检索循环而无结果，则程序会进入下一个数据库如 MINI 库继而 MAXI 库循环检索）。而后，从正文件中调出各卡片上的 d、I 值与试样的 d、I 值进行匹配，计算出 A、B、C 值及查出元素含量的 SF 值，求出它们的乘积 FM 值，并按 FM 值大小列出 50 个可能物相（卡片号），并将剩余线条、强度列入一个文件中，以备必要时进行新一轮检索。如果一个相也未检索出来，程序会提示应重新检查所测数据和输入参数是否正确。人们可重新检查或重新测量数据，重新检索。自动检索到此结束。

由于 J-V 法给出的只是"可能"的物相，并有较多的多检，有时还有漏检等情况，最后必须有人工判断及检索，将前面若干个可能性大的 PDF 数据从存储器中调出，在图像显示终端上与所测衍射谱进行比较，结合操作者的经验、知识，做出最终判断，或利用自编程序将可能性大的 PDF 数据叠合成图谱，与所测衍射谱比较以做出最终判断。或者对剩余线条重新输入一组新参数，进行新一轮检索及人工判断和检索，直至所有物相均被检出。

现在广泛应用的是 PCPDFWIN 和 Jade 程序，将在 5.2 节中介绍。

5.2   定性分析的步骤[1]

定性分析工作总的分为实验、数据观测和分析、检索对卡及最后判断四大步骤。下面就这些步骤及有关技术问题作简单介绍。

5.2.1   实验获得待检测物质的衍射数据

实验的目的是获得未知试样的衍射数据，即 d 值和相对强度数据。在 X 射线照相法中常使用德拜相机、聚焦相机，必要时可使用试样到底片距离大的平板相机以获得大 d 值（即低角度）的衍射数据。这些照相法需要的样品极少，特别是四重聚焦照相法一次可获得四个样品的衍射数据。

在使用粉末衍射仪收集数据时，要特别注意试样的制备。

粉末试样制备一般比较简单，但对于某些复相分析，试样应全部通过一定的筛目，以防漏掉某些相。另外建议多做几个试样分别进行实验，获得的数据互相补充，以弥补可能出现相的不均匀分布造成的检索困难，尤其是能从某些性质上的差别（比如颜色、粒度、磁性、密度以及在溶液中的可溶性等等）有选择性地制取几个试样进行实验，将会给以后的分析带来方便。

一般都将粉末试样压入专制的试样架的槽内。制备试样架的材料有多种多样，但以铝质或玻璃试样架最为常用。架上的试样槽有对通和不对通两种，槽的长宽尺寸对不同型号的衍射仪可能不同。槽的深度可制成多种，视试样粉末多少选用。如果粉末粒度较粗，在使用水平衍射仪时，还应添加少量黏结剂，如用苯稀释的加拿大树胶或 0.5% 的火棉胶酒精溶液。

在很多情况下试样不是粉晶，只能采用块状试样，如附着在材料表面的腐蚀产物、氧化产物或其他表面处理的产物和合金试样等。在采用块状试样做实验时，要注意织构对衍射线相对强度的影响，一方面最好采用旋转试样架，另一方面尽可能从几个角度获得实验数据。例如，一磁性方柱体块状材料，可能由于各个面所处条件的差别和互相影响，在每一个面只能显示出个别相的极强衍射线峰，而其他相则被淹没，此时不能做出其他相不存在的结论，而应该对几个面（至少应对组成方柱体的三个基本面）分别仔细进行实验。

一些块状试样中某些相含量极少（相对含量少于 1%～5%），特别是弥散相，可能测不出相应的衍射线条而被漏掉，这时要采用特殊的相提取技术，如超声-机械钻取、化学萃取分离等。

5.2.2　数据观测与分析

首先应对衍射花样进行初步而又仔细的观察，借以发现花样的特征，如花样中衍射线条是否具有单相、面心立方、简单立方或密堆六方的衍射花样的特点；未知复相花样中是否具有某种特征，如某些较宽化的线等；如果同时进行具有某些类似特点的一系列试样分析，要特别注意对比观察，发现各试样间衍射线出现与否的特点。

在衍射仪法中，一般用顶峰法确定峰位，测定每条衍射线的 2θ 或 θ 值，获得相应的晶面间距 d 值；在扣除背景之后读出每条衍射线的峰高强度，以其中最强线 I_1 为 100，计算各线条的相对强度 I/I_1，如果进行人工检测，还需决定其三强线或八强线（复相时可以超过八条）的 d 值。照相法直接使用 d 尺测量，目测法观测强度。

在使用计算机控制的现代衍射仪时，特别是带有 Jade 等衍射数据分析程序的衍射仪[12]，衍射花样的观测工作变得十分简单。

5.2.3　检索和匹配

在考虑了适当的实验误差以后，合理地使用各种索引，寻找可能符合的 PDF 卡号，抽出卡片与未知花样的实验数据核对，必要时应作多次反复。关于计算机检索将在 5.3 节中讨论。

在人工检索时应灵活使用各种索引，不可局限于一种。除考虑实验数据的可能偏差外，还需要有坚强的信心和毅力，耐心地做坚持不懈的努力，切忌急躁情绪；抽卡核对要细心，反复核对比较，对所抽出的许多卡片（特别是使用三强线索引时）作出尽可能合理的取舍，同时还要注意由于待分析花样的实验条件与 PDF 标准卡片的实验条件不同而造成的差异以及 d 值系统偏离和卡片中可能存在的错误。

5.2.4　最后判断

经验告诉我们，单纯从数据分析作最后判断，有时是完全错误的。比如，TiC、TiN 和 TiO 都属面心立方结构，点阵参数相近，元素分析阳离子都是 Ti，即使了解试样的来源，仍难以区别 TiN 和 TiO，这时需要借助精确测定点阵参数和进行元素分析才能最后判断。此外还应注意：

① 分析结果的合理性和可能性。如在某种复杂矿物试样中分析出多种矿物物相，但由矿物知识得知它们不可能共生，则分析结果必须重新考虑。又如，在腐蚀产物、氧化产物分析时，虽然数据符合尚好，但实际不可能生成时，此结果也应重

新考虑。

② 分析结果的唯一性。特别是单相分析时要注意分析结果的唯一性，最好能与其他手段（比如元素分析）密切配合。

5.2.5　具体示例

下面分别以一单相和一复相物质对定性分析的一般步骤进行具体说明：

① 选出最强、次强、第三强……的谱线，并使其相应的 d 值按强度递减的次序排列为 $d_1 d_2 d_3 \cdots$；

② 在数字索引中找到 d_1 所处的组；

③ 其次在这一组内找到 d_2 和 d_3 的值；

④ 当 d_1、d_2 和 d_3 的相应值找到后，比较其相对强度，若符合再查看第四、第五条线等，直到对八条线数据均进行过对照为止，最后从中找出最可能的物相及其卡片号；

⑤ 从卡片库中抽出卡片，将实验所得 d 及 I/I_1 与卡片上的数据进行详细对照，若完全符合，物相鉴定即完成。

如果各列的第三个 d 值（或第四个 d 值等）在待测样的数据中找不到对应，则须选取待测样中下一条线作为次强线，并重复③～⑤的检索手续。

当找出第一物相之后，可将其线条剔除，并将留下线条的强度重新归一化，再按①～⑤步骤进行检索。

考虑到实验数据有误差，故允许所得的 d 及 I/I_1 跟卡片的数据稍有出入。

(1) 单相物质定性分析　定性分析对于未知物质为单相时是简单易行的，如表 5.3。左边为待测试样的衍射数据，可选出最强线 $d_1=3.134$Å，次强线 $d_2=1.918$Å，再次强线 $d_3=1.635$Å，以最强线 d_1 找到 Hanawalt 组 3.19～3.15（±0.1）组，在这一组内再找到次强线 d_2 和 d_3 的值，而后比较其相对强度，可查到 Si 的八强线 $(3.14_x\ 1.92_6\ 1.64_4\ 1.11_2\ 1.25_1\ 0.92_1\ 1.05_1\ 0.86_1)$ 与待测试样的数据都符合（表 5.3），则可确定待测试样的物相为硅（Si），卡片号为 5-0565。

表 5.3　单相物质定性分析

待测物质衍射数据		Si 的衍射数据卡片(5-0565)	
$d/\text{Å}$	I/I_1	$d/\text{Å}$	I/I_1
3.134	100	3.138	100
1.918	70	1.920	60
1.635	30	1.638	35
1.356	6	1.357	8
1.244	12	1.246	13
1.108	24	1.108	17
1.045	10	1.045	9

续表

待测物质衍射数据		Si 的衍射数据卡片(5-0565)	
$d/\text{Å}$	I/I_1	$d/\text{Å}$	I/I_1
0.957	4	0.9599	5
0.917	16	0.9178	11
0.856	6	0.8586	9
0.825	2	0.8281	5

(2) 多相混合物的分析 未知物质为多相混合物时，相分析就比较繁难，一般采用无矛盾判别，原则是逐个鉴定。把第一强线找好后，再逐个去找第二强线和第三强线，第一物找出后，再在剩余线条中找出第二、第三等物相。现举例说明之，如表 5.4。

表 5.4 多相混合物的分析

待测物质衍射数据		Cu 的数据卡片(4-0836)		CuO_2 的数据卡片(6-0667)	
$d/\text{Å}$	I/I_1	$d/\text{Å}$	I/I_1	$d/\text{Å}$	I/I_1
3.01	5			3.02	9
2.47	70			2.465	100
2.13	30			2.135	37
2.09	100	2.08	100		
1.80	50	1.808	46	1.743	1
1.50	20			1.510	27
1.29	10	1.278	20	1.287	17
1.28	20				
1.22	5			1.233	4
1.08	20	1.0900	17	1.067	2
1.04	5	1.0436	5		
0.98	5			0.9795	4
0.91	5	0.9038	3	0.9548	3
0.83	10	0.8293	9	0.8715	3
0.81	10	0.8083	8	0.8216	3

表 5.4 左边为某待测样的衍射数据。先定出 $d_1=2.09\text{Å}$，$d_2=2.47\text{Å}$，$d_3=1.80\text{Å}$。在数字索引中查 2.09～2.05Å 的一组，发现有好几种物质的 d_2 接近 2.47Å，但将 d_1、d_2、d_3 三条最强线连贯起来看时，没有一列可与待测物相符合，说明待测物相很可能为多相混合物，必须将最强线 d_1 与其他强线逐个组合成三强线在索引中查找。发现 $d_1=2.09\text{Å}$，而 $d_2=1.80\text{Å}$，按这两个 d 值检索，可找到卡片号为 4-0836 即 Cu 的八强线（2.09_x 1.81_5 1.28_2 1.09_2 0.83_1 0.81_1

$1.04_1\ 0.90_1$) 与待测物质的数据均符合 (表 5.4), 则可确定待测样品中的一个相为 Cu。

把 Cu 的线条从待测图样中暂时剔除, 剩余线条再作强度归一化处理, 使剩余的最强线条 ($d_1 = 2.47\text{Å}$, $d_2 = 2.13\text{Å}$, $d_3 = 1.50\text{Å}$) 查找索引, 在 2.49～2.45 大组中, 在 d_2 为 2.13 ± 0.02 的小范围内查对, 结果能很快找到一项 ($2.47_x\ 2.14_x\ 1.51_3\ 1.29_2\ 3.02_1\ 1.23_1\ 0.98_1\ 0.96_1$) 与剩余线条能很好地符合 (表 5.4), 从而可确定为 Cu_2O。该待测样品的物相鉴定为铜 (Cu) 和氧化亚铜 (Cu_2O)。

5.3　定性分析的计算机检索

所谓人工检索, 就是利用未知花样的三强线或八强线的 d 值, 考虑一定误差范围后, 在 Hanawalt 索引或 Fink 索引中寻找可能与未知花样完全符合 (单相) 或部分符合的 PDF 卡号, 或是利用已知元素 (英文名称) 或矿物学英文名称, 在字母顺序索引中寻找可能符合的卡片号。这样的反复多次的过程, 可在 5.4 节讨论单相分析、复相分析时进一步理解。

所谓计算机检索就是利用 PDF 数据库 PCPDFWIN、Jade 软件以及各衍射仪生产厂家推出的分析软件所进行的定性分析, 它的主要特点是更加快捷、方便、省力。这里以 PCPDFWIN 和 Jade 软件为例介绍如下。

5.3.1　PCPDFWIN 定性相分析系统的应用

左键双击 PCPDFWIN, 打开 PCPDFWIN 程序, 出现下图。

5.3.1.1 根据卡片号检索

左键击 PDFNumber

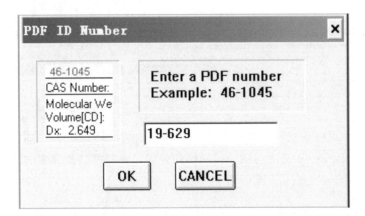

并输入 PDF 卡号，比如 19-629，左键击 OK ，得到如下卡片。

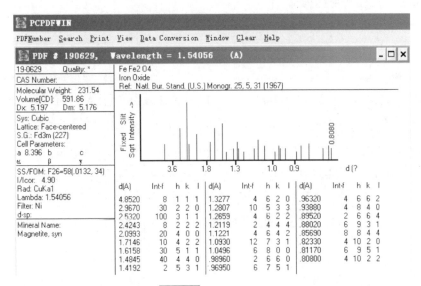

如果需要打印这张卡片，则单击 Print ，再击确定，则可获得这张卡片。

5.3.1.2 根据已知元素检索

左键击 SEARCH ，菜单中有许多选项，其中 Element 最为常用。

点击 SEARCH 后选择 Select Elements，如果全部元素已知，则点击 Only 或 Just ，若部分元素已知，则点击 Inclusive 。

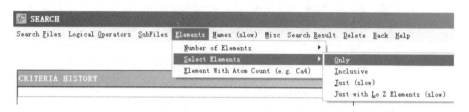

上图中标 Only 为已知元素仅组成一种物相的情况；Just 为已知元素组成一种或多种物相；Inclusive 表示物相中包括已知元素，还包括其他元素。无论采用哪一种元素限制，均出现如下元素周期表。

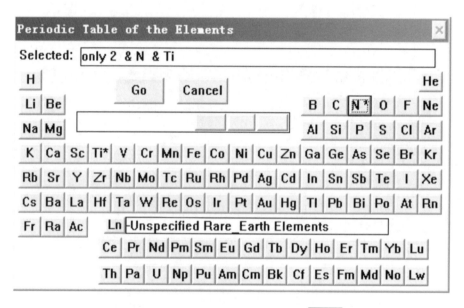

分别点击元素周期表中的元素，如 Ti 和 N，点击 Go 得到

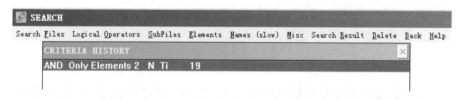

点击 Search Results ，得到可能存在的物相，其中包括 PDF 卡号 ID、物质名称（Chemical Name）、化学式（Chemical Formula）、三强线（Strangest Lines）的 d 值，以及晶系等，如下图。

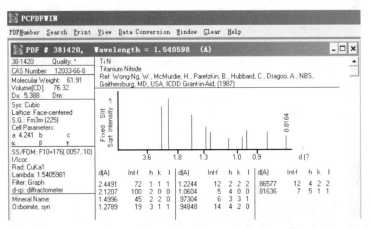

选中上图中的某物相（如 38-1420）后，点击 OK 得到其 PDF 卡片。

卡片中给出了 $d(\text{Å})$、$\ln t$-f、hkl，必要时可击 Data Conversion 和 2Theta，则完成数据转换。

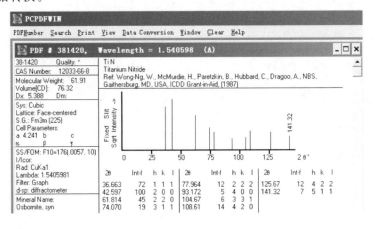

当用 2θ 进行匹配时，要注意实验用的波长是不是与卡片的波长一致，如果不一致，卡片中的 2θ 是不可用的。

在标定时，为了缩小检索范围，通常还要利用衍射谱的强线的信息，即选择最强线和次强线，经上述元素限制后，点击 Misc ，再选择 StrongLines

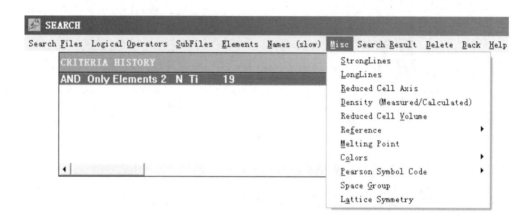

出现以下对话框，将最强线的 d 值减 0.02 后填入 Lower Limit，将 d 值加 0.02 后填入 Upper Limit，有时可加减更大的值。

点击 OK 得到

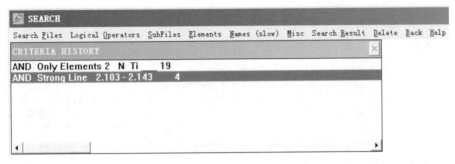

可见从表面上看 19 个相减至 4 个相，即从 19 个相中选中 4 个相。点击 Search Result，另外还可以通过输入矿物名称、晶胞体积、熔点、颜色、空间群等限制条件进一步检索。

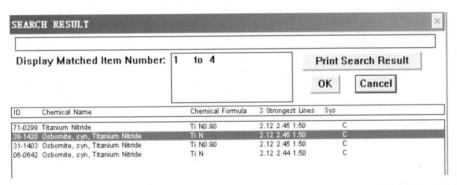

总之，PCPDFWIN 软件检索的原则是通过灵活设定一系列限制条件，从而一步步缩小检索范围，进而达到检索的目的，但是软件终究只是个工具，最终的匹配仍需要人工完成。

5.3.2　Jade 定性相分析系统的应用[12]

左键双击 MDI Jade6.5，即进入 Jade6.5 程序，出现如下图样。

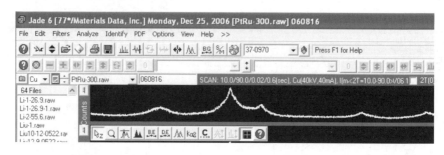

左键点击 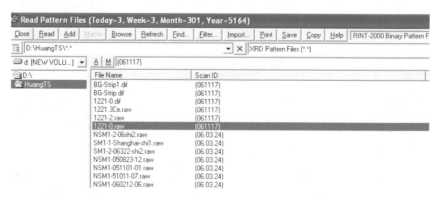，寻找欲分析的文件夹和文件名。

例如左键双击 1221-0. raw（或单击 1221-0. raw＋READ）得到欲分析的衍射花样。

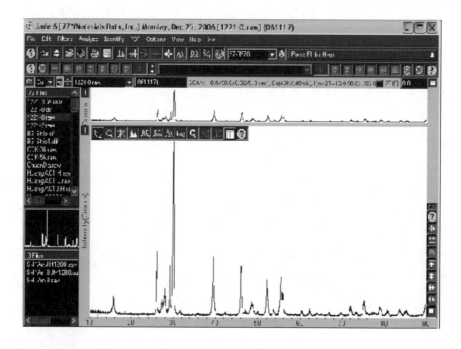

右击 **BG** 出现如下图样。

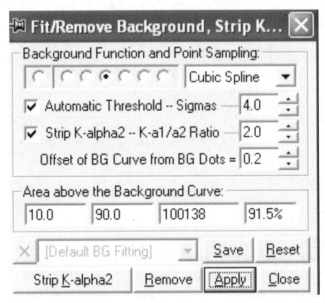

左键单击 Apply 和 Strip K-alpha2 即去除 K-alpha2 成分，或左键单击 Apply 和 Remove 即同时去除背景和 K-alpha2 成分。

右击 S/M 或 ，出现以下图样。

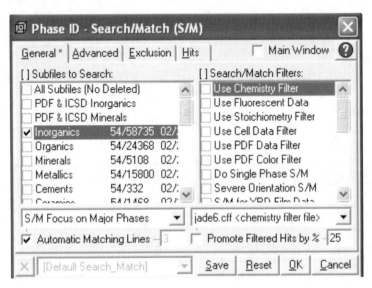

左键单击 General →Reset，回复到没有设定的状态，设定 Subfile to Search 和 Search/Match Filters，见上图，即出现元素周期表。

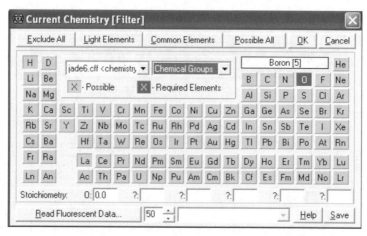

选择样品中的元素，分必需的（O）和可能的（La 和 H）两种情况；左键单击 OK

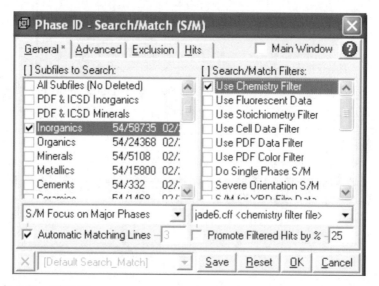

再左键单击 OK，则出现

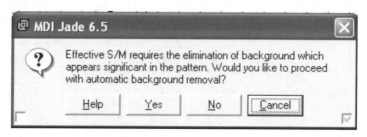

再左键单击 No 或 Yes（No 表示不扣背景，而 Yes 为扣除背景），则出现许多候选的可能相的英文名称、化学式、PDF 卡号、空间群和点阵参数等，见下图下方。

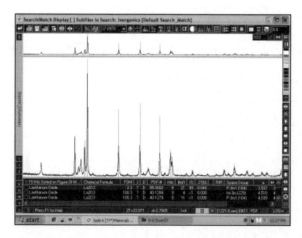

　　左键选择（逐条或跳选）可能符合的相与未知花样匹配，并在符合较好相的左侧点击，即打上勾，然后右击 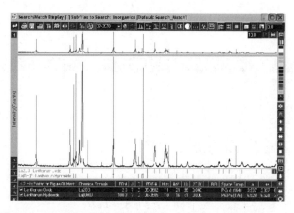，消出未选中的相，只保留 La_2O_3 和 $La(OH)_3$ 两个相，见下图。

　　左键单击 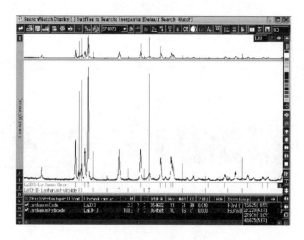 会出现未被鉴定的峰一览表，见下图的右下方。

可对这些峰逐条匹配；左键击 ◼ ，回复到上图。显然图中只显示最后一个相的相对强度。为了对所有相的相对强度进行匹配，左键击 Ⅲ 便得下图，两个相的相对强度都显示在图中。再左键击 Ⅲ ，即恢复原样。

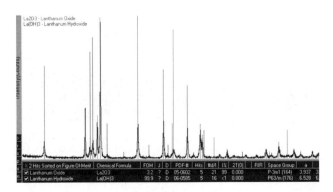

如果需要查看 PDF 卡片，可左键双击该相的条条，便能获得该相卡片的数据，见下图。

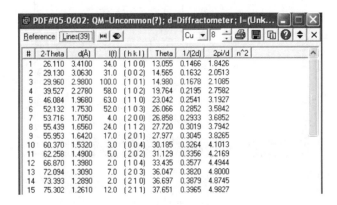

左击 ⤶ ，出现下图。

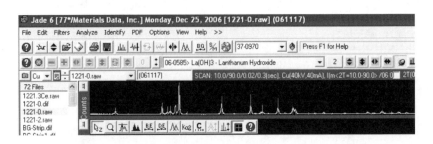

左击 2

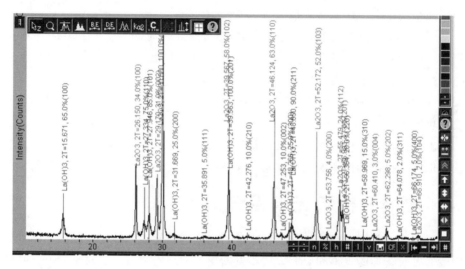

2theta（deg.）

在 All，Phase ID，d（A）和/或 2theta，I%，hkl 前方框中点击，即打勾，得到最后的分析结果。

从以上可知，其检索和匹配均以人机对话的方式进行。如果在欲分析的衍射花样之后，只选定 Subfile to Search，而清出 Search/Match Filters 的设定之后，左键击 S/M 或 ，即进行所谓全自动检索。理论和实践经验表明，这种全无约束的自动检索/匹配结果往往是不可信的，或者误检率很高，这是因为结构完全（空间群、原子数目及占位和晶胞参数）相同的物相是不存在的，但十分相近的相是很多的。

5.3.3　人工检索和计算机检索的比较[13,14]

前面介绍了人工检索和计算机检索的方法，它们各有特点。国际上为了评价计算机检索方法并将其与人工检索方法比较，曾于 1976 年和 1978 年进行两次"Round Robin"试验，所用的是人工混合样品。第一届参加者是世界有名的实验室的 13 位 X 射线衍射学专家，他们用照相法和衍射仪法进行实验。第二届有 8 个国家的 67 个单位参加，使用人工的 Hanawalt 和 Fink 检索及 J-V、Nichols、ZRD等计算机方法检索，以了解如下问题。

① 方法的比较：成功率；所费时间。

② 影响成功的实验因素：a. 亚组（subfiles）；b. d 和 I/I_1 的精确度；c. 元素数据；d. 数据中共有的系统误差。

通过对比得出如下结论：

① 对于无机化合物和矿物，人工检索和计算机检索是等效的。对于有机化合物，人工方法优于计算机法。

② 在无元素数据的情况下，计算机检查匹配对于 "d" 和 "I/I_1" 值的质量是很灵敏的，而人工检索对 d 的质量要求较低，衍射仪和纪尼叶聚焦相机给出大约相同质量的结果，比德拜法精确 3～4 倍。

③ 由时间/成功率的关系表明，人工检索的最佳时间为 2～3h，而计算机为 0.7～1.7h，并以 J-V 法最长。对于无机化合物和矿物混合物，使用 "常遇到的相" 数据库，有助于检索成功和减少检索时间。

④ 背面填装法是最好的试样制备技术，当使用内标时，所提供的数据较好，成功率也有提高。

综上所述，人工检索和计算机检索各有其特点，不可偏废。尽管计算机方法比较快，但常常存在漏检和误检的现象，在许多情况下还需人工作出最后判断。

5.4 复相分析和无卡相分析[15]

一般来讲，单相（包括已从复相中分离出来的单相）分析是比较简单的。如果我们能通过对花样的观察和研究，初步判断出它的结构类型，这对于立方、密排六方和某些四方结构是有可能的，从而可以通过一些特殊方法计算它们的点阵参数，利用《晶体数据》[7] 所给出的数据查得可能的物质名称，然后查阅字母顺序索引得到所需的卡片的号码。

对于立方晶系，衍射花样中衍射线条出现的顺序是容易确定的，一些立方结构的标准衍射花样中看到线条出现的顺序：

简单立方	100	110	111	200	120	112	220	221	310	311	222
体心立方		110		200		112	220		310		222
面心立方			111	200			220			311	222
金刚石立方			111				220			311	

当知道它属于立方结构后，便可计算点阵参数，判断复相花样中哪些线条属于同一立方结构的衍射线。

对于六方和四方都可以给出常见结构的标准衍射花样，有图表可供查用。密堆六方结构还有下列关系：

$$c/a < 1.5 \qquad\qquad d_{100} > d_{101} > d_{002}$$

$$1.72 > c/a > 1.5 \qquad d_{100} > d_{002} > d_{101}$$
$$c/a > 1.732 \qquad d_{002} > d_{100} > d_{101}$$

且花样中这三条线很靠近，在相隔一定距离后才出现其他线条。可以方便利用这些规律作物相鉴定。

[例 5.1] 表 5.5 的左边给出一未知花样的衍射数据，可见它具有密堆六方结构的特征。设 $c/a > 1.732$，$d_{002} = 3.59Å$，$c = 7.18Å$，$d_{100} = 3.36Å$，则 $c/a = 1.850$，这样可计算 $d_{101} = 3.04Å$，显然与测量数据（3.16Å）不符。设 $1.732 > c/a > 1.500$，则 $d_{100} = 3.59$，$a = 3.15Å$，$d_{002} = 3.36Å$，$c = 6.72Å$，$c/a = 1.62$，计算得 $d_{101} = 3.16Å$，这与实验数据相符。我们在《结构数据》的六方或菱形一档 $c/a = 1.61 \sim 1.63$ 范围内结合试样的化学成分主要为 Cd，查得与 Cd 有关的化合物有：

c/a	$a/Å$	$c/Å$		
1.6109	3.96	7.99	$CdCu_2$	P6/mmc
1.6120	3.24±1	6.835±14	CdI_2	P3mI
1.6281	3.958	6.444	$(Zn_{0.584}Cd_{0.416})S$	P63mc
1.6297	3.132±1	6.734±4	CdS	P63mc
1.6302	3.30±1	7.01±2	CdSe	P63mc

从数据来看，是 CdI_2 和 CdS 的两种可能性较大，抽卡核对只有 CdS 的标准数据与未知花样符合良好，见表 5.5。

表 5.5 例 5.1 的衍射数据和分析

序号	未知花样		Cds 6-314		
	$d/Å$	I/I_1	$d/Å$	I/I_1	hkl
1	3.59	S	3.583	75	100
2	3.36	S	3.357	59	002
3	3.16	vs	3.160	100	101
4	3.43	m	3.450	25	102
5	3.05	s	3.068	57	110
6	1.88	s	1.898	42	103
7	1.79	w	1.791	17	200
8	1.76	m	1.761	45	112
9	1.73	m	1.731	18	201
10	1.68	w	1.679	4	004
11	1.58	w	1.581	7	202
12	1.52	vw	1.520	2	104
13	1.40	w	1.398	15	203

当衍射花样不易识别所属晶系时，一般可使用三强线索引或字母顺序索引（当

已知试样的化学资料时）。然而，当衍射线强度受织构影响以及电子衍射和中子衍射花样分析时，一般则应采用八强线索引。

当用计算机分析单相物质时，如果不用任何过滤器，特别是不用化学元素限制，其结论往往是不可信的，或是完全错误的。

[**例 5.2**]　图 5.2 给出一个单相的例子。

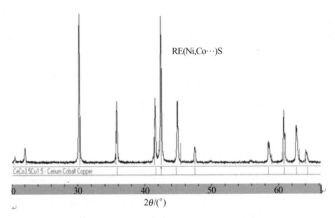

图 5.2　例 5.2 的衍射花样和分析结果

用 Jade6.5，除选用 Inorganic 子库外，去除所有设定，右键击 "S/M" 右侧的光盘检索给出：

$CeCo_{3.5}Cu_{1.5}$	50-1224	P6/mmm	3.982	3.982	3.056
$LaNi_5$	50-0777	P6/mmm	3.017	3.017	3.021

然后退出，再左击 "S/M"，将上述相与未知花样匹配，其结果示于图 5.2 中，$CeCo_{3.5}Cu_{1.5}$ 与未知相符合很好，但 20.43°的峰没有着落，似乎可以作出判断，该相为 $CeCo_{3.5}Cu_{1.5}$。但实际样品是 AB_5 储氢合金，其 A 侧为混合稀土，B 侧除 Ni 外，还有 Co、Mn、Al 等。$LaNi_5$ 的数据与未知花样的数据偏离虽然较大，但 20.43°的衍射线却符合较好。未知花样数据对 $LaNi_5$ 的偏离是由 A 侧为混合稀土，B 侧有 Co、Mn、Al 等部分取代 Ni 造成的。因此最后结果应是 RE（Ni，Co，Mn，Al）$_5$ 储氢合金。

5.4.1　复相分析[15]

复相分析比较复杂，其复杂性表现在：

① 实验一般需要反复进行，去伪存真的工作尤为重要。

② 由于物相较多，应仔细观察样品特征，了解其存在状态、颜色、粒度、密度、硬度及磁性；如为矿物试样，必要时可以先做些其他实验，如以稀盐酸滴试，观察是否起泡，以决定矿样是否含有碳酸盐类物质；观察样品是否易潮解，能否全部或部分地溶于水或其他溶剂。这样可以帮助对分析结果作出正确的

判断。

③ 将复相样品制成适当粒度的粉末（200～400 目）。在过筛时要注意使所有样品全部通过这一筛目，以免因研磨时不同物相粒度不同，而使其中一种或几种物相被筛掉。

④ 复相样品中主要元素也比较多，要选择适当的辐射和实验条件。由于线条多而密，衍射仪法一般采用较好分辨率的实验条件。

⑤ 由于线条较多，其中强线条也不少，通过三强线索引查找卡片比较困难，有时根本无法寻找，因此最好选用八强线索引。

⑥ 复相分析结果的合理性是很重要的，因此一般应根据其他知识，如矿物学（矿样）、物理化学（腐蚀、氧化产物）、金属学（合金样品）等做出综合性的最后判断。

此外，由于复相分析时线条较多，分析过程中出差错的可能性较大，计算机 S/M 也会出现误检和漏检，因此有条件时可由二人同时独立进行分析，以便互相检查对照。

例 5.3 给出一个复相分析的典型例子，以进一步作些讨论。

[例 5.3]　β-$(Ni_{0.4}Co_{0.2}Mn_{0.4})(OH)_2$ 在 500℃ 3h 后热分解产物，其衍射花样如图 5.3 所示。

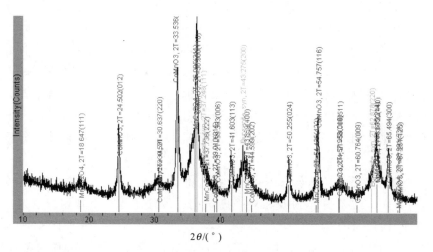

图 5.3　例 5.3 的衍射花样及分析结果

花样特征观测：初步观测得知至少存在两组衍射线：一组比较明锐，相对强度也比较高，另一组则比较宽化，因此至少存在两种相。

分析过程：在 Jade 6.5 中进行，设定 Inorganic 和 Chemistry Filter，Ni、Co、Mn 设定为可能元素，O 为必需的，经检索/匹配后得知，

NiO	47-1409	Fm-3m [225]	3.177	3.177	3.177

| MnCo$_2$O$_4$ | 23.1237 | Fd-3m [227] | 8.269 | 8.269 | 8.269 |
| NiMnO$_3$ | 48-1330 | R-3 [148] | 3.890 | 3.890 | 13.580 |

与未知相的数据符合良好，显示三种相的 2θ 位置和强度匹配较好，但除 MnCo$_2$O$_4$ 强度匹配较好外，其他两相的强度无法比对，但在图 5.3 中位置和相对强度都很好比对，并以不同的彩色显示在显示屏上。

结果和讨论：从分析结果来看，β-(Ni$_{0.4}$Co$_{0.2}$Mn$_{0.4}$)(OH)$_2$ 在 500℃ 分解 3h 的产物是 NiMnO$_3$、MnCo$_2$O$_4$ 和 NiO 三种相组成

物相名称	$2\theta/(°)$	$d/Å$
NiMnO$_3$	33.796	3.650
MnCo$_2$O$_4$	33.995	3.493
NiO	43.275	3.089

根据最强线的相对强度估计，NiMnO$_3$ 为主相，次要相 MnCo$_2$O$_4$ 多于 NiO。

此外，NiMnO$_3$ 的线条较之明锐得多，表明其生成最早，在随后其他相形成过程中，NiMnO$_3$ 相的晶粒在不断长大，故三相晶粒尺寸大小的顺序是 NiMnO$_3$＞ MnCo$_2$O$_4$＞NiO。

5.4.2　无卡相分析[15]

前面所讨论的，无论人工检索，还是计算机检索，其基础都是 ICDD 编辑出版的 PDF 卡片，即所要鉴定的物相的衍射花样都是已知的。虽然已出版了 56 组 6 万多张卡片，但还有许多物相没有衍射卡片，特别是三元以上的金属间化合物的尤为缺乏。随着各种新材料或新合金系统的不断出现，在作定性相分析时，常常因为缺乏某些物相的标准卡片而使得相分析进行不下去，或在一个衍射花样中有某些物相的线条可以解释，而另一些线条则无法判定，这就提出了无卡相分析这个问题。如果在日常工作中已进行了下列工作，则对于无卡项的分析很有帮助：

① 经常注意搜集各种杂志、书刊、报告中所给出的新相衍射数据（至少应包括其衍射花样中线条的 d 值及相对强度数据，最好还能给出其相应反射晶面指数），做成自制标准卡片。

② 还应注意收集晶体学数据——包括点阵类型、结构类型、点阵参数等数据，如果所得晶体学数据与我们的工作关系较大，则可以按成分设法配一些这类物相，取得它们的衍射花样，按已知数据计算进行指标化。如果符合良好，又没有多余的线条，则可以证明所配物相是单相物质（是否是单相还可以用其他实验方法如金相、热分析等证明）。反过来已证明了已知晶体学数据基本正确，同样也可以做成自制标准卡片。

③ 了解未知试样的化学组成及其有关数据，还要注意样品的形态特征和物理

性质，对于无卡相分析尤为重要。

在无卡相分析中可以针对不同情况分别采用下列不同方法，这里列举一些例子来描述这些方法。

（1）类比法　虽然，晶体的结构类型繁多，但常见的要少得多，而且在不同的系统总有一些规律可循。按拉维斯（Laves）[16] 提供的资料，在 1300 个二元相中约有 200 种已知的结构类型，而其中含有 25 个二元相以上的结构类型只有 13 种，它们包括了 1300 个二元相中的 800 个，而这中间属于 $MgCu_2$、$CsCl$、$AuCu_3$ 和 $MgZn_2$ 这四种类型的又占了一半以上，见表 5.6。因此，一般来说，对于二元相的分析，我们总能找到相似结构的其他物质的 PDF 卡，这为进行物相分析时采用类比法创造了极有利的条件。

（2）对照晶型标准花样的方法　因为所有属于同一种结构的类质同晶型化合物都有相似的衍射花样，可以将待鉴定的未知物质的衍射花样有计划地按次序与各种已知晶体结构的标准衍射花样相对照。

表 5.6　重要二元相结构类型的统计[16]

$MgCu_2$	158	
CsCl	111	
$AuCu_3$	108	453
$MgZn_2$	76	
$CaZn_3$	58	
β-U（或 σ）	49	
Mg	45	807
γ-黄铜	45	
W	40	
Cr_3Si	34	
CuAu	29	
AlB_2	29	
$CuAl_2$	25	

这种方法要求事先准备一整套表示已知晶体结构类型的标准图。对于立方晶系，$d = \dfrac{a}{\sqrt{h^2 + k^2 + l^2}}$ 取对数得：

$$\lg d = \lg a - \frac{1}{2}\lg(h^2 + k^2 + l^2) \tag{5.1}$$

对 d 为 d_1 和 d_2 的两条线求差得：

$$\lg d_1 - \lg d_2 = \frac{1}{2}\left[\lg(h_2^2 + k_2^2 + l_2^2) - \lg(h_1^2 + k_1^2 + l_1^2)\right] \tag{5.2}$$

此差值与点阵参数 a 无关，这样所有类质同晶型化合物任意两个晶面指数的衍射线之间的距离就只与晶面指数有关，而与物质无关，对于其他晶系也完全如此。

Frevel 及其合作者[17] 曾先后发表了许多这种以 lg$d$ 为横坐标的标准图，其中立方晶系 33 种，四方晶系 40 种，六方晶系 54 种。这些标准图已收入 Мирхин 编的手册中。后来他们还把这种方法推广到正交、单斜和三斜晶系的结构中去。

对照晶型标准花样的具体操作步骤如下：

① 用一纸条将实验所得 d 值，按标准图上的对数尺标出，纵坐标线段的长度表示相对强度。

② 把上述纸条与标准花样对照。显然，若能知道晶系将方便得多。

③ 如果与某标准花样的 d 值符合，且相对强度也大致相符，则证明未知花样是单相，结构与该标准花样的物相一致。如绝大多数线条与某标准花样相符，但尚有少数（或不少）线条不符，则存在两种可能，一是未知花样的试样由多相组成；二是也可能属另一种类型的结构。这时需要进一步与其他标准花样对照。

（3）d 值计算法　在做某些固溶体，如金属连续固溶体、氧化物固溶体、准二元的其他固溶体等的相分析时，由于 PDF 卡中无这种固溶体的卡片而很难做出最后判断，这时需要了解样品的化学成分，即固溶体的成分，通过查阅点阵参数手册[10] 得到该相点阵参数后计算 d 值。但某些多元素的氧化物固溶体则不能这样进行。如果复合氧化物的点阵参数与它的成分关系符合 Vegard 定律的话，则可按下式计算：

$$a = \sum a_i A_i \qquad c = \sum c_i A_i \qquad (5.3)$$

式中，A_i 为第 i 种氧化物的分子分数。

（4）配置标样法　某些试样中含有较复杂的物相，其中某些物相既无标准卡片，也无文献数据可查，又没有类似的化合物可供类比，特别是三元或多元金属间化合物。在这种情况下，我们只好根据样品所含几种元素，按各种可能的不同比例配置一系列假想的中间化合物。例如由元素 A、B、C 配置成 ABC、A_2BC、AB_2C……假想的三元化合物，经过熔炼、均匀化处理后，取得其 X 射线衍射花样。如果经过仔细分析，包括用其他方法（如金相、岩相等）旁证，确定了某些配置的样品为单相物质，也就是说按原配比制成的试样为一金属间相，那么就可以根据多晶试样结构分析方法测定出它的结构类型和点阵参数。这种化合物的衍射花样中强的衍射线条，如果在原未知样品的花样中存在，则可以初步认为未知样品中含有这个物相。如此反复实验、分析，可将未知样品全部分析清楚。

5.5　物相定性分析中应注意的问题

由于纳米材料的晶粒一般都较小，大约在几纳米到 100nm 范围，最明显的效应是粉末 X 射线衍射线条严重宽化，使衍射峰位相近邻的衍射线重叠，特别是那些晶体结构比较复杂，对称性较低，晶胞参数比较大的纳米材料，因衍射线多，分布较密，重叠现象更为严重，这会造成物相鉴定的困难。当纳米材料为单相物质时，即使线条严重宽化和重叠，物相鉴定尚能进行；如果纳米材料由两相或多相组成，如纳米建材、纳米催化剂、纳米陶瓷、纳米复合材料等，物相鉴定就更为困难。其原因是：

① 衍射线条的峰位难以测定，合理的 d 值谱不全；

② 各衍射线条的相对强度不准或难以获得。PDF 的标准卡片的强度数据是晶粒取向完全无序分布，以其最强线为 100 的相对强度数据 I/I_1，纳米材料的线条宽化和重叠改变这种关系。

因此有必要建议分析者在实践中积累经验，采用较小仪器宽化的实验条件，合理使用所得数据，作出合理、正确的最后判断，以获得可信的物相鉴定结果。

此外，在物相定性过程中，实验所得的衍射数据，往往与标准卡片上所列的数据并不完全一致，而只能基本相符，因此，在对比数据时应注意下列情况：首先待测物相的数据与卡片上的衍射数据对比时，其 d 值必须很接近（允许有 $\pm 0.01 \sim 0.02$ 的误差），因为面间距 d 值是不会随实验条件的不同而改变的，而 I/I_1 的值容许有相当大的出入，因它会随实验条件的不同而发生较大的变化。其次低角度线（即 d 值大的线）的数据很重要，因对不同的晶体来说，低角度线的 d 值相一致的机会很少，但对高角度线，不同晶体相互近似的机会就增多。此外当使用波长较长的 X 射线时，将会使得一些 d 值较小的线不再出现，但低角度的线总是存在的。另外，若样品粒度过细或结晶不好，会导致高角度线的缺失。再次特别要重视 d 值大的强线，因为强线的出现情况是比较稳定的，同时也较易测得精确，而弱线就不易准确地判断其精确位置。特征线的利用对物相鉴定很重要，若有些结构相似的物相，如某些黏土矿物，其衍射数据很接近，但往往有几条线是不变的，可作特征线条来利用，用来肯定它是某个物相，例如高岭土，其特征线为 7.2Å 左右，云母为 9.2～9.5Å，滑石为 9.2～9.4Å，伊利石为 9.9Å 左右。当 d 值很大时，其衍射线可能会落入相机盲区或衍射仪的常规测量角度极限，会造成个别低角度的强线的可能缺失。样品有明显的择优取向会引起强度失真。还有卡片上的标准数据是鉴定物相的主要依据，但也不要迷信卡片，因有些早年的资料，限于当时的实验条件，所得出的数据不一定完全正确可靠，甚至个别出现错误也有可能。在复杂的物相鉴定时与其他分析手段的配合也很重要，一般在分析前应详细了解样品的来源、性状、处理经过、化学组成，并仔细观察样品形态及其特征，必要时在鉴定的同时还应做化学成分分析、显微镜观察、差热分析等，以便初步对其物相做出估计，为运用字母顺序索引和数字索引提供线索，这样可快速、正确鉴定未知物相。

参 考 文 献

［1］ 杨传铮，谢达材，陈癸尊等. 物相衍射分析. 北京：冶金工业出版社，1989：50-174.

［2］ Hanawalt J D, Rinn H and Frevel L K. Ind Eng Chem Anal, 1938, 10: 457.

［3］ Powder Diffraction File, Search Manual, Hanawalt Method, Inorganic Compounds. ICDD, PA, USA, 1999.

［4］ Powder Diffraction File, Seaech Manual, Fink Method, Inorganinc Compounds. I CDD, PA, USA, 1999.

［5］ Powder Diffraction File, Alphabetocal Index, Inorganinc Compounds. ICDD, PA, USA, 1999.

［6］ Powder Diffraction File, Seaech Manua, Organic Compounds, Hanawalt, Alphabetocal Formulal. ICDD, PA, USA, 1999.

［7］ Donnay J D H, Ondik H M. Crystal Data Determination Tables. Third Ed. JCPDS, 1973.

［8］ 〈Structrure Reports〉 Published for the International Union of Crystallography. Reidel Pub. Company, Boston, USA.

［9］ Phase Diagrams for Ceramists, Complied and Edited at National Bureau of Staudaeds; Phase Diagrams Material Science and Technology, Puklished by American Ceramic Society.

［10］ Peaeson W D. A Handbook of Lattice and Structure of Metals and Alloys. Pergamon Press, 1958.

［11］ Johnson G and Vand V. Industrial and Ingineering Chem, 1967, 59 (8): 19; Adv X-ray Anal, 1979, 19: 113; Johnson G. User Guide Data Base and Search Program. JCPDS, 1975.

［12］ Materials Data Inc, 2005, Jade 6.5, XRD Pattern Processing (USA: Materials Data Inc.)

［13］ Jenkins R, Adv X-ray Anal, 1976, 20: 125.

［14］ Jenkins R, Hubbard C R, Adv X-ray Anal, 1978, 22: 133.

［15］ 中国科学院上海冶金研究所 X 射线实验室. 理化检验：物理分册，1972，(4)：1-4.

［16］ Laves F. Phase Stability. //RudmanPR. Metals-Alloys. New York: McGraw-Hill, 1967: 85.

［17］ Frevel K. Anal Chem, 1965, 37: 471; 1966, 38: 1934; 1968, 40: 1335; J Chem Phys, 1973, 58: 2192; J Appl Cryst, 1976, 9: 199; Adv X-ray Anal, 1976, 20: 15; Blackburn M J. Trans Quaat ASM, 1966, 59: 876.

第**6**章
物相定量分析

X射线物相定量分析，一般是指用X射线衍射方法来测定混合物中各种物相的含量。最初这一工作是使用照相法，采用测微光度计测量强度，既麻烦费时，又精度较差，故定量分析的应用受到很大限制。直到20世纪40年代出现了带盖格计数管的衍射仪，使强度测量精度大大提高。而后在1948年，亚历山大（Alexander）等提出了混合物样品中多晶物相的X射线定量分析公式，这就奠定了定量相分析的理论基础。此后定量相分析有了迅速发展，尤其是随着20世纪70年代以来计算机辅助X射线分析的兴起，给定量相分析工作带来了新的生机，使定量相分析应用越来越广泛。

纳米材料物相定量分析的方法与原理同一般多晶样品的分析方法相同，但难度更大。在各种定量分析方法中，虽有解决线条重叠的方法，但在这里也不一定适用，因此只能使用非重叠线的方法。在定量相分析方法中的强度都是积分强度，即扣除衍射线背景、设定所用线条的角度范围后得到的积分强度。因此在实验中要注意以下几点：

① 合理选择所用的衍射线条；

② 合理选择衍射线条的扫描范围和起始、终止角度；

③ 如果使用标样法，要注意标样测量和待测样测量的可比性。

只要注意这三方面的问题，做到半定量或较准确定量相分析还是可能的，不过它们的分析精度和准确度远比非纳米（微米）结晶材料差。

6.1 多晶物相定量分析原理

未知混合物的多晶X射线衍射花样是混合物中各相物质衍射花样的总和，每种相的各衍射线条的 d 值不变，相对强度也不变，即每种相的特征衍射花样不变；但混合物中各物相之间的相对强度则随各相在混合物中的含量而变化。因此可以通过测量和分析各物相之间的相对强度来测定混合物中各相的含量。要解决这个问题，首先必须知道各相的强度与含量之间的关系。

多晶试样的衍射强度问题只能用运动学衍射理论来处理。一般从一个自由电子对 X 射线散射强度开始,讨论一个多电子的原子对 X 射线的散射强度,进而研究一个晶胞和小晶体对 X 射线的散射强度,最后导出多晶试样的衍射积分强度的表达式。

6.1.1　单相试样衍射强度的表达式[1,2]

在用 X 射线衍射仪进行实验工作时,如果试样为单相物质,则 hkl 衍射线条的积分强度 I_{hkl} 为

$$I_{hkl} = \left(\frac{I_0}{32\pi r} \times \frac{e^4 \lambda^3}{m^2 c^4} \right) \times \left(N^2 P_{hkl} F_{hkl}^2 \frac{1 + \cos^2 2\theta_{hkl}}{\sin^2 \theta_{hkl} \cos\theta_{hkl}} e^{-2M} \right) AV \qquad (6.1)$$

式中,I_0 为入射线束的强度;e、m、c 分别为电子电荷、电子的静止质量和光速;λ 为入射 X 射线的波长;r 为衍射仪半径;N 为单位体积(cm³)内的晶胞数目,$N = 1/V_c$,V_c 为晶胞的体积;P_{hkl} 为 {hkl} 晶面族的多重性因数;F_{hkl} 为 hkl 晶面的结构因数;$\dfrac{1 + \cos^2 2\theta_{hkl}}{\sin^2 \theta_{hkl} \cos\theta_{hkl}}$ 为角因数或称洛仑兹-偏振因数;θ_{hkl} 为 hkl 晶面对入射线波长的布拉格角;e^{-2M} 为温度因数;A 为吸收因数;V 为试样受 X 射线照射的体积,即衍射体积,cm³。式(6.1) 中第一个括号与所研究的物质无关,而第二个括号与所研究的物相及选用的衍射线有关。令

$$R = \left(\frac{I_0}{32\pi r} \times \frac{e^4 \lambda^3}{m^2 c^4} \right) \qquad (6.2)$$

$$K_{hkl} = \left(N^2 P_{hkl} F_{hkl}^2 \frac{1 + \cos^2 2\theta_{hkl}}{\sin^2 \theta_{hkl} \cos\theta_{hkl}} e^{-2M} \right) \qquad (6.3)$$

R 和 K_{hkl} 分别称为物理-仪器常数和物相-实验参数。式(6.1) 可简写为

$$I_{hkl} = RK_{hkl}AV \qquad (6.4)$$

6.1.2　多重性因数

在多晶物质中,凡属同一晶型的 {hkl} 内的各个晶面都以某些对称运用相联系,它们的晶面间距 d_{hkl} 都相等,其衍射角 $2\theta_{hkl}$ 也相等。因此在多晶物质的衍射花样中,由同一晶型各晶面族 {hkl} 衍射强度互相重叠,也就是说,在多晶试样中,{hkl} 晶面族的晶面越多,则参与衍射的概率越大。所以式(6.1) 中衍射束的强度与多重性因数 P_{hkl} 成正比。各晶系中各种晶型的多重性因数可查相关表格而得。

6.1.3　结构因数

当 X 射线受一个晶胞散射时,由于晶胞内各个原子所散射的波具有不同的位相和振幅,其组合波由各散射波的矢量相加。而晶体中各个晶胞散射的散射线都是

相干、振幅相等、位相相同的，其总的散射强度为

$$I_{晶体} = N^2 F^2 I_{电子} \tag{6.5}$$

式中，$I_{电子}$ 为一个电子的散射 X 射线的强度，其表达式为

$$I_{电子} = I_0 \left(\frac{e^2}{mrc^2} \right) \frac{1 + \cos^2 2\theta}{2} \tag{6.6}$$

式中，N 为单位体积（cm^3）中的晶胞数目；r 为离散射中心电子的距离。当考虑一个晶胞的散射时，其散射强度 $I_{晶胞}$ 为

$$I_{晶胞} = F^2 I_{电子} \tag{6.7}$$

$$F^2 = I_{晶胞} / I_{电子} \tag{6.8}$$

$$|F| = \frac{受一个晶胞内所有原子散射的相干散射波的振幅}{受一个电子散射的相干散射波的振幅} \tag{6.9}$$

这就是结构因数的物理意义，其表达式

$$F_{hkl} = \sum_{1}^{n} f_i e^{2\pi i (\boldsymbol{r}_j \cdot \boldsymbol{H}_{hkl})} \tag{6.10}$$

式中，$\boldsymbol{r}_j$ 为晶胞中第 j 个原子的坐标位置矢量；$\boldsymbol{H}_{hkl}$ 为衍射晶面（hkl）的倒易矢量。

$$\boldsymbol{r}_j = (x_j a + y_j b + z_j c) \tag{6.11}$$

$$\boldsymbol{H}_{hkl} = (ha^* + kb^* + lc^*) \tag{6.12}$$

所以

$$F_{hkl} = \sum_{i=1}^{n} f_j e^{2\pi i (hx_j + ky_j + lx_j)} \tag{6.13}$$

或

$$F_{hkl} = \sum_{i-1}^{n} f_j \left[\cos 2\pi (hx_j + ky_j + lz_j) + i \sin 2\pi (hx_j + ky_j + lz_i) \right] \tag{6.14}$$

式中，f_j 为第 j 个原子的原子散射因数，求和是对晶胞中所有原子的散射因数进行积分。

6.1.4　温度因数

晶胞中的原子在其平衡位置不停地振动，温度愈高，振动的振幅愈大。当 X 射线射入晶体中而又满足布拉格条件时，由于相邻原子所散射的 X 射线光程差并不刚好等于 $n\lambda$，因而造成衍射强度的减弱，且随温度升高愈多减弱愈多，因此在式（6.1）中引入温度修正因数 e^{-2M}，其中

$$M = B \sin^2 \theta / \lambda^2 \tag{6.15}$$

$$B = \frac{6h^2 T}{m_a k \Theta^2} \left[\phi(x) + \frac{x}{4} \right] \tag{6.16}$$

$$M = \frac{6h^2 T}{m_a k \Theta^2} \left[\phi(x) + \frac{x}{4} \right] \frac{\sin^2 \theta}{\lambda^2} \tag{6.17}$$

式中，h 为普朗克常数；k 为玻尔兹曼常数；m_a 为原子的质量；Θ 为特征温度，也称德拜温度；$\phi(x)$ 称为德拜函数；

$$x = \frac{\Theta}{T} \tag{6.18}$$

$e^{-2B\frac{\sin^2\theta}{\lambda^2}}$ 的值可查《国际 X 射线结晶学表》第二卷的表 5.22 获得。

6.1.5 吸收因数

在多晶的情况下，只考虑光电吸收作用，在透射的情况下

$$I = I_0 e^{-\mu_1 t} \tag{6.19}$$

式中，μ_1 为线吸收系数。但在衍射仪法中，入射线和衍射线都被吸收，且入射线束对试样表面和衍射线对试样表面的掠射角相等，且等于布拉格角 θ。当试样为无穷厚时

$$A = \frac{1}{2\mu_1} \tag{6.20}$$

$$\mu_1 = \rho \mu_m \tag{6.21}$$

式中，μ_m 为质量吸收系数；ρ 为密度。若试样由 m 种元素组成，则

$$\mu_m = \sum_{p=1}^{m} \omega_p \mu_{mp} \tag{6.22}$$

式中，ω_p 为第 p 种元素的质量分数；μ_{mp} 为它的质量吸收系数。

在定量相分析中，一般将 $\frac{I_D}{I_0} = \frac{1}{100}$ 所对应的穿透深度 t_{100} 定义为无穷厚，有时将 $\frac{I_D}{I_0} = \frac{1}{1000}$ 的 t_{1000} 定义为无穷厚，它们可用下式计算：

$$\left. \begin{array}{l} t_{100} = \dfrac{2.3\sin\theta}{\bar{\mu}_1} \\[3mm] t_{1000} = \dfrac{3.45\sin\theta}{\bar{\mu}_1} \end{array} \right\} \tag{6.23}$$

6.1.6 衍射体积

衍射体积显然与发散光阑 DS 的宽度有关，还与试样的吸收系数 μ_1 有关。对于衍射仪，衍射体积 V

$$V = \frac{T}{2} lL \tag{6.24}$$

式中，l 为入射线束照射试样表面的宽度，它与入射线的发散度、衍射仪半径 r 有

关，并与 $\sin\theta$ 值成反比例；L 为光阑狭缝的长度，是一个常数。$l=\dfrac{W_0}{\sin\theta}=\dfrac{2\pi r}{360}\times$ $\dfrac{\phi}{\sin\theta}$，代入得

$$V=\frac{2.30\sin\theta}{2\overline{\mu}_1}\times\frac{W_0}{\sin\theta}=\frac{2.30}{360}\frac{\pi r\phi}{\overline{\mu}_1}\times L \tag{6.25}$$

式中，W_0 为入射线束的宽度，它与 DS-SS 的角宽度有关，在同一实验中也为一常数。可见对同一试样，衍射体积不随 θ 而变化，而仅与试样的线吸收系数 $\overline{\mu}_1$ 成反比。

对于粉末多晶试样，不同的制样方法，其密度有一定差别，一般仅为块状试样密度的 $70\%\sim80\%$，因此试样的线吸收系数、衍射体积也与该物质的大块试样不同，在定量相分析中应予以适当考虑。不过在实际工作中，只要保持制样方法的一致性，密度问题可以不予考虑。

6.1.7　多相试样的衍射强度

综合上述几小节的论述可得单相物质的衍射强度公式：

$$I_{hkl}=RK_{hkl}V\frac{1}{2\mu_1} \tag{6.26}$$

相对强度公式

$$I_{hkl相对}=P_{hkl}F_{hkl}^2\frac{1+\cos^2 2\theta_{hkl}}{\sin^2\theta_{hkl}\cos\theta_{hkl}}e^{-2M}A \tag{6.27}$$

如果试样为多相物质的混合物，那么其中第 i 相的衍射强度受整个混合物吸收的影响，该相的衍射体积 V_i 是总的衍射体积 $\overline{V}$ 的一部分。设混合物试样的线吸收系数为 $\overline{\mu}_1$，第 i 相的体积分数为 f_i，则第 i 相某 hkl 的衍射强度（略去下标 hkl）则为

$$I_i=\frac{RK_i\overline{V}}{2\overline{\mu}_1}\cdot f_i=\frac{RK_i\overline{V}}{2\overline{\mu}_m\overline{\rho}}\cdot f_i \tag{6.28}$$

如果第 i 相的密度和质量分数分别为 ρ_i、x_i，则 $x_i=\dfrac{W_i}{W}=\dfrac{\overline{V}f_i\rho_i}{\overline{V}\overline{\rho}}=\dfrac{f_i\rho_i}{\overline{\rho}}$，代入式（6.28）得

$$I_i=\frac{RK_i\overline{V}\overline{\rho}}{2\overline{\mu}_1\rho_i}x_i=\frac{RK_i\overline{V}}{2\overline{\mu}_m}x_i \tag{6.29}$$

式中，$\overline{\rho}$ 为混合试样的密度。式（6.28）和式（6.29）就是与 i 相含量（体积分数 f_i、质量分数 x_i）直接相关的衍射强度公式，它们是定量相分析工作的出发点。

如果已知混合物试样的元素组元 p 和其含量 ω_p，则混合物试样的吸收系数按下式求得：

$$\overline{\mu}_1 = \overline{\rho} \ \overline{\mu}_m = \overline{\rho} \sum_{p=1}^{m} \omega_p \mu_{mp} \tag{6.30}$$

类似可由混合物试样的物相组元 i 和其含量 x_i 求得吸收系数:

$$\overline{\mu}_1 = \overline{\rho} \ \overline{\mu}_m = \overline{\rho} \sum_{i=1}^{m} x_i \mu_{mi} \tag{6.31}$$

式中, μ_{mi} 为 i 相的质量吸收系数。若已知该相的化学成分或化学式,即可按式(6.31)求 μ_{mi}。

$$f_i = \frac{V_i}{\overline{V}} = V_i / (\sum_{i=1}^{n} V_i) \tag{6.32}$$

值得注意的是,乍看起来,式(6.28)和式(6.29)表明衍射强度与物相的含量 (f_i 或 x_i) 成线性关系,但实际上常常不一定如此(见图 6.1)。这是因为衍射强度还与总的衍射体积和试样的吸收系数有关,而衍射体积和吸收系数 ($\overline{\mu}_1$ 或 $\overline{\mu}_m$) 又与相的含量有关。由图 6.1 可见,石英-方石英的那条为直线,这是因为两者都是 SiO_2 的同素异构体,混合试样的衍射体积和质量吸收系数不随二者相对含量变化,$\overline{\rho}$ 的变化甚小。而另外两条则因衍射体积和吸收系数随两相的相对含量而变化,故呈非线性关系。

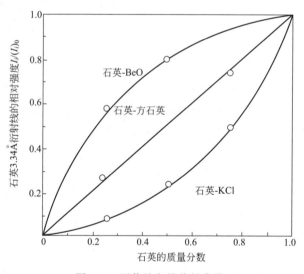

图 6.1   石英的定量分析曲线

6.2   采用标样的定量相分析方法

X 射线定量相分析自 1948 年 Alexander[3] 提出内标法的正确理论,奠定了定量相分析基础以来,已有近 60 年的历史。近 30 年来,随着 X 射线衍射仪的综合稳定度的大大提高,以及在衍射仪中阶梯扫描装置和由电子计算机控制的衍射峰积分强度测量的应用，定量相分析方法和实验技术迅速发展，应用也更为广泛。

在实际工作中，K_i、$\overline{\mu}_1$、$\overline{\mu}_m$、$\overline{V}$ 在许多情况下都难以理论计算，因此许多 X 射线分析者采用不同的实验技术和数据处理方法，或是避免繁杂的计算，或是使计算简单化，这样就出现了各种各样的定量相分析方法。

6.2.1　内标法[3, 4]

所谓内标法就是把一定量的待测试样中不存在的某种纯物相加入未知的混合物样品中，构成新的复合试样的方法。

设未知混合物样品中有 $1,2,\cdots,i,\cdots,n$ 个物相组元，现要用内标法测定组元 i 的含量 x_i。

选内标物相 s 与未知的混合物样品均匀混合构成新的复合试样，物相 s 在复合试样中的质量分数为 x_s。所需求的物相组元 i 在原样品中的质量分数为 x_i，而在新的复合样品中的质量分数为 x_i'，根据式(6.29) 得到新的复合试样中 i 相和内标相 s 的衍射强度。

$$I_i'=\frac{RK_i\overline{V}'\overline{\rho}'}{2\overline{\mu}_1'\rho_i}x_i'$$

$$I_s'=\frac{RK_s\overline{V}'\overline{\rho}'}{2\overline{\mu}'\rho_s}x_s$$

两式相除得

$$\frac{I_i'}{I_s'}=\frac{K_i}{K_s}\times\frac{\rho_s}{\rho_i}\times\frac{x_i'}{x_s} \tag{6.33}$$

ρ_i、ρ_s 均为已知。在新的复合试样中，x_s 保持为一常数，那么 $(1-x_s)$ 也为常数，则

$$x_i'=x_i(1-x_s) \tag{6.34}$$

将式(6.34) 代入式(6.33) 中，并令

$$H=\frac{K_i}{K_s}\times\frac{\rho_s}{\rho_i}\times\frac{(1-x_s)}{x_s} \tag{6.35}$$

经整理后得

$$\frac{I_i'}{I_s'}=Hx_i \tag{6.36}$$

式(6.36) 就是常用的内标法定量相分析的公式。由式(6.35) 可见，H 还是难于计算的，为此需借助式(6.36) 作工作曲线或求出 H，然后求出待测试样中所要测定相的含量，其步骤如下：

① 需要一组 x_i 不同的参考样品；

② 以恒定的质量分数 x_s 的内标纯相 s 与上述一组参考样品分别充分混合，获得一组参考试样；

③ 测定这组参考试样中的 I_i' 和 I_s'；

④ 绘制 I_i'/I_s'-x_i 的关系图，这就是工作曲线，一般为直线，其斜率为 H；

⑤ 最后，以含量为 x_s 的内标相加入待测未知混合物样品，以与工作曲线同样的实验条件测量 I_i'/I_s'，利用工作曲线或求出的 H 即可求解 x_i。

由前述可知，用这种内标法求解多相系几乎是不可能的。钟福民和杨传铮[4]提出了另一种内标法。如果有 n 个待测样品，每个样品中有 n 相，要求测定每个样品中各相的质量分数 x_{iJ}，其中下标小写字母表示相的序号，大写字母表示样品序号。

把样品中不存在的一种纯相 s 加入各个样品中，其质量分数为 x_s，原样中 x_{iJ} 变为 x_{iJ}'，则有

$$I_{i1}=\frac{RK_i\overline{V}_1}{2\overline{\mu}_{m1}\rho_i}x_{i1}' \qquad I_{s1}=\frac{RK_s\overline{V}_1}{2\overline{\mu}_{m1}\rho_s}x_s$$
$$\vdots \qquad\qquad \vdots$$
$$I_{iJ}=\frac{RK_i\overline{V}_J}{2\overline{\mu}_{mJ}\rho_i}x_{iJ}' \qquad I_{sJ}=\frac{RK_s\overline{V}_J}{2\overline{\mu}_{mJ}\rho_s}x_s \qquad (6.37)$$
$$\vdots \qquad\qquad \vdots$$
$$I_{iN}=\frac{RK_i\overline{V}_N}{2\overline{\mu}_{mN}\rho_i}x_{iN}' \qquad I_{sN}=\frac{RK_s\overline{V}_N}{2\overline{\mu}_{mN}\rho_s}x_s$$

将式(6.37) 中相应于各样品的强度表达式相除，则消除 $\overline{\mu}_{mJ}$

$$\frac{I_{i1}}{I_{s1}}=\frac{K_i\rho_i^{-1}}{K_s\rho_s^{-1}}\times\frac{x_{i1}'}{x_s}$$
$$\vdots$$
$$\frac{I_{iJ}}{I_{sJ}}=\frac{K_i\rho_s^{-1}}{K_s\rho_s^{-1}}\times\frac{x_{iJ}'}{x_s} \qquad (6.38)$$
$$\vdots$$
$$\frac{I_{iN}}{I_{sN}}=\frac{K_i\rho_i^{-1}}{K_s\rho_s^{-1}}\times\frac{x_{iN}'}{x_s}$$

将式(6.38) 中第一式与其他相除，即可消除 $\dfrac{K_i\rho_i^{-1}}{K_s\rho_s^{-1}}$，经整理后得

$$x_{i2}'=\frac{I_{i2}}{I_{s2}}\times\frac{I_{s1}}{I_{i1}}x_{i1}'$$
$$x_{i3}'=\frac{I_{i3}}{I_{s3}}\times\frac{I_{s1}}{I_{i1}}x_{i1}' \qquad (6.39)$$
$$\vdots$$
$$x_{iN}'=\frac{I_{iN}}{I_{sN}}\times\frac{I_{s1}}{I_{i1}}x_{i1}'$$

分别对式(6.39) 中各式求和，$\sum\limits_{i=1}^{n} x'_{iJ} = 1 - x_s$，得

$$\sum_{i=1}^{n} \left(x'_{i1} \frac{I_{s1}}{I_{i1}} \times \frac{I_{i2}}{I_{s2}} \right) = 1 - x_s$$

$$\sum_{i=1}^{n} \left(x'_{i1} \frac{I_{s1}}{I_{i1}} \times \frac{I_{i3}}{I_{s3}} \right) = 1 - x_s \qquad (6.40)$$

$$\vdots$$

$$\sum_{i=1}^{n} \left(x'_{i1} \frac{I_{s1}}{I_{i1}} \times \frac{I_{iN}}{I_{sN}} \right) = 1 - x_s$$

又因为第 J 个已加入内标的样品与第 J 个待求原样间各相质量分数的关系为

$$x'_{iJ} = x_{iJ}(1 - x_s) \qquad (6.41)$$

将式(6.41) 代入式(6.40) 得

$$\sum_{i=1}^{n} \left(x_{i1} \frac{I_{s1}}{I_{i1}} \times \frac{I_{i2}}{I_{s2}} \right) = 1$$

$$\sum_{i=1}^{n} \left(x_{i1} \frac{I_{s1}}{I_{i1}} \times \frac{I_{i3}}{I_{s3}} \right) = 1 \qquad (6.42)$$

$$\vdots$$

$$\sum_{i=1}^{n} \left(x_{i1} \frac{I_{s1}}{I_{i1}} \times \frac{I_{iN}}{I_{sN}} \right) = 1$$

式(6.42) 包括 $(n-1)$ 个方程，每个方程有 n 项，加上 $\sum\limits_{i=1}^{n} x_{iJ} = 1$，即可求解 1 号样品中各相的质量分数。类似处理可求解其他样品中各相的质量分数。最后得出求解第 K 号试样的一般形式的方程组

$$\sum_{i=1}^{n} \left(\frac{I_{sK}}{I_{iK}} \times \frac{I_{iJ}}{I_{sK}} x_{iK} \right) - 1$$

$$\sum_{i=1}^{n} x_{iK} = 1 \qquad (6.43)$$

$$J = 1, 2, 3, \cdots, K, \cdots, N$$

表 6.1 给出一个具体的测量例子，可见测量误差是令人满意的。

表 6.1 复相系内标法的分析实例

试样号 J	1			2			3		
物相号 i	TiO_2	ZnO	Al_2O_3	TiO_2	ZnO	Al_2O_3	TiO_2	ZnO	Al_2O_3
原配比/%	30	50	20	50	20	30	25.22	35.33	45.44
测量结果/%	27.9	53	19.1	51.8	20.2	28.0	21.4	35.5	45.1
相对误差/%	−7.0	+5.0	−5.5	+5.6	1.0	−5.6	−5.7	5.5	−1.0

6.2.2　增量法

Alexander 的内标法要求具有不同含量而又已知待测相 x_i 的一组参考试样制作工作曲线，一般来讲这是难以实现的。为了克服这个缺点，1958 年 Copeland 和 Bragg[5] 提出了增量法。

增量法就是在 1g（也可为另一质量）的样品中增加任一待测相 i 的纯相 x_{is}（g），则新的混合试样中 i 相的质量分数 x_i'

$$x_i' = \frac{x_i + x_{is}}{1 + x_{is}} \tag{6.44a}$$

同时其他任何物相组元 $j(j=1,2,\cdots,n \neq i)$ 在新的混合样品中的质量分数 x_j' 为

$$x_j' = \frac{x_j}{1 + x_{is}} \tag{6.44b}$$

根据式(6.29) 有

$$I_i' = \frac{RK_i \overline{V}}{2\overline{\mu_1'}} \times \frac{\overline{\rho}}{\rho_i} \left(\frac{x_i + x_{is}}{1 + x_{is}} \right)$$

$$I_j' = \frac{RK_j \overline{V}}{2\overline{\mu_1'}} \times \frac{\overline{\rho}}{\rho_j} \left(\frac{x_j}{1 + x_{is}} \right)$$

两式相除

$$\frac{I_i'}{I_j'} = \frac{K_i}{K_j} \times \frac{\rho_i}{\rho_j} \times \frac{x_i + x_{is}}{x_j} \tag{6.45a}$$

如果增加的 x_{is} 为一系列数值，则可把 $\frac{I_i'}{I_j'}$-x_{is} 作图，为直线关系。根据它与 x_{is} 轴的截距和斜率联合求解 x_i。为了提高测量的准确度，可用多根衍射线条求解。此法还可用于衍射线重叠情况的测量[5]。

Bezjak 和 Jelenic[6] 发展了增量法。与式(6.45a) 类似，对未增量的原样也有

$$\frac{I_i}{I_j} = \frac{K_i}{K_j} \times \frac{\rho_i}{\rho_j} \times \frac{x_i}{x_j} \tag{6.45b}$$

将式(6.45a)、式(6.45b) 相除并经整理后得

$$x_i = \frac{x_{is}}{\left(I_i'/I_i \big/ I_j'/I_j \right) - 1} \tag{6.46}$$

对于多元物相系的任何一个相也可以通过该相两个增量试样、两个衍射花样求解。类似式(6.45) 有

$$\frac{I_i''}{I_j''} = \frac{K_i}{K_j} \times \frac{\rho_i}{\rho_j} \times \frac{x_i + x_{is}'}{x_j} \tag{6.47}$$

将式(6.45a) 除以式(6.47)，并整理得

$$x_i = \frac{x_{is}' - \left(\dfrac{I_i''}{I_j''} \Big/ \dfrac{I_i'}{I_j'}\right) x_i}{\left(\dfrac{I_i''}{I_j''} \Big/ \dfrac{I_i'}{I_j'}\right) - 1} \tag{6.48}$$

从上述增量法的推导中可以看出，所测量的 I_j、I_j'、I_j'' 应为与 i 相无关的某一相的 hkl 衍射强度。这个限制实际上是没有必要的，只要与 i 相无关，它可为与 i 相无关的任意相的一组衍射线强度，也可为 i 相无关的几种相重叠或部分重叠线条的衍射强度。

采用前述的增量法测定由铝矾土用 Bell 法生产的氧化铝中的 $\alpha\text{-Al}_2\text{O}_3$。$x_{is}$、$x_{is}'$ 分别为 0.1g、0.15g，I_i 选用 $\alpha\text{-Al}_2\text{O}_3$ 的 116 衍射线，用 CuK_α 辐射，在 $2\theta = 56.8° \sim 58.2°$ 范围内测量。I_j 在 $2\theta = 30° \sim 33.8°$ 范围内测量，它包括 θ、χ、η 等多种与 $\alpha\text{-Al}_2\text{O}_3$ 无关的几种相的衍射峰，其衍射线形见图 6.2，结果见表 6.2。为了验证这个结果，还用硅粉标样做消除剂，按后面介绍的基体效应消除法作了实验测定，经对比表明，两类方法所得的结果比较接近。

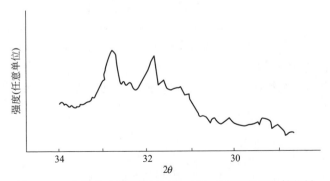

图 6.2 Bell 法生产氧化铝在 $2\theta = 29° \sim 34°$ 范围的衍射花样

表 6.2 Bell 法生产的氧化铝中 $\alpha\text{-Al}_2\text{O}_3$ 的测定结果　　　　单位：%

序号	I_i/I_j	I_i'/I_j'		I_i''/I_j''		I_i/I_j	K 值法 01$\bar{1}$2-111 线对
		x_i		x_i		x_i	
1	1.700	5.311		5.584		1.700	28.1
		27.9		28.8		35.4	
2	1.621	5.244					27.3
		25.0					
3	1.609	5.595					28.6
		28.0					

Popovic 等[7] 发展了增量法，即通过一次掺样和仅从两个衍射花样同时测量 n 个物相的质量分数。现以三元物相系为例介绍如下。

在三元物相 A、B、C 系统中，要求测定各质量分数 x_A、x_B 和 x_C。在原试样中有

$$x_A + x_B + x_C = 1$$

$$\frac{x_A}{x_B} = K_{A/B}^{-1} \frac{I_A}{I_B} \tag{6.49}$$

$$\frac{x_A}{x_C} = K_{A/C}^{-1} \frac{I_A}{I_C}$$

其中 $K_{A/B} = \dfrac{K_A \rho_A^{-1}}{K_B \rho_B^{-1}}$，$K_{A/C} = \dfrac{K_A \rho_A^{-1}}{K_C \rho_C^{-1}}$。将已知质量分数 x_{Bs}、x_{Cs} 的两纯相加入原样品中，均匀混成一个新的复合试样，其中 A 相的质量分数变为 x_A'，则有

$$x_A' + x_B' + x_C' + x_{Bs} + x_{Cs} = 1$$

$$\frac{x_A'}{x_B' + x_{Bs}} = K_{A/B}^{-1} \frac{I_A'}{I_B'}$$

$$\frac{x_A'}{x_C' + x_{Cs}} = K_{A/C}^{-1} \frac{I_A'}{I_C'} \tag{6.50}$$

$$\frac{x_A'}{x_B'} = \frac{x_A}{x_B}$$

$$\frac{x_A'}{x_C'} = \frac{x_A}{x_C}$$

式中，I_A、I_B、I_C 为原样中 A、B、C 三个相所选定衍射线的强度；I_A'、I_B'、I_C' 为增 x_A、x_B、x_C 后新的复合试样中 A、B、C 三个相所选定衍射线的强度；x_A'、x_B'、x_C' 为原样中三个相在新复合试样中的质量分数。在式(6.49) 和式(6.50) 方程组中有八个未知数 x_A、x_B、x_C；x_A'、x_B'、x_C' 和 $K_{A/B}$、$K_{A/C}$，有八个独立的方程，联立求解得

$$x_B = \frac{x_{Bs} R_{AB}}{P(1 - R_{AB})}$$

$$x_C = \frac{x_{Cs} R_{AC}}{P(1 - R_{AC})} \tag{6.51}$$

$$x_A = 1 - (x_B + x_C)$$

其中

$$P = 1 - (x_{Bs} + x_{Cs})$$

$$R_{AB} = \frac{I_A'}{I_B'} \times \frac{I_B}{I_A} \tag{6.52}$$

$$R_{AC} = \frac{I_A'}{I_C'} \times \frac{I_C}{I_A}$$

对于含 n 个物相的系统，其方法和步骤要点总结如下：

① 测量 n 相系原样中各相非重叠线的积分强度 I_1，I_2，$\cdots$，I_n；

② 将质量分数为 $x_{is}[i = 1, 2, \cdots, (n-1)]$ 的 $(n-1)$ 个原样中含有的纯相与

原样品混合制成一新的复合试样；

③ 与步骤①相同的实验条件下，在相应于 I_1、I_2，$\cdots$，I_n 的衍射线位置测量 I'_1，I'_2，$\cdots$，I'_n；

④ 任何物相在原样中的质量分数，由下式求得：

$$x_i = \frac{x_{is} R_{ji}}{P(1-R_{ji})}$$

$$P = 1 - \sum x_{is}$$

$$R_{ji} = \frac{I'_j}{I'_i} \times \frac{I_i}{I_j} \tag{6.53}$$

采用 Popovic 的方法测定了 $TiO_2\text{-}ZnO\text{-}\alpha\text{-}Al_2O_3$ 三元相系中各相的质量分数，以及 Cu-Ni-Si 三元相系中各相的质量分数，其结果列入表 6.3 中，可见相对误差较小，且与增量相种类关系不大。经验表明，混样的好坏极其重要。

表 6.3　Popovic 增量法的分析实例　　　　　　　　单位:%

序号	项目	TiO_2	ZnO	$\alpha\text{-}Al_2O_3$	Cu	Ni	Si
1	配比成分	50	20	30	30	20	50
	增量分数		10	15	15	10	
	实测结果	45.8	20.1	35.1	31.6	21.0	47.5
	相对误差	−5.4	+0.5	+10.3	+5.3	+5.0	−5.0
2	配比成分	25.2	35.3	45.5	50	30	20
	增量分数	15		10		15	10
	实测结果	21.3	35.3	45.5	54	27.9	18.2
	相对误差	−5.1	+9.0	−5.5	+8.0	−7.0	−9.0

上述的增量法要求满足两个条件：①增量相必须是纯相；②样品中必须存在一个参考相，增量时不增这个相，有时是难以满足的。姚公达和郭常霖[8] 提出用非纯相进行增量而能直接测定未知样品中各相含量的方法，其原理如下。

根据式(6.29) 可以写第 J 号样中第 i 相某选定衍射线的强度 I_{iJ}。

$$I_{iJ} = \frac{RK_i \overline{V}}{2\overline{\mu}_{mJ}\rho_i} x_{iJ} \tag{6.54}$$

从式(6.54) 可知，$\overline{\mu}_{mj}$、R、$\overline{V}$ 可通过测定同一样品中任意两相的衍射强度相比而消去，K_i 可通过测定不同样品中相同物相的衍射强度相比而消去，可以根据不同的需要选择强度比的方式来计算组分含量 x_{iJ}。

一般定量工作希望知道样品中所含的全部物相的含量，但实际定量工作中有时只需了解其中主相的含量。

6.2.2.1　求主相含量的非纯物相分别增量法

设待测试样含 n 个物相，而希望测定的仅为 m 个物相，$m < n$，如果能找到含上述 m 个物相中若干个物相的试样 m 个，且这 m 个物相在 m 个试样中至少出现

过一次，测定增量前后各相特定衍射线的含量即可求出这 m 个物相的含量。

以待测试样含 6 个物相而希望测定 3 个物相为例：

待测试样　0$^{\#}$　A B C D E F

增量试样　1$^{\#}$　A B C

增量试样　2$^{\#}$　A B C

增量试样　3$^{\#}$　A B C

其中增量试样里的 A B C 相含量不必知道且可缺少某些相，由式（6.54）可知，待测试样中各相特定衍射线强度比

$$\frac{I_{A0}}{I_{D0}}=K_D^A\frac{x_{A0}}{x_{D0}}, \quad \frac{I_{B0}}{I_{D0}}=K_D^B\frac{x_{B0}}{x_{D0}}, \quad \frac{I_{C0}}{I_{D0}}=K_D^C\frac{x_{C0}}{x_{D0}} \tag{6.55}$$

其中 $K_D^A=K_A/K_D$，$K_D^B=K_B/K_D$，$K_D^C=K_C/K_D$，将质量为 W_1 的增量试样 1$^{\#}$ 增加到质量 W_0 的待测试样 0$^{\#}$ 中，则有

$$\frac{I_{A(0+1)}}{I_{D(0+1)}}=K_D^A\left(x_{A0}\frac{W_0}{W_0+W_1}+x_{A1}\frac{W_1}{W_0+W_1}\right)\bigg/x_{D0}\frac{W_0}{W_0+W_1} \tag{6.56}$$

令 $W_1/W_0=\alpha_1$，由式（6.55）、式（6.56）可知

$$\frac{I_{A(0+1)}}{I_{D(0+1)}}\bigg/\frac{I_{A0}}{I_{D0}}=1+\alpha_1\frac{x_{A1}}{x_{A0}}\equiv C_{A1} \tag{6.57}$$

同理有

$$\frac{I_{B(0+1)}}{I_{D(0+1)}}\bigg/\frac{I_{B0}}{I_{D0}}=1+\alpha_1\frac{x_{B1}}{x_{B0}}\equiv C_{B1}$$

$$\frac{I_{C(0+1)}}{I_{D(0+1)}}\bigg/\frac{I_{C0}}{I_{D0}}=1+\alpha_1\frac{x_{C1}}{x_{C0}}\equiv C_{C1} \tag{6.58}$$

类似的，将 2$^{\#}$ 增量试样与待测试样按质量比 α_2 相混，将 3$^{\#}$ 增量试样与待测试样按质量比 α_3 相混，同理可得

$$\frac{I_{A(0+2)}}{I_{D(0+2)}}\bigg/\frac{I_{A0}}{I_{D0}}=1+\alpha_2\frac{x_{A2}}{x_{A0}}\equiv C_{A2}$$

$$\frac{I_{B(0+2)}}{I_{D(0+2)}}\bigg/\frac{I_{B0}}{I_{D0}}=1+\alpha_2\frac{x_{B2}}{x_{B0}}\equiv C_{B2}$$

$$\frac{I_{C(0+2)}}{I_{D(0+2)}}\bigg/\frac{I_{C0}}{I_{D0}}=1+\alpha_2\frac{x_{C2}}{x_{C0}}\equiv C_{C2}$$

$$\frac{I_{A(0+3)}}{I_{D(0+3)}}\bigg/\frac{I_{A0}}{I_{D0}}=1+\alpha_3\frac{x_{A3}}{x_{A0}}\equiv C_{A3} \tag{6.59}$$

$$\frac{I_{B(0+3)}}{I_{D(0+3)}}\bigg/\frac{I_{B0}}{I_{D0}}=1+\alpha_3\frac{x_{B3}}{x_{B0}}\equiv C_{B3}$$

$$\frac{I_{C(0+3)}}{I_{D(0+3)}}\bigg/\frac{I_{C0}}{I_{D0}}=1+\alpha_3\frac{x_{C3}}{x_{C0}}\equiv C_{C3}$$

由式(6.57)、式(6.58)、式(6.59)及增量试样各相含量的归一化关系 $x_{A1}+x_{B1}+x_{C1}=1$，$x_{A2}+x_{B2}+x_{C2}=1$，$x_{A3}+x_{B3}+x_{C3}=1$ 可得

$$(C_{A1}-1)x_{A0}+(C_{B1}-1)x_{B0}+(C_{C1}-1)x_{C0}=\alpha_1$$
$$(C_{A2}-1)x_{A0}+(C_{B2}-1)x_{B0}+(C_{C2}-1)x_{C0}=\alpha_2$$
$$(C_{A3}-1)x_{A0}+(C_{B3}-1)x_{B0}+(C_{C3}-1)x_{C0}=\alpha_3 \qquad (6.60)$$

由式(6.58)、式(6.59)、式(6.60)可知，若某增量试样中缺少 A、B、C 相中任何一相（例如 $2^{\#}$ 号试样中的 B 相），则对应该相的参量 $C_{B2}=1$，因此方程组 (6.60) 中对应项系数 $C_{B2}-1=0$，即可退化掉了该相应项。同时可知，每个增量试样必须至少含有 A、B、C 中的一个物相，且不可含有非 A、B、C 之外的物相（否则不能利用归一化条件），此外要求 A、B、C 三个物相至少在三个增量试样中出现一次，且各增量试样不能完全相同，即必须是独立的。

用上述方法可容易导出适用于含 n 个物相中希望测定其中 m 个物相含量的普遍情况下对应式(6.60)的联立方程组

$$\sum_{i=1}^{m}(C_{ij}-1)x_{i0}=\alpha_i,1\leqslant j\leqslant m \qquad (6.61a)$$

这是 m 元一次方程组，共 m 个方程，每个方程左边含 m 项，其中

$$\alpha_i=\frac{W_j}{W_0},C_{ij}\equiv 1+\alpha_i(x_{ij}/x_{i0})=\frac{I_{i(0+j)}}{I_{D(0+j)}}\Big/\frac{I_{i0}}{I_{D0}} \qquad (6.61b)$$

强度项下标的 D 表示 D 相，此相为待测试样中含有而增量试样中不含有的任一参照对比相。

6.2.2.2 求主相含量的非纯物相连续增量法

在上例中将增量试样 $1^{\#}$ 增入待测试样 $0^{\#}$ 并测定此混合试样各相特定衍射线强度比以后，再将增量试样 $2^{\#}$ 增入待测试样 $(0+1)^{\#}$ 并测定强度比，不断往混合试样中增量测定强度比的方法，优点提高了待测相的检测灵敏度。如前述类似，将质量为 W_2 的试样 $2^{\#}$ 增量增入质量为 $W_{(0+1)}$ 混合试样 $(0+1)^{\#}$，新混合试样 $(0+1+2)^{\#}$ 强度比

$$\frac{I_{A(0+1+2)}}{I_{D(0+1+2)}}=K_D^A\times$$

$$\frac{x_{A0}\dfrac{x_0}{W_0+W_1}\times\dfrac{W_{0+1}}{W_{0+1}+W_2}+x_{A1}\dfrac{W_1}{W_0+W_1}\dfrac{W_{0+1}}{W_{0+1}+W_2}+x_{A0}\dfrac{W_0}{W_0+W_1}\times\dfrac{W_{0+1}}{W_{0+1}+W_2}}{x_{D0}\dfrac{W_0}{W_0+W_1}\times\dfrac{W_{0+1}}{W_{0+1}+W_2}}$$

$$\qquad\qquad (6.62)$$

令

$$\alpha_1'\equiv\alpha_1\equiv\frac{W_1}{W_0},\ \alpha_2'\equiv\frac{W_2}{W_0}\times\frac{W_0+W_1}{W_{0+1}}，从式(6.55)和式(6.62)显然有$$

$$\frac{I_{A(0+1+2)}}{I_{D(0+1+2)}}/\frac{I_{A0}}{I_{D0}}=C_{A1}+\alpha_2'(x_{A2}/x_{A0})\equiv C_{A2}' \tag{6.63a}$$

同理有

$$\frac{I_{B(0+1+2)}}{I_{D(0+1+2)}}/\frac{I_{B0}}{I_{D0}}=C_{B1}+\alpha_2'(x_{B2}/x_{A0})\equiv C_{B2}'$$

$$\frac{I_{C(0+1+2)}}{I_{D(0+1+2)}}/\frac{I_{C0}}{I_{D0}}=C_{C1}+\alpha_2'(x_{C2}/x_{A0})\equiv C_{C2}' \tag{6.63b}$$

再以质量为 W_3 的增量试样 3$^{\#}$ 增入质量为 $W_{(0+1+2)}$ 混合试样 $(0+1+2)^{\#}$，类似式(6.62) 推导可知

$$\frac{I_{A(0+1+2+3)}}{I_{D(0+1+2+3)}}=\frac{K_D^A}{x_{D0}}\Big(x_{A0}+\alpha_1'x_{A1}+\alpha_2'x_{A2}+\frac{W_3}{W_0}\times\frac{W_0+W_1}{W_{0+1}}\times\frac{W_{0+1}+W_1}{W_{0+1+2}}x_{A3}\Big) \tag{6.64}$$

令

$$\alpha_3'\equiv\frac{W_3}{W_0}\times\frac{W_0+W_1}{W_{0+1}}\times\frac{W_{0+1}+W_1}{W_{0+1+2}}$$

由式(6.63) 和式(6.64) 可得

$$\frac{I_{A(0+1+2+3)}}{I_{D(0+1+2+3)}}/\frac{I_{A0}}{I_{D0}}=C_{A2}'+\alpha_3'(x_{A3}/x_{A0})\equiv C_{A3}' \tag{6.65a}$$

同理有

$$\frac{I_{B(0+1+2+3)}}{I_{D(0+1+2+3)}}/\frac{I_{B0}}{I_{D0}}=C_{B2}'+\alpha_3'(x_{B3}/x_{B0})\equiv C_{B3}'$$

$$\frac{I_{C(0+1+2+3)}}{I_{D(0+1+2+3)}}/\frac{I_{C0}}{I_{D0}}=C_{C2}'+\alpha_3'(x_{C3}/x_{C0})\equiv C_{C3}' \tag{6.65b}$$

由式(6.58)、式(6.63)、式(6.65) 以及各增量的试样的归一化条件可得

$$(C_{A1}'-1)x_{A0}+(C_{B1}'-1)x_{B0}+(C_{C1}'-1)x_{C0}=\alpha_1'$$
$$(C_{A2}'-1)x_{A0}+(C_{B2}'-1)x_{B0}+(C_{C2}'-1)x_{C0}=\alpha_2'$$
$$(C_{A3}'-1)x_{A0}+(C_{B3}'-1)x_{B0}+(C_{C3}'-1)x_{C0}=\alpha_3' \tag{6.66}$$

其中 $C_{A1}'\equiv C_{A1}$，$C_{B1}'\equiv C_{B1}$，$C_{C1}'\equiv C_{C1}$。

用类似的方法可以容易地推出在 n 个物相中求其中 m 个相含量的普遍联立方程组：

$$\sum_{i=1}^m(C_{ij}'-C_{i(j-1)}')x_{i0}=\alpha_j' \quad 1\leqslant j\leqslant m \tag{6.67}$$

其中 $C_{i0}'\equiv 1$，$C_{ij}'\equiv C_{i(j-1)}'+\alpha_j'(x_{ij}/x_{i0})$，而

$$\alpha_j'=\frac{W_j}{W_0}\times\frac{W_0+W_1}{W_{0+1}}\times\frac{W_{0+1}+W_1}{W_{0+1+2}}\cdots\frac{W_{0+1+\cdots(j-2)}+W_{j-1}}{W_{0+1+\cdots(j-2)}} \tag{6.68}$$

与上一方法相同，只要测得 C_{ij}' 所代表的强度比，即可求解方程式(6.66) 或式(6.67)。

6.2.2.3　求全部含量的非纯物相分别增量法

从上述两个方法的推导可知，用非纯物相增量的一个主要条件就是增量试样的相数少于待测试样，这样待测试样多余的一相或是数相中的某一相才可作为参照对比相（如前两例的 D 相）。

因此，含 n 个的物相待测试样要求出全部物相含量时，需要 $(n-1)$ 个增量试样，每个增量试样所含的 m_j 小于 n，即 $1 \leqslant m_j \leqslant n-1$，但待侧试样中的 $(n-1)$ 个物相至少需分别在增量试样中出现过一次，显然这个增量试样必须是独立的，即不能有两个增量试样的组分含量完全相同。以含四个物相待测试样为例，需要三个增量试样。

待测试样　　$0^{\#}$　　A B C D　$n=4$

待测试样　　$1^{\#}$　　A B C　$m_1=3$

待测试样　　$2^{\#}$　　B C　$m_2=2$

待测试样　　$3^{\#}$　　A　D　$m_3=2$

先测出 I_{A0}、I_{B0}、I_{C0} 和 I_{D0}，然后分别以 W_1、W_2 和 W_3 质量的增量试样 $1^{\#}$、$2^{\#}$、$3^{\#}$ 与质量为 W_0 的待测试样 $0^{\#}$ 相混合，得混合样 $(0^{\#}+1^{\#})^{\#}$、$(0^{\#}+2^{\#})^{\#}$、$(0^{\#}+3^{\#})^{\#}$。

对增量试样 $1^{\#}$ 而言，可用待测试样 D 作参照相；对增量试样 $2^{\#}$ 而言，可用待测试样 A 和 D 作参照相；对增量试样 $3^{\#}$ 而言，可用待测试样 B 和 C 作参照相。类似于求主相含量的非纯物相分别增量法推导，可以得到与式(6.61)完全相同的方程，但式(6.62)形式略有变化（因为参照对比相不同了）

$$\frac{I_{B(0+2)}}{I_{A(0+2)}} \Big/ \frac{I_{B0}}{I_{A0}} = 1 + \alpha_2(x_{B2}/x_{B0}) \equiv C_{B2}$$

$$\frac{I_{C(0+2)}}{I_{A(0+2)}} \Big/ \frac{I_{C0}}{I_{A0}} = 1 + \alpha_2(x_{C2}/x_{C0}) \equiv C_{C2} \tag{6.69}$$

$$\frac{I_{A(0+3)}}{I_{B(0+3)}} \Big/ \frac{I_{A0}}{I_{B0}} = 1 + \alpha_3(x_{A3}/x_{A0}) \equiv C_{A3}$$

$$\frac{I_{D(0+3)}}{I_{B(0+3)}} \Big/ \frac{I_{D0}}{I_{B0}} = 1 + \alpha_3(x_{D3}/x_{D0}) \equiv C_{D3}$$

利用 $0^{\#}$、$1^{\#}$、$2^{\#}$、$3^{\#}$ 四个试样的物相含量的归一化条件可得

$$x_{A0} + x_{B0} + x_{C0} + x_{D0} = 1$$

$$(C_{A1}-1)x_{A0} + (C_{B1}-1)x_{B0} + (C_{C1}-1)x_{C0} + 0 = \alpha_1$$

$$0 + (C_{B2}-1)x_{B0} + (C_{C2}-1)x_{C0} + 0 = \alpha_2$$

$$(C_{A3}-1)x_{A0} + 0 + 0 + (C_{D2}-1)x_{D0} = \alpha_3 \tag{6.70}$$

用式(6.57)、式(6.58)、式(6.69) 的强度比试验数据求得各个 C_{ij} 值，代入式(6.70) 中即可求得待测试样各物相含量。

对于待测试样含 n 相的普遍情形，联立方程式为

$$\sum_{i=1}^{n} x_{i0} = 1$$

$$\sum_{i=1}^{m_j} (C_{ij} - 1)x_{i0} = \alpha_j, \ 1 \leqslant j \leqslant n-1 \tag{6.71}$$

增量试样缺相时，对应的 $C_{ij} - 1 = 0$，但缺相应符合前述条件。

6.2.3 外标法

1953 年，Leroux 等[9] 提出两元物相系的外标法，也可推广到多元物相体系，根据式(6.32) 可写出第 i 相的衍射强度：

$$I_i = \frac{RK_i \overline{V}}{2\mu_1} \times \frac{\overline{\rho}}{\rho_i} x_i \tag{6.72}$$

对于纯相类似有

$$(I_i)_0 = \frac{RK_i}{2\mu_{1i}} (V_i)_0 \tag{6.73}$$

两式相除得

$$\frac{(I_i)_0}{I_i} = \frac{\overline{\mu_1}}{\mu_{1i}} \times \frac{(V_i)_0}{\overline{V}} \times \frac{\rho_i}{\overline{\rho}} \frac{1}{x_i} \tag{6.74}$$

把式(6.29) 代入并整理得

$$x_i = \frac{I_i}{(I_i)_0} \times \left(\frac{\overline{\mu_1}}{\mu_{1i}}\right)^2 \times \frac{\rho_i}{\overline{\rho}} \tag{6.75}$$

如果 $\mu_{1i} = \overline{\mu}_1$，即混合试样由同素异构的相组成。这时 $\dfrac{\overline{\mu}_1}{\mu_{1i}} = 1$，$\rho_i \approx \overline{\rho}$，则得

$$x_i = \frac{I_i}{(I_i)_0} \tag{6.76}$$

因此，定量工作变得十分简单。对于一般情况，$\overline{\mu}_1 / \mu_{1i} \neq 1$，需要一组含不同 x_i 的相与纯相用实验方法来作校正曲线。对于二元物相系，$\overline{\mu}_1$ 可用下式计算：

$$\overline{\mu}_1 = \overline{\rho\mu_m} = \overline{\rho}[x_1\mu_{m1} + (1-x_1)\mu_{m2}] = \overline{\rho}[x_1(\mu_{m1} - \mu_{m2}) + \mu_{m2}] \tag{6.77}$$

典型的校正曲线如图 6.3 所示，显然为非直线关系。实际测量时需要利用这种曲线求解。

利用上述外标法解多元物相系是很麻烦的，它要求原样和 $n-1$ 个纯相进行实验测量，要求 $n-1$ 组 $\overline{\mu}_1$ 相同而 x_i 不同的试样作 $n-1$ 根校正曲线，事实上这几乎

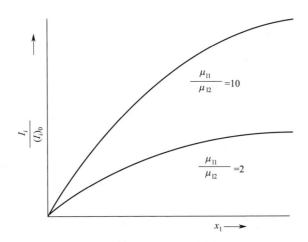

图 6.3　二元物相系外标法典型的校正曲线

是不可能的。

Karlak 和 Burnet[10] 于 1966 年提出一种解决有重叠线的多元物相系外标方法，现简介如下。

设混合物样中有 n 个物相，设 I_j 表示其衍射花样中第 j 根衍射线强度，I_{ji} 表示第 i 相对 I_j 的贡献，则混合物样品中 n 个相对第 j 根衍射线强度的贡献为

$$I_i = \sum_{i=1}^{n} I_j \tag{6.78}$$

如果第 i 相产生的最强衍射线强度记为 I_{0i}，则有

$$I_{0i} = \frac{RK_{0i}\overline{V}}{2\overline{\mu}_1} \times \frac{\overline{\rho}}{\rho_i} x_i \tag{6.79}$$

令 $H_{0i} = \dfrac{RK_{0i}\overline{V}}{2\overline{\mu}_1} \times \dfrac{\overline{\rho}}{\rho_i}$，$\alpha_{ji} = I_{ji}/I_{0i}$

代入式(6.78) 得

$$I_i = \sum_{i=1}^{n} a_{ij} H_{0i} x_i \tag{6.80a}$$

为便于今后使用，再将式(6.80a) 做一些变化，令

$$H_{in} = \frac{H_{0i}}{H_{0n}}, x_{in} = \frac{x_{0i}}{x_{0n}} \tag{6.80b}$$

将式(6.80b) 代入式(6.80a)，整理得

$$I_j = H_{0n} x_n \sum_{i=1}^{n} a_{ji} H_{in} x_{in} \tag{6.81a}$$

对于第 k 条衍射线强度类似有

$$I_k = H_{0n} x_n \sum_{i=1}^{n} a_{ki} H_{in} x_{in} \tag{6.81b}$$

两式相除并移项整理，令 $I_{jk} = I_j / I_k$，则有

$$\sum_{i=1}^{n} [H_{in}(a_{ji} - a_{ki}I_{jk})x_{in}] = 0 \tag{6.82}$$

其中 $j = 1, 2, \cdots, k-1, k, k+1, \cdots$。由前面的假设得知，当 $i=n$ 时，$H_{in} = H_{nn} = \dfrac{H_{0n}}{H_{0n}} = 1$，$x_{in} = x_{nn} = \dfrac{x_n}{x_n} = 1$。注意到这种情况，式(6.82) 可以展开。

当 $j=1$ 时

$$\sum_{i=1}^{n} [H_{in}(a_{1i} - a_{ki}I_{1k})x_{in}] = 0$$

$$a_{kn}I_{1k} - a_{1n} = H_{1n}(a_{11} - a_{k1}I_{1k})x_{1n} + H_{2n}(a_{12} - a_{k2}I_{1k})x_{2n} + \cdots + \tag{6.83a}$$

$$H_{(n-1)n}[a_{1(n-1)} - a_{k(n-1)}I_{1k}]x_{(n-1)n}$$

当 $j=k$ 时

$$a_{kn}I_{kk} - a_{kn} = H_{1n}(a_{k1} - a_{k1}I_{kk})x_{1n} + H_{nn}(a_{kk} - a_{kk}I_{kk})x_{kn} + \cdots + \tag{6.83b}$$

$$H_{(n-1)n}[a_{k(n-1)} - a_{k(n-1)}I_{kk}]x_{(n-1)n}$$

当 $j=n$ 时

$$a_{kn}I_{nk} - a_{nn} = H_{1n}(a_{n1} - a_{k1}I_{nk})x_{1n} + H_{2n}(a_{n2} - a_{k2}I_{nk})x_{2n} + \cdots + \tag{6.83c}$$

$$H_{(n-1)n}[a_{n(n-1)} - a_{n(n-1)}I_{nk}]x_{(n-1)n}$$

可见在式(6.83) 中有 n^2 个 a_{ji} 和 $(n-1)$ 个 x_{in}，共有 $n^2 + n - 1$ 个系数。由前假设可知，$H_{il} = H_{li}^{-1}$，并注意 $\sum_{i=1}^{n} x_i = 1$，则有

$$\sum_{i=1}^{n-1} x_{in} + 1 = \sum_{i=1}^{n-1} \frac{x_i}{x_n} + \frac{x_n}{x_n} = \frac{\sum_{i=1}^{n} x_i}{x_n} = \frac{1}{x_n} \tag{6.84}$$

由式(6.82) 可求得

$$x_{in} = \frac{D_i}{D} \quad [i = 1, 2, \cdots, (n-1)] \tag{6.85}$$

式中，D 是式(6.82) 的系数行列式；D_i 是用式(6.83) 左边代替式(6.82) 中 x_{in} 项系数后所得的系数行列式。将式(6.84) 和式(6.85) 代入 $x_i = x_n \cdot x_{in}$ 得到

$$x_i = \frac{D_i/D}{\sum_{i=1}^{n-1}\left(\dfrac{D_i}{D} + 1\right)} = \frac{D_i}{D + \sum_{i=1}^{n-1} D_i} \tag{6.86}$$

前面所说的 n^2+n-1 个系数需用 n 个纯相和由 n 个纯相按 $1:1:1:\cdots:1$ 混合成的参考试样求得。

现以 Cu-Ni-Si 三元物相体系为例进一步说明。这时，$n=3$，式(6.82) 简化为

$$\sum_{i=1}^{3} H_{i3}(a_{ii}-a_{ki}I_{ik})x_{i3}=0$$

用 CuK_{α} 辐射在各纯相试样的

$2\theta=27.6°\sim29.3°$　　　　Si—111 衍射

$2\theta=42.8°\sim44.0°$　　　　Cu—111 衍射

$2\theta=44.0°\sim45.3°$　　　　Ni—111 衍射

位置测量衍射强度 I_j，求得系数如下：

强度 I_j	$2\theta/(°)$	成　分(i)		
		Cu　$i=1$	Ni　$i=2$	Si　$i=3$
I_1	$42.8\sim44.0$	$a_{11}=\dfrac{I_{11}}{I_{01}}=1$	$a_{12}=\dfrac{I_{12}}{I_{02}}=0$	$a_{13}=\dfrac{I_{13}}{I_{03}}\approx0$
I_2	$44.0\sim45.3$	$a_{21}=\dfrac{I_{21}}{I_{01}}=0$	$a_{22}=\dfrac{I_{22}}{I_{02}}=1$	$a_{23}=\dfrac{I_{23}}{I_{03}}\approx0$
I_3	$27.6\sim29.3$	$a_{31}=\dfrac{I_{31}}{I_{01}}=0$	$a_{32}=\dfrac{I_{32}}{I_{02}}=0$	$a_{33}=\dfrac{I_{33}}{I_{03}}=1$

取 $k=2$，将式(6.83a) 就 $j=1,3$ 分别展开：

$$a_{23}I_{12}-a_{13}=H_{13}(a_{11}-a_{21}I_{12})x_{13}+H_{23}(a_{12}-a_{22}I_{12})x_{23}$$
$$a_{23}I_{32}-a_{33}=H_{13}(a_{31}-a_{32}I_{32})x_{13}+H_{23}(a_{32}-a_{22}I_{12})x_{23}$$

把 a_{ji} 的数值列入上表。配 $x_1':x_2':x_3'=1:1:1$ 的试样，得 $(I_{12})_{1:1:1}=\dfrac{I_1}{I_2}=$ 1.148，$(I_{32})_{1:1:1}=\dfrac{I_3}{I_2}=1.583$，$x_{13}'=x_{23}'=1$。将这些数据连同表中 a_{ji} 值代入方程求得常数 $H_{13}=1.583$，$H_{23}=1.378$。至此全部系数都已求得。

最后就待测试样测量衍射强度 $I_i(i=1,2,3)$，得强度比 I_{12}、I_{32}，代入即得

$$\begin{cases}0=1.583x_{13}+1.378I_{12}x_{23}\\-1=1.583x_{13}+1.378I_{32}x_{23}\end{cases}$$

解此联立方程即求得 x_{13}、x_{23}。最后借助 $x_{13}=\dfrac{x_1}{x_3}$，$x_{23}=\dfrac{x_2}{x_3}$ 求得 x_1，x_2 和 x_3。其测量结果列入表 6.4。可见它是解决衍射线条重叠的复相系的好方法，但计算显得十分烦琐。对于衍射线条不发生重叠的复相系，杨传铮、钟福民[11] 发展了一种简化外标法。

表 6.4   三元物相体系的 Karlark 外标法与简化外标法的测量结果的对比

样品号	相 分		Karlark 外标法		简化外标法	
	物相	配比/%	测定结果/%	相对误差/%	测定结果/%	相对误差/%
1	Cu	30	29.65	−1.17	29.65	−1.17
	Ni	20	20.36	+1.80	20.37	+1.85
	Si	50	50.00	0	50.00	0
2	Cu	20	18.87	−5.65	18.89	−5.56
	Ni	50	51.78	+5.56	51.76	+5.52
	Si	30	29.35	−5.17	29.37	−5.10
3	Cu	50	51.47	+5.94	51.47	+5.94
	Ni	30	30.94	+5.13	30.93	+5.10
	Si	20	17.60	−15.0	17.60	−15.0

在 n 元物相系中，选取第 m 相作参考相，其质量分数为 x_m，按照式 (6.29) 有

$$I_i = \frac{RK_i \overline{V}}{2\overline{\mu}_m \rho_i} x_i$$

$$I_m = \frac{RK_m \overline{V}}{2\overline{\mu}_m \rho_i} x_m$$

这里的 $\overline{\mu}_m$ 是试样的质量吸收系数，而非 m 相的吸收系数，两式相除得

$$\frac{I_i}{I_m} = \frac{K_i \rho_i^{-1}}{K_m \rho_m^{-1}} \cdot \frac{x_i}{x_m} \tag{6.87}$$

将待测样品中各种纯相按已知分数配制成一新的复相外标样品，若使 $x_1 : x_2 : \cdots : x_n = 1 : 1 : \cdots : 1$ 则最为方便，于是求得

$$\frac{K_i \rho_i^{-1}}{K_m \rho_m^{-1}} = \left(\frac{I_i}{I_m} \right)_{1:1} \quad i = 1, 2, \cdots, n \tag{6.88}$$

代入式 (6.87) 得

$$\begin{cases} \dfrac{I_i}{I_m} = \left(\dfrac{I_i}{I_m} \right)_{1:1} \dfrac{x_i}{x_m} & i = 1, 2, \cdots, n, \text{但 } i \neq m \\ \displaystyle\sum_{i=1}^{n} x_i = 1 \end{cases} \tag{6.89}$$

式 (6.89) 包括了 n 个非齐次线性方程，有 n 个未知数，故可对 n 个物相求解。

上述三元物相体系的 Karlak 外标法与简化外标法测量结果的对比见表 6.4。比较表中的数据可知，两种方法的测量结果几乎完全一致。对于 n 元物相体系，Karlak 的外标法需用 $n+2$ 个试样，且计算十分麻烦，而简化外标法只用两个试

样，计算简单。但对有重叠线的复相系，仍需用 Karlak 的外标法求解。

前述的简化外标法[11] 是在计算式中消除了 $\overline{\mu}$ 值比，用外标样求 K 值比。钟福民、杨传铮[12] 发展了用外标样求 $\overline{\mu}$ 值比的方法。对于原复相样品和已知各相质量分数配比的复相外标样，有

$$I_i = \frac{RK_i \overline{V \rho}}{2 \overline{\mu}_1 \rho_i} x_i$$

$$I_{is} = \frac{RK_i \overline{V}_s \overline{\rho}_s}{2 \overline{\mu}_{1s} \rho_i} x_{is}$$

$$(6.90)$$

下标 s 表示外标样，两式相除得

$$\frac{I_i}{I_{is}} = \frac{\overline{V \rho}}{\overline{V}_s \overline{\rho}_s} \times \frac{\overline{\mu}_{1s}}{\overline{\mu}_1} \times \frac{x_i}{x_{is}}$$

$$x_i = \frac{I_i}{I_{is}} \times \frac{\overline{V}_s}{\overline{V}} \times \frac{\overline{\rho}_s}{\overline{\rho}} \times \frac{\overline{\mu}_1}{\overline{\mu}_{1s}} x_{is} \qquad (6.91)$$

$$\sum_{i=1}^{n} x_i = \sum_{i=1}^{n} \left(\frac{I_i}{I_{is}} \times \frac{\overline{V}_s}{\overline{V}} \times \frac{\overline{\rho}_s}{\overline{\rho}} \times \frac{\overline{\mu}_1}{\overline{\mu}_{1s}} x_{is} \right) = 1$$

将式（6.29）代入，经整理得

$$\left(\frac{\overline{\mu}_1}{\overline{\mu}_{1s}} \right)^2 \times \frac{\overline{\rho}_s}{\overline{\rho}} = \frac{1}{\sum_{i=1}^{n} \left(\frac{I_i}{I_{is}} x_{is} \right)} \qquad (6.92)$$

代回式（6.91）得

$$x_i = \frac{\dfrac{I_i}{I_{is}} x_{is}}{\sum_{i=1}^{n} \left(\dfrac{I_i}{I_{is}} x_{is} \right)} \qquad (6.93)$$

式中，x_{is} 为已知，$\dfrac{I_i}{I_{is}}$ 由原样和外标样实验测得，故可求解。当 $x_{1s} : x_{2s} : \cdots : x_n = 1 : 1 : 1 \cdots : 1$ 时，则式（6.93）可简化为

$$x_i = \frac{\dfrac{I_i}{I_{is}}}{\sum_{i=1}^{n} \left(\dfrac{I_i}{I_{is}} \right)} \qquad (6.94)$$

6.2.4 基体效应消除法（K 值法）[13,14]

待测的混合物样品由 n 个物相组成，如果把已知质量分数 x_f 的、样品中不存

在的某种纯相标准物质 f 加入，则制成包含 $n+1$ 个物相的新复合样品，根据式 (6.29)，对于 i 相和 f 相有

$$I_i = \frac{RK_i \overline{V\rho}}{2\overline{\mu}_1 \rho} x'_i$$

$$I_f = \frac{RK_f \overline{V\rho}}{2\overline{\mu}_1 \rho_f} x_f$$

两式相除得

$$\frac{I_i}{I_f} = \frac{K_i}{K_f} \times \frac{\rho_i^{-1}}{\overline{\rho}_f} \times \frac{x'_i}{x_f} \tag{6.95}$$

若将 f 相与 i 相按 1：1 配制成参考试样，则

$$\frac{K_i}{K_f} \times \frac{\rho_i^{-1}}{\rho_f^{-1}} = \left(\frac{I_i}{I_f}\right)_{1:1} \tag{6.96}$$

又因 $x_i = x'_i/(1-x_f)$，所以

$$x_i = \left(\frac{I_f}{I_i}\right)_{1:1} \left(\frac{I_i}{I_f}\right) \frac{x_f}{1-x_f} \tag{6.97}$$

式中，I_i、I_f 是组元 i 和消除剂 f 的选择晶面的 X 射线衍射积分强度；$(I_f/I_i)_{1:1}$ 是二元参考试样中对应晶面的衍射积分强度比。在 PDF 卡片的索引中给出了某些以刚玉（α-Al_2O_3）作为消除剂二元参考试样的最强线的参考强度比 K，因此这种方法又常称为 K 值法。

根据式(6.97) 进行定量相分析的步骤如下：

① 用已知含量 x_f 的基体吸收效应消除剂加入未知样品制成新的复合试样；

② 测量待测相 $i(i=1,2,\cdots,n)$ 和消除剂 f 某衍射线（一般为最强线）的衍射强度 I_i、I_f；

③ 用纯的待测相 i 与消除剂 f 制成质量分数为 1：1 的二元物相系的参考试样；

④ 在与②相同的实验条件下测量参考试样的与②相对应的衍射强度，计算强度比 $(I_f/I_i)_{1:1}$；

⑤ 最后代入式(6.97) 求得 x_i。

K 值法的主要优点是能测量混合试样中的非晶相总含量 $x_{非晶}$。

$$x_{非晶} = 1 - \sum_{i=1}^{n} x_i \tag{6.98}$$

在已加入试样中

$$x_i + \sum_{i=1}^{n} x'_i = 1 \tag{6.99}$$

将式(6.98) 代入上式得

$$\sum_{i=1}^{n} \frac{I_i}{K_i} = (1 - x_i) \frac{I_f}{X_f} \qquad (6.100)$$

式（6.99）和式（6.100）是检验基体消除理论的实验修正方法，是估价强度数据可靠性和预测、检测试样中非晶相存在的方法。

关于消除剂，钟（Chung）[15] 认为刚玉（α-Al$_2$O$_3$）粉末是最好的，因为它的纯度高，稳定性好、能得到近球形的粉末，在制样时不易产生择优取向，因此适用性较广。当然也可用其他纯相作消除剂。

就基体效应消除法的工作方程来看，测量值与消除剂的种类、质量分数及粒度无关，因此，被认为是既无假定又无近似的方法[15]。但实际工作经验表明，消除剂的物理特性对测量结果有重要影响。在实验的基础上，就消除剂的吸收系数、密度以及加入量进行了分析讨论，得到如下结果[16]：

① 消除剂的吸收系数对测量结果有明显影响，特别对二元参考样品，由于微吸收将影响 K 值的可靠性，因此一般应取吸收系数与样品的吸收系数相近的消除剂，样品与吸收剂的粒度大小也应基本一致。

② 考虑重力因素所造成的制样困难和线吸收系数的作用，一般应取密度 ρ 或 $\mu_m \rho$ 与待测相接近的消除剂。在混样和制样过程中消除剂不应产生择优取向。

③ 待测样品中消除剂加入量的多少，也是要考虑的问题。一般说需考虑待测相的数目、各相的衍射能力，以及最少相的质量分数，使得所加消除剂的衍射强度和衍射能力低于或与含量较少的相的衍射强度基本一致为宜。

由此可见，在运用基体效应消除法进行定量相分析时，消除剂的选择必须考虑其质量吸收系数 μ_m、密度 ρ 或 $\mu_m \rho$ 与待测样中各相大致相同，这在复相分析中是难以实现的。钟福民、杨传铮、李润身[16] 提出了用增量相作消除剂的办法，其原理如下。

选择待测样品中某一相 f 为增量相，并以 x_f^a 量与原样均匀混合，Bejak-Jelenic 求得原样中第 f 相的质量分数 x_f 为

$$x_f = \frac{x_f^a}{\left(I_f^a / I_f \middle/ I_i^a / I_i \right) - 1} \qquad (6.101)$$

式中，I_f 和 I_i 为原样中物相组元 f 和 i 的衍射强度；I_f^a 和 I_i^a 是新样中 f 和 i 相的衍射强度。由于 $i = 1, 2, \cdots, n, \neq f$，故可求得 $(n-1)$ 个 x_f 的值，然后统计平均求得较好的结果 x_f。其他各相可用基体效应消除法写出各相质量分数的表达式。对于新样，并注意起消除剂作用的质量分数为 $(1 + x_f^a)/x_f^a$，经过推导得

$$x_1 = \frac{K_f}{K_1} \times \frac{I_1^{\mathrm{a}}}{I_f^{\mathrm{a}} - I_f^0} x_f^{\mathrm{a}}$$

$$\vdots$$

$$x_i = \frac{K_f}{K_i} \times \frac{I_i^{\mathrm{a}}}{I_f^{\mathrm{a}} - I_f^0} x_f^{\mathrm{a}} \tag{6.102}$$

$$\vdots$$

$$x_n = \frac{K_f}{K_n} \times \frac{I_n^{\mathrm{a}}}{I_f^{\mathrm{a}} - I_f^0} x_f^{\mathrm{a}}$$

其中 I_f^{a} 和 I_f^0 为新样中质量分数分别为 $\dfrac{x_f^{\mathrm{a}} + x_f}{1 + x_f^{\mathrm{a}}}$ 和 $\dfrac{x_f}{1 + x_f^{\mathrm{a}}}$ 的第 f 相所贡献的强度。

式(6.102)包含了 n 个方程和 n 个未知数（即 $n-1$ 个 x_i 和 I_f^0），现将式(6.102)两边分别相除

$$\begin{cases} x_j = \dfrac{K_i}{K_j} \times \dfrac{I_i^{\mathrm{a}}}{I_j^{\mathrm{a}}} x_i \\[3mm] \displaystyle\sum_{i=1}^{n} x_i = 1 \end{cases} \tag{6.103}$$

联立求解得

$$x_i = \frac{1 - x_f}{\displaystyle\sum_{\substack{i=1 \\ j \neq f}}^{n} \left(\dfrac{K_i}{K_j} \times \dfrac{I_j^{\mathrm{a}}}{I_i^{\mathrm{a}}} \right)} \tag{6.104}$$

第 i 相在新样中的质量分数 $x_i' = \dfrac{x_i}{x_f^{\mathrm{a}} + 1}$，故有

$$x_i = \frac{K_f}{K_i} \times \frac{I_i^{\mathrm{a}}}{I_f^{\mathrm{a}}} (x_f^{\mathrm{a}} + x_j) \tag{6.105}$$

类似的，对于未增量的原样也有

$$x_i = \frac{1 - x_f}{\displaystyle\sum_{\substack{i=1 \\ j \neq f}}^{n} \left(\dfrac{K_i}{K_j} \times \dfrac{I_j}{I_i} \right)} \tag{6.106}$$

$$x_i = \frac{K_f}{K_i} \times \frac{I_i}{I_f} x_f \tag{6.107}$$

当用增量法式(6.101)求出 x_f 后，只需用简化外标中 K 值的方法求出各个 $\dfrac{K_f}{K_i}$ 的值，便可分别用式(6.104)、式(6.105)、式(6.106)、式(6.107)求解其他各

相，还可求出原样中非晶相的总量。

表 6.5 给出一组三元物相系分析实例，比较计算结果可知，四个公式的计算结果是基本一致的，并与原配比符合良好。

一般应选择待测试样中质量分数小、衍射能力差、吸收小的相作消除剂，增量数不宜过多，以使增量后少量相有足够强度可供测量为宜。本法有如下特点：

① 所用参考试样和分析试样均未涉及待测样中所含物相以外的其他物相，因而避免消除剂选择不当带来的误差，但仍保留了基体效应消除法的优点，能求出非晶相总的质量分数。

② 由于待测 K 值不仅用一个参考试样，实验工作量减少，误差来源也减少。

③ 由于原样和增量后的新样的强度数据可用四个方程计算，便于相互印证，比 Popovic 增量法简单。

表 6.5 一组三元物相系分析实例

试样编号		1			2			3		
相组元		TiO_2	ZnO	Al_2O_3	TiO_2	ZnO	Al_2O_3	TiO_2	ZnO	Al_2O_3
配比(质量)/%		30	50	20	50	20	30	25.3	35.33	45.44
测量结果/%	按式(6.104)计算	31.0	49.8	19.2	51.4	18.6	30.0	25.6	25.9	45.5
	按式(6.105)计算	30.6	49.1		51.9	18.9		25.1	35.3	
	按式(6.106)计算	31.5	49.3		50.9	19.1		25.5	35.0	
	按式(6.107)计算	31.0	48.5		51.1	19.2		25.1	35.5	

6.2.5 标样方法的实验比较[17]

表 6.6 给出一组试样利用不同方法测定的结果，比较这些标样法的各项内容和数据可得如下结论：

表 6.6 一组样品不同标样法的测定结果 单位：%

测定方法	待测试号	1			2			3		
	待测样中的相	Cu	Ni	Si	Cu	Ni	Si	Cu	Ni	Si
	配比	30	20	50	20	50	30	50	30	20
Popovic 增量法	增量相及质量分数	15	10		10		15	15	10	
	测量结果	31.6	20.9	47.5	18.9	50.8	30.3	55.9	27.9	18.2
	Karlak 的外标法	29.65	20.36	50.00	18.87	51.78	29.35	51.47	30.94	17.6
	简化外标法	29.65	20.37	50.00	18.89	51.76	29.37	51.47	30.93	17.6
基体效应消除法	$x_f=25\%$ SiO_2	25.9	17.1	45.5	20.0	50.4	35.9	47.2	25.4	17.6
	$x_f=25\%$ W	15.3	15.8	50.9	8.4	39.9	27.9	25.0	25.9	15.6

① 当求复相待测样中一个相的质量分数时，以 Bezjek 的增量法最为简单，基体消除法次之。前者只需测量原样和增量后新样的两个试样，而后者虽也测量两个试样，但两个试样都需制作，且需用原样中不存在的相作消除剂。

② 当求解复相系中各相的质量分数，且所选各衍射线无重叠时，以简化外标法最为简单，Popovic 法次之，基体消除法工作量最大。前两者只需测量两个试样，而最后一种方法需要测量 $n+1$ 种试样，但样品中可包含非晶相，且能测量非晶相的总量。

③ 当复相中有衍射线重叠时，一般采用 Karlak 的外标法，其实验工作量和计算工作量都较大。

④ 由表 6.6 两种消除剂测量结果可知，如果消除剂选择不当，其结果是不可信的。一般认为消除剂的吸收系数 μ_m、密度 ρ、粒度以及 x_f 对测量结果有着重要的影响，然而以增量相为消除剂的方法特别适用于微量相的测定，当然在实际工作中还应注意作消除剂的增量相的选择。

6.3 无标样的定量相分析方法

所谓无标样法，就是在物相定量分析的实验和数据处理中不涉及待测试样之外的标样的方法。

6.3.1 直接比较法

n 元物相系中，根据式(6.28) 和式(6.29) 有

$$I_i = \frac{RK_i}{2\overline{\mu_1}}\overline{V}f_i \qquad I_i = \frac{RK_i}{2\overline{\mu_m}} \times \frac{\overline{V}}{\rho_i}x_i \quad (i=1,2,\cdots,m,\cdots,n)$$

将第 m 和 i 相的表达式相比得

$$
\begin{cases}
\dfrac{I_m}{I_i} = \dfrac{K_m}{K_i} \times \dfrac{f_m}{f_i} \quad \dfrac{I_m}{I_i} = \dfrac{K_m}{K_i} \times \dfrac{\rho_i}{\rho_m} \times \dfrac{X_m}{X_i} \\
\sum_{i=1}^{n} f_i = 1 \qquad\qquad \sum_{i=1}^{n} X_i = 1
\end{cases}
\tag{6.108}
$$

如果 K_1，K_2，…，K_n 可以按式(6.3) 计算求得，则利用式(6.108) 求得体积分数 f_i 或质量分数 x_i。按理论计算 K 值的测定结果误差是很大的。近年来发展了一些对理论计算 K 值或测量值进行修正，使测量误差大大减小的方法。下面介绍陆金生、邸秀宣[18]的三重修正方法。

(1) 微吸收修正 由于混合样品中各相的颗粒大小和吸收系数的不同而影响强度测量的准确度，常称为微吸收效应或颗粒吸收效应，这在二元系参考试样求 K 值比时尤为突出。因此对 K 值修正也称为对参比强度的修正。

$$\left(\frac{K_m \rho_m^{-1}}{K_i \rho_i^{-1}}\right)_{实际} = \tau \left(\frac{K_m \rho_m^{-1}}{K_i \rho_i^{-1}}\right)_{理论} = \tau \left(\frac{I_m}{I_i}\right)_{1:1} \tag{6.109}$$

式中，τ 称为微吸收修正系数。

$$\tau = \frac{\tau_m}{\tau_i} = \frac{V_i}{V_m} \times \frac{\int_0^{V_m} e^{-(\mu_m - \overline{\mu})x}\, dV_m}{\int_0^{V_i} e^{-(\mu_i - \overline{\mu})x}\, dV_i} \tag{6.110}$$

式中，$\overline{\mu} = \dfrac{1}{2}(\mu_m + \mu_i)$；$V_i$、$V_m$ 为单个粒子的体积；x 为 X 射线束在一个颗粒内部的路径。当已知 $(\mu_i - \overline{\mu})R_i$ 的值时，即可从《国际晶体学手册》中查得 τ_i 值进行计算，其中 R 为实测粒子的半径。

（2）择优取向修正　尽管所测量的试样是多晶粉末，但由于粉末粒子形状并非球形，因而试样仍可能存在晶粒的择优取向分布。Gullbery[19] 导出了如下式子：

$$I_k = \sum_{i=1}^{n} \left(I_i^t \gamma_{ki} \frac{m_i}{\sum\limits_{i=1}^{n} m_i} \right) \tag{6.111}$$

式中，I_k 为第 k 条衍射线经择优取向修正后的强度；I_i^t 为有择优取向时第 i 条衍射线的强度；γ_{ki} 为无择优取向状态下两条衍射线的强度比，它可由理论计算出，也可由 PDF 卡片查得；m 是多重性因子；n 为衍射线条的数目。

（3）单色器修正　在使用带晶体单色器的衍射仪进行衍射强度测量时，需作单色器修正，其公式为

$$\left(\frac{I_m}{I_i}\right)_{单色修正} = \left(\frac{I_m}{I_i}\right)_{实验} \times \frac{\left(\dfrac{1 + \cos^2 2\theta \cos^2 2\theta_M}{1 + \cos^2 2\theta}\right)_m}{\left(\dfrac{1 + \cos^2 2\theta \cos^2 2\theta_M}{1 + \cos^2 2\theta}\right)_i} \tag{6.112}$$

式中，θ_M 为单色器晶体的半衍射角。

对于二元物相 a、b 系统，直接法的方程组（6.108）变得简单些。

$$\begin{cases} \dfrac{I_a}{I_b} = \dfrac{K_a}{K_b} \times \dfrac{f_a}{f_b} \\ f_a + f_b = 1 \end{cases} \qquad \begin{cases} \dfrac{I_a}{I_b} = \dfrac{K_a \rho_a^{-1}}{K_b \rho_b^{-1}} \times \dfrac{x_a}{x_b} \\ x_a + x_b = 1 \end{cases} \tag{6.113}$$

联立求解得

$$f_a = \frac{\dfrac{I_a}{I_b} \bigg/ \dfrac{K_a}{K_b}}{\left(\dfrac{I_a}{I_b} \bigg/ \dfrac{K_a}{K_b}\right) + 1} \qquad f_b = \frac{1}{\left(\dfrac{I_a}{I_b} \bigg/ \dfrac{K_a}{K_b}\right) + 1}$$

$$x_a = \frac{\left(\dfrac{I_a}{I_b} \times \dfrac{\rho_a}{\rho_b}\right)\bigg/\dfrac{K_a}{K_b}}{\left[\left(\dfrac{I_a}{I_b} \times \dfrac{\rho_a}{\rho_b}\right)\bigg/\dfrac{K_a}{K_b}\right] + 1} \qquad x_b = \frac{1}{\left[\left(\dfrac{I_a}{I_b} \times \dfrac{\rho_a}{\rho_b}\right)\bigg/\dfrac{K_a}{K_b}\right] + 1} \tag{6.114}$$

6.3.2　绝热法[20]

所谓"绝热"就是在定量分析中不与系统以外发生关系，因此，绝热法也是一种直接比较法，它是建立在 K 值已知的基础上的。类似于式(6.108)，有

$$\left.\begin{aligned}
\frac{I_2}{I_1} &= \frac{K_2\rho_2^{-1}}{K_1\rho_1^{-1}} \times \frac{x_2}{x_1}\\
&\ \vdots\\
\frac{I_i}{I_1} &= \frac{K_i\rho_i^{-1}}{K_1\rho_1^{-1}} \times \frac{x_i}{x_1}\\
&\ \vdots\\
\frac{I_n}{I_1} &= \frac{K_n\rho_n^{-1}}{K_1\rho_1^{-1}} \times \frac{x_n}{x_1}\\
\sum_{i=1}^{n} x_i &= 1
\end{aligned}\right\} \tag{6.115}$$

并可得到

$$x_i = \left(\frac{I_i}{I_1} \times \frac{K_1\rho_1^{-1}}{K_i\rho_i^{-1}}\right)x_1 \tag{6.116}$$

代入方程组（6.115）的最后一式得

$$\frac{K_1\rho_1^{-1}x_1}{I_1}\sum_{i=1}^{n}\frac{I_i}{K_i\rho_i^{-1}} = 1 \tag{6.117}$$

$$x_1 = \left(\frac{K_1\rho_1^{-1}}{I_1}\sum_{i=1}^{n}\frac{I_i}{K_i\rho_i^{-1}}\right)^{-1} \tag{6.118}$$

最后写成一般式为

$$x_i = \left(\frac{K_i\rho_i^{-1}}{I_i}\sum_{i=1}^{n}\frac{I_i}{K_i\rho_i^{-1}}\right)^{-1} \tag{6.119}$$

这就是绝热法的基本公式。若各相的 $K_i(i=1,2,\cdots,n)$ 均能求得，则可按式(6.119)求解 $x_i(i=1,2,\cdots,n)$。

在实际工作中可以用两种方法求 K。

(1) 计算法　即按上节介绍计算 K 值及其修正，其关键是计算结构因数 F 和温度因数 e^{-2M}。根据 6.1 节的讨论，需知物相晶胞中的原子数目和坐标，以及该相的特征温度，这在很多情况下是难以办到的。

（2）实验法　钟[20] 已导出：

$$K_i = \frac{I_i}{I_f} \times \frac{x_f}{x_i} K_f \tag{6.120}$$

在二元物相 i、f 系中，x_i、x_f 和 K_f 已知时即可求得 K_i，并指出 K_i 与混合样品中是否存在其他相及其含量无关。

也可用刘沃恒的联立方程法[21] 求 K_i。如果待测混合样品中有 n 个物相，同时又有 n 个不同质量比的试样，则绝热法中的 K_i 值可用联立方程法求得。

设在各试样中加入内标物质 s，其质量分数分别为 x_{s1}，x_{s2}，$\cdots$，x_{sn}，根据基体消除法可写出各试样中第 i 相的质量分数。

$$\left.\begin{aligned} x_{i1} &= \frac{I_{i1}}{I_{s1}} \times \frac{K_s}{K_i} \times \frac{x_{s1}}{1-x_{s1}} \\ x_{i2} &= \frac{I_{i2}}{I_{s2}} \times \frac{K_s}{K_i} \times \frac{x_{s2}}{1-x_{s2}} \\ &\vdots \\ x_{in} &= \frac{I_{in}}{I_{sn}} \times \frac{K_s}{K_n} \times \frac{x_{sn}}{1-x_{sn}} \end{aligned}\right\} \tag{6.121}$$

式中，K_s 为已知；I_{ij}/I_{sj} 由实验求得；x_{sj} 为已知。又知道在第 j 个试样中各物相的质量分数之和为

$$\sum_{i=1}^{n} x = 1 - x_{sj}$$

于是对各个试样可以得到

$$\left.\begin{aligned} \sum_{i-1}^{n} \left[\frac{I_{i1}}{I_{s1}} \times \frac{x_{s1}}{1-x_{s1}} \times \frac{K_s}{K_i} \right] &= 1 - x_{s1} \\ \sum_{i=1}^{n} \left[\frac{I_{i2}}{I_{s2}} \times \frac{x_{s2}}{1-x_{s2}} \times \frac{K_s}{K_i} \right] &= 1 - x_{s2} \\ &\vdots \\ \sum_{i=1}^{n} \left[\frac{I_{ij}}{I_{sj}} \times \frac{x_{sj}}{1-x_{sj}} \times \frac{K_s}{K_i} \right] &= 1 - x_{sj} \\ &\vdots \\ \sum_{i=1}^{n} \left[\frac{I_{in}}{I_{sn}} \times \frac{x_{sn}}{1-x_{sn}} \times \frac{K_s}{K} \right] &= 1 - x_{sn} \end{aligned}\right\} \tag{6.122}$$

式（6.122）有 n 个独立方程，每个方程有 n 项 n 个未知数 K_1，K_2，$\cdots$，K_n，解此线性方程组即求得 K_i 值，于是可用式（6.121）求出各试样中各个物相的质量分数 x_{ij}。

6.3.3 Zevin 的无标样法[22] 及其改进

在混合物多相样品中，式（6.33）可写成如下形式

$$I_i = \frac{RK_i \overline{V\rho}}{2\overline{\mu}_1 \rho_i} x_i = \frac{RK_i \overline{V\rho}}{2\overline{\mu}_m \overline{\rho} \rho_i} x_i = \frac{RK_i \overline{V}}{2\overline{\mu}_m \rho_i} x_i$$

令

$$Q_i = \frac{RK_i \overline{V}}{2\rho_i}$$

而 $\overline{\mu}_m = \sum\limits_{i=1}^{n} x_i \mu_{mi}$ ，则有

$$I_i = Q_i x_i \Big/ \sum_{i=1}^{n} x_i \mu_{mi}$$

如果有 n 个待测样品，每个样品都包含 n 个物相，而且每个物相至少在两个以上样品中的质量分数不同。用大写字母的下标表示样品号，用小写字母的下标表示物相号，于是有

$$\begin{cases} I_{iJ} = Q_i x_{iJ} \Big/ \sum\limits_{i=1}^{n} x_{iJ} \mu_{mi} \\[4mm] I_{iK} = Q_i x_{iK} \Big/ \sum\limits_{i=1}^{n} x_{iK} \mu_{mi} \end{cases} \tag{6.123a}$$

$$\begin{cases} I_{jJ} = Q_j x_{jJ} \Big/ \sum\limits_{i=1}^{n} x_{jJ} \mu_{mj} \\[4mm] I_{jK} = Q_j x_{jK} \Big/ \sum\limits_{i=1}^{n} x_{jK} \mu_{mj} \end{cases} \tag{6.123b}$$

把式（6.123a）、式（6.123b）中的方程组两两相除，得

$$\frac{I_{iJ}}{I_{jK}} = \frac{x_{iJ}}{x_{iK}} \times \frac{\sum\limits_{i=1}^{n} x_{iK} \mu_{mi}}{\sum\limits_{i=1}^{n} x_{iJ} \mu_{mi}} \tag{6.124a}$$

$$\frac{I_{iJ}}{I_{jK}} = \frac{x_{iJ}}{x_{iK}} \times \frac{\sum\limits_{j=1}^{n} x_{jK} \mu_{mj}}{\sum\limits_{j=1}^{n} x_{jJ} \mu_{mj}} \tag{6.124b}$$

再把式（6.124）中两式相除，并考虑到 $\sum\limits_{i=1}^{n} x_{iK}\mu_{mi} = \sum\limits_{j=1}^{n} x_{jK}\mu_{mj}$ ， $\sum\limits_{i=1}^{n} x_{iJ}\mu_{mi} = \sum\limits_{j=1}^{n} x_{jJ}\mu_{mj}$ ，则有

$$\frac{I_{iJ}}{I_{iK}} \times \frac{I_{jK}}{I_{jJ}} = \frac{x_{iJ}}{x_{iK}} \times \frac{x_{jK}}{x_{jJ}} \tag{6.125a}$$

$$x_{iJ} = \frac{I_{iJ}}{I_{iK}} \times \frac{I_{jK}}{I_{jJ}} \times \frac{x_{jJ}}{x_{jK}} \cdot x_{iK} \tag{6.125b}$$

下面分三种情况讨论。

(1) 已知各相的质量吸收系数　因为 $\sum_{i=1}^{n} x_{iJ}\mu_{mi} = \sum_{j=1}^{n} x_{jJ}\mu_{mj}$，$\sum_{i=1}^{n} x_{iK}\mu_{mi} = \sum_{j=1}^{n} x_{jK}\mu_{mj}$，故式(6.124b) 可改写成

$$\sum_{i=1}^{n} x_{iJ}\mu_{mi} = \frac{x_{jJ}}{x_{jK}} \times \frac{I_{jK}}{I_{jJ}} \sum_{i=1}^{n} x_{iK}\mu_{mi} \tag{6.126}$$

将式(6.125b) 代入上式得

$$\sum_{i=1}^{n} \left[\mu_{mi} \frac{I_{iJ}}{I_{iK}} \times \frac{I_{jK}}{I_{jJ}} \times \frac{x_{jJ}}{x_{jK}} x_{iK} \right] = \frac{x_{jJ}}{x_{jK}} \times \frac{I_{jK}}{I_{jJ}} \sum_{i=1}^{n} \mu_{mi}x_i \tag{6.127a}$$

将式(6.127a) 左边与 i 无关的提到求和符号外面并化简后得

$$\sum_{i=1}^{n} \left[\frac{I_{iJ}}{I_{iK}} \mu_{mi}x_{iK} \right] = \sum_{i=1}^{n} \mu_{mi}x_{iK} \tag{6.127b}$$

移项合并则有

$$\begin{cases} \sum_{i=1}^{n} \left[\left(1 - \frac{I_{iJ}}{I_{iK}} \right) x_{iK}\mu_{mi} \right] = 0 \\ \sum_{i=1}^{n} x_{iK} = 1 \end{cases} \tag{6.128}$$

式(6.128) 表示 $(n-1)+1$ 个方程，即 $J=1,2,\cdots,n, \neq K$，每个方程都有 n 个项。如果已知要测定的试样中各物相的质量吸收系数 μ_{mi}，则从 n 个试样的实验测量便可求出第 K 个样品中各相的质量分数 $x_{iK}(i=1,2,\cdots,n)$。类似的，对其他样品进行数据处理则可求得各样品中各相的质量分数。

(2) 已知各样品的质量吸收系数　当各相的质量吸收系数 $\mu_{mi}(i=1,2,\cdots,n)$ 不知道，而样品中的元素组元定量分析已知，则可以计算各试样的质量吸收系数 $\overline{\mu}_{mJ}(J=1,2,\cdots,n)$，那么，各物相的质量分数可用下述方法求解。式(6.124a) 可改写为

$$x_{iJ} = \frac{I_{iJ}}{I_{iK}} \times \frac{\sum_{i=1}^{n} \mu_{mi}x_{iJ}}{\sum_{i=1}^{n} \mu_{mi}x_{iK}} x_{iK} = \frac{I_{iJ}}{I_{iK}} \times \frac{\overline{\mu}_{mJ}}{\overline{\mu}_{mK}} x_{iK} \tag{6.129}$$

代入 $\sum_{i=1}^{n} x_{iJ} = 1$ 得到

$$\begin{cases} \sum_{i=1}^{n} \left(\dfrac{I_{iJ}}{I_{iK}} \times \dfrac{\overline{\mu}_{mJ}}{\overline{\mu}_{mK}} x_{iK} \right) = 1 \\ \sum_{i=1}^{n} x_{iK} = 1 \end{cases} \tag{6.130}$$

类似上法可求解各样品中各相的质量分数 $x_{iK}(i=1,2,\cdots,n;K=1,2,\cdots,n)$。

(3) 未知质量吸收系数　如果被测试样的元素组元的质量分数不知道，质量吸收系数 $\overline{\mu}_{mJ}$ 就无法计算，但可用下述混样法求得。将第 K 个试样与其余各样品按一定比例（为简化起见按 1∶1）一一混合，制成 $(n-1)$ 个新的复合试样，则复合样品中第 i 相的质量分数记为 $x_{i(K+1)}$，复合样品的质量吸收系数记为 $\overline{\mu}_{m(K+J)}$，并有如下关系：

$$x_{i(K+J)} = \frac{1}{2}(x_{iK} + x_{iJ}) \tag{6.131}$$

$$\overline{\mu}_{m(K+J)} = \frac{1}{2}(\overline{\mu}_{mK} + \overline{\mu}_{mJ})$$

第 J 号样品和混合后的复合样品 $(K+J)$ 中第 i 相的衍射强度比为

$$\frac{I_{iJ}}{I_{i(K+J)}} = \frac{x_{iJ}}{x_{i(K+J)}} \times \frac{\overline{\mu}_{m(K+J)}}{\overline{\mu}_{mJ}} \tag{6.132}$$

将式（6.131）的两式代入上式，整理后得

$$\frac{I_{iJ}}{I_{i(K+J)}}(x_{iK} + x_{iJ}) = \frac{x_{iJ}}{\overline{\mu}_{mJ}}(\overline{\mu}_{mK} + \overline{\mu}_{mJ}) \tag{6.133}$$

式（6.129）也可改写为

$$x_{iK} = \frac{I_{iK}}{I_{iJ}} \times \frac{\overline{\mu}_{mK}}{\overline{\mu}_{mJ}} x_{iJ} \tag{6.134}$$

将上式代入式（6.133）得

$$\frac{I_{iJ}}{I_{i(K+J)}} \left(\frac{I_{iK}}{I_{iJ}} \times \frac{\overline{\mu}_{mK}}{\overline{\mu}_{mJ}} x_{iJ} + x_{iJ} \right) = \frac{x_{iJ}}{\overline{\mu}_{mJ}}(\overline{\mu}_{mK} + \overline{\mu}_{mJ})$$

$$I_{iK}\overline{\mu}_{mK} + I_{iJ}\overline{\mu}_{mJ} = I_{i(K+J)}(\overline{\mu}_{mK} + \overline{\mu}_{mJ})$$

$$I_{iK}\overline{\mu}_{mK} + I_{iJ}\overline{\mu}_{mJ} = I_{i(K+J)}\overline{\mu}_{mK} + I_{i(K+J)}\overline{\mu}_{mJ}$$

$$I_{iK}\overline{\mu}_{mK} - I_{i(K+J)}\overline{\mu}_{mK} = I_{i(K+J)}\overline{\mu}_{mJ} - I_{iJ}\overline{\mu}_{mJ}$$

最后可得

$$\frac{\overline{\mu}_{mJ}}{\overline{\mu}_{mK}} = \frac{I_{iK} - I_{i(K+J)}}{I_{i(K+J)} - I_{iJ}} \tag{6.135}$$

这样，可以分别测定混合前第 K、J 两样品中第 i 相的强度 I_{iK}、I_{iJ} 和按 1∶1 混合后样品中第 i 相的强度 $I_{i(K+J)}$，代入式（6.135）即可求得这两个待测样品的质量吸收系数之比 $\overline{\mu}_{mJ}/\overline{\mu}_{mK}$。最后代入式（6.130）即可求得各样品中各相的质量分

数，即

$$\begin{cases} \sum\limits_{i=1}^{n} \left[\dfrac{I_{iJ}}{I_{iK}} \times \dfrac{I_{iK} - I_{i(K+J)}}{I_{i(K+J)} - I_{iJ}} x_{iK} \right] = 1 \\ \sum\limits_{i=1}^{n} x_{iK} = 1 \end{cases} \tag{6.136}$$

　　这种无标样法的最大特点是不使用待测样品以外的任何标样，且对仅已知各相的质量吸收系数或各样品的质量吸收系数，甚至二者均未知的三种情况下都可适用，因此是一种较好的、适用性较广的方法。但要求有 n 个样品，每个样品中都有 n 个相，且待测相在各样品中的质量分数不同，其差别越大测量精度越高，各样品中不包括非晶相。

　　若样品有 m 个（$0 < m < n$）相，可用其他方法求得，又存在（$n-m$）个独立样品，可按林树智、张喜章[23] 介绍的方法求解。

　　郭常霖、姚公达[24] 发展了有 n 个样品而样品中的相数目 $\leqslant n$ 时的无标样定量相分析方法。现以四个样品、四个相为例介绍如下：

第 1 号样品含　A　B　C　D　相
第 2 号样品含　A　B　C　　　相
第 3 号样品含　A　B　　　　　相
第 4 号样品含　A　　C　　　　相

类似于式(6.129) 有

$$\begin{cases} \dfrac{I_{A2}}{I_{A1}} = \dfrac{x_{A2}}{x_{A1}} \times \dfrac{\overline{\mu}_{m1}}{\overline{\mu}_{m2}}, \dfrac{I_{B2}}{I_{B1}} = \dfrac{x_{B2}}{x_{B1}} \times \dfrac{\overline{\mu}_{m1}}{\overline{\mu}_{m2}}, \dfrac{I_{C2}}{I_{C1}} = \dfrac{x_{C2}}{x_{C1}} \times \dfrac{\overline{\mu}_{m1}}{\overline{\mu}_{m2}} \\ \dfrac{I_{A3}}{I_{A1}} = \dfrac{x_{A3}}{x_{A1}} \times \dfrac{\overline{\mu}_{m1}}{\overline{\mu}_{m3}}, \dfrac{I_{B3}}{I_{B1}} = \dfrac{x_{B3}}{x_{B1}} \times \dfrac{\overline{\mu}_{m1}}{\overline{\mu}_{m3}} \\ \dfrac{I_{A4}}{I_{A1}} = \dfrac{x_{A4}}{x_{A1}} \times \dfrac{\overline{\mu}_{m1}}{\overline{\mu}_{m4}}, \dfrac{I_{C4}}{I_{C1}} = \dfrac{x_{C4}}{x_{C1}} \times \dfrac{\overline{\mu}_{m1}}{\overline{\mu}_{m4}} \end{cases} \tag{6.137}$$

各样品的质量吸收系数可写成

$$\begin{aligned} \overline{\mu}_{m1} &= \mu_{mA} x_{A1} + \mu_{mB} x_{B1} + \mu_{mC} x_{C1} + \mu_{mD} x_{D1} \\ \overline{\mu}_{m2} &= \mu_{mA} x_{A2} + \mu_{mB} x_{B2} + \mu_{mC} x_{C2} \\ \overline{\mu}_{m3} &= \mu_{mA} x_{A3} + \mu_{mB} x_{B3} \\ \overline{\mu}_{m4} &= \mu_{mA} x_{A4} + \mu_{mC} x_{C4} \end{aligned} \tag{6.138}$$

现对 $\overline{\mu}_{m2} \dfrac{I_{A2}}{I_{A1}} = \dfrac{x_{A2}}{x_{A1}} \overline{\mu}_{m1}$ 进行计算，即把 $\overline{\mu}_{m2}$ 的表达式代入，得

$$(\mu_{mA} x_{A2} + \mu_{mB} x_{B2} + \mu_{mC} x_{C2}) \dfrac{I_{A2}}{I_{A1}} \times \dfrac{x_{A1}}{x_{A2}} = \overline{\mu}_{m1} \tag{6.139a}$$

$$\left(\mu_{mA}x_{A2}\frac{x_{A1}}{x_{A2}}\times\frac{I_{A2}}{I_{A1}}\right)+\left(\mu_{mB}x_{B2}\frac{x_{A1}}{x_{A2}}\times\frac{I_{A2}}{I_{A1}}\right)+\left(\mu_{mC}x_{C2}\frac{x_{A1}}{x_{A2}}\times\frac{I_{A2}}{I_{A1}}\right)=\overline{\mu}_{m1}$$

$$(6.139b)$$

$$\mu_{mA}x_{A1}\frac{I_{A2}}{I_{A1}}+\mu_{mB}x_{B2}\frac{\overline{\mu}_{m1}}{\overline{\mu}_{m2}}+\mu_{mC}x_{C2}\frac{\overline{\mu}_{m1}}{\overline{\mu}_{m2}}=\overline{\mu}_{m1} \qquad (6.139c)$$

类似地，对 $\overline{\mu}_{m2}\dfrac{I_{B2}}{I_{B1}}=\dfrac{x_{B2}}{x_{B1}}\overline{\mu}_{m1}$ 和 $\overline{\mu}_{m2}\dfrac{I_{C2}}{I_{C1}}=\dfrac{x_{C2}}{x_{C1}}\overline{\mu}_{m1}$ 处理得

$$\mu_{mA}x_{A2}\frac{\overline{\mu}_{m1}}{\overline{\mu}_{m2}}+\mu_{mB}x_{B1}\frac{I_{B2}}{I_{B1}}+\mu_{mC}x_{C1}\frac{\overline{\mu}_{m1}}{\overline{\mu}_{m2}}=\overline{\mu}_{m1} \qquad (6.139d)$$

$$\mu_{mA}x_{A2}\frac{\overline{\mu}_{m1}}{\overline{\mu}_{m2}}+\mu_{mB}x_{B2}\frac{\overline{\mu}_{m1}}{\overline{\mu}_{m2}}+\mu_{mC}x_{C1}\frac{I_{C2}}{I_{C1}}=\overline{\mu}_{m1} \qquad (6.139e)$$

将式(6.139c)~式(6.139e) 三式相加，并将式(6.138) 中的 μ_{m1} 和 μ_{m2} 代入，则

$$\left(\mu_{mA}x_{A1}\frac{I_{A2}}{I_{A1}}+\mu_{mB}x_{B1}\frac{I_{B2}}{I_{B1}}+\mu_{mC}x_{C1}\frac{I_{C2}}{I_{C1}}\right)+2\frac{\overline{\mu}_{m1}}{\overline{\mu}_{m2}}(\mu_{mA}x_{A2}+\mu_{mB}x_{B2}+\mu_{mC}x_{C2})=3\overline{\mu}_{m1}$$

$$\left(\mu_{mA}x_{A1}\frac{I_{A2}}{I_{A1}}+\mu_{mB}x_{B1}\frac{I_{B2}}{I_{B1}}+\mu_{mC}x_{C1}\frac{I_{C2}}{I_{C1}}\right)+2\overline{\mu}_{m1}=3\overline{\mu}_{m1}$$

$$\left(\mu_{mA}x_{A1}\frac{I_{A2}}{I_{A1}}+\mu_{mB}x_{B1}\frac{I_{B2}}{I_{B1}}+\mu_{mC}x_{C1}\frac{I_{C2}}{I_{C1}}\right)=\mu_{mA}x_{A1}+\mu_{mB}x_{B1}+\mu_{mC}x_{C1}+\mu_{mD}x_{D1}$$

$$(6.140)$$

类似地，对式(6.137) 第 2、3 排的方程处理也可得与式(6.140) 相类似的方程，经最后整理得如下方程组

$$\begin{cases}\left(1-\dfrac{I_{A2}}{I_{A1}}\right)\mu_{mA}x_{A1}+\left(1-\dfrac{I_{B2}}{I_{B1}}\right)\mu_{mB}x_{B1}+\left(1-\dfrac{I_{C2}}{I_{C1}}\right)\mu_{mC}x_{C1}+\mu_{mD}x_{D1}=0\\[2mm]\left(1-\dfrac{I_{A3}}{I_{A1}}\right)\mu_{mA}x_{A1}+\left(1-\dfrac{I_{B3}}{I_{B1}}\right)\mu_{mB}x_{B1}+\mu_{mC}x_{C1}+\mu_{mD}x_{D1}=0\\[2mm]\left(1-\dfrac{I_{A4}}{I_{A1}}\right)\mu_{mA}x_{A1}+\mu_{mB}x_{B1}+\left(1-\dfrac{I_{C4}}{I_{C1}}\right)\mu_{mC}x_{C1}+\mu_{mD}x_{D1}=0\\[2mm]x_{A1}+x_{B1}+x_{C1}+x_{D1}=1\end{cases} \qquad (6.141)$$

可见，只要知道各相的质量吸收系数，通过实验测量各相选择衍射线的强度，即可解方程组（6.141）求得第 1 号试样中的各相质量分数，进而从式(6.137) 和式(6.138) 求出第 2、3、4 号试样中各相的质量分数。

由上述讨论可知，这属于有 n 个样品、一个样品包含 n 个相，而其他样品的相数 $<n$（即缺相）的情况，这种缺相还必须符合一定的规则才能求解。

1988 年，林树智等提出了普适无标法[25,26]。在 n 个独立的试样中，总共含有

n 个相，每个试样中所含物相数目可为 $2 \sim n$ 个。第一种情况是每个物相最少在两个试样中存在。在同一试样 S 内，j 相和 i 相之间，按式(6.120) 有

$$I_{jS}/I_{iS}=K_i^j x_{jS}/x_{iS} \qquad 1 \leqslant i \leqslant n , \ 1 \leqslant S \leqslant n$$

且 i 相亦存在试样 P 中。将 S 与 P 混合（为简便计按质量 $1:1$）得混合试样 $S+P$，同样有

$$I_{j(S+P)}/I_{i(S+P)}=K_i^j x_{j(S+P)}/x_{i(S+P)} \tag{6.142}$$

因为

$$x_{j(S+P)}=\frac{1}{2}(x_{jS}+x_{jP}) \text{和} x_{i(S+P)}=\frac{1}{2}(x_{iS}+x_{iP}) \tag{6.143}$$

所以有

$$x_{iP}=A_{iSP}x_{iS} \tag{6.144}$$

式中　$A_{iSP}=\{[I_{j(S+P)}/I_{i(S+P)}]-I_{jS}/I_{iS}\}/\{I_{jP}/I_{iP}-[I_{j(S+P)}/I_{i(S+P)}]\}$ $\tag{6.145}$

测定试样 S、P、$S+P$ 中某些衍射线强度后，A_{iSP} 便可算出。从式(6.154) 可见，P 试样中的 i 相含量可用 S 试样中 i 相含量 x_{iS} 表示，其系数为 A_{iSP}。其他试样亦可分别与 S 样混合，组成混合试样，于是这些试样中 i 相含量亦可用 S 样中 i 相含量 x_{iS} 表示出来，$i=1,\cdots,n$，故有 n 个 x_{iS}，可将 n 个试样中所有物相表示出来，且对每一试样和每一物相有方程组：

$$\sum_{i=1}^{n} A_{iSP}x_{iS}=1 \quad 1 \leqslant P \leqslant n \tag{6.146}$$

将求得的 x_{iS} 及测算出的 A_{iSP} 代入式(6.154)（令 $1 \leqslant P \leqslant n$）可得各物相在所有试样中的含量。

第二种情况是所有试样中都有 i 相。求解时，按绝热法有

$$1/x_{iS}=\sum_{j=1}^{n} K_j^i (I_{jS}/I_{iS}) \quad 1 \leqslant S \leqslant n \tag{6.147}$$

$$x_{iP}/x_{iS}=\sum_{j=1}^{n} K_j^i (I_{jS}/I_{iS}) \Big/ \sum_{j=1}^{n} K_j^i (I_{jP}/I_{iP}) \quad 1 \leqslant P \leqslant n, P \neq S$$

当 S 与 P 试样按 $1:1$ 混合时，$x_{iP}/x_{iS}=A_{iSP}$

对比上面两式，有

$$\sum_{j=1}^{n} \{[(I_{jS}/I_{iS})-A_{iSP}(I_{jP}/I_{iP})]K_j^i\}=A_{iSP}-1 \quad S \neq P, 1 \leqslant P \leqslant n, i \neq j$$

$$\tag{6.148}$$

等式右边 $i=j$ 时成常数项，移至右边。解式(6.148) 可得到 $(n-1)$ 个 K 值，代入式(6.147)，可得所有试样中 i 相的含量。

第三种情况是只对 n 个相中的 m 个进行定量分析。这时应有包含 m 个感兴趣物相的 m 个独立试样作参考试样，根据上述第一种情况或第二种情况所用的方法，将参考试样中各相含量求出。然后把待测试样与参考试样混合，从式(6.144)、式(6.145) 求得 A_{iSP}，并进而求出待测试样中所感兴趣的各相

含量。

为提高测 A_{iSP} 和 x_{iS} 的准确性，林树智等[26] 还提出了选参考样判据、分组求解和平均值，以及类似陈铭浩法[27] 用 m 个样和最小二乘法求解。

普适无标法的特点是：①n 个独立试样无需像 Zevin 法每个均包含 n 个相，可以只包含 2～3 个物相，每个物相至少在两个试样中存在即可；②可只对试样中感兴趣的部分物相进行分析，不要求参考样与待测样所含物相完全相同，这比郭-姚法[24] 条件放宽；③只适用于粉末试样。

Zevin 法、联立方程法和普适无标法等均需解联立方程，但测量前不知道有否物相组成比例相同的试样存在，方程简并可能性不能完全排除，另外还存在误差传递问题。对此，除铭浩于 1988 年提出了回归求解法[27]。此法使用 $m(m>n$，m 的值大得足以求得 n 个独立方程) 个试样的数据和最小二乘法为 n 个物相求 K 值得联立方程找出最佳系数，进而求出各相的 K 值和含量，消除了误差传递、方程简并等问题。

回归求解法原理如下。

设在含有 n 个物相的试样 j 中加入质量分数为 x_{iS} 的参考物相 R，则有

$$\sum_{i=1}^{n} x_{ij} = 1 - x_{Rj} \tag{6.149}$$

按 K 值法有

$$\frac{I_{ij}}{I_{Rj}} = K_R^i \frac{x_{ij}}{x_{Rj}} \quad 即 \quad x_{ij} = \frac{I_{ij}}{I_{Rj}} \times \frac{x_{Rj}}{K_R^i} \tag{6.150}$$

将式(6.150) 中 x_{ij} 代入式(6.149)，有

$$\sum_{i=1}^{n} \frac{I_{ij}}{I_{Rj}} \times \frac{x_{Rj}}{K_R^i} = 1 - x_{Rj}$$

整理得

$$\sum_{i=1}^{n} \frac{I_{ij}}{K_R^i} = (1 - x_{Rj}) \frac{I_{Rj}}{x_{Rj}} \tag{6.151}$$

设

$$K_{R'}^i = \frac{1}{K_R^i}, R_j = (1 - x_{Rj}) \frac{I_{Rj}}{x_{Rj}} \tag{6.152}$$

将式(6.152) 代入式(6.151)，有

$$\sum_{i=1}^{n} I_{ij} K_{R'}^i = R_j \tag{6.153}$$

式(6.153) 中，$j=1,\cdots,n$。故若有 n 个独立试样，便可有 n 个方程，组成方程组，求出 n 个 K 值。为避免方程简并和误差放大，陈铭浩提出用 $m(m>n)$ 个试

样数据和最小二乘法，使能得到 n 个独立方程和最小误差。

设有 m 个试样 $(m>n)$，它们的数据差方和为 S。

$$S = \sum_{j=1}^{m}(R_j - \sum_{i=1}^{n} I_{ij} K_{R'}^{i})^2 \tag{6.154}$$

求差方和最小 $\left(\dfrac{\partial S}{\partial K_{R'}^{i}} = 0\right)$，即误差最小时可得到

$$\sum_{j=1}^{m} 2(R_j - \sum_{i=1}^{n} I_{ij} K_{R'}^{i})(-I_{ij}) = 0 \tag{6.155}$$

即

$$\sum_{j=1}^{m} I_{ij} \sum_{i=1}^{n} I_{ij} K_{R'}^{i} = \sum_{j=1}^{m} R_j I_{ij} \tag{6.156}$$

对 $i=1,2,3,\cdots,n$，即对 $K_{R'}^{1}, K_{R'}^{2}, K_{R'}^{3}, \cdots, K_{R'}^{n}$，式(6.156)可写成方程组

$$
\begin{cases}
\sum_{j=1}^{m} I_{1j} \sum_{i=1}^{n} I_{ij} K_{R'}^{i} = \sum_{j=1}^{m} R_j I_{1j} & \left(\text{对 } i=1, \text{即} \dfrac{\partial S}{\partial K_{R'}^{1}} = 0\right) \\[2mm]
\sum_{j=1}^{m} I_{2j} \sum_{i=1}^{n} I_{ij} K_{R'}^{i} = \sum_{j=1}^{m} R_j I_{2j} & \left(\text{对 } i=2, \text{即} \dfrac{\partial S}{\partial K_{R'}^{2}} = 0\right) \\[2mm]
\sum_{j=1}^{m} I_{3j} \sum_{i=1}^{n} I_{ij} K_{R'}^{i} = \sum_{j=1}^{m} R_j I_{3j} & \left(\text{对 } i=3, \text{即} \dfrac{\partial S}{\partial K_{R'}^{3}} = 0\right) \\[2mm]
\cdots\cdots\cdots\cdots\cdots\cdots\cdots\cdots & \cdots\cdots\cdots\cdots\cdots\cdots \\[2mm]
\sum_{j=1}^{m} I_{nj} \sum_{i=1}^{n} I_{ij} K_{R'}^{i} = \sum_{j=1}^{m} R_j I_{nj} & \left(\text{对 } i=n, \text{即} \dfrac{\partial S}{\partial K_{R'}^{n}} = 0\right)
\end{cases}
$$

这是一个有 n 个未知数 $K_{R'}^{i}(i=1,2,3,\cdots,n)$ 的多元一次方程组，它可使用线性代数中的行列式或矩阵法求解。方程组可表示为

$$
\begin{bmatrix}
\sum_{j=1}^{m} R_j I_{1j} \\[2mm]
\sum_{j=1}^{m} R_j I_{2j} \\[2mm]
\sum_{j=1}^{m} R_j I_{3j} \\[2mm]
\cdots\cdots \\[2mm]
\sum_{j=1}^{m} R_j I_{nj}
\end{bmatrix}
=
\begin{bmatrix}
\sum_{j=1}^{m} I_{1j} I_{1j} & \sum_{j=1}^{m} I_{1j} I_{2j} & \sum_{j=1}^{m} I_{1j} I_{3j} \cdots \sum_{j=1}^{m} I_{1j} I_{nj} \\[2mm]
\sum_{j=1}^{m} I_{2j} I_{1j} & \sum_{j=1}^{m} I_{2j} I_{2j} & \sum_{j=1}^{m} I_{2j} I_{3j} \cdots \sum_{j=1}^{m} I_{2j} I_{nj} \\[2mm]
\sum_{j=1}^{m} I_{3j} I_{1j} & \sum_{j=1}^{m} I_{3j} I_{2j} & \sum_{j=1}^{m} I_{3j} I_{3j} \cdots \sum_{j=1}^{m} I_{3j} I_{nj} \\[2mm]
\cdots\cdots\cdots\cdots\cdots\cdots\cdots\cdots\cdots \\[2mm]
\sum_{j=1}^{m} I_{nj} I_{1j} & \sum_{j=1}^{m} I_{nj} I_{2j} & \sum_{j=1}^{m} I_{nj} I_{3j} \cdots\cdots \sum_{j=1}^{m} I_{nj} I_{nj}
\end{bmatrix}
\begin{bmatrix}
K_{R'}^{1} \\[2mm]
K_{R'}^{2} \\[2mm]
K_{R'}^{3} \\[2mm]
\cdots\cdots \\[2mm]
K_{R'}^{n}
\end{bmatrix}
$$

$$\tag{6.157}$$

式中，$K_{R'}^i$ 的系数是由 m 个试样测量数据来回归的，试样越多，则回归后误差就越小。求出 $K_{R'}^i$ 值后代入式(6.152) 中求出 $K_{R'}^i$，然后用 K 值法或绝热法求解除各相质量分数 x_{ij}。在 j 试样中很快即可得出原试样（未加入参考物质的试样中）某相质量分数（其他试样亦如此）。

$$x'_{ij} = \frac{x_{ij}}{1-x_{Rj}} = K_R^i \frac{I_{ij}}{I_{Rj}} \times \frac{x_{Rj}}{1-x_{Rj}} \tag{6.158}$$

该方法有如下特点：

① 具有联立方程法的特点并且只适用于无非晶物质的粉末样品；

② 减少了联立方程法中的误差传递，提高了精度；

③ 使用 m 个（$m > n$）试样求 n 个相含量，可防止方程简并的危险。

6.3.4 无标样法的实验比较

当 K 值用计算或实验求得后，简化外标法只需对待测样进行实验测量强度即可求得待测样中的各相质量分数，因此在这种情况下简化外标法也属无标样法。三种无标样法及简化外标法的测量实例的结果列入表 6.7 中。仔细比较该表的各项和数据可得如下结论[29]。

表 6.7   一组样品不同无标样法的测量结果

样 品 号			1			2			3		
物相			Cu	Ni	GaAs	Cu	Ni	GaAs	Cu	Ni	GaAs
原配比/%			20.0	50.0	30.0	15.7	35.3	50.0	50.0	15.7	35.3
测定结果/%		直接比较法	20.6	55.3	25.1	18.2	39.2	45.6	55.5	17.6	25.9
	绝热法	K 值理论计算	20.6	55.3	25.1	18.2	39.2	45.6	55.5	17.6	25.9
		K 值实验测定	19.7	51.5	28.8	15.3	35.7	49.9	55.8	15.7	31.5
	Zevin法	已知 μ_{mi}	25.8	45.4	29.9	19.3	29.9	50.8	57.8	15.6	29.6
		已知 $\overline{\mu}_{mJ}$	25.2	45.7	30.1	18.8	30.0	51.1	55.8	15.0	30.2
	简化外标法		19.7	51.5	28.8	15.3	35.7	49.9	55.8	15.7	31.5

① 直接比较法最为方便，只要一个试样就能给出结果，但 K 值需要理论计算，要求知道物相单晶胞中原子的数目及其坐标位置才能计算结构因数，要求知道德拜温度 Θ 才能计算温度因数 e^{-2M}，这在很多情况下是难以办到的，故多用于结构简单的体系中，如铁基或铁-镍基合金中 α 相和 γ 相的测定、钛合金中 α 相合 β 相的测定等。

② Zevin 法是一种很好的无标样法，仅涉及物相或样品质量吸收系数的计算，只需知道物相或样品的化学成分，查阅吸收系数就可计算。显然这是不难办到的，因此具有较广泛的应用前景。但它要求 n 个样品均含不同质量分数的 n 个物相。这一点与郭常霖等[24] 的改进方法不同，后者所用样品可以缺相或多相。值得注意

的是，从原理上讲，Zevin 的第三种方法虽然可行，但当 $[I_{iK} - I_{i(K+J)}]/$ $[I_{i(K+J)} - I_{iJ}]$ 之值在积分强度测量的统计误差范围内时，便可能出现

$$[I_{iK} - I_{i(K+J)}]/[I_{i(K+J)} - I_{iJ}] < 0$$

的情况而无解。普适法[25,26]、回归求解法[27] 和陆金生[28] 优化计算法是很好的改进，可望广泛应用。

③ 简化外标法虽属标样法，但当 K 值由实验测得后，就是一种简便易行的无标样法，也可以从一个试样的强度测量获得各相的质量分数。当 K 值采用理论计算时，绝热法与直接法一致；而当 K 值由实验求得时，绝热法与简化外标法一致。在后一情况下，简化外标法实际上是一种无标样法，且只要求出一相质量分数后，其他各相均与该相成倍率关系，故计算简单。

④ 由表 6.7 可知，实验测定的准确度以简化外标法与 K 值实验测得的绝热法最高，Zevin 法次之，直接比较法与 K 值理论计算的绝热法最差。由此可知，由实验求出 $K\rho^{-1}$ 值的方法准确度高，这涉及外标样的采用；由理论计算常数的方法的准确度差，计算中采用理论数据（即有关书籍中给出的数据）越多，造成的误差越大，因此在完全无标样法中以 Zevin 法最好，即无标样，使用的理论数据也最少。

6.4　定量分析的最新进展和注意的问题

6.4.1　定量分析的最新进展

从 6.2、6.3 节介绍的各种定量相分析方法可知，它们都是基于一对和多对（两相）或一组和多组（多相）衍射线的积分强度的测量，即

$$\frac{I_i}{I_j} = \frac{K_i \rho_i^{-1}}{K_j \rho_j^{-1}} \times \frac{x_i}{x_j} = \left(\frac{I_i}{I_j}\right)_{1:1} \times \frac{x_i}{x_j} \tag{6.159}$$

沈春玉、储刚[30] 提出用匹配强度比 $\dfrac{S_i}{S_j}$ 代替强度比 $\dfrac{I_i}{I_j}$ 的全新方法。对于有 m 条衍射线的 n 相混合物的谱图，每一条衍射线 p 的强度可以用相对强度分布函数 Y_p (2θ) 表示。

$$Y_p(2\theta) = \sum_{i=1}^{n} S_i P_{ip}(2\theta) \quad (i = 1, 2, \cdots, n) \tag{6.160}$$

式中，$Y_p(2\theta)$ 是混合物样品中第 p 条衍射线相对于谱中最强线的相对强度；S_i 是混合物样品中第 i 相的匹配强度；$P_{ip}(2\theta)$ 为混合样中第 i 相对第 p 条衍射线的相对强度分布函数。令

$$Q^* = \sum_{p=1}^{m} \left[Y_p(2\theta) - \sum_{i=1}^{n} S_i P_{ip}(2\theta) \right]^2 \tag{6.161}$$

当 $Q^* = Q_{min}$ 时可得到总误差最小的强度匹配系数 S_i 的值。令 $\dfrac{\partial Q^*}{\partial S_i} = 0 (i = 1, 2, \cdots, n)$

$$\sum_{p=1}^{m} P_{1p} P_{1p} S_1 + \sum_{p=1}^{m} P_{1p} P_{2p} S_2 + \cdots + \sum_{p=1}^{m} P_{1p} P_{np} S_n = \sum_{p=1}^{m} P_{1p} Y_p$$

$$\sum_{p=1}^{m} P_{2p} P_{1p} S_1 + \sum_{p=1}^{m} P_{2p} P_{2p} S_2 + \cdots + \sum_{p=1}^{m} P_{2p} P_{np} S_n = \sum_{p=1}^{m} P_{2p} Y_p$$

$$\sum_{p=1}^{m} P_{np} P_{1p} S_1 + \sum_{p=1}^{m} P_{np} P_{2p} S_2 + \cdots + \sum_{p=1}^{m} P_{np} P_{np} S_n = \sum_{p=1}^{m} P_{np} Y_p$$

$$\tag{6.162}$$

解此联立方程可得到较为准确的匹配强度值 $S_i (i = 1, 2, \cdots, n)$。对于混合物样品中的任何两相 i、j 而言，有

$$\frac{S_i}{S_j} = A \frac{I_i}{I_j}$$

式中，A 为比例系数。如果有

$$\frac{S_i}{S_j} = A \frac{K_i \rho_i^{-1}}{K_j \rho_j^{-1}} \times \frac{x_i}{x_j} = A \left(\frac{S_i}{S_j} \right)_{1:1} \times \frac{x_i}{x_j} \tag{6.163}$$

这样就能用准确的 $\dfrac{S_i}{S_j}$ 值来代替 $\dfrac{I_i}{I_j}$ 值，于是能获得较准确的测定结果。

式(6.163) 中的权重因子 S_i 可用下式表示：

$$S_i = I_0 \frac{\lambda^3 e^4}{32\pi r m^2 c^4} \times \frac{V_i}{V_{iu}^2} = R \frac{V_i}{V_{iu}^2} \tag{6.164}$$

$$V_i = \frac{m_i}{\rho_i}, V_{iu} = \frac{Z_i M_i}{\rho_i} \tag{6.165}$$

$$S_i = R \frac{m_i}{Z_i M_i V_{iu}} \quad m_i = \frac{S_i Z_i M_i V_{iu}}{R} \tag{6.166}$$

$$x_i = \frac{m_i}{\sum_i m_i} = \frac{S_i Z_i M_i V_{iu}}{\sum_i S_i Z_i M_i V_{iu}} \tag{6.167}$$

式中，V_i、V_{iu} 分别为第 i 相在混合样中的体积和第 i 相的晶胞体积；m_i、x_i、M_i、Z_i、ρ_i 分别为 i 相在样品中的质量、质量分数、化学式质量、晶胞中化学式的量及密度；$\sum\limits_i$ 表示对样品中各相求和。对于一定的相，M_i、Z_i、V_{iu} 是一定

的，故在拟合中求得各相的 S 后，就可按式(6.167) 算得各相的质量分数。

Taylor[31] 认为，在定量分析中基体的吸收是不能忽略的，因此引入吸收校正因子 τ_i，式(6.167) 变为

$$x_i = \frac{m_i}{\sum\limits_i m_i} = \frac{S_i Z_i M_i V_{iu}/\tau_i}{\sum\limits_i S_i Z_i M_i V_{iu}/\tau_i} \tag{6.168}$$

6.4.2　Rietveld 定量分析

对有衍射束单色器的 Bragg-Brentano X 射线衍射仪，其收集的衍射数据中第 j 相 r 衍射线的积分强度（扣除背景后）为

$$I_{rj} = \left(\frac{I_0 \lambda^3}{32\pi R_0} \times \frac{e^4}{m^2 c^4} \times \frac{V}{2}\right)\left(\frac{1}{V_{oj}^2} P_{rj} |F_{rj}|^2 \frac{1+\cos^2 2\theta_{rj}\cos^2 2\theta_\alpha}{\sin^2 \theta_{rj}\cos\theta_{rj}} \cdot e^{-2M_{rj}} \frac{1}{\rho_j}\right) D_{rj} \frac{X_j}{\mu} \tag{6.169}$$

式中，V 为受 X 射线照射的试样体积；D_{rj} 为对影响衍射线强度的各种因子所作的校正；X_j 为 j 相在样品中所占的质量分数；μ 为样品的质量吸收系数；ρ_j 为该相的密度；V_{oj} 是 j 相的单位晶胞体积。

Rietveld 方法是以一定的晶体结构为基础，对粉末衍射图谱以峰形函数进行全谱拟合的方法。该方法能对影响强度和峰位的因素进行校正。样品的衍射谱中，每一点 i 的强度计算公式为

$$Y_i = \sum\nolimits_{ji=1}^{n} S_j J_j A_j \sum\nolimits_{r=1}^{k} L_r |F_r|^2 \Phi(2\theta_d - 2\theta_r) P_r + Y_{bi} \tag{6.170}$$

式中，S_j 称为标度因子；L_r 包括 Lorentz 因子、多重性因子；Φ 为峰形函数；J_j 是表面粗糙度校正相；A_j 为吸收校正相，对多型体或吸收系数基本相等的相体系，可忽略该相校正；P_r 为择优取向校正相；F_r 为结构因子，包括温度因子；Y_{bi} 是该点的背景强度。这些参数，包括晶胞参数，在拟合过程中可不断地予以修正。注意式中外层求和是对样品中所有的相，内层求和是对各相对 i 点有贡献的各衍射。

对比式(6.169)、式(6.170)，不难得出：

$$S_j = \frac{CX_j}{\rho_j V_{oj}^2} \tag{6.171}$$

式中，C 是对确定试样中各常数之积。式(6.171) 可写作：

$$X_j = \frac{S_j \rho_j V_{oj}^2}{C} \tag{6.172}$$

对一确定样品中的相分析，可将已知相的相对含量归一化，那么由 Rietveld 方法中给出的标度因子和式(6.172) 就很容易得到各相间的相对含量：

$$X_j = \frac{S_j \rho_j V_{oj}^2}{\sum\nolimits_{k=1}^{n} S_k \rho_k V_{oj}^2} \tag{6.173}$$

式中，ρ 和 V 对每一个相都是常数，S 是经过多种校正后得到的标度因子，这样就减少了传统方法中直接计算积分强度和种种变换所引入的误差。在实际计算中，常以计算密度代替实际密度；虽然这样处理会引入一定的误差，但由于不同相在同一试样中具有相似的微结构，误差会相互抵消些，对最终结果的影响将不会很明显。因此，Rietveld 对样品中相的相对含量的确定是一种高精度的无标样方法。如果测试前加入一试样中不含有的标准相（s），还可以确定样品中各相的绝对含量和无定形相及含量低的杂相的含量，

$$X_j = \frac{X_s S_j \rho_j V_{oj}^2}{S_s \rho_j V_{oj}^2} \tag{6.174}$$

$$X_{\text{Amorph\&Miinor}} = 1 - \sum_{k=1}^{n} X_k \tag{6.175}$$

这对于研究纳米材料中晶化率是非常有意义的。

利用 Rietveld 方法进行定量时，还需要考虑微吸收的影响，微吸收包括来自体孔隙度和表面粗糙度的贡献。它不同于常规的吸收，与散射角度有关，散射角越低，衍射强度降低越严重。

在 Rietveld 分析中，微吸收校正通常采用下列模型，各模型的值在衍射角 $\Theta=90^\circ$ 都归一化为 1.00。

① Sparks 和 Sourtti 结合模型：

$$A_j = r\{1.0 - p[\exp(-q)] + p[\exp(-q/\sin\Theta)]\} + (1-r)[1 - t(\Theta - \pi/2)] \tag{6.176}$$

② Sparks 等模型[10]：

$$A_j = 1.0 - t(\Theta - \pi/2) \tag{6.177}$$

③ Sourtti 等[6] 模型：

$$A_j = 1.0 - p[\exp(-q)] + p[\exp(-q/\sin\Theta)] \tag{6.178}$$

④ Pitschke 等模型[11,12]：

$$A_j = 1.0 - pq(1.0 - q) + (pg/\sin\Theta)(1.0 - q\sin\Theta) \tag{6.179}$$

式中，p，q，r 和 t 为可修正的参数，与粒子的粒径有关。式（6.177）对比较强的微吸收能较好地处理，式（6.178）、式（6.179）对弱的微吸收能精确描述，式（6.176）是一居间的公式。

Rietveld 分析中加入微吸收校正可改善拟合的结果，得到具有物理意义的热参数；但对晶体结构模型则没有明显的影响。微吸收效应对定量相分析结果有严重的影响。

由以上可以看出，X 射线全谱拟合 Rietveld 相定量分析方法较之传统的定量方法有以下优点：

① 对衍射图谱中所包括的所有衍射峰进行拟合，从而减少了仪器因素、择优

取向、消光等对结果的影响；而且拟合中所引入的校正模型能对这些影响强度和衍射峰位的因素进行有效的校正；

② 以晶体结构为基础，采用一定的峰形函数进行全谱拟合，在衍射峰严重重叠和宽化等复杂情况下，也能进行定量相分析；

③ 可同时得到晶体结构和微结构等参数，能对样品的组成和结构进行深入的研究；

④ 由于对背景也采用多项式进行拟合，可更准确地确定峰强度；

⑤ 仅通过各相的标度因子和一些常数就可得到相含量，减少了计算过程中误差的传递，得到精确的结果；

⑥ 由于可引入模型进行校正，样品的制备要求相对较低。因此，X 射线粉末衍射全谱拟合的 Rietveld 方法对复杂样品，如 SiC 多型体的定量分析是非常有效和适用的。

6.4.3　X射线物相定量分析中应注意的问题

(1) 样品的择优取向　对于某些有特征形状的颗粒，特别是板状和针状晶粒，当采用一般装样法时，晶粒有一定程度的择优取向，而会导致衍射强度相对于无规取向的理想值的偏离，这样反常的衍射强度与强度基本公式不符，需进行校正，校正择优取向的方法有两种：一是制备样品时采取一些特别的措施，如制样前延长研磨样品的时间，降低晶粒尺寸，采用特殊的装样技术如背装法，还可运用稀释技术等减少择优取向；二是用数学方法进行校正；三是利用旋转样品架，在测量时保持样品匀速地做 φ 旋转。

(2) 晶粒大小　定量分析要求参加衍射的晶粒数目要足够多，才能保证强度有较高的重复性。从理论上讲为了使参加衍射的晶粒的取向完全无视，所需要的粒子数应该为无限大，但在实际工作中须注意晶粒不能太大，晶粒太大不但强度波动，且强度值也低，因为粒子过大时存在消光效应，一般认为晶粒 $\leqslant 5\mu m$（$1 \sim 5\mu m$）。平均强度偏差$<1\%$，晶粒应该$<5\mu m$。可通过旋转样品架来改善衍射粒子数的统计性，晶粒不能太小，$<0.2\mu m$ 时会发生线形变化。

(3) 衍射线的重叠干扰　重叠峰可用加权高斯-柯西组合函数进行线形拟合分离，线形拟合过程可由微机完成。

(4) 消光效应　完整晶体对入射 X 射线有初级消光作用，因为二次反射线与入射线干涉相消结果，在实际晶体中由于存在镶嵌块组织，各块间有一微小的取向角度差，因而存在次级消光。粉末衍射仪方法中一般样品晶粒较小，这两种效应都不大，但对某些高完整性的晶体材料，当晶粒$<10\mu m$ 或 $15\mu m$ 时（对方解石和石英），其衍射强度都有所下降，当晶粒$<10\mu m$ 时，初级消光可被忽略。但对某些特殊高对称材料，如金刚石和氯化钠即使尺寸很小，也存在消光效应，此效应对强

度减弱较明显，减少这种效应的方法就是使晶粒减小。

实验条件选择也很重要，如狭缝的选择对定量的影响很大，既要考虑衍射线的强度又要考虑背景的强度。计数要得到波动<1%的强度值，在峰形扣除背景后的累积计数至少要到 10000，否则误差太大。强度用积分强度为好。

参 考 文 献

[1] 杨传铮，谢达材，陈癸尊等. 物相衍射分析. 北京：冶金工业出版社，1989：126-194.

[2] Klug H P，Alexander L E. X-ray Diffraction Procedurer for Polycrystalline and Amorphous Materials. 2nd. John Wiley & Son，1974.

[3] Alexander L E and Klug H P. Anal Chem，1948，20：886.

[4] 钟福民，杨传铮. 物理，1986，15（3）：301.

[5] Copeland L E and Bragg R H. Anal Chem Acta，1958，30：196.

[6] Bezjak A，Jelenic I. Croat Chem Acta，1971，43：193.

[7] Popovic S and Grzeta-Plenkovic. J Appl Crys，1979，12：205.

[8] 姚公达，郭常霖. 物理学报，1985，34（11）：1461-1467.

[9] Leroux J，Lennox D H and Kay K. Anal Chem，1953，25：740.

[10] Karlak R F and Burnett D S. Anal Chem，1966，38：1741.

[11] 杨传铮，钟福民. 物理，1986，15（3）：175.

[12] 钟福民，杨传铮. 物理，1986，15（11）：685.

[13] Chung F H. Avd X-ray Anal：Vol. 17. Plenum Press，1973：106.

[14] Chung F H. J Appl Cryst，1974，7：519.

[15] Chung F H. J Appl Cryst，1974，7：526.

[16] 钟福民，杨传铮，李润身. 理化检验：物理分册，1984，20：29.

[17] 杨传铮，钟福民. 上海金属：有色金属分册，1983，4（3）：78.

[18] 陆金生，邸秀宣. 金属学报，1983，19（4）：B161.

[19] Gullbery R. Trans AIME，1966，236：1482.

[20] Chung F H. J Appl Cryst，1975，8：17.

[21] 刘沃恒. 物理，1979，86：224.

[22] Zevin LS. J Appl Cryst，1977，10：147；1979，12：582.

[23] 林树智，张喜章. 金属学报，1985，21（2）：B100-104.

[24] 郭常霖，姚公达. 物理学报，1985，34（11）：1451-1460.

[25] 林树智，张喜章. 金属学报，1988，24（1）：B55-57.

[26] 林树智，张喜章. 金属学报，1989，25（2）：B125-130.

[27] 陈铭浩. 金属学报，1988，24（4）：B214.

[28] Lu Jinsheng，et al. Adv X-ray Anal：Vol. 32. New York：Plenum Publ. Co，1989：515.

[29] 杨传铮，陈癸尊，王兆祥. 上海金属：有色金属分册，1983，4（4）：67.

[30] 沈春玉，储刚. X 射线衍射定量相分析新方法. 分析测试学报，2003，22（6）：80-83.

[31] Taylor J C. Powder Diff，1991，6：2.

第7章

指标化和晶胞参数的测定

7.1 多晶衍射图的指标化[1,2]

当 X 射线入射在多晶试样时，符合布拉格定律的晶面会产生衍射线，每条衍射线都有相应的晶面指数 ($h\,k\,l$)。而晶面指数 ($h\,k\,l$) 被认为是该衍射的指标。确定衍射线指标的工作就称为衍射线的指标化。

7.1.1 已知精确晶胞参数时衍射线的指标化

若一化合物的精确晶胞参数已知，可以根据晶面间距的计算公式：

$$d^{-2}=h^2a^{*2}+k^2b^{*2}+l^2c^{*2}+2klb^*c^*\cos\alpha^*+2hla^*c^*\cos\beta^*+2hka^*b^*\cos\gamma^*$$

$$(7.1)$$

按 h，k，l 从小到大的次序计算出所有可能晶面指数 ($h\,k\,l$) 的晶面间距计算值 d_c，然后与从粉末衍射测得的实验值 d_o（经过系统误差校正）相比较。根据衍射实验的分辨率（如一般情况下的 $\Delta\theta_1=0.05°$ 和单色聚焦照相时的 $0.03°$），设定一个允许误差范围的分辨率窗口 Δd_1（$=d_o\cot\theta_o\Delta\theta_1$），凡是计算值 d_c 符合 $|d_c-d_o|<\Delta d_1$ 的线均取为该 d_o 线的指标。一个 d_o 值有数个指标的这种多重线在高角度出现较多，其中一些指标对应的晶面衍射有可能实际上并不存在（强度极弱），但在晶体结构未知时是无法判别出来的，都应算作该 d_o 线可能的指标。如已知结构参数，则应按计算衍射线的强度来进行判别。

7.1.2 已知粗略晶胞参数时衍射线的指标化[3]

在材料研究工作中，经常会碰到所研制的材料没有详细的多晶衍射及指标化数据，而可能得到同类型相近的化合物的晶胞参数和晶体结构，有时可从文献报道获得待研究化合物的较粗略的晶胞参数。当晶胞参数粗略知道时，计算的 d_c 值与实验的 d_o 值偏离较大。对于低角度区域，一定的衍射角 θ 范围内衍射线数目很少，d_c 值与 d_o 不太大的偏离不至于影响对 d_o 线指标的判断，故低角度衍射线的指标一般可以正确无误地得出。而在高角度区域，同样的 θ 角范围衍射线要密集得多，d_c 与 d_o 不大的偏离就可能使各线指标判断错误，甚至指标完全混乱。可见，为了正确判断高角区衍射线的指标，必须修正粗略的晶胞参数。

由于 θ 角越小的线求得的晶胞参数越不精确。因此，必须利用低角度指标正确无误的衍射线的数据精化晶胞参数，然后用此参数扩大指标正确无误的 θ 角区。不断重复"精化晶胞参数——扩大指标正确无误区"的步骤，可以得到包括高角度范围在内的全部衍射线的正确指标。

因此指标化的叠代修正法步骤如下：从该化合物粉末衍射图中选取较强而明锐的且近邻无伴线的衍射线，按 θ 角度从大到小分成若干角度区，各区域可有一重叠部分。用已知的粗略晶胞参数指标化 θ 角最小的第一区。由于实验测定的 θ 角总是有误差的，所以规定选取与 d_0 最接近的 d_c 线 d_c^1 的指标作为 d_0 实测线的指标。然后计算第一次修正的晶胞参数，再用此参数指标化第二区，计算第二次修正的晶胞参数。不断重复此步骤，从而在高角度区角得到精确的晶胞参数。最后，以此晶胞参数指标粉末衍射图中所有的衍射线。

7.1.3　指标立方晶系衍射图的 $\sin^2 \theta$ 比值法

对于立方晶系，晶面间距和晶面指数及晶胞参数的关系为：

$$d_{hkl} = \frac{a}{\sqrt{h^2 + k^2 + l^2}} \tag{7.2}$$

上式代入布拉格方程后，得到：

$$\sin^2 \theta = \frac{\lambda^2}{4a^2}(h^2 + k^2 + l^2) \tag{7.3}$$

式中，$(h^2 + k^2 + l^2)$ 为整数，令它为 N，则在同一衍射图中，两条衍射线的 $\sin^2 \theta$ 值之比有如下关系：

$$\frac{\sin^2 \theta_i}{\sin^2 \theta_1} = \frac{N_i}{N_1} \tag{7.4}$$

可见各衍射线的 $\sin^2 \theta$ 值之间有整数比的规律。因此衍射线的指标化便可按照如下步骤进行：

① 从每条衍射线的 θ 值求出相应的 $\sin^2 \theta$ 值，并从小到大依次排列。

② 把每条线的 $\sin^2 \theta_i$ 除以第一条线的 $\sin^2 \theta_1$，从而计算出所有的 $\sin^2 \theta_i / \sin^2 \theta_1$。这些商数应都是整数，如果不是，则应乘以 2，直至都是整数为止。如整数中有 7、15 等数字时，由于 N 的值是不存在这些数字的，所以必须把全部数据再乘以 2，一直到消除这些数字为止。

③ 从衍射指数平方和表中即可得到各衍射线所对应的衍射指标 hkl。

7.1.4　指标四方和六方晶系衍射图的图解法

对于四方晶系，晶面间距 d 与晶胞参数 a、c 的公式：

$$d_{hkl} = \frac{1}{\sqrt{\dfrac{(h^2+k^2)}{a^2} + \dfrac{l^2}{c^2}}} = \frac{a}{\sqrt{(h^2+k^2) + \dfrac{l^2}{\left(\dfrac{c}{a}\right)^2}}} \tag{7.5}$$

对上式取对数得

$$\lg d_{hkl} = \lg a - \frac{1}{2}\lg\left[(h^2+k^2) + \frac{l^2}{\left(\dfrac{c}{a}\right)^2}\right] \tag{7.6}$$

如在同一衍射图中的两条衍射线指标分别为 $h_1k_1l_1$ 和 $h_2k_2l_2$，它们的差值为：

$$\lg d_{h_1k_1l_1} - \lg d_{h_2k_2l_2} = \frac{1}{2}\lg\left[(h_2^2+k_2^2) + \frac{l_2^2}{\left(\dfrac{c}{a}\right)^2}\right] - \frac{1}{2}\lg\left[(h_1^2+k_1^2) + \frac{l_1^2}{\left(\dfrac{c}{a}\right)^2}\right] \tag{7.7}$$

上式表明，对于任意两个晶面，其 $\lg d$ 之差与它的轴比（c/a）有关，而不单独地与晶胞参数 a 或 c 有关。

赫耳-戴维（Hull-Davey）根据这个原理制作了用于指标化的赫耳-戴维图（图 7.1）。图的纵坐标为 c/a 轴比，横坐标为 $\lg d_{hkl}$ 值，图上的各条曲线都是对应于同一 hkl 而不同 c/a 的 $\lg d_{hkl}$ 值曲线。显然当 $l=0$ 时则为平行于纵坐标的直线。而对同一 c/a 值，hkl 不同时，即为垂直于 c/a 坐标的直线。用该图进行指标化的步骤是：

① 计算衍射图上每条衍射线的 $\lg d$ 值。

② 用一张长纸条，按所用的赫耳-戴维图上所附的 $\lg d$ 标尺，把每条衍射线的 $\lg d$ 值依次用短线标在纸条上。

③ 将这张纸条放在图上，然后把纸条上下左右移动，移动时纸条的边一定要保持平行于横坐标，直至纸条上所有短线和图上的曲线重合时为止，如图 7.1 所示。此时，所对上曲线的晶面指数 hkl 即为其短线相应的衍射线的指标。

由于赫耳-戴维图左下方的线条很密，在实际使用时，这些高度区域的线很难得到正确的指标。因此，布恩（Bunn）制成另一种曲线图——布恩图（图 7.2），其基本原理与赫耳-戴维图相似，但图上线的密度没有赫耳-戴维图那样密，用布恩图进行指标化的步骤与用赫耳-戴维图是完全相同的。

对于六方晶系，也可以作出相应的赫耳-戴维图和布恩图，只是作图公式为：

$$\lg d_{hkl} = \lg a - \frac{1}{2}\lg\left[\frac{4}{3}(h^2+hk+k^2) + \frac{l^2}{(c/a)^2}\right] \tag{7.8}$$

其指标化方法和四方晶系相同。

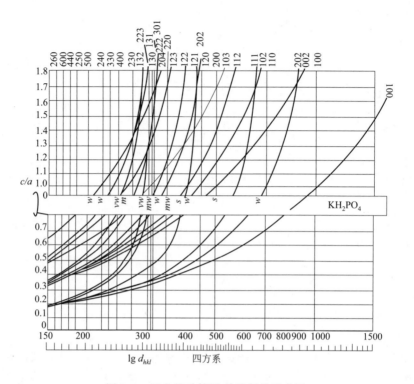

图 7.1 四方晶系赫耳-戴维图的示意图

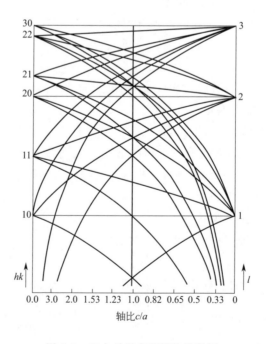

图 7.2 四方晶系布恩图的示意图

7.1.5　指标未知晶系衍射图的尝试法

由式(7.1)可知，根据所求晶胞参数的个数，从低角度开始选取相应个数的衍射线（低角度衍射线的指标小），可以组成一个联立方程组，即可求得一套晶胞参数值。不同的 h、k、l 排列组合后，就有许多解。但只有一个物理解，即用该套晶胞参数可指标上所有的衍射线。由于是未知晶系，必须从立方晶系开始尝试进行指标化，一直到试成功为止。这个尝试工作必须由计算机来完成。现在国内常用的是 TREOR 尝试法程序[4]，运行程序前必须要给定选取的 h、k、l 和 $h+k+l$ 的最大值，它既要使尝试的衍射线的指数小于该值，又要不能太大，以免增加计算时间。如对立方晶系，程序的标准值 h、k、l 是 4，$h+k+l$ 是 6。尝试法的步骤是：首先用不同 h、k、l 值代入式(7.1)计算出晶胞参数，然后用该参数对所有衍射线指标。如 $\sin^2\theta$ 计算值和实验值之差小于程序预选的误差项 E，该线就认为已指标上。如有几个指标都符合，则应选差值最小者的指标。若指标上的线多于程序给定的需指标的线数和大于给定的品质因子，即认为指标成功。然后再对全部数据进行最小二乘法计算修正晶胞参数，并且用修正后的晶胞参数重新指标所有的衍射线。

de Wolff[5] 提出的用品质因子来作为衍射图指标化结果可靠性的判据：

$$M_{20}=Q_{20}/2\overline{\Delta Q}\cdot N_{20} \tag{7.9}$$

式中，M_{20} 是根据 20 个 Q 值（$1/d^2$）计算得到品质因子，Q_{20} 是第 20 个实测的衍射线的 Q 值，$\overline{\Delta Q}$ 是这 20 条线的 Q 值的平均偏差，N_{20} 是一直计算到 Q_{20} 的不同 Q 值的数目。由于是选用了前 20 条衍射线计算品质因子，所以不同晶系或不同误差的数据其品质因子变化很大。

尝试法理论上讲可适用于任何晶系，但由于原始数据有误差等，一般适用高级对称晶系的指标化，而对低级对称晶系进行指标化其成功率很低。

7.1.6　指标未知晶系衍射图的伊藤法（Ito）[6]

伊藤法是利用倒易晶格矢量之间的关系，先假定晶体属对称性最低的三斜晶系，然后经过晶胞约化转换而获得真实对称性的晶胞，以达到未知晶系衍射图指标化的目的。

多晶衍射图上的每一条衍射线对应于倒易晶格中的一个倒易矢量，在倒易空间中，三个非共面矢量可能组成单胞的棱边，再加三个矢量固定它们的轴角。通过选取衍射图上合适的六条线，由此可求出倒易晶格参数 a^*、b^*、c^*、α^*、β^*、γ^*，再求出相应正晶格的晶胞参数 a、b、c、α、β、γ，就有可能指标衍射图上的所有线条。

正晶格的晶面间距 d 与倒易矢量的关系为：

$$\frac{1}{d^2}=\sigma_{hkl}^2=Q_{hkl} \tag{7.10}$$

把布拉格公式代入上式得：

$$Q_{hkl}=\frac{4\sin^2\theta_{hkl}}{\lambda^2} \tag{7.11}$$

首先从小到大列出所有 Q 值，然后选出三个最小 Q 值，假定它们的指数是（100）、（010）和（001）。根据式(7.1)得：$Q_{100}=a^{*2}$、$Q_{010}=b^{*2}$、$Q_{001}=c^{*2}$。根据这三个最短的倒易矢量，就可以限定一个可能倒易晶胞的三根棱长。图 7.3 表示了由 b^* 和 c^* 组成的倒易晶格平面。计算轴角的步骤如下：首先确定 b^* 与 c^* 的夹角 α^*。根据平面 okl 和 $ok\bar{l}$ 的 Q 值，可以确定 $\alpha^*\neq90°$。由式(7.1)得：

$$Q_{0kl}=k^2b^{*2}+l^2c^{*2}+2klb^*c^*\cos\alpha^*=k^2Q_{010}+l^2Q_{001}+2klb^*c^*\cos\alpha^* \tag{7.12}$$

及 $\qquad Q_{0k\bar{l}}=k^2Q_{010}+l^2Q_{001}-2klb^*c^*\cos\alpha^* \tag{7.13}$

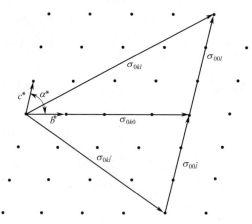

图 7.3　b^* 和 c^* 组成的倒易晶格平面

由式(7.12)减式(7.13)得：

$$Q_{0kl}-Q_{0k\bar{l}}=4klb^*c^*\cos\alpha^* \tag{7.14}$$

所以 $\qquad \cos\alpha^*=(Q_{0kl}-Q_{0k\bar{l}})/4klb^*c^* \tag{7.15}$

要从式(7.15)求出 α^*，必须从衍射线中鉴定出 $0kl$ 和 $0k\bar{l}$ 的线。从式(7.1)可见，若 α^* 为 90°，$0kl$ 和 $0k\bar{l}$ 的反射应重叠在一起，并有

$$Q'_{0kl}=Q'_{0k\bar{l}}=k^2b^{*2}+l^2c^{*2} \tag{7.16}$$

因此可以先得出 $k^2b^{*2}+l^2c^{*2}$ 的值，然后找出此值对称的 Q 值，那么这两个值应为 Q_{0kl} 和 $Q_{0k\bar{l}}$。将这两个值代入式(7.15)就可求出 α^*，β^* 和 γ^* 的求算方法与此类似，其公式为：

$$\cos\beta^*=(Q_{h0l}-Q_{\bar{h}0l})/4hla^*c^* \tag{7.17}$$

$$Q'_{h0l} = h^2 a^{*2} + l^2 c^{*2} \tag{7.18}$$

$$\cos\gamma^* = (Q_{hk0} - Q_{h\bar{k}0})/4hka^* b^* \tag{7.19}$$

$$Q'_{hk0} = h^2 a^{*2} + k^2 b^{*2} \tag{7.20}$$

同样可根据 $h^2 a^{*2} + l^2 c^{*2}$ 和 $h^2 a^{*2} + k^2 b^{*2}$ 的值，找出对称的 Q 值后可得出 β^* 和 γ^*。

如果求轴角失败，那么可能意味着开始选的三个反射不全是一级反射。这时就应改变假设指数 $h00$、$0k0$ 和 $00l$ 后，再重复寻找相应对称的 Q 值。若变换后仍未成功，也许要选出新的三线组后，再重复以上的过程，一直到成功为止。求出倒易晶胞参数后，即可对全部衍射线进行指标化。然后根据指标化的情况，约化倒易晶胞，使所选定的倒易晶胞符合晶体的对称性。

根据上述的倒易点阵原理，沃尔夫（Wolff）发展成利用晶带关系来进行指标化。维赛（Visser）根据沃尔夫找晶带的方法，用 FORTRON Ⅳ 语言编制了计算机程序，使得找晶胞参数及指标化全自动化。但是该程序不一定能顺利地对未知晶系进行指标化，主要是有些衍射线缺失或者由于衍射线强度太弱而没有记录 θ 值的测量误差等。一般对低级晶系能成功地进行指标化。而对立方和六方晶系常常会得出错误的判断和结果[7]。

7.2　晶胞参数的精确测定[8]

从式(7.1) 可知，晶胞参数是通过晶面间距 d 和相应的晶面指数 (hkl) 计算求出。而晶面间距 d 是根据测量衍射角 θ 求得，所以要精确测定晶胞参数，就必须精确测定衍射线的衍射角，而实验测得的 θ 值存在随机误差和系统误差，随机误差是由于测量不准引起的，它没有一定的规律，不能用某种函数形式来表示。但是一般来说，如果同一物理量重复测量的次数越多，则得出的平均值中所包含的随机误差也越小，也可以用最小二乘法消除随机误差。

系统误差是由于实验条件的原因而产生的。它表现为实验结果有规律地偏大或偏小，它们的关系可用某种函数形式来表示。在晶胞参数的精确测定中，主要就是设法消除系统误差。

随机误差和系统误差的大小随 θ 的增加而降低，当 θ 接近 $90°$ 时，它有减至最小的趋势。所以晶面间距测量的精确度是随 θ 角的增加而减小，这从布拉格公式可以证明：

$$n\lambda = 2d\sin\theta \tag{7.21}$$

微分式(7.21) 后移项得：

$$\cos\theta\,\Delta\theta = -\frac{\lambda}{2d^2}\cdot\Delta d = -\frac{\sin\theta}{d}\cdot\Delta d \tag{7.22}$$

即

$$\frac{\Delta d}{d} = -\frac{\cos\theta}{\sin\theta}\Delta\theta = -\mathrm{ctan}\theta\,\Delta\theta \tag{7.23}$$

对于立方晶系，晶胞参数和晶面间距的关系有：

$$a = d\sqrt{h^2+k^2+l^2} \tag{7.24}$$

显然两者是成正比，因此：

$$\frac{\Delta a}{a} = \frac{\Delta d}{d} = -\mathrm{ctan}\theta\,\Delta\theta \tag{7.25}$$

式(7.25) 表明，当衍射角测量精确度 $\Delta\theta$ 为一定时，a 的精确度与 $\mathrm{ctan}\theta$ 成正比。当 θ 趋近于 90°时，$\mathrm{ctan}\theta$ 趋近于 0，Δa 也趋近于 0。图 7.4 表示根据几种测量精确度作出的这种函数图形。由图可明显地看出，θ 角越接近 90°，晶胞参数 a 值就越精确。

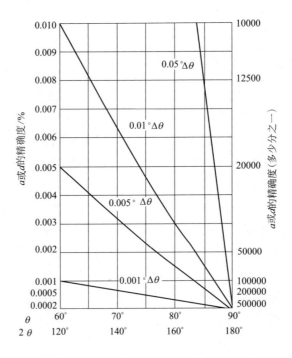

图 7.4　在不同的 θ 精确度下根据式(7.25) 得出的

a 的精确度与 θ 或 2θ 的函数关系图

7.2.1　德拜-谢乐照相法

对于德拜-谢乐照相法，其系统误差的主要来源有下列几种：

① 照相机半径的误差；

② 底片均匀伸缩误差；

③ 试样偏心误差；

④ 试样对 X 射线的吸收；

⑤ 射线束的径向（水平的）发散度；

⑥ 射线束的轴向（垂直的）发散度。

这些因素引起 θ 测量值的误差列于表 7.1 中。

表 7.1　德拜-谢乐照相法的系统误差

误差来源	$\Delta\theta$	符号说明
半径误差	$\Phi\left(\dfrac{\Delta R}{R}\right)$	R 为准确的半径，ΔR 为半径误差。$\Phi=90°-\theta$
底片的均匀伸缩	$-\Phi\left(\dfrac{\Delta S}{S}\right)$	S 为线对间的准确距离，ΔS 为底片的伸缩误差
试样偏心	$\dfrac{\Delta X}{R}\sin\theta\cos\theta$	ΔX 为沿 X 射线方向偏心分量的距离
吸收和射线束的径向发散度	$\dfrac{r}{2R}\left(1+\dfrac{R}{AX}\right)\dfrac{\sin\theta\cos\theta}{\theta}$	r 为试样半径，ΔX 为 X 射线源到试样的距离
射线束的轴向发散度	$-\dfrac{1+x}{96}\left(\dfrac{h}{R}\right)^2\cot2\theta$	x 为 0~1 之间的分数，与射线束强度的均匀性有关，h 为反射束的轴向发散度

消除或校正误差的途径主要有如下几种：

（1）用精密的实验技术消除误差

① 为了消除相机和底片均匀伸缩引起的误差，可通过将底片置于不对称位置而予以消除。

② 通过试样轴在相机中精密地调中，使试样偏心减至最小。

③ 用小的试样直径和采用背反射区的衍射线，降低由试样吸收而引起的误差。

④ 使用开度狭小的光栏以消除入射线束发散度的影响。

⑤ 照相过程中温度要求恒定，以避免因温度的变化而使试样的晶胞参数发生变化。

⑥ 用精密比长仪测量弧线的位置。

（2）用内标法校正误差　用晶胞参数已知的物质作为标样，如石英或硅。将它和待测试样均匀地混合在一起，在同一张底片上同时产生各自的衍射线，然后利用标样的衍射线得出一系列 $\theta_{测}$ 值，再根据精确的晶胞参数计算出应用的 $\theta_{真}$ 值。这两者的差值为 $\Delta\theta$，以 $\Delta\theta$ 对 $\theta_{测}$ 绘制出校正曲线。由于在混合样品中，试样与标样所处的照相条件是完全相同的，因而可校正试样的系统误差。使用标样的主要缺点是这种方法所得出的结果的精确度低于标样的晶胞常数的精确度。而所使用的标样，由于纯度的差异，其实际晶胞参数值与使用的标准数据间就会存在误差，从而降低了结果的精确度。因为它比较简单，因此，对于精确度要求不很高的测量可以采用这个方法。

(3) 图解外推法　从表 7.1 可以看出，若从实验上已消除半径误差和底片收缩误差，而且轴向发散度小到可以忽略不计，则表 7.1 总的误差可用下式表示：

$$\frac{\Delta a}{a} = \frac{\Delta d}{d} = -\left(\frac{\Delta X}{R} + \frac{r}{2\theta R} + \frac{r}{2\theta A X}\right)\cos^2\theta \tag{7.26}$$

这个函数并非 $\cos^2\theta$ 的真正线性函数，但当 $\theta > 60°$ 时，则可认为是线性函数，即

$$\frac{\Delta a}{a} = K\cos^2\theta \tag{7.27}$$

从式(7.27)可知，当 θ 趋近于 90° 时，$\cos^2\theta$ 趋于极小，当 $\theta = 90°$ 时，$\cos^2\theta = 0$，从而 $\Delta a/a = 0$ 即消除了系统误差。

根据这一原理，可用若干条 θ 在 60°～90° 区域的衍射线求得的晶胞参数，对 $\cos^2\theta$ 作图（如图 7.5），然后外推至 $\cos^2\theta = 0$（即 $\theta = 90°$）处，在纵坐标上得到的 a 值即为消除了误差的精确的晶胞参数值。对于四方晶系和六方晶系则应对 a（用 $hk0$ 线）和 c（用 $00l$ 线）分别作图外推。对正交晶系则应对 a（用 $h00$ 线）、b（用 $0k0$ 线）和 c（用 $00l$ 线）分别作图外推。

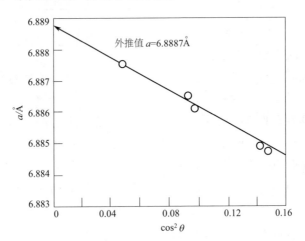

图 7.5　对 $\cos^2\theta$ 外推的溴化铷数据（25.9℃）

$1\text{Å} = 10^{-10}\text{m}$

当吸收误差是主要来源，而 X 射线源又具有指数强度线形，并且当 θ 在 30°～90° 范围时，$\Delta a/a$ 均为 $1/2$（$\cos^2\theta/\sin\theta + \cos^2\theta/\theta$）的线性函数。所以当 60°～90° 范围内的线条数太少，此时用 $\cos^2\theta$ 进行外推就不能得到满意的结果，可以用

30°~90°范围内的线，然后用 $1/2(\cos^2\theta/\sin\theta + \cos^2\theta/\theta)$ 进行外推仍能得到可靠的结果。

(4) 柯亨（Cohen）最小二乘外推法　图解外推能消除数据的系统误差，也能降低随机误差。但是降低的程度取决于画最佳直线的技巧，而按最小二乘法的原理，最佳直线是使误差的平方和为最小的直线。我们知道立方晶系（$\theta > 60°$线）的误差形式为

$$\frac{\Delta d}{d} \propto \cos^2\theta \tag{7.28}$$

如将布拉格公式平方，并取其对数得：

$$2\lg d = -\lg\sin^2\theta + 2\lg\frac{\lambda}{2} \tag{7.29}$$

将上式微分：

$$\frac{2\Delta d}{d} = -\frac{\Delta\sin^2\theta}{\sin^2\theta} + \frac{2\Delta\lambda}{\lambda} \tag{7.30}$$

因为 $\Delta\lambda/\lambda = 0$，从式(7.28)和式(7.30)二式相等得：

$$\frac{\Delta\sin^2\theta}{\sin^2\theta} \propto \cos^2\theta \tag{7.31}$$

或者

$$\Delta\sin^2\theta \propto \sin^2\theta \propto \cos^2\theta \tag{7.32}$$

即

$$\Delta\sin^2\theta = D\sin^2 2\theta \tag{7.33}$$

式(7.33)表明：对于任何一条 $\theta > 60°$ 的衍射线，$\sin^2\theta$ 的观测值将有 $D\sin^2 2\theta$ 的误差，D 称为漂移常数，对于任何一张底片，它是一个恒量，对于立方晶系，把误差项 $D\sin^2 2\theta$ 加入布拉格方程的平方公式中得：

$$\frac{\lambda^2}{4a^2}(h^2+k^2+l^2)_i + D\sin^2 2\theta_i = \sin^2\theta_i \tag{7.34}$$

令 $A_0 = \lambda^2/4a^2$；$N_i = (h^2+k^2+l^2)_i$；$\delta_i = \sin^2 2\theta_i$，则式(7.34)可写成：

$$A_0 N_i + D\delta_i = \sin^2\theta_i \tag{7.35}$$

下标 i 表示每一条衍射线都有这样一个方程。由于测量的衍射线存在误差，如误差量为 E_i，则式(7.35)为：

$$A_0 N_i + D\delta_i - \sin^2\theta_i = E_i \tag{7.36}$$

根据最小二乘方原理，系数 A_0 和 D 为最佳值时，随机测量误差的平方和应为最小值：

$$\sum E_i^2 = \sum(A_0 N_i + D\delta_i - \sin^2\theta_i)^2 = 最小值 \tag{7.37}$$

亦即 $\sum E_i^2$ 对变量 A_0 和 D 的一阶导数等于零。因此：

$$
\begin{cases}
\dfrac{\partial}{\partial A_0}(\sum E_i^2) = \sum N_i (A_0 N_i + D\delta_i - \sin^2\theta_i) \\[3mm]
\dfrac{\partial}{\partial D}(\sum E_i^2) = \sum \delta_i (A_0 N_i + D\delta_i - \sin^2\theta_i)
\end{cases}
\tag{7.38}
$$

令上式等于零，便得到正则方程式：

$$
\begin{cases}
A_0 \sum N_i^2 + D\sum N_i\delta_i = \sum N_i \sin^2\theta_i \\[2mm]
A_0 \sum N_i\delta_i + D\sum \delta_i^2 = \sum \delta_i \sin^2\theta_i
\end{cases}
\tag{7.39}
$$

因此，通过用 $\theta > 60°$ 区域若干线条的 θ 和 hkl 代入上式，并联立求解 A_0，再通过关系式 $a^2 = \lambda^2/4A_0$ 便可得到最佳的 a 值。

若试样在 $\theta > 60°$ 的衍射线太少，可用 $\theta = 30° \sim 90°$ 的衍射线，但此时的外推函数为 $1/2(\cos^2\theta/\sin\theta + \cos^2\theta/\theta)$，亦即：

$$
\Delta\sin^2\theta = D\sin^2 2\theta\left(\frac{1}{\sin\theta} + \frac{1}{\theta}\right)
\tag{7.40}
$$

其正则方程与式(7.39) 唯一不同的是 $\delta = \sin^2 2\theta[(1/\sin\theta) + (1/\theta)]$。非立方晶系也可以推出类似的正则方程，其联立方程的阶数随求解晶胞参数的个数而相应增加。

(5) 联立方程组的抛弃平均法[9,10]　　对于低对称晶系（三斜、单斜、正交），一般不能从一条衍射线单独确定某一个晶胞参数，虽然对正交晶系可从 ($h00$) 线求 a，从 ($0k0$) 线求 b，从 ($00l$) 线求 c，对单斜晶系可从 ($0k0$) 线求 b。但粉末衍射中上述的指数含零的同类衍射线很少，故很难用图解外推法消除误差。其次，一般低对称晶系化合物衍射线较多，且高衍射角处某一 θ 角附近理论上可能出现的不同指数 (hkl) 的衍射线较多，因而高角区一条衍射线有多个可能的指标，以致指标常常不明确或有错误，这些偏差较大的数据在最小二乘法中仍予以平均，致使最后结果偏差较大，另外不少低对称化合物高角区衍射线本身就很弱，加上结晶常不太完善，更使高角区衍射线宽化、模糊或很弱。因此，不得不使用低角区衍射线精密测定晶胞参数，在这种情况下仅用少数线测定晶胞参数很易受测量误差的影响。

为了减小偶然误差的影响，必须利用所有可能利用的衍射线数据，通过式 (7.1) 组成联立方程组求解晶胞参数。n 条衍射线可组合得 $N = c_n^m$（m 为独立晶胞参数个数）个联立方程，求得 N 组晶胞参数，然后用抛弃法处理数据求取平均值。抛弃步骤如下：求得 N 个 a_j 后，得到平均值为 $\bar{a}_1$，将 $|a_j - \bar{a}_1| > p_1\bar{a}_1$ 的 a_j 抛弃，剩余的 N_2 个 a_j 平均数为 $\bar{a}_2$，再将 $|a_j - \bar{a}_2| > p_2\bar{a}_2$ 的 a_j 抛弃，剩余的 N_3 个 a_j 的平均值为 $\bar{a}_3$，继续抛弃，直至抛弃的 a_j 数占 N 的百分数 q 约 10% 为止。这里 $p_1 p_2 p_3 \cdots$ 为设定的偏差百分值，依次缩小，如 50%，$10\% \cdots$。经过这样的抛弃程序后，抛掉了误差大的数据和病态方程的数据，得到了用剩下较可靠的数据进行平均的晶胞参数。

(6) 线对法[11]　　由于线对法是用精确测定两条衍射线之间的衍射角差的办法计算晶胞参数，不需精确测定衍射角 2θ 的绝对位置，故在实验技术上比较简单和方便，避免了零位不准及试样偏心等所引起的误差。特别适用于测定那些高度线极少或者高角宽线条强度很弱的物质的晶胞参数。现在对三斜晶系着手讨论。设某一晶面 i 的密勒指数为 $(h_i k_i l_i)$，令

$$\begin{cases} A = a^{*2} & 4D = 2b^{*}c^{*}\cos\alpha^{*} \\ B = b^{*2} & 4E = 2a^{*}c^{*}\cos\beta^{*} \\ C = c^{*2} & 4F = 2a^{*}b^{*}\cos\gamma^{*} \end{cases} \tag{7.41}$$

$$\begin{cases} H_i = \dfrac{1}{4}\lambda_i^2 h_i^2 & K_i = \dfrac{1}{4}\lambda_i^2 k_i^2 & L_i = \dfrac{1}{4}\lambda_i^2 l_i^2 \\ U_i = \lambda_i^2 k_i l_i & V_i = \lambda_i^2 h_i l_i & W_i = \lambda_i^2 h_i k_i \end{cases} \tag{7.42}$$

式(7.1) 可写为

$$\sin^2\theta_i = AH_i + BK_i + CL_i + DU_i + EV_i + FW_i \tag{7.43}$$

设有 i，j，m 三条线组成的两个线对，$\theta_m > \theta_j > \theta_i$ 且角度差 $\delta_{ij} = \theta_j - \theta_i$，$\delta_{im} = \theta_m - \theta_i$，则：

$$\sin^2\delta_{ij} = \sin^2\theta_j + \sin^2\theta_i(1 - 2\cos^2\delta_{ij}) - 2\sin\delta_{ij}\cos\delta_{ij}\cos\theta_i\sin\theta_i \tag{7.44}$$

化简并将式(7.43) 代入得：

$$\tan\delta_{ij} = AP_{ij} + BQ_{ij} + CR_{ij} + DS_{ij} + ET_{ij} + FG_{ij} - \sin2\theta_i \tag{7.45}$$

$$\begin{cases} P_{ij} = \dfrac{2(H_j - H_i\cos2\delta_{ij})}{\sin2\delta_{ij}} & S_{ij} = \dfrac{2(U_j - U_i\cos2\delta_{ij})}{\sin2\delta_{ij}} \\[3mm] Q_{ij} = \dfrac{2(K_j - K_i\cos2\delta_{ij})}{\sin2\delta_{ij}} & T_{ij} = \dfrac{2(V_j - V_i\cos2\delta_{ij})}{\sin2\delta_{ij}} \\[3mm] R_{ij} = \dfrac{2(L_j - L_i\cos2\delta_{ij})}{\sin2\delta_{ij}} & G_{ij} = \dfrac{2(W_j - W_i\cos2\delta_{ij})}{\sin2\delta_{ij}} \end{cases} \tag{7.46}$$

对于第 i，m 线对也得式(7.45) 和式(7.46)，只需把下标 j 换为 m 即可。两式相减：

$$\tan\delta_{im} - \tan\delta_{ij} = AP_{ijm} + BQ_{ijm} + CR_{ijm} + DS_{ijm} + ET_{ijm} + FG_{ijm} \tag{7.47}$$

式中，$P_{ijm} = P_{im} - P_{ij}$，$Q_{ijm} = Q_{im} - Q_{ij}$，……。

上式有 A、B、C、D、E、F 这 6 个未知数，因此需 6 个三线组才能求解。其他线对法方程均可从最一般的三斜晶系公式导出，其所需的三线组与各晶系独立的晶胞参数相等。

7.2.2　聚焦相机法

对称背反射聚焦相机法在晶胞参数精确测定中也得到了应用。该法的系统误差在许多方面与德拜-谢乐法是类似的，可以简单地概括如表 7.2 所列。

表 7.2   对称背反射聚焦相机法的系统误差

误差来源	对 φ 的影响[①]	d 的误差随 φ 的变化
底片收缩	$-$	$\varphi \tan\varphi$
底角刀边校准	$+$ 或 $-$	$\varphi \tan\varphi$
样品透明性	$+$	$\tan^2\varphi$
样品位移		
在真实圆周外	$+$	
在真实圆周内	$-$	
入射 X 射线束的轴向发散度	$+$	$\tan2\varphi\tan\varphi$

① ＋：使 φ 增大；－：使 φ 减小（$\varphi=\pi/2-\theta$）。

为了使误差减至最小，必须做到：①样品表面必须具有准确的曲率。使它的正表面与底片的正表面精确地处于同一圆周上；②采用单面乳胶的底片。若采用双层乳胶底片，必须仅显影底片的正表面；③入射光束的轴向发散度应尽可能地小，然后用最小二乘法的 $\Delta\sin^2\theta$ 的函数形式求解晶胞参数。

7.2.3　衍射仪法

现在精确测定晶胞参数一般多用 X 射线衍射仪。但是衍射仪的测量误差关系很复杂，其系统误差的来源主要有：①仪器失调；②2：1传动装置安置不当；③2θ 的 0°位置误差；④平板试样的误差；⑤样品透明度；⑥轴向发散度；⑦试样位移；⑧记数率仪记录；⑨色散和罗伦兹因数。因此，首先在实验上必须采取精密的实验技术：①仔细进行仪器的校准，使 X 射线光束的中心轴线、测角仪轴线与狭缝中心线精确地在一直线上；②样品表面应平整；③尽可能用线形良好的高角度的衍射线。然后用 $\cos\theta\cot\theta$ 外推，即最小二乘法的 $\Delta\sin^2\theta$ 的函数形式为：$\Delta\sin^2\theta = D\sin^2 2\theta$ （$1/\sin\theta$）。

参 考 文 献

[1]　Azaroff L V, Buerger M J. The Powder Method in X-Ray Crystallography. McGraw Hill: New York, 1958.

[2]　Henry N F M, Lipso H, Wooster W A. The Interpretation of Diffraction Photographs. London: Methuen, 1953.

[3]　郭常霖，黄月鸿，物理学报，1982，31：972.

[4]　Werner P E, Krist Z, 1964，120：375.

[5]　de Wolff P M. J. Appl. Crgst. 1968，120：108.

[6]　Ito T, Nature, 1949，164：972.

[7]　郭常霖，黄月鸿. 硅酸盐学报，1986，14（2）：129.

[8]　Klug H P, Alexander L E. X-Ray Diffraction Procedures for Polycrystalline and Amorphous Meterials. 2nd Edition. 1974.

[9]　郭常霖，黄月鸿. 物理学报，1981，30：124.

[10]　郭常霖，黄月鸿，姚公达等. 物理学报，1985，34：567.

[11]　郭常霖，马利泰. 物理，1981，10：683；科学通报，1980，25：862；1982，27：476.

第 8 章

纳米材料微结构的 X 射线表征

在纳米材料 X 射线衍射分析中，由于样品的晶粒很小，或存在微（残余）应力，或存在堆垛层错时，都会引起衍射线的宽化。当这些效应单独存在时，求解微晶大小、残余应变（应力）是相当方便的。当微晶和微应力同时存在时，目前可采用近似函数、Fourier 分析和方差分析三种方法求解[1~3]。由于后两者计算分析繁杂，很少实际应用，因此，基于近似函数的作图法成为最常用的方法，目前 Jade 等程序都使用这种方法[4]。但由于测量误差和衍射线条宽化的各向异性，有时测量结果误差很大。为此本章综述了编者及合作者近年来建立的分离微晶-微应力、微晶-层错和微应力-层错二重宽化效应以及微晶-微应力-层错三重宽化效应的最小二乘方法，并列举了一些应用实例[5]。

8.1 谱线线形的卷积关系

由于求解微结构参数是从待测样品的真实线形分析出发，因此从待测样品的实测线形中求解待测样品的真实线形是理论和实验分析的第一步。

待测样品实测线形 $h(x)$、标样线形 $g(x)$ 和待测样的真实线形 $f(x)$ 三者之间有卷积关系：

$$h(x) = \int_{-\infty}^{+\infty} g(y)f(x-y)\mathrm{d}y \qquad (8.1)$$

见图 8.1。因为 $h(x)$ 和 $g(x)$ 可实验测得，故可通过卷积处理求得待测样的真实线形 $f(x)$。

分别定义这三个函数的积分宽度。积分宽度等于衍射峰形面积除以曲线的最大值，积分宽度虽不等于谱线强度的半高宽度，但与半高宽度成正比。实测线形函数 $h(x)$ 积分宽度（综合宽度）表示为 B，标样衍射线形函数 $g(x)$ 积分宽度（仪器宽度）为 b，真实物理线形函数 $f(x)$ 积分宽度（真实宽度）为 β，同样可以证明，三个积分宽度的卷积关系为

$$B = bB \Big/ \int_{-\infty}^{+\infty} g(x)f(x)\mathrm{d}x \qquad (8.2)$$

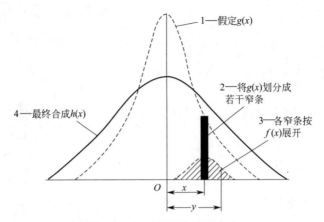

图 8.1　衍射线形的卷积合成

8.2　微晶宽化与微应力宽化效应

8.2.1　微晶宽化效应——谢乐公式

如图 8.2 示意给出某微晶的（hkl）晶面，共 p 层，晶面间距为 d，两相邻晶面的程差 Δl 等于波长倍数时，即

$$\Delta l = 2d\sin\theta = \lambda \tag{8.3}$$

衍射线的振幅将有极大值。当入射角 θ 有一个小的偏离量 ε 时，光程差可写为

$$\Delta l = 2d\sin(\theta + \varepsilon) = 2d(\sin\theta\cos\varepsilon + \cos\theta\sin\varepsilon) \tag{8.4}$$

由于 ε 很小，$\cos\varepsilon \approx 1$，$\sin\varepsilon \approx \varepsilon$，故得

$$\Delta l = \lambda + 2\varepsilon d\cos\theta \tag{8.5}$$

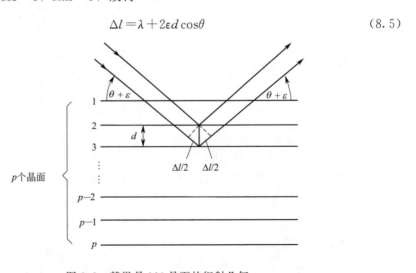

图 8.2　某微晶 hkl 晶面的衍射几何

故相应的相位差为

$$\Delta\phi = \frac{2\pi}{\lambda}\Delta l = 2\pi n + \frac{4\pi}{\lambda}\varepsilon d\cos\theta = \frac{4\pi\varepsilon d\cos\theta}{\lambda} \tag{8.6}$$

因此，共 p 层 (hkl) 晶面总的散射振幅为

$$E = E_0 \sum_{k=0}^{p} e^{ik\Delta\phi} \tag{8.7}$$

得相干函数

$$E = E_0 \frac{\sin\frac{p}{2}\Delta\phi}{\sin\frac{1}{2}\Delta\phi} \tag{8.8}$$

由于 ε 极小，$\sin\frac{1}{2}\Delta\phi \approx \frac{\Delta\phi}{2}$，故有

$$E = E_0 \frac{p\sin\frac{p}{2}\Delta\phi}{\frac{1}{2}\Delta\phi} \tag{8.9}$$

衍射强度为

$$I = I_0 \frac{p^2\sin^2\frac{p}{2}\Delta\phi}{\left(\frac{p}{2}\Delta\phi\right)} \tag{8.10}$$

当 $\varepsilon = 0$ 时，衍射强度有极大值为

$$I_{max} = I_0 p^2 \tag{8.11}$$

　　衍射线的半高强度与极大强度之比：

$$\frac{I_{1/2}}{I_{max}} = \frac{1}{2} = \frac{\sin^2\left(\frac{4\pi p\varepsilon_{1/2} d\cos\theta}{2\lambda}\right)}{\left(\frac{4\pi p\varepsilon_{1/2} d\cos\theta}{2\lambda}\right)^2} = \frac{\sin^2\frac{\phi}{2}}{\left(\frac{\phi}{2}\right)^2} \tag{8.12}$$

根据 $\dfrac{\sin^2\dfrac{\phi}{2}}{\left(\dfrac{\phi}{2}\right)^2}$ 与 $\dfrac{\phi}{2}$ 之间的函数关系，可以求得当 $\dfrac{\phi}{2} = 1.40$ 时方程才成立，因此

$$\frac{4\pi p\varepsilon_{1/2} d\cos\theta}{2\lambda} = 1.40 \tag{8.13}$$

并且，衍射线形半峰宽度 $(FWHM)$ $\beta_{hkl} = 4\varepsilon_{1/2}$，$\dfrac{2\times1.40}{\pi} = 0.89$，$N_d$ 就是有限晶面 (hkl) 数目 p 的尺度，令 $pd = D_{hkl}$，故有

$$\begin{cases} \beta_{hkl} = \dfrac{0.89\lambda}{D_{hkl}\cos\theta_{hkl}} \\[3mm] D_{hkl} = \dfrac{0.89\lambda}{\beta_{hkl}\cos\theta_{hkl}} \end{cases} \tag{8.14}$$

这就是著名的谢乐（Scherrer）公式，值得注意的是，由上述推导可知，D_{hkl} 指的是（hkl）晶面法线方向的晶粒尺度。

8.2.2　微应力引起的宽化

样品中某晶面间距为 d_0，由于微观应力的作用，使该晶面的面间距对 d_0 有所偏离，设 d_+ 和 d_- 分别与试样衍射线形半高宽处相应的衍射 $2\theta_+$ 和 $2\theta_-$，则平均的微观应变 $\varepsilon_{平均}$ 为

$$\varepsilon_{平均} = \left(\frac{\Delta d}{d}\right)_{平均} \tag{8.15}$$

而 $\Delta 2\theta = 2\theta_+ - 2\theta_0 = 2\theta_0 - 2\theta_-$，于是，$\beta_{hkl} = 4\Delta\theta$，利用 $\Delta d / d = -\cot\theta \cdot \Delta\theta$ 的关系则有

$$\begin{cases} \left(\dfrac{\Delta d}{d}\right)_{平均} = \varepsilon_{平均} = \dfrac{\beta_{hkl}}{4}\cot\theta_{hkl} \\[3mm] \beta_{hkl} = 4\varepsilon_{平均}\tan\theta_{hkl} \end{cases} \tag{8.16}$$

式中，β_{hkl} 单位为弧度（rad）。若 β_{hkl} 单位为度（°），则有

$$\begin{cases} \sigma_{平均} = E\varepsilon_{平均} = E\,\dfrac{\pi\beta_{hkl}\cot\theta_{hkl}}{180°\times 4} \\[3mm] \beta_{hkl}(°) = \dfrac{180°\times 4}{E\pi}\sigma_{平均}\tan\theta_{hkl} \end{cases} \tag{8.17}$$

于是上式就把平均的应变（$\varepsilon_{平均}$）或应力（$\sigma_{平均}$）与衍射线形的半高宽（β_{hkl}）联系起来了。

8.3　分离微晶和微应力宽化效应的各种方法

8.3.1　Fourier 级数法

经过推导，衍射线的强度分布可写为 Fourier 级数形式：

$$I_{(2\theta)} = \frac{KPMF^2}{\sin^2\theta}\sum_{n=-\infty}^{+\infty}(A_n\cos 2\pi nS_3 + B_n\sin 2\pi nS_3) \tag{8.18}$$

其中系数

$$\begin{cases} A_n = \dfrac{N_n}{N_3}\langle\cos 2\pi lZ_n\rangle \\[3mm] B_n = \dfrac{N_n}{N_3}\langle\sin 2\pi lZ_n\rangle \end{cases} \tag{8.19}$$

式中，K 为常数；P 和 F 分别为多重性因子和结构振幅；n 为级数的阶数；S_3 为变量。如果不考虑堆垛层错，则 Z_n 的正负值大致相等，所以 $B=0$，因此只考虑余弦系数 A_n。在系数 A_n 中，N_n/N_3 与晶胞柱的长度相关，是微晶大小的系数，记为 A_n^c；$\langle\cos2\pi lZ_n\rangle$ 与晶胞位置的偏移相关，是微观应变的系数，记为 A_n^s，于是有

$$A_n = A_n^c A_n^s \tag{8.20}$$

式中，A_n^c 与衍射级 l 无关；A_n^s 是 l 的函数，即

$$A_n(l) = A_n^c A_n^s(l) \tag{8.21}$$

可以证明

$$\langle\cos2\pi lZ_n\rangle = \frac{a}{\sqrt{\pi}}\int_{-\infty}^{+\infty}\cos2\pi lZ_n\left[\exp(-a^2Z_n^2)\right]\mathrm{d}Z_n = \exp\left[-2\pi^2l^2\langle Z_n^2\rangle\right]$$
$$\tag{8.22}$$

式中，Z_n 为晶柱内间隔为 n 的晶胞之间在 a_3 方向的偏移量。

$$A_n(l) = A_n^c A_n^s = A_n^c\exp\left[-2\pi^2l^2\langle Z_n^2\rangle\right] \tag{8.23}$$

作自然对数

$$\ln A_n(l) = \ln A_n^c - 2\pi^2l^2\langle Z_n^2\rangle \tag{8.24}$$

将 $\ln A_n(l)$-l^2 作图得系列直线，分别对应于 $n=0$，1，2，3，4 等，见图 8.3(a)，斜率对应 Z_n，而 $\varepsilon_L = \dfrac{Z_n}{n}$

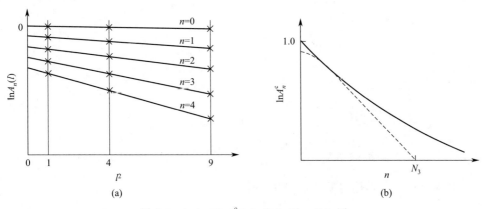

图 8.3 $\ln A_n(l)$-l^2(a) 和 $\ln A_n^c$-n(b) 图

于是

$$\langle\varepsilon_L^2\rangle = \langle Z_n^2\rangle/n^2 \tag{8.25}$$

这样求得 $\langle\varepsilon_L^2\rangle$，它为各 a_3 方向上微观应变的方均值。图 8.3(a) 中各 n 值的直线与纵坐标的交点为 $\ln A_n^c$，将 $\ln A_n^c$-n 作图，见图 8.3(b)，当 $n\to0$ 时

$$\left(\frac{\mathrm{d}A_n^c}{\mathrm{d}n}\right)_{n\to 0} = -\frac{1}{N_3} \tag{8.26}$$

因此，在 A_n^c-n 曲线上，在 $n\to 0$ 时的切线与横坐标交点就是 N_3，于是在垂直于 $(00l)$ 晶面方向平均晶粒尺度 $\langle D_{00l}\rangle$ 为

$$\langle D_{00l}\rangle = Na_3 \tag{8.27}$$

虽然上面的推断是基于正交系的 $(00l)$ 反射，但不难推广到一般情况。即使测的是任意指数 hkl 衍射线，都可认为它是 $00l'$ 的衍射，对于立方晶系，$l'^2 = h^2 + k^2 + l^2$，就可利用上述方法求得 $\langle \varepsilon_L^2\rangle$ 和 N_3，只不过 $\langle \varepsilon_L^2\rangle$ 和 N_3 是指与 (hkl) 晶面的垂直方向，因此微晶的尺度：

$$\langle D_{hkl}\rangle = N_3 d_{hkl} \tag{8.28}$$

8.3.2　方差分解法

由于卷积的方差之间有加和性，因此可用方差法把微晶宽化和微应力宽化两种效应分离。设 $f(x)$、$C(x)$ 和 $S(x)$ 的方差分别为 W、W_C、W_S，于是有

$$W = W_C + W_S \tag{8.29}$$

微晶的线形方差和微应变线形的方差分别为

$$\begin{cases} W_C = \dfrac{k\lambda \Delta 2\theta}{2\pi^2 D\cos\theta} \\ W_S = 4\tan^2\theta\langle \varepsilon^2\rangle \end{cases} \tag{8.30}$$

式中，k 为谢乐公式中的常数；$\Delta 2\theta$ 为衍射线的角宽度；$\langle \varepsilon^2\rangle$ 为微应变 ε 平均方均值。于是，待测试样的方差为

$$W = \frac{k\lambda \Delta 2\theta}{2\pi^2 D\cos\theta} + 4\tan^2\theta\langle \varepsilon^2\rangle \tag{8.31}$$

也可改写为

$$\frac{W}{\Delta 2\theta} \times \frac{\cos\theta}{\lambda} = \frac{1}{2\pi^2 D} + \frac{4\sin\theta\tan\theta}{\lambda\Delta 2\theta}\langle \varepsilon^2\rangle \tag{8.32}$$

利用同一辐射不同级的衍射，以 $\dfrac{W\cos\theta}{\Delta 2\theta \cdot \lambda}$-$\dfrac{4\sin\theta\tan\theta}{\Delta 2\theta \cdot \lambda}$ 作图，直线的斜率为 $\langle \varepsilon^2\rangle$，由直线与纵坐标上的截距可获得微晶大小 D。

8.3.3　近似函数法

在待测样品中同时存在微晶和微应力两重宽化效应时，其真实线形 $f(x)$ 应为微晶线形 $C(x)$ 与微观应变线形 $S(x)$ 的卷积，即

$$f(x) = \int C(y)S(x-y)\mathrm{d}y \tag{8.33}$$

设 $C(x)$ 和 $S(x)$ 都为 Gaussian 函数或 Cauchy 函数，即

$$\begin{cases} C(x) = e^{-a_1^2 x^2} \\ S(x) = e^{-a_2^2 x^2} \end{cases} 或 \begin{cases} C(x) = \dfrac{1}{1+a_1^2 x^2} \\ S(x) = \dfrac{1}{1+a_2^2 x^2} \end{cases} \tag{8.34}$$

那么 $f(x)$、$C(x)$、$S(x)$ 对应的 β、β_C、β_S 有如下关系：

$$\begin{cases} \beta = \beta_C + \beta_S \\ \beta^2 = \beta_C^2 + \beta_S^2 \end{cases} \tag{8.35}$$

将 $\beta_C = \dfrac{0.89\lambda}{D\cos\theta}$ 和 $\beta_S = 4\varepsilon_{平均}\tan\theta$ 代入则得

$$\frac{\beta\cos\theta}{\lambda} = \frac{0.89}{D} + \bar{\varepsilon}\,\frac{4\sin\theta}{\lambda}$$

$$\frac{\beta^2\cos^2\theta}{\lambda^2} = \frac{0.792}{D^2} + \bar{\varepsilon}^2\,\frac{16\sin^2\theta}{\lambda^2} \tag{8.36}$$

从而可以根据各衍射线形求出 β，再用 $\beta\cos\theta/\lambda$-$4\sin\theta/\lambda$ （或 $\beta^2\cos^2\theta/\lambda^2$-$16\sin^2\theta/\lambda^2$）作图，由直线的斜率可求出 $\varepsilon_{平均}$ （或 $\varepsilon_{平均}^2$），由直线与纵坐标的截距求出 D 或 $\dfrac{0.89}{D}$。

8.3.4　前述几种方法的比较

上述三种分离方法在某些材料应用的例子列入表 8.1 中，可见基于不同物理模型方法的差异是不小的，因此任何一种方法仅能作相对测定。

表 8.1　几种材料晶粒大小 D 和微应变 ε 三种方法的测定结果的比较

研究的材料	测定参数	Fourier 级数法	方差法	特殊函数法	
				柯西-高斯	高斯-高斯
钨	D/nm	21.0	17.0	47.0	
	$\varepsilon/\times10^{-3}$	7.0	7.3	7.7	
铝	D/nm	40.0	50.0		67.0
	$\varepsilon/\times10^{-3}$	0.7	2.2		1.0
氧化镉	D/nm	17.0	17.0	18.0	
	$\varepsilon/\times10^{-3}$	7.4	7.0	7.6	
	D/nm	47.0	57.0	57.0	
	$\varepsilon/\times10^{-3}$	2.9	1.9	1.2	
	D/nm	110.0	130.0	98.0	
	$\varepsilon/\times10^{-3}$	1.2	0.8	0.6	
Ag-7.15%Zn	D/nm	19.5	11.6		17.7
	$\varepsilon/\times10^{-3}$	2.54	7.37		7.89
Ag-7.012Pd	D/nm	27.0	17.2		
	$\varepsilon/\times10^{-3}$	2.18	7.22		
Cu-7.79%Sb	D/nm	11.2	7.3		12.2
	$\varepsilon/\times10^{-3}$	7.67	7.00		7.55

8.4 堆垛层错引起的宽化效应

微晶和微应力无论是单独存在还是同时存在，8.3 节讨论的方法适用各种晶系的不同结构的材料。然而，涉及堆垛层错则与材料的结构相关。

8.4.1 密堆六方的堆垛层错效应

Warren[6] 指出，密堆六方的滑移为 (001)〈110〉，孪生系为 {102}〈101〉，把实验线形 $F(x)$ 展开为 Fourier 级数，将其余弦系数 A_L^S 对 L 作图，从曲线起始点的斜率求得微晶尺度 D，形变层错概率 f_D 和孪生层错概率 f_T 之间有三种组合，即

$$当\begin{cases} h-k=3n \text{ 或 } hk0 & -\left(\dfrac{\mathrm{d}A_L^S}{\mathrm{d}L}\right)_o = \dfrac{1}{D} \\[3mm] h-k=3n\pm1 \quad l=偶数 & -\left(\dfrac{\mathrm{d}A_L^S}{\mathrm{d}L}\right)_o = \dfrac{1}{D} + \dfrac{|l_o|d}{c^2}(3f_D+3f_T) \\[3mm] h-k=3n\pm1 \quad l=奇数 & -\left(\dfrac{\mathrm{d}A_L^S}{\mathrm{d}L}\right)_o = \dfrac{1}{D} + \dfrac{|l_o|d}{c^2}(3f_D+f_T) \end{cases} \tag{8.37}$$

可见，当 $h-k=3n$ 或 $hk0$ 时，无层错效应；$h-k=3n\pm1$ 时，当 l 为偶数时，衍射线严重宽化，当 l 为奇数时，衍射线宽化较小。还能从半高宽计算 f_D 和 f_T，即

$$h-k=3n\pm1 \begin{cases} l=偶数 & \beta_f = \dfrac{2l}{\pi}\tan\theta\left(\dfrac{d}{c}\right)^2(3f_D+3f_T) \\[3mm] l=奇数 & \beta_f = \dfrac{2l}{\pi}\tan\theta\left(\dfrac{d}{c}\right)^2(3f_D+f_T) \end{cases} \tag{8.38}$$

式中，β_f 以弧度为单位；d 为晶面间距；c 为六方 c 轴的点阵参数。

8.4.2 面心立方的堆垛层错效应

对面心立方（FCC），Warren[6] 把总的衍射贡献认为是宽化（b）和未宽化（u）组分的和，并展开为 Fourier 级数，得出结论：余弦系数表征线形宽化，正弦系数表征线形的不对称性，这种不对称性只表现在线形底部附近，对取半宽度的计算无影响；常数项与形变层错概率 f_D 成正比，使峰巅位移[6]。其中峰位移 $\Delta(2\theta)^\circ$ 的表达式为

$$\Delta(2\theta)^\circ = \frac{90}{\pi^2}\frac{\sum(\pm)L_o}{h_o^2(u+b)}\tan\theta\sqrt{3}\,f_D \tag{8.39}$$

其中 $\dfrac{\sum(\pm)L_o}{h_o^2(u+b)} = \sum\dfrac{(\pm)L_o}{h_o^2(u+b)}$，$h_o=(h^2+k^2+l^2)^{1/2}$。有关数据列入表 8.2 中。

从表 8.2 可见，由于形变层错的存在，111 线峰 $2\theta_{111}$ 向高角度方向位移，而 $2\theta_{200}$ 向低角度方向位移。它们的二级衍射正好相反。由于 f_D 引起峰位移很小，用单线法测量会引起较大误差，故常用线对法，即

$$\begin{cases} (\Delta 2\theta_{200} - \Delta 2\theta_{111})^\circ = \dfrac{-90}{\pi^2}\sqrt{3}\, f_D \left(\dfrac{\tan\theta_{200}}{2} + \dfrac{\tan\theta_{111}}{4} \right) \\[3mm] (\Delta 2\theta_{400} - \Delta 2\theta_{222})^\circ = \dfrac{90}{\pi^2}\sqrt{3}\, f_D \left(\dfrac{\tan\theta_{400}}{4} + \dfrac{\tan\theta_{222}}{8} \right) \end{cases} \tag{8.40}$$

可见用线对峰位移法能求得形变层错概率 f_D。

当忽略微应力的影响，衍射线形 Fourier 级数展开的余弦系数可写为

$$A_L^S = 1 - L \left[\frac{1}{D} + \frac{(1.5 f_D + f_T)}{a h_o (u+b)} \sum |L_o| \right] \tag{8.41}$$

对 L 微分得：

$$-\frac{\mathrm{d}A_L^S}{\mathrm{d}L} = \frac{1}{D} + \frac{(1.5 f_D + f_T)}{a h_o (u+b)} \sum |L_o| \tag{8.42}$$

将式 (8.42) 与式 (8.43) 比较，并结合式 (8.38) 得

$$\beta_f = \frac{2}{\pi a} \sum \frac{|L_o|}{h_o(u+b)} \tan\theta (1.5 f_D + f_T) \tag{8.43}$$

式中，β_f 的单位为弧度；$\displaystyle\sum \frac{|L_o|}{h_o(u+b)}$ 对各 hkl 衍射线的值列入表 8.2 中。

表 8.2　具有层错的 FCC 结构粉末衍射线形的几个有关数据

hkl	$\displaystyle\sum \frac{(\pm)L_o}{h_o^2(u+b)}$	$\displaystyle\sum \frac{\|L_o\|}{h_o(u+b)}$	$\Delta(2\theta)^\circ$ 式 (8.39)
111	$\dfrac{1}{4}$	$\sqrt{\dfrac{3}{4}}$	$\dfrac{90}{\pi^2}\sqrt{3}\, f_D \tan\theta_{111}\left(\dfrac{1}{4}\right)$
200	$-\dfrac{1}{2}$	1	$\dfrac{90}{\pi^2}\sqrt{3}\, f_D \tan\theta_{200}\left(-\dfrac{1}{2}\right)$
220	$\dfrac{1}{4}$	$\dfrac{1}{\sqrt{2}}$	
311	$-\dfrac{1}{11}$	$\dfrac{3}{2}\sqrt{11}$	
222	$-\dfrac{1}{8}$	$\dfrac{\sqrt{3}}{4}$	$\dfrac{90}{\pi^2}\sqrt{3}\, f_D \tan\theta_{222}\left(-\dfrac{1}{8}\right)$
400	$\dfrac{1}{4}$	1	$\dfrac{90}{\pi^2}\sqrt{3}\, f_D \tan\theta_{400}\left(\dfrac{1}{4}\right)$

8.4.3　体心立方的堆垛层错效应

对体心立方（BCC）金属，Warren[6] 也把总的衍射等于宽化（b）和未宽化

（u）之和，并展开为 Fourier 级数，其余弦系数可写为

$$A_{\mathrm{L}}^{\mathrm{S}} = 1 - L\left[\frac{1}{D} + \frac{(1.5f_{\mathrm{D}} + f_{\mathrm{T}})}{ah_{\mathrm{o}}(u+b)}\sum|L|\right] \tag{8.44}$$

对 L 微分得：

$$-\frac{\mathrm{d}A_{\mathrm{L}}^{\mathrm{S}}}{\mathrm{d}L} = \frac{1}{D} + \frac{(1.5f_{\mathrm{D}} + f_{\mathrm{T}})}{ah_{\mathrm{o}}(u+b)}\sum|L| \tag{8.45}$$

将式（8.45）与式（8.37）、式（8.42）比较，并结合式（8.38）和式（8.43）得

$$\beta_{\mathrm{f}} = \frac{2}{\pi a}\frac{\sum|L|}{h_{\mathrm{o}}(u+b)}\tan\theta(1.5f_{\mathrm{D}} + f_{\mathrm{T}}) \tag{8.46}$$

β_{f} 的单位同样为弧度，对 BCC 结构各 hkl 衍射线的 $\dfrac{\sum|L|}{h_{\mathrm{o}}(u+b)}$ 之值列入表 8.3 中。

表 8.3　含有层错的 BCC 结构粉末衍射各衍射线的 $\dfrac{\sum|L|}{h_{\mathrm{o}}(u+b)}$ 值

hkl	110	200	211	220	310	222	321	400
$\dfrac{\sum\|L\|}{h_{\mathrm{o}}(u+b)}$	$\dfrac{2}{3}\sqrt{2}$	$\dfrac{4}{3}$	$\dfrac{2}{\sqrt{6}}$	$\dfrac{2}{3}\sqrt{2}$	$4\sqrt{10}$	$2\sqrt{3}$	$\dfrac{5}{2}\sqrt{14}$	$\dfrac{4}{3}$

小结本节可知，式（8.38）、式（8.43）和式（8.46）分别表示堆垛层错对密堆六方（CPH）、面心立方（FCC）和体心立方（BCC）粉末衍射线条宽化的贡献。

8.4.4　分离密堆六方 ZnO 中微晶-层错宽化效应的 Langford 方法[7]

Langford、Boultif[7] 把花样分解用于 ZnO 微晶尺度和层错复合衍射效应的研究，对于 hkl 衍射，其积分宽度 β_{In} 与层错宽化 β_{f} 有

$$\beta_{\mathrm{In}} = \beta_{\mathrm{f}}c/\cos\phi_z \tag{8.47}$$

$$当\begin{cases} h-k=3n \text{ 或 } hk0 & \beta_{\mathrm{f}}=0 \\ h-k=3n\pm1 \quad l=偶数 & \beta_{\mathrm{f}}=3f/\cos\phi_z \\ h-k=3n\pm1 \quad l=奇数 & \beta_{\mathrm{f}}=f/\cos\phi_z \end{cases} \tag{8.48}$$

式中，ϕ_z 为衍射面与六方基面（001）间的夹角；f 为层错概率；c 为 c 轴的点阵参数。

当微晶和层错两种效应同时存在时，为了获得 β_{f}，可分别采用洛伦兹近似或洛伦兹-高斯近似，这里仅介绍前者。

总的线宽 β_{a} 与 β_{c}、β_{f} 有如下关系

$$\beta_{\mathrm{a}} = \beta_{\mathrm{c}} + \beta_{\mathrm{f}} \tag{8.49}$$

对于各向同性的球形微晶：

$$\text{当}\begin{cases} h-k=3n \text{ 或 } hk0 & \beta_a=\beta_c \\ h-k=3n\pm1 \quad l=\text{偶数} & \beta_a=\beta_c+3f/\cos\phi_z \\ h-k=3n\pm1 \quad l=\text{奇数} & \beta_a=\beta_c+f/\cos\phi_z \end{cases} \tag{8.50}$$

对于各向异性的圆柱体微晶，先从（100）和（001）的真实半高宽 $\beta_{\frac{1}{2}}$ 经谢乐公式计算得 $D_{100}=D$，$D_{001}=H$。再按下式计算 D_{101} 和 D_{102}。

$$\beta_z=\frac{D}{\pi}\left(\frac{1}{\sin\phi_z}\right)\left[\frac{8}{3}+2q\cos^{-1}q-\frac{1}{2q}\sin^{-1}q-\left(\frac{5}{2}\right)(1-q^2)^{1/2}+\left(\frac{1}{3}\right)(1-q^2)^{3/2}\right] \quad 0\leqslant\phi_z\leqslant\phi \tag{8.51}$$

$$\beta_z=D\frac{1}{\sin\phi_z}\left[\frac{8}{3\pi}-\frac{1}{4q}\right] \quad \phi\leqslant\phi_z\leqslant\frac{\pi}{2} \tag{8.52}$$

这里

$$\phi=\tan^{-1}\left(\frac{D}{H}\right) \tag{8.53}$$

$$q=H(\tan\phi_z)/D \tag{8.54}$$

β_z 为扣除仪器宽化后的 101 和 102 的本征宽度，然后再用所得的 D_{101} 和 D_{102} 及谢乐公式反算出它们的微晶宽化 β_c（β_{101}，β_{102}），最后按式（8.48）求得 f。显然，这种方法十分麻烦，如果再考虑包括微应变的三重效应就几乎不可能计算了。而且公式的物理意义也不明确，量纲分析难以理解，不过这种思路提示我们，用（101）和（102）求解 f 时，必须考虑 D_{101}、D_{102} 和 D_{001}、D_{100} 的差别。

8.5　分离多重宽化效应的最小二乘法[5,8]

8.5.1　分离微晶-微应力宽化效应的最小二乘法

实际经验表明，用式（8.36）作图，由于宽化的各向异性，以及测量误差，常常会使作 $\frac{\beta\cos\theta}{\lambda}$-$\frac{4\sin\theta}{\lambda}$ 直线图有一定困难，即使用 Origin 程序作图，也会产生较大误差。因此设

$$\begin{cases} Y_i=\frac{\beta_i\cos\theta_i}{\lambda} & a=\frac{0.89}{D} \\ X_i=\frac{4\sin\theta_i}{\lambda} & m=\varepsilon \end{cases} \tag{8.55}$$

重写式（8.36）为 $\qquad\qquad Y=a+mX \tag{8.56}$

其最小二乘方的正则方程组为

$$\begin{cases} \sum_{i}^{n} Y_i = an + m\sum_{i}^{n} X_i \\ \sum_{i}^{n} X_i Y_i = a\sum_{i}^{n} X_i + m\sum_{i}^{n} X_i^2 \end{cases} \tag{8.57}$$

这是典型的二元一次方程组，写成矩阵形式（略去下标）为：

$$\begin{pmatrix} n & \sum X \\ \sum X & \sum X^2 \end{pmatrix}\begin{pmatrix} a \\ m \end{pmatrix} = \begin{pmatrix} \sum Y \\ \sum XY \end{pmatrix} \tag{8.58}$$

其判别式为

$$\Delta = \begin{vmatrix} n & \sum X \\ \sum X & \sum X^2 \end{vmatrix} \tag{8.59}$$

当 $\Delta \neq 0$ 时，才能有唯一解：

$$\begin{cases} a = \dfrac{\Delta a}{\Delta} = \dfrac{\begin{vmatrix} \sum Y & \sum X \\ \sum XY & \sum X^2 \end{vmatrix}}{\Delta} = \dfrac{\sum Y \sum X^2 - \sum X \sum XY}{n\sum X^2 - (\sum X)^2} \\[4mm] m = \dfrac{\Delta m}{\Delta} = \dfrac{\begin{vmatrix} n & \sum Y \\ \sum X & \sum XY \end{vmatrix}}{\Delta} = \dfrac{n\sum XY - \sum X \sum Y}{n\sum X^2 - (\sum X)^2} \end{cases} \tag{8.60}$$

此式对于不同晶系、不同结构均适用。从下述可知，对于存在层错的密堆六方，只有与层错无关（即 $h-k=3n$ 或 $hk0$）的线条才能计算。

8.5.2　分离微晶-层错宽化效应的最小二乘法

采用洛伦兹近似，同时受微晶和层错影响，总的半高宽 β 为微晶宽化 β_c 和层错宽化 β_f 之和，即

$$\beta = \beta_c + \beta_f \tag{8.61}$$

先讨论 CPH 结构，把式（8.14）和式（8.38）代入式（8.61），并乘以 $\dfrac{\cos\theta}{\lambda}$ 得

$$h-k=3n\pm1\begin{cases} l=偶数 \quad \dfrac{\beta\cos\theta}{\lambda} = \dfrac{2l}{\pi}\left(\dfrac{d}{c}\right)^2 \dfrac{\sin\theta}{\lambda}(3f_D + 3f_T) + \dfrac{0.89}{D} \\[4mm] l=奇数 \quad \dfrac{\beta\cos\theta}{\lambda} = \dfrac{2l}{\pi}\left(\dfrac{d}{c}\right)^2 \dfrac{\sin\theta}{\lambda}(3f_D + f_T) + \dfrac{0.89}{D} \end{cases} \tag{8.62}$$

令

$$
\begin{cases}
Y = \dfrac{\beta\cos\theta}{\lambda} & \qquad f = 3f_{\mathrm{D}} + 3f_{\mathrm{T}} \quad (\text{当 } l = \text{偶数}) \\[2mm]
& \qquad f = 3f_{\mathrm{D}} + f_{\mathrm{T}} \quad (\text{当 } l = \text{奇数}) \\[2mm]
X = \dfrac{2l}{\pi}\left(\dfrac{d}{c}\right)^2 \dfrac{\sin\theta}{\lambda} & \qquad A = \dfrac{0.89}{D}
\end{cases}
\tag{8.63}
$$

式（8.62）可以重写为

$$
Y = fX + A \tag{8.64}
$$

类似式（8.56）～式（8.60）的推导得：

$$
\begin{cases}
A = \dfrac{\Delta A}{\Delta} = \dfrac{\begin{vmatrix} \sum Y & \sum X \\ \sum XY & \sum X^2 \end{vmatrix}}{\Delta} = \dfrac{\sum Y \sum X^2 - \sum X \sum XY}{n \sum X^2 - \left(\sum X\right)^2} \\[6mm]
f = \dfrac{\Delta f}{\Delta} = \dfrac{\begin{vmatrix} n & \sum Y \\ \sum X & \sum XY \end{vmatrix}}{\Delta} = \dfrac{n \sum XY - \sum X \sum Y}{n \sum X^2 - \left(\sum X\right)^2}
\end{cases}
\tag{8.65}
$$

求出 D_{even}、f_{even}、D_{odd}、f_{odd} 后，再用下式

$$
\begin{cases}
f_{\mathrm{even}} = 3f_{\mathrm{D}} + 3f_{\mathrm{T}} \\[2mm]
f_{\mathrm{odd}} = 3f_{\mathrm{D}} + f_{\mathrm{T}}
\end{cases}
\tag{8.66}
$$

联立求得 f_{D} 和 f_{T}。

8.5.3　分离微应力-层错二重宽化效应的最小二乘法

对于 CPH，$h - k = 3n \pm 1$，采用洛伦兹近似，则有

$$
\beta = \beta_{\mathrm{f}} + \beta_{\mathrm{s}} \tag{8.67}
$$

可以采取下述的两种方法分别计算。

方法 1　将式（8.15）和式（8.38）代入式（8.67）并乘以 $\dfrac{\cos\theta}{\lambda}$ 得

$$
\begin{cases}
l = \text{偶数} \quad \dfrac{\beta\cos\theta}{\lambda} = \dfrac{2l}{\pi}\left(\dfrac{d}{c}\right)^2 \dfrac{\sin\theta}{\lambda}(3f_{\mathrm{D}} + 3f_{\mathrm{T}}) + \varepsilon\,\dfrac{4\sin\theta}{\lambda} \\[4mm]
l = \text{奇数} \quad \dfrac{\beta\cos\theta}{\lambda} = \dfrac{2l}{\pi}\left(\dfrac{d}{c}\right)^2 \dfrac{\sin\theta}{\lambda}(3f_{\mathrm{D}} + f_{\mathrm{T}}) + \varepsilon\,\dfrac{4\sin\theta}{\lambda}
\end{cases}
\tag{8.68}
$$

令

$$
\begin{cases}
Y = \dfrac{\beta\cos\theta}{\lambda} & \qquad f = 3f_{\mathrm{D}} + 3f_{\mathrm{T}} \quad (\text{当 } l = \text{偶数}) \\[2mm]
X = \dfrac{2l}{\pi}\left(\dfrac{d}{c}\right)^2 \dfrac{\sin\theta}{\lambda} & \qquad f = 3f_{\mathrm{D}} + f_{\mathrm{T}} \quad (\text{当 } l = \text{奇数}) \\[2mm]
Z = \dfrac{4\sin\theta}{\lambda} & \qquad A = \varepsilon
\end{cases}
\tag{8.69}
$$

则得

$$Y=fX+AZ \tag{8.70}$$

类似式(8.56)～式(8.60) 的推导得：

$$
\begin{cases}
f=\dfrac{\Delta f}{\Delta}=\dfrac{\begin{vmatrix} \sum YZ & \sum Z^2 \\ \sum XY & \sum XZ \end{vmatrix}}{\Delta}=\dfrac{\sum YZ \sum XZ-\sum Z^2 \sum XY}{(\sum XZ)^2-\sum X^2 \sum Z^2} \\[4ex]
A=\dfrac{\Delta A}{\Delta}=\dfrac{\begin{vmatrix} \sum XZ & \sum YZ \\ \sum X^2 & \sum XY \end{vmatrix}}{\Delta}=\dfrac{\sum XZ \sum XY-\sum X^2 \sum YZ}{(\sum XZ)^2-\sum X^2 \sum Z^2}
\end{cases} \tag{8.71}
$$

方法 2　将式(8.15) 和式(8.38) 代入式(8.67) 并除以 $4\tan\theta$ 得

$$
\begin{cases}
l=偶数 & \dfrac{\beta\cot\theta}{4}=\dfrac{l}{2\pi}\left(\dfrac{d}{c}\right)^2(3f_D+3f_T)+\varepsilon \\[3ex]
l=奇数 & \dfrac{\beta\cot\theta}{4}=\dfrac{l}{2\pi}\left(\dfrac{d}{c}\right)^2(3f_D+f_T)+\varepsilon
\end{cases} \tag{8.72}
$$

令

$$
\begin{cases}
Y=\dfrac{\beta\cot\theta}{4} & f=3f_D+3f_T \quad （当 l=偶数） \\[2ex]
& f=3f_D+f_T \quad （当 l=奇数） \\[2ex]
X=\dfrac{l}{2\pi}\left(\dfrac{d}{c}\right)^2 & A=\varepsilon
\end{cases} \tag{8.73}
$$

则得

$$Y=fX+A \tag{8.74}$$

类似式(8.56)～式(8.60) 的推导得：

$$
\begin{cases}
A=\dfrac{\Delta A}{\Delta}=\dfrac{\begin{vmatrix} \sum Y & \sum X \\ \sum XY & \sum X^2 \end{vmatrix}}{\Delta}=\dfrac{\sum Y \sum X^2-\sum X \sum XY}{n\sum X^2-(\sum X)^2} \\[4ex]
f=\dfrac{\Delta f}{\Delta}=\dfrac{\begin{vmatrix} n & \sum Y \\ \sum X & \sum XY \end{vmatrix}}{\Delta}=\dfrac{n\sum XY-\sum X \sum Y}{n\sum X^2-(\sum X)^2}
\end{cases} \tag{8.75}
$$

比较可知，式(8.55)、式(8.63)、式(8.69) 和式(8.73)，式(8.60)、式(8.65)、式(8.71) 和式(8.75)，其形式是对应一致的，这给编制计算程序带来方便，但必须注意其符号的物理意义。

8.5.4　分离微晶-微应力-层错三重宽化效应的最小二乘法

对于密堆六方结构的样品，当 $h-k=3n\pm1$ 时，仍采用洛伦兹近似，衍射线

总的半高宽 β 为

$$\beta = \beta_f + \beta_c + \beta_s \tag{8.76}$$

把式(8.14)、式(8.15) 和式(8.39) 代入式(8.76) 并乘以 $\dfrac{\cos\theta}{\lambda}$ 得

$$h-k=3n\pm1\begin{cases} l=\text{偶数} & \dfrac{\beta\cos\theta}{\lambda}=\dfrac{2l}{\pi}\left(\dfrac{d}{c}\right)^2\dfrac{\sin\theta}{\lambda}(3f_D+3f_T)+\dfrac{0.89}{D}+\varepsilon\,\dfrac{4\sin\theta}{\lambda} \\[4mm] l=\text{奇数} & \dfrac{\beta\cos\theta}{\lambda}=\dfrac{2l}{\pi}\left(\dfrac{d}{c}\right)^2\dfrac{\sin\theta}{\lambda}(3f_D+f_T)+\dfrac{0.89}{D}+\varepsilon\,\dfrac{4\sin\theta}{\lambda} \end{cases} \tag{8.77}$$

令

$$\begin{cases} Y=\dfrac{\beta\cos\theta}{\lambda} & \begin{aligned}&f=3f_D+3f_T &&（\text{当 } l=\text{偶数}）\\ &f=3f_D+f_T &&（\text{当 } l=\text{奇数}）\end{aligned} \\[4mm] X=\dfrac{2l}{\pi}\left(\dfrac{d}{c}\right)^2\dfrac{\sin\theta}{\lambda} & A=\dfrac{0.89}{D} \\[4mm] Z=\dfrac{4\sin\theta}{\lambda} & B=\varepsilon \end{cases} \tag{8.78}$$

式(8.78) 重写为

$$Y=fX+A+BZ \tag{8.79}$$

最小二乘方的正则方程为

$$\begin{cases} \sum XY=f\sum X^2+A\sum X+B\sum XZ \\ \sum Y=f\sum X+An+B\sum Z \\ \sum YZ=f\sum XZ+A\sum Z+B\sum Z^2 \end{cases} \tag{8.80}$$

写成矩阵形式：

$$\begin{pmatrix} \sum X^2 & \sum X & \sum XZ \\ \sum X & n & \sum Z \\ \sum XZ & \sum Z & \sum Z^2 \end{pmatrix}\begin{pmatrix} f \\ A \\ B \end{pmatrix}=\begin{pmatrix} \sum XY \\ \sum Y \\ \sum YZ \end{pmatrix} \tag{8.81}$$

当该三元一次方程组的判别式

$$\Delta=\begin{vmatrix} \sum X^2 & \sum X & \sum XZ \\ \sum X & n & \sum Z \\ \sum XZ & \sum Z & \sum Z^2 \end{vmatrix}\neq 0 \tag{8.82}$$

才有唯一解，即

$$
\left\{
\begin{array}{l}
f = \dfrac{\Delta f}{\Delta} = \dfrac{\begin{vmatrix} \sum XY & \sum X & \sum XZ \\ \sum Y & n & \sum Z \\ \sum YZ & \sum Z & \sum Z^2 \end{vmatrix}}{\Delta} \\[6mm]
A = \dfrac{\Delta A}{\Delta} = \dfrac{\begin{vmatrix} \sum X^2 & \sum XY & \sum XZ \\ \sum X & \sum Y & \sum Z \\ \sum XZ & \sum YZ & \sum Z^2 \end{vmatrix}}{\Delta} \\[6mm]
B = \dfrac{\Delta B}{\Delta} = \dfrac{\begin{vmatrix} \sum X^2 & \sum X & \sum XY \\ \sum X & n & \sum Y \\ \sum XZ & \sum Z & \sum YZ \end{vmatrix}}{\Delta}
\end{array}
\right.
\tag{8.83}
$$

从上述公式推导可知，只有当 $h-k=3n\pm1$，$l=$ 偶数和 $l=$ 奇数的衍射线条数目 m_{even} 和 m_{odd} 均满足 $\geqslant 2$（两重效应）和 $\geqslant 3$（三重效应）时才能求解。

以上关于分离微晶-层错、微应力-层错的两重宽化效应和微晶-微应力-层错的三重宽化效应的方法，虽然仅对密堆六方结构推导，但推导方法和结果也适用于面心立方和体心立方结构，不过应注意所存在的重要差别，特别是层错项及其系数的重要差别。

8.5.5　计算程序的结构

（1）密堆六方、面心立方和体心立方层错宽化效应比较　为了比较，现把三种结构的三重宽化效应有关公式集中重写如下。

对于 CPH，$h-k=3n\pm1$

$$
\left\{
\begin{array}{ll}
l=\text{偶数} & \dfrac{\beta\cos\theta}{\lambda} = \dfrac{2l}{\pi}\left(\dfrac{d}{c}\right)^2 \dfrac{\sin\theta}{\lambda}(3f_{\text{D}}+3f_{\text{T}}) + \dfrac{0.89}{D} + \varepsilon\,\dfrac{4\sin\theta}{\lambda} \\[4mm]
l=\text{奇数} & \dfrac{\beta\cos\theta}{\lambda} = \dfrac{2l}{\pi}\left(\dfrac{d}{c}\right)^2 \dfrac{\sin\theta}{\lambda}(3f_{\text{D}}+f_{\text{T}}) + \dfrac{0.89}{D} + \varepsilon\,\dfrac{4\sin\theta}{\lambda}
\end{array}
\right.
\tag{8.84}
$$

对于 FCC

$$
\frac{\beta\cos\theta}{\lambda} = \frac{1}{2\pi a}\sum \frac{|L_{\text{o}}|}{h_{\text{o}}(u+b)}\frac{\sin\theta}{\lambda}(1.5f_{\text{D}}+f_{\text{T}}) + \frac{0.89}{D} + \varepsilon\,\frac{4\sin\theta}{\lambda}
\tag{8.85}
$$

对于 BCC

$$
\frac{\beta\cos\theta}{\lambda} = \frac{1}{2\pi a}\frac{\sum |L|}{h_{\text{o}}(u+b)}\frac{\sin\theta}{\lambda}(1.5f_{\text{D}}+f_{\text{T}}) + \frac{0.89}{D} + \varepsilon\,\frac{4\sin\theta}{\lambda}
\tag{8.86}
$$

可见三种结构的层错引起宽化效应的表达式有相似之处，其重要差别是：①在层错概率的关系上，对于 CPH，$h-k=3n$ 和 $hk0$ 与层错无关，当 $h-k=3n\pm1$，$l=$ 偶数时 $f=3f_{\text{D}}+3f_{\text{T}}$，而 $l=$ 奇数时 $f=3f_{\text{D}}+f_{\text{T}}$；对于 FCC 和 BCC 则都是 $f=$

$1.5f_D+f_T$。②层错项的系数的差异，对于 CPH，$l=$偶数和 $l=$奇数时，形式相同，但取值不同。但对于 FCC 和 BCC 形式不同，取值也不同，分别来源于表 8.2 和表 8.3。③另外对于 CPH 可以求得 f_D 和 f_T；对 FCC，在求得 f 后，可据式（8.41）之一求出 f_D，进而求得 f_T；而对 BCC 只能求得（$1.5f_D+f_T$）。

（2）计算程序结构　计算程序结构见图 8.4。

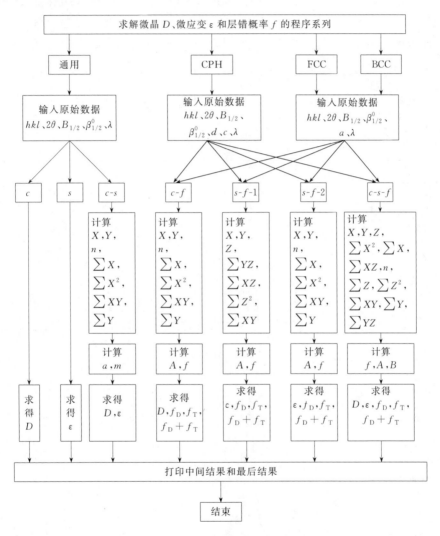

图 8.4　计算程序系列结构

8.6　应用举例

用 X 射线衍射（XRD）方法来表征纳米材料微结构，首要的问题是了解微晶、微应变和层错在样品中的存在状况，是单一效应还是二重或三重效应，这随不同种类的纳米材料，以及其制备方法而不同。因此判断纳米材料中这三种宽化效应存在状况是正确评价纳米材料微结构所必须解决的问题。以下给出几个具体应用实例。

8.6.1 $M_m B_5$ 储氢合金微结构的研究[9,10]

图 8.5 给出一具体例子，即 $M_m B_5$ 合金在球磨 30min 前（a）、后（b）的 X 射线衍射花样，其属六方结构，P6/mmm（No.191）空间群，各衍射线指标化结果示于图中。球磨后各线条明显宽化，200 和 111 两条线已无法分开，有关数据列入表 8.4 中。首先，按式（8.14）和式（8.16）分别求得 D_{hkl} 和 ε_{hkl}，由表 8.4 的 D_{hkl} 和 ε_{hkl} 两列求得 $\overline{D}_{hkl}=(77.19\pm13.91)$ Å，$\varepsilon=(1.15\pm0.23)\times10^{-2}$。其次，利用表 8.4 的数据，借助 Origin 程序作 $\frac{\beta\cos\theta}{\lambda}-\frac{4\sin\theta}{\lambda}$ 关系图，见图 8.6，获得

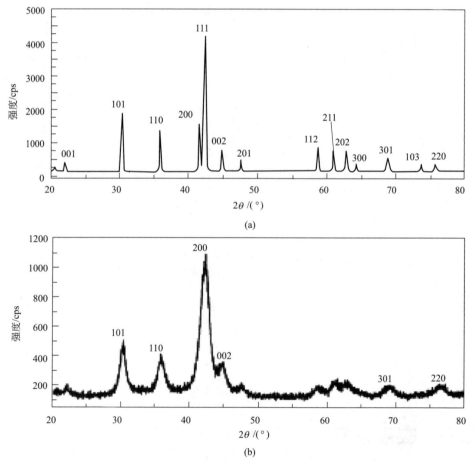

图 8.5   Ni-MH 电池负极材料 $M_m B_5$ 球磨 30min 前
（a）、后（b）的 XRD 花样（CuK$_\alpha$ 辐射）

$$D = \frac{0.89}{5.88439 \times 10^{-3}} = 151\text{Å}, \bar{\varepsilon} = 5.466 \times 10^{-3}$$

最后，把有关数据代入式(8.25)，用最小二乘方法求得

$$a = \frac{0.0593014 \times 6.6557156 - 5.4659430 \times 0.0685457}{5 \times 6.6557156 - 5.4659430^2} = 5.8866 \times 10^{-3}$$

$$D = \frac{0.89}{a} = \frac{0.89}{5.8866 \times 10^{-3}} = 151(\text{Å}) = 15.1(\text{nm})$$

$$m = \varepsilon = \frac{5 \times 0.0685457 - 5.4659430 \times 0.0593014}{5 \times 6.6557156 - 5.4659430^2} = 5.4645 \times 10^{-3}$$

表 8.4　$M_m B_5$ 球磨 30min 后衍射数据（$\lambda = 1.5418$Å）

hkl	2θ /(°)	$B_{1/2}$ /(°)	$\beta^0_{1/2}$ /(°)	β /rad	D_{hkl} /Å	ε_{hkl}	$\dfrac{\beta\cos\theta}{\lambda}$/Å^{-1}	$\dfrac{4\sin\theta}{\lambda}$/Å^{-1}
101	30.46	1.014	0.10	17.952×10^{-3}	89.15	1.46×10^{-2}	9.983×10^{-3}	0.6815
110	37.82	1.081	0.11	17.947×10^{-3}	87.09	1.31×10^{-2}	10.459×10^{-3}	0.7978
200	41.60	1.081	0.12	17.773×10^{-3}	87.52	1.10×10^{-2}	10.170×10^{-3}	0.9213
301	69.02	1.689	0.20	27.988×10^{-3}	67.08	0.94×10^{-2}	17.889×10^{-3}	1.4698
220	77.90	1.858	0.20	28.938×10^{-3}	60.14	0.93×10^{-2}	17.800×10^{-3}	1.5955

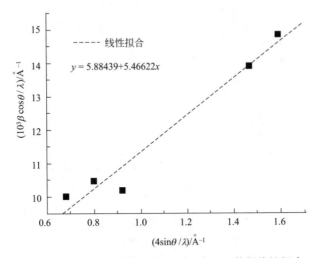

图 8.6　$M_m B_5$ 合金球磨 30min 后，表 8.4 数据线性拟合

综合三种方法的结果如下：

	D/nm	ε
单线计算平均法	7.7 ± 1.4	$(11.5 \pm 2.3) \times 10^{-3}$
作图法	17.1	7.466×10^{-3}
最小二乘方法	17.1	7.465×10^{-3}

可见作图法与最小二乘方法惊人地一致，这是因为用 Origin 线性拟合就基于最小

二乘法原理；至于 $D=(7.7\pm1.4)$nm 和 17.1nm 的差别是可以理解的，因为真实宽化是微晶和微应力两种效应的贡献，同理，$\varepsilon=(11.5\pm2.3)\times10^{-3}$ 是不可信的。

8.6.2　纳米 NiO 的制备和微结构的表征[11,12]

为了对面心立方纳米材料微结构进行实验研究，采用具有近密堆六方结构的 β-Ni(OH)$_2$ 为原材料，在 300~800℃进行热分解：

$$\beta\text{-}Ni(OH)_2 \xrightarrow{\triangle} NiO + H_2O\uparrow$$

获得不同晶粒大小的纳米晶，NiO 属面心立方结构，空间群 $Fm3m$（No.225），点阵参数为 4.177Å。β-Ni(OH)$_2$ 分解后的典型 XRD 花样示于图 8.7 中。

图 8.7 花样属典型的面心立方结构（两密一疏）的特征，还可初步看到不同分解温度的明显差别，即温度愈高，衍射线条愈明锐，温度愈低，衍射线宽化愈严重。为了详细分析和研究这组 XRD 花样所提供的信息，用 Jade6.5 程序初步处理后所获的数据列入表 8.5 中。由表中可以看出，$FWHM$ 随温度升高而明显减小，800℃最小，而高角度线条的 K_α 双线已分离较好，故可认为它已不存在宽化效应，并把其 $FWHM$ 值作 $\beta_{1/2}^0$ 应用。

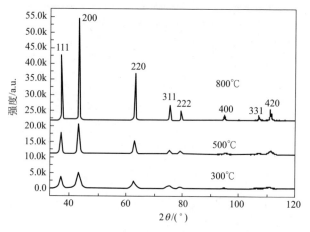

图 8.7　β-Ni(OH)$_2$ 分解后的典型 XRD 花样

（显示了不同分解温度的明显差别）

表 8.5　纳米 NiO 的 XRD 的原始数据 2θ 和 $B_{1/2}$

hkl			111	200	220	311	222	400	331	420
$2\theta/(°)$			37.172	47.195	62.752	77.257	79.231	97.851	107.716	110.848
800℃　2h			0.171	0.165	0.192	0.188	0.217	0.179	0.285	0.280
600℃　2h			0.329	0.343	0.425	0.453	0.462	0.549	0.729	0.696
500℃　2h	$FWHM$		0.608	0.730	0.844	0.950	0.968	1.269	1.471	1.488
400℃　2h	/(°)		0.704	0.836	0.954	1.128	1.148	1.410	1.933	1.836
300℃　2h			1.144	1.440	1.807	1.847	1.453	7.016	7.944	2.625

为了判断纳米 NiO 中三种宽化效应的存在状况，先计算 300℃和 600℃两个样品的 $\beta\cos\theta$ 和 $\beta\cot\theta$ 如下（其中 $\beta = B_{1/2} - \beta^0_{1/2}$，$B_{1/2} = FWHM$）：

hkl		111	200	220	311	222	400	331	420
300℃	$\beta\cos\theta$	0.016	0.020	0.022	0.022	0.019	0.034	0.080	0.023
	$\beta\cot\theta$	0.025	0.028	0.018	0.018	0.018	0.023	0.050	0.014
600℃	$\beta\cos\theta$	0.0026	0.0029	0.0035	0.0036	0.035	0.0045	0.0046	0.0041
	$\beta\cot\theta$	0.0082	0.0078	0.0034	0.0030	0.003	0.0030	0.0029	0.0025

可见，无论哪个样品，各衍射线的 $\beta\cot\theta$ 都相差较大，表明不存在微应变效应，这和热分解反应是相符的；各衍射线的 $\beta\cos\theta$ 也有一定差别，这表明不是单一的微晶宽化效应，而伴随堆垛层错的存在，也许是微晶形状各向异性造成的，但对于立方晶，这种概率较小或者说晶粒形状各向异性不会这样严重。因此认为用这种方法制备的纳米 NiO 中存在微晶-层错二重宽化效应。于是有

$$\frac{\beta\cos\theta}{\lambda} = \frac{1}{2\pi a} \frac{\sum |L|}{h_o(u+b)} \frac{\sin\theta}{\lambda}(1.5f_D + f_T) + \frac{0.89}{D} \tag{8.87}$$

令
$$Y = \frac{\beta\cos\theta}{\lambda}, X = \frac{1}{2\pi a} \frac{\sum |L|}{h_o(u+b)} \frac{\sin\theta}{\lambda}$$
$$f = (1.5f_D + f_T), A = \frac{0.89}{D} \tag{8.88}$$

于是可用式（8.65）求解。

为了进一步说明层错在这组样品的存在情况，用不受形变层错产生峰位移的衍射线即（220）、（311）、（331）、（420）四条衍射线的 2θ 值，按立方晶系求解点阵参数的最小二乘方方法求得 a_o，然后用 a_o 计算 d_{111} 和 d_{200} 及 $2\theta_{111}$ 和 $2\theta_{200}$，并与实验测得各样品的 $2\theta_{111}$ 和 $2\theta_{200}$ 作对比，并未发现实测 $2\theta_{111}$ 向高角度方向位移，也未发现 $2\theta_{200}$ 向低角度方向位移，参考式（8.40）可得 f_D 近乎为零的结论，于是求得的结果示于图 8.8 中，可见平均纳米晶的尺度随热分解温度升高而明显增大，而层错概率则反而大大降低，这符合热力学规律。

8.6.3　纳米 Ni 粉的制备和微结构的表征

获得纳米 NiO 后，在对应温度（300～750℃）的氢气氛下还原得纳米 Ni 粉。

$$NiO + H_2 \longrightarrow Ni + H_2O \uparrow$$

Ni 都属面心立方结构，空间群 $Fm4m$（No.225），点阵参数分别为 3.523Å 在不同温度下还原 NiO 所获得 Ni 样品衍射花样示于图 8.9，其数据列入表 8.6(a) 中，其中 750℃、2h 的衍射线的 K_α 双线已分离很好，故把各线条的 $FWHM$ 作 β^0 使

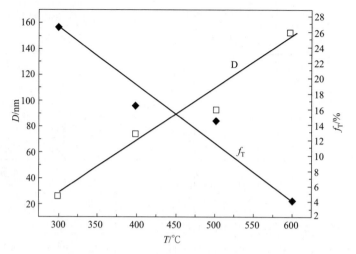

图 8.8   热分解获得纳米晶大小和层错概率的温度效应

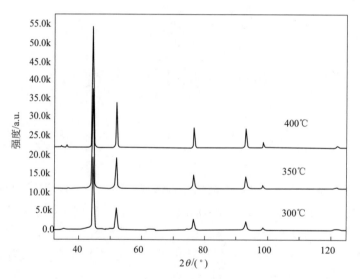

图 8.9   不同温度下热还原 NiO 所得
纳米 Ni 粉的 X 射线花样

表 8.6(a)   不同温度下还原 NiO 所获得 Ni 样品的衍射数据

条　件	111	200	220	311	222
800℃分解 2h,750℃还原 2h	0.128	0.118	0.113	0.121	0.127
400℃分解 2h,400℃还原 2h	0.187	0.224	0.220	0.251	0.246
350℃分解 2h,350℃还原 2h	0.252	0.357	0.379	0.449	0.412
300℃分解 2h,300℃还原 2h	0.308	0.475	0.457	0.544	0.465
400℃还原 2h,混合 1h	0.209	0.267	0.267	0.319	0.301
400℃还原 2h,混合 2h	0.221	0.284	0.286	0.375	0.328

表 8.6(b)　纳米 Ni 样品的计算值

条　件	111	200	220	311	222	$D_{平均}\pm\sigma$	分解后的 D/nm
	D_{hkl}/nm						取自图 8.8
300℃分解 2h,300℃还原 2h	47.1	27.5	29.0	27.9	37.5	32.6±9.1	33
350℃分解 2h,350℃还原 2h	68.4	37.5	37.5	34.7	42.1	43.9±1.4	50
400℃分解 2h,400℃还原 2h	143.8	82.4	93.4	87.7	101.0	101.7±24.6	72

用。比较可知，其宽化程度小得多，不存在层错宽化效应，计算了 350℃和 400℃的各线条的 $\beta\cos\theta$，其值比较接近，表明这组样品中仅存在微晶宽化效应，经计算得表 8.6(b)，可见各晶面法线方向的晶粒尺度 D_{hkl} 和平均晶粒尺度 $\overline{D}$ 均随还原温度升高而迅速增大。

从 8.6.2 和 8.6.3 两节的实验结果可归纳出以下两条规律：①无论是热分解得到的纳米 NiO，还是氢气还原得到的纳米 Ni，其晶粒大小总是随温度升高而增大；②把表 8.6(b) 中的 $D_{平均}$ 与对应分解后的 D 相比较可知，当温度＜400℃时，$D_{平均}$＜D 或≈D；当温度≥400℃时，$D_{平均}$＞D。这表明，低温还原获得纳米 Ni粉晶粒不大于被分解物 NiO 的晶粒度。

因此，采用低温（＜350℃）热分解和低温（＜350℃）氢还原是制备纳米晶镍粉最佳工艺的要求，所得的纳米晶的尺度也小于由热分解获得的中间产物的晶粒度。这样可用在同一炉中、同一温度下先热分解，后通氢气还原的方法完成纳米Ni 粉的制备。

如果要得到更小的纳米晶，可对中间产物进行球磨，使中间产物的晶粒更细，然后用氢气对其热还原。

8.6.4　V-Ti 合金在储放氢过程中的微结构研究

V 基储氢合金（V-Ti-Mn-Fe）属体心立方结构，其吸氢前和放氢后的 XRD 花样示于图 8.10 中。主要数据列入表 8.7。由图可见，吸氢不仅使衍射线宽化，还有相变。考虑吸氢过程伴随微应变是可能的，但不大可能存在晶粒细化的过程。经计算两个样品（110）、（200）、（112）三条线的 $\beta\cot\theta$ 值相差不小，表明这类样品可能存在微应变-层错二重效应。

对 BCC 和 FCC 结构均有

$$\frac{\beta\cos\theta}{\lambda} = \frac{1}{2\pi a}\frac{\sum|L|}{h_o(u+b)}\frac{\sin\theta}{\lambda}(1.5f_D + f_T) + \varepsilon\frac{4\sin\theta}{\lambda} \qquad (8.89)$$

令　　$$Y = \frac{\beta\cos\theta}{\lambda}, X = \frac{1}{2\pi a}\frac{\sum|L|}{h_o(u+b)}\frac{\sin\theta}{\lambda}, Z = \frac{4\sin\theta}{\lambda} \qquad (8.90)$$

$$F = (1.5f_D + f_T), A = \varepsilon$$

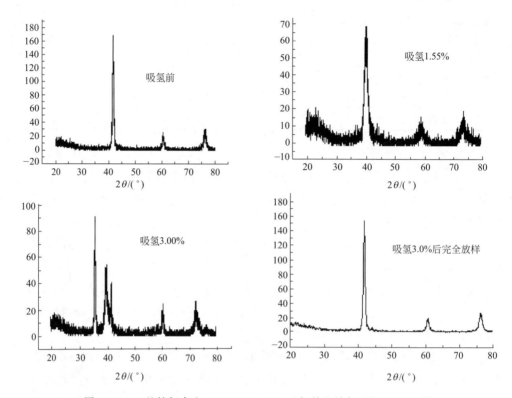

图 8.10   V 基储氢合金（V-Ti-Mn-Fe）吸氢前和放氢后的 XRD 花样

上式对 BCC 和 FCC 结构，其形式是一样的，但其中 $\dfrac{1}{2\pi a}\dfrac{\sum |L|}{h_0(u+b)}$ 是不同的，已分别列于表 8.7 中，于是可用式（8.71）求解。经如此处理和分析，表 8.7 中的数据所得结果列入表 8.8 中。并假定 $f_D = f_T$，故有 $\bar{f} = (1.5 f_D + f_T)/2.5$。比较这些数据可知：

① 吸氢过程中，无论是 BCC 相，还是 FCC 相，点阵参数和晶胞体积都随吸氢量增加而增加；放氢过程则正好相反，即点阵参数和晶胞体的变化是可逆的。

② 吸氢过程使微张应变增加，直至 FCC 相开始出现为止，放氢后存在微压应变；BCC 中的层错概率随吸氢量增加而增加，直至 FCC 相出现后会变小，但 FCC 中的 f 则随吸氢量增加而减少。

③ 吸氢过程会产生相变，其过程是 BCC→畸变的 BCC→BCC＋FCC→FCC＋BCC→FCC；放氢过程的相变是 FCC→FCC＋BCC→BCC＋FCC→BCC。其中 FCC 是指 VH_2 类氢化物。

④ 吸放氢过程的相变是可逆的，但引入的微应变和层错是不可逆的，至少不是完全可逆的。

表 8.7　V 基储氢合金吸氢前和放氢后的 XRD 数据

BCC	hkl	110	200	211	110	200	211
$\sum \dfrac{\lvert L \rvert}{h_0(u+b)}$		$\dfrac{2}{3}\sqrt{2}$	$\dfrac{4}{3}$	$\dfrac{2}{\sqrt{6}}$	0.9428	1.3333	0.8165
$\beta_0/(°)$					0.105	0.108	0.110
样品编号	吸氢	$2\theta/(°)$			$FWHM/(°)$		
4H	吸氢前	41.857	61.714	77.428	0.428	0.623	0.893
4H+1	1.00%H	40.714	59.286	77.286	1.214	2.143	2.500
4H+1.55	1.55%H	40.357	59.208	77.000	1.250	2.500	2.678
4H+3	3.00%H	40.000	60.000	72.857	0.893	0.786	1.428
4H-全部	0.00%H	42.142	60.714	77.428	0.536	1.142	1.214
FCC	hkl	111	200	220	111	200	220
$\sum \dfrac{\lvert L_0 \rvert}{h_0(u+b)}$		$\sqrt{\dfrac{3}{4}}$	1	$\dfrac{1}{\sqrt{2}}$	0.866	1.000	0.707
$\beta_0/(°)$					0.100	0.105	0.108
4H+3	3.00%H	37.071	41.857	60.714	0.250	0.321	0.422
4H+4	4.00%H	37.991	41.757	60.550	0.429	0.571	0.667

表 8.8　V 基储氢合金吸氢前和放氢后的 XRD 数据分析结果

样品编号	吸氢	物相	$a/\text{Å}$	$\varepsilon/\times 10^{-3}$	$\bar{f}/\%$
4H	吸氢前	BCC	7.0345	7.72	0.06
4H+1	1.00%	BCC	7.1237	7.99	17.56
4H+1.55	1.55%	BCC	7.1373	20.43	38.64
4H+3	3.00%	BCC	7.1478	19.89	37.24
		FCC	7.3145	−17.54	87.70
4H+4	4.00%	FCC	7.3338	−1.43	29.50
4H-全部	0.00%	BCC	7.0428	−1.95	22.20

8.6.5　β-Ni(OH)₂ 中微结构的研究[13~19]

8.6.5.1　生产态 β-Ni(OH)₂ 的研究[19]

（1）一般方法和简化方法的比较　β-Ni(OH)₂ 属六方晶体，空间群 $P\bar{3}m1$（No.164），$a=7.126\text{Å}$，$c=7.605\text{Å}$，$c/a=1.473$，基本属于密堆六方。β-Ni(OH)₂ 一般用低温沉积方法制备，它是镍-氢、镍-镉电池的正极材料。其几个样品的 X 射线衍射花样示于图 8.11 中，可见，衍射线宽化是各向异性的。分析表明，这种原始材料中仅存在晶粒-层错二重宽化效应[13,14]，经 Jade6.5 程序除去 $K_{\alpha 2}$ 成分和 Refine 拟合处理得到的原始数据列入表 8.9(a) 中。按两种方法分析数据：①用 (101)、(102)、(201)、(202) 四条线按式(8.65)、式(8.66) 处理数据结果列入表 8.9(b) 中。②从图 8.11 可知，(201) 和 (202) 线的强度已很低，许多情况下得不到 (201) 和 (202) 线条的可信 $FWHM$ 数据而无法进行，从图 8.12 对纳

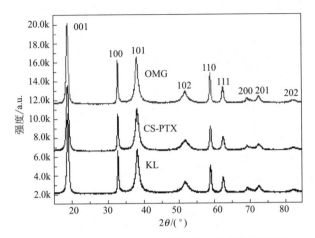

图 8.11　三种 β-Ni(OH)$_2$ 样品的 X 射线衍射花样

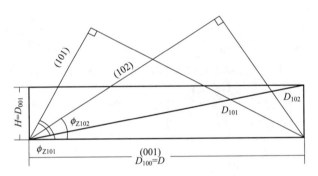

图 8.12　β-Ni(OH)$_2$ 微晶剖面图

米晶的剖面图分析得：

$$D_{101} = \frac{D_{001}}{\cos\phi_{101}} = 1.973D_{001} \quad D_{102} = \frac{D_{001}}{\cos\phi_{102}} = 1.317D_{001} \tag{8.91}$$

代入下式

$$l = 偶数, \frac{\beta_{101}\cos\theta_{101}}{\lambda} = \frac{2l}{\pi}\left(\frac{d_{101}}{c}\right)^2\frac{\sin\theta_{101}}{\lambda}(3f_D + 3f_T) + \frac{0.89}{D_{101}}$$

$$l = 奇数, \frac{\beta_{102}\cos\theta_{102}}{\lambda} = \frac{4}{\pi}\left(\frac{d_{102}}{c}\right)^2\frac{\sin\theta_{102}}{\lambda}(3f_D + f_T) + \frac{0.89}{D_{102}} \tag{8.92}$$

如果忽略不同 β-Ni(OH)$_2$ 之间因点阵参数的差异引起的峰位移，可把有关数据代入

$$0.6122\beta_{101} = 34.4074(3f_D + f_T) + \frac{0.89}{1.973D_{001}}$$

$$0.5827\beta_{102} = 51.4028(3f_D + 3f_T) + \frac{0.89}{1.313D_{001}} \tag{8.93}$$

式中，β_{101}、β_{102} 的单位为弧度，D_{001} 的单位是 Å，均为已知，可求得 f_D、f_T 和 $f_D + f_T$。联立求得结果也列入表 8.9(b)。比较两种方法的计算结果符合较好，特别是 $f_D + f_T$。

表 8.9(a)　一种 β-Ni(OH)₂ 的 X 射线衍射原始数据

hkl	001	100	101	102	110	111	201	202
$\beta_{1/2}$/(°)	0.130	0.191	0.216	0.217	0.283	0.287	0.326	0.330
$B_{1/2}$/(°)	0.606	0.288	1.077	2.090	0.391	0.641	1.260	2.161

表 8.9(b)　一种 β-Ni(OH)₂ 的 X 射线衍射数据的分析结果　　单位：nm

D_{001}	D_{100}	D_{110}	D_{100}/D_{001}	晶粒形状	$f_D/\%$	$f_T/\%$	$f_D + f_T$
17.1	51.9	37.9	7.04				
$D_{odd}=11.6$		$D_{evn}=10.1$		底面平行于六方基面(001)的矮胖柱体	1.1	7.7	8.8
$D_{101}=37.74$		$D_{102}=22.52$			7.7	7.1	9.8

(2) 几种 β-Ni(OH)₂ 的比较[15,19]　　图 8.11 和图 8.13 分别为三种不同来源的 β-Ni(OH)₂ 样品和纳米级 β-Ni(OH)₂ 的 XRD 花样，可见其明显的差异，若干样品的 X 射线粉末的原始数据见表 8.10(a)，按上述简化方法分析结果列于表 8.10(b) 中，很容易看到各样品间的晶粒大小、形状和层错概率的明显差别。

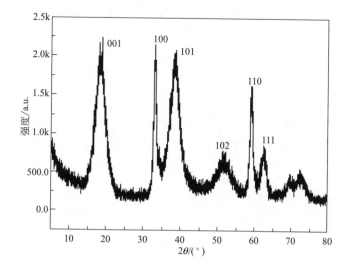

图 8.13　一纳米级 β-Ni(OH)₂ 样品的 X 射线衍射花样

表 8.10(a)   几种 β-Ni(OH)$_2$ XRD 初始数据的 $\beta_{1/2}$

hkl	001	100	101	102	110	111	201	202
$\beta_{1/2}$/(°)	0.130	0.191	0.216	0.217	0.283	0.287	0.326	0.330
*NonAd	0.663	0.304	1.050	1.823	0.389	0.497		
OMG	0.741	0.331	1.014	1.657	0.469	0.663		
KL	0.535	0.558	1.256	1.791	0.860	0.930		
JMCS	0.604	0.292	0.780	1.287	0.390	0.546		
HNXT	0.725	0.319	1.101	1.797	0.522	0.667		
Nano	7.379	0.750	7.469	7.444	0.867	1.669		
▼N$_{75}$C$_{25}$	0.487	0.308	0.590	1.077	0.410	0.591		
φ_z/(°)	0.00	90.00	59.55	40.38	90.00	71.25	77.62	59.55

表 8.10(b)   几种 β-Ni(OH)$_2$ 材料的晶粒形状因子（D_{100}/D_{001}）、形状、层错概率

D_{hkl}/nm	D_{001}	D_{100}	D_{110}	D_{100}/D_{001}	晶粒形状	f_D/%	f_T/%	f_D+f_T
NonAd	17.8	81.6	97.6	7.857	底面平行于六方基面(001)的矮胖柱体	7.01	2.75	7.76
OMG	17.7	67.8	57.2	7.476	同上	7.62	1.73	7.35
KL	22.1	27.0	17.6	1.131	多面体或近等轴晶	7.60	1.20	7.80
JMCS	18.9	91.2	97.9	7.825	底面平行于六方基面(001)的矮胖柱体	2.90	1.69	7.59
HNXT	17.1	72.2	42.5	7.768	同上	7.57	1.76	7.03
Nano	2.4	17.7	17.5	7.125	平行于(001)面扁平盘状	17.15	1.04	17.19
N$_{75}$C$_{25}$	27.1	82.3	79.9	7.279	底面平行于六方基面(001)的矮胖柱体	1.40	2.08	7.48

8.6.5.2 MH/Ni 电池活化前后的对比研究[14～16]

某样品活化前（.raw）、后（.HH.raw）的正极活性材料 β-Ni(OH)$_2$ X 射线衍射花样见图 8.14，其衍射数据列于表 8.11(a) 中。无论是从衍射花样，还是从表 8.11(a) 的数据均可看出，活化的作用是巨大的，衍射线条明显宽化了。按上节的方法处理数据后的结果列于表 8.11(b) 中。由这些结果可知：

表 8.11(a)   三个 β-Ni(OH)$_2$ X 射线衍射原始数据

hkl		001	100	101	102	110	111
2θ/(°)		19.16	33.20	38.67	52.25	59.16	62.55
CS-PTX	活化前	0.783	0.357	1.394	2.507	0.467	0.752
	活化后	0.672	0.514	1.605	2.536	0.833	1.046
OMG	活化前	0.667	0.322	1.288	2.310	0.379	0.592
	活化后	0.628	0.561	1.569	2.658	0.924	1.147
KL	活化前	0.644	0.342	1.336	2.326	0.409	0.656
	活化后	0.560	0.594	1.319	2.305	1.061	1.143

表 8.11(b)　三个 β-Ni(OH)₂ 衍射数据的分析结果

项　目		D_{001}/nm	D_{100}/nm	$\dfrac{D_{100}}{D_{001}}$	D_{101}/nm	D_{102}/nm	$\overline{D}$/×10⁻³	$\overline{\varepsilon}$/×10⁻³	f_D/%	f_T/%	f_D+f_T
CS-PTX	活化前	12.4	33.6	2.792	37.8	28.6			9.35	3.09	13.44
	活化后	17.0	21.3	1.425			27.2	3.284	8.31	2.73	11.04
OMG	活化前	17.1	42.7	2.823	48.9	38.1			8.79	3.73	12.52
	活化后	17.3	19.0	1.165			37.3	3.703	7.11	3.27	11.38
KL	活化前	17.8	38.6	2.446	47.9	23.5			9.87	2.24	12.11
	活化后	19.98	17.67	0.931			57.37	7.961	3.28	3.66	8.94

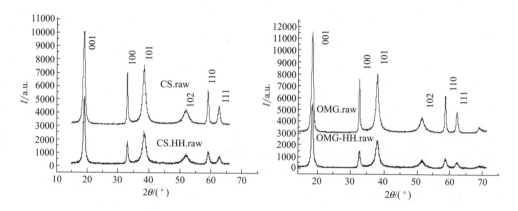

图 8.14　两种样品活化前 (.raw)、后 (.HH.raw) 的
正极活性材料 β-Ni(OH)₂ X 射线衍射花样

①　活化使晶粒明显细化，特别是垂直 c 晶轴方向的尺度大大减小，从而使微晶形状由矮胖的柱状体转化为近乎等轴晶或多面体。

②　由于电池的充放电，发生 β-Ni(OH)₂ $\overset{充电}{\underset{放电}{\rightleftharpoons}}$ NiOOH 的可逆相变，使活化后的 β-Ni(OH)₂ 正极材料存在微应变（微应力）。

③　活化后层错结构发生变化，总层错概率变小。

以上三点是活化前后 β-Ni(OH)₂ 的 XRD 花样发生巨大变化的原因。一般电池活化（或成化）多是充放电 2～3 个循环。那么电池在第一次充放电过程中，电极活性材料的结构和微结构又是如何变化的呢？下面较详细地研究这个问题。

8.6.5.3　充电过程的原位 XRD 观测

用泰州春兰研究院从日本 Rigaku 公司引进的电池充放电原位 XRD 观测装置得到的几个阶段的 XRD 花样示于图 8.15 中。由图可观测到：

①　1C 充电 50%、100% 和 150% 时未观测到 β-NiOOH 相的出现；

②　过充至 480% 才显示有少量的 γ-NiOOH 的存在，并且是 β-Ni(OH)₂ 和

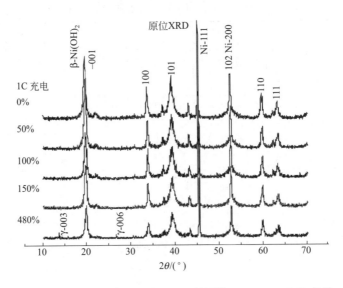

图 8.15　MH/Ni 电池 1C 充电过程的原位（in situ）XRD 花样

γ-NiOOH 两相共存；

　　③ 与后面的充电实验比较可以看到，观测到存在有明显的滞后效应，说明观测面的充电程度明显滞后于电池内部的充电程度，这对进一步研究电极活性材料的精细结构在充放电过程的变化是不利的。

8.6.5.4　充放电过程的准动态研究[26]

　　为了进一步研究 MH/Ni 电池充放电过程中正负极活性材料精细结构的变化，用准动态，即初态、若干个中间态和末态的方法研究正负极活性材料在充放电过程中的变化。

　　充放电几个阶段的正极活性材料 β-Ni(OH)$_2$ 的 XRD 图谱分别示于图 8.16(a)和 (b) 中。从图 8.16(a) 可知，充电至 50% 仍保持 β-Ni(OH)$_2$ 结构，充电达100% 也基本保持 β-Ni(OH)$_2$ 结构，仅在 β-Ni(OH)$_2$ 的 101 衍射峰的低角度一侧出现前述的不对称宽化，另有少量的 γ-NiOOH 相，直至过充电到 480%、960% 都还是 β-Ni(OH)$_2$＋γ-NiOOH 两相共存。

　　为了表征这两相的定量关系，测定了 γ-NiOOH 的 (003) 和 β-Ni(OH)$_2$ 的(001) 衍射峰的积分强度比随过充电百分数的变化，其结果示于图 8.17 中。由图可见，γ-NiOOH 相的含量随过充电百分数的增加而增加。当过充电百分数达960% 时，γ-NiOOH 和 β-Ni(OH)$_2$ 相之比为 0.990。γ-NiOOH 的晶粒度也随着充电百分数的增加而增大，见图 8.18。从图 8.16(b) 可知，放电过程使 γ-NiOOH相溶解，β-Ni(OH)$_2$ 相的晶格严重畸变也逐渐恢复，但并未完全恢复到原来的状态。

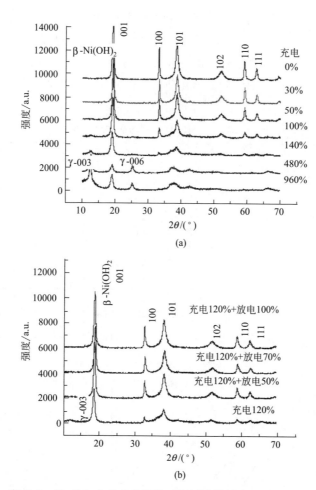

图 8.16　充（a）、放（b）电几个阶段的正极活性材料 β-Ni(OH)$_2$ 的 XRD 图谱

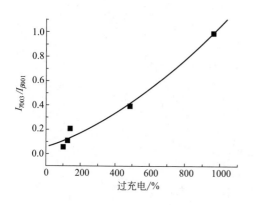

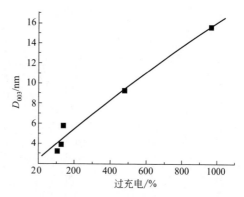

图 8.17　$I_{\gamma\text{-NiOOH-003}} / I_{\beta\text{-Ni(OH)}_2\text{-001}}$ 随过充电百分数的变化

图 8.18　γ-NiOOH 相的 [003] 方向的晶粒度随过充电百分数的变化

β-Ni(OH)$_2$ 相在充电过程中有关晶粒度的数据列入表 8.12 中。从这些数据可知，充电均使晶粒有所细化，D_{100} 的细化程度比 D_{001} 大得多，D_{100}/D_{001} 随充电百分数增加而减少，但并未使矮胖的柱状晶变为近等轴晶，而放电过程变化不大，这说明对活化前后的对比观测到的活化使矮胖的柱状晶变为近等轴晶[15] 是多次充放电的结果。

表 8.12　β-Ni(OH)$_2$ 相的晶粒度数据

项 目	晶粒度/nm	D_{001}	D_{100}	D_{100}/D_{001}
	0	18.3	50.6	2.768
	30	19.0	42.7	2.247
充电百分数/%	50	19.1	47.3	2.319
	100	17.8	21.8	1.473
	120	17.6	19.9	1.363
	50	18.0	27.2	1.511
放电百分数/%	70	17.0	27.1	1.594
	100	18.4	28.5	1.549

平均晶粒度（D_a）、平均微应变（ε_a）和层错概率（$f_D + f_T$）随充放电过程的变化分别示于图 8.19(a)、（b）和（c）中，同样可以看到放电过程的变化趋势与充电过程相反，但并不完全可逆。

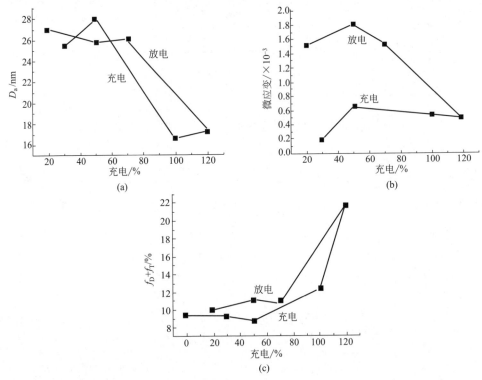

图 8.19　平均晶粒度（a）、平均微应变（b）和层错概率（$f_D + f_T$）（c）随充放电过程的变化

8.6.5.5　MH/Ni 电池在循环过程中 β-Ni(OH)₂ 微结构的变化[16]

室温下循环不同周期后 β-Ni(OH)₂ 的衍射花样示于图 8.20 中，相关晶粒大小的实验数据分析结果列于表 8.13。平均晶粒度、微应变和层错概率随循环次数的变化分别示于图 8.21 和图 8.22。

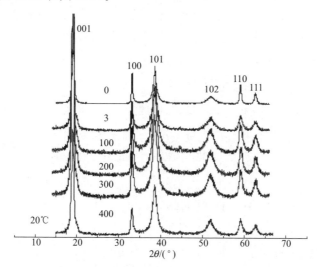

图 8.20　20℃下循环中几个典型阶段的正极材料 β-Ni(OH)₂ 的 X 射线衍射花样

表 8.13　20℃下循环几个典型阶段 β-Ni(OH)₂ 晶粒大小的分析结果

项　　目	D_{001}/nm	D_{100}/nm	D_{100}/D_{001}	晶粒形状
活化前	17.50	29.40	1.782	矮胖柱体
活化后	19.98	17.67	0.931	近等轴晶
循环 100 周期	19.78	17.82	0.901	近等轴晶
循环 200 周期	20.03	17.67	0.882	近等轴晶
循环 300 周期	18.49	18.42	0.996	近等轴晶
循环 400 周期	17.71	18.46	1.105	近等轴晶

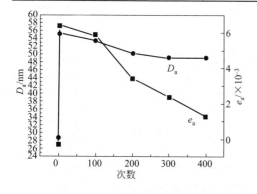

图 8.21　β-Ni(OH)₂ 平均晶粒度、
微应变与循环次数的关系

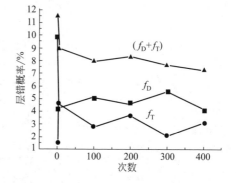

图 8.22　β-Ni(OH)₂ 层错概率与
循环次数的关系

从图 8.20～图 8.22 和表 8.13 可以看出：

① 活化使 β-Ni(OH)$_2$ 晶粒形状发生明显变化，从较矮胖的柱状晶转变为近乎等轴晶，即 D_{100}/D_{001} 从 1.782 变为 0.931；活化使材料存在微应变，生长层错概率 f_T 降低，形变层错概率 f_D 增加，总的层错概率降低。

② 循环使近等轴晶的晶粒进一步细化，微应变变小（见图 8.21），总层错概率降低（见图 8.21）。当这些变化达到一定程度，电池循环寿命终止。上述变化与循环性能有良好的对应关系。

8.6.6　纳米 ZnO 微结构的研究[13,20]

ZnO 属六方结构，P6$_3$mc（No.186）空间群，$a=7.2498$Å，$c=7.2066$Å，$c/a=1.6021$，$Z=2$，故属近密堆六方结构。五个样品按如下配方：

No.1　0.1mol/L Zn(CH$_3$OO)$_2$＋5×10^{-3}mol/L LiOH

No.2　0.1mol/L Zn(CH$_3$OO)$_2$＋5×10^{-3}mol/L LiOH＋0.02g Cr(NO$_3$)·9H$_2$O

No.3　0.1mol/L Zn(CH$_3$OO)$_2$＋5×10^{-3}mol/L LiOH＋0.0306g Mn(CH$_3$OO)$_2$·4H$_2$O

No.4　0.1mol/L Zn(CH$_3$OO)$_2$＋5×10^{-3}mol/L LiOH＋0.0613g Mn(CH$_3$OO)$_2$·4H$_2$O

No.5　0.1mol/L Zn(CH$_3$OO)$_2$＋5×10^{-3}mol/L LiOH＋0.0133g VO(C$_2$H$_7$O$_2$)$_2$

样品制备是把氢氧化锂的乙醇悬浊液加到 65℃ 的醋酸锌和作为掺杂剂的不同过渡金属（Cr、Mn、V）醋酸盐的乙醇溶液中成核，然后在 25℃ 生长到一定尺寸，用乙醇洗涤和去离子水洗涤，最后在 40～50℃ 下干燥 3～4h。得到 ZnO 纳米晶的衍射花样示于图 8.23。其原始数据列于表 8.14 中。

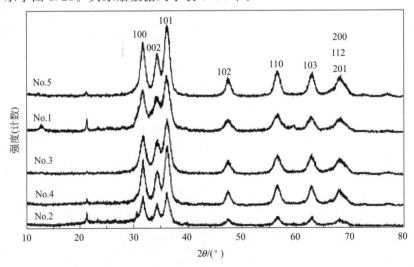

图 8.23　ZnO 的粉末衍射数据，CuK$_{\alpha_1}$，$\lambda=1.54056$Å

表 8.14　纳米 ZnO 的粉末衍射数据，CuK_{α_1}，$\lambda = 1.54056\text{Å}$

hkl		100	002	101	102	110	103
$\beta_0/(°)$		0.106	0.106	0.106	0.106	0.105	0.105
No. 1 无掺杂	$\beta_{1/2}/(°)$	1.289	1.400	1.517	1.658	1.834	1.488
	$2\theta/(°)$	31.685	37.446	37.154	47.396	57.245	62.800
No. 2 1% Cr	$\beta_{1/2}/(°)$	1.082	1.032	1.155	0.916	1.419	1.472
	$2\theta/(°)$	31.702	37.313	37.110	47.305	57.441	62.791
No. 3 5% Mn	$\beta_{1/2}/(°)$	1.351	1.063	1.403	1.359	1.458	1.320
	$2\theta/(°)$	31.696	37.327	37.207	47.426	57.466	62.692
No. 4 10% Mn	$\beta_{1/2}/(°)$	1.112	0.979	1.139	1.215	1.209	1.149
	$2\theta/(°)$	31.746	37.326	37.174	47.431	57.381	62.774
No. 5 1% V	$\beta_{1/2}/(°)$	1.126	1.049	1.230	1.201	1.226	1.217
	$2\theta/(°)$	31.733	37.367	37.228	47.476	57.442	62.853

由密堆六方衍射线线条宽化的特征可知，当 $h-k = 3n \pm 1$ 时，$l =$ 偶数时，衍射线线条严重宽化，而 $l =$ 奇数时，衍射线线条宽化较小。从 ZnO 的 101-102、201-202 条对的数据看，这种情况并不明显，这表明纳米晶 ZnO 的选择宽化不明显。有的 (102) (202) 的半宽度比 (101) (201) 反而小，因此首先忽略当 $h-k = 3n \pm 1$ 时，$l =$ 偶数和 $l =$ 奇数的差异。

为了处理纳米 ZnO 的 XRD 数据，改进 Langford[7] 各向同性球形微晶模型的方法，把式(8.14) 和式(8.48) 代入式(8.49) 中得

$$h-k = 3n \pm 1 \begin{cases} l = \text{偶数} \quad \dfrac{\beta\cos\theta}{\lambda} = \dfrac{0.89}{D} + \dfrac{3f}{2c}\dfrac{\cos\theta}{\lambda} \cdot \cos\phi_z \\[2mm] l = \text{奇数} \quad \dfrac{\beta\cos\theta}{\lambda} = \dfrac{0.89}{D} + \dfrac{f}{2c}\dfrac{\cos\theta}{\lambda}\cos\phi_z \end{cases} \tag{8.94}$$

至此可总结出纳米 ZnO 的 XRD 花样的两个特征：①$hk0$ 和 $h-k = 3n$ 的衍射线仅存在微晶宽化，无层错宽化效应；②对于 $h-k = 3n \pm 1$ 的衍射线，无 $l =$ 偶数和 $l =$ 奇数的层错选择宽化效应。故不考虑 $l =$ 偶数和 $l =$ 奇数的差别，且贡献是等效的。将式(8.94) 写为：

$$\frac{\beta\cos\theta}{\lambda} = \frac{0.89}{D} + \frac{1}{2c}\frac{\cos\theta}{\lambda} \cdot \cos\phi_z \cdot 2f \tag{8.95}$$

令

$$\begin{cases} Y = \dfrac{\beta\cos\theta}{\lambda} \qquad\qquad a = \dfrac{0.89}{D} \\[3mm] X = \dfrac{\cos\theta}{2c\lambda}\cos\phi_z \qquad F = 2f \end{cases} \tag{8.96}$$

则重写式(8.95) 得：

$$Y = a + FX$$

类似式(8.56)～式(8.60) 的推导得

$$D = 0.89 \times \frac{n\sum X^2 - (\sum X)^2}{\sum X^2 \sum Y - \sum X \sum XY} \tag{8.97}$$

$$F = \frac{n\sum XY - \sum X \sum Y}{n\sum X^2 - (\sum X)^2} \tag{8.98}$$

表 8.14 中数据计算结果列入表 8.15 中，比较可知，样品制备工艺完全相同，仅掺杂种类和浓度不同，涉及元素的原子半径如下：

	Zn	Cr	Mn	V
原子半径/Å	1.333	1.249	1.366	1.311

表 8.15　ZnO 主要晶面法线方向的纳米晶尺度数据处理结果

项　目	D_{100} /nm	D_{002} /nm	D_{110} /nm	$\dfrac{D_{100}}{D_{002}}$	$\bar{D} \pm \sigma$ /nm	a /Å	c /Å	$\bar{D}$ /nm	f /%
No.1 无掺杂	7.9	7.4	7.2	1.078	7.2±0.9	7.2760	5.2164	5.93	−0.48
No.2 1% Cr	8.4	8.9	7.8	0.944	8.0±1.1	7.2190	5.1540	11.95	11.96
No.3 5% Mn	7.6	8.6	7.6	0.767	7.3±1.2	7.2593	5.2241	9.10	10.50
No.4 10% Mn	8.1	9.4	8.1	0.862	8.5±0.7	7.2569	5.2069	8.28	0.503
No.5 1% V	8.0	8.7	7.9	0.919	8.2±0.4	7.2536	5.2008	9.65	7.38

比较表 8.15 的数据知：

① 五个 ZnO 样品为多面体或近等轴晶。从总的趋势看，晶粒尺度因掺杂不同而略显不同，掺杂使纳米晶的平均尺度和各主要晶体学方向 [100]、[002]、[110] 的尺度都变大，这意味着掺杂阻碍纳米晶的变小，但遏制了杂相的生成，层错概率因掺杂不同相差很大。

② 无论掺杂原子半径大于或小于 Zn 的原子半径，均使点阵参数 a 变小，主要影响点阵参数 c，原子半径大于 Zn 的 Mn 使 c 增大，而过多的 Mn 又导致杂相的生成。原子半径小于 Zn 的 Cr 和 V 则使 c 变小。

8.6.7　Mg-Al 合金的微结构研究

Mg-Al 合金有着广泛的应用。为了提高合金的抗腐蚀性能，可在合金中添加某些合金元素，如 Ca 或稀土等。为了研究这些元素在合金中某种行为，进行这些添加元素对合金微结构影响的研究。两个典型样品的 XRD 花样示于图 8.24 中。由图可知：①合金由 Mg 基固溶体（标有 *hkl* 的）和 $Mg_{17}Al_{12}$（*号所示）两相组成，加 Ca 能抑制 $Mg_{17}Al_{12}$ 相的析出，但出现其他少量相；②加 Ca 合金的衍射线明显较窄，其有关数据列入表 8.16(a)。为了分析和处理这些数据，先讨论微结构的存在状态。合金的金相组织观察表明，晶粒大小在微米量级，不应该存在微晶宽化效应。铸态和挤压后存在残余应变是可能的。Mg 及其固溶体合金均属密堆六方结构，存在堆垛层错是可能的。但从表 8.16(a) 的 *FWHM* 数据可知，它们与上节研究的纳米晶 ZnO 一样，选择宽化并不明显，故类似式(8.92) 有

$$\frac{\beta\cos\theta}{\lambda}=\frac{1}{2c}\times\frac{\cos\theta}{\lambda}\cos\phi_z\times 2f+\varepsilon\,\frac{4\sin\theta}{\lambda} \tag{8.99}$$

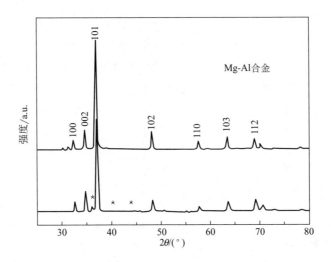

图 8.24　铸态 Mg-Al 合金的 XRD 花样，未添加（下）和添加 3%Ca（上）

表 8.16（a）　　Mg-Al 合金的 XRD 原始数据

hkl			100	002	101	102	110
$2\theta/(°)$			32.594	37.818	37.863	48.104	57.805
$\beta_0/(°)$			0.107	0.107	0.106	0.110	0.100
材料及其状态			*FWHM*/(°)				
铸态	10	未加	0.351	0.346	0.364	0.474	0.572
	11	3%Ca	0.262	0.255	0.286	0.331	0.402
挤压后	20	未加	0.286	0.274	0.336	0.419	0.521
	22	3%Ca	0.194	0.231	0.255	0.185	0.412
铸态	07-1	未加	0.353	0.260	0.348	0.403	0.439
	07-2	1%RE	0.300	0.262	0.391	0.365	0.522
	07-3	0.5%Sr	0.264	0.255	0.297	0.348	0.482
	07-4	1%RE+1%RE	0.242	—	0.217	0.323	0.408

表 8.16(b)   计算结果

微结构参数			$f/\%$	$\varepsilon/\times10^{-4}$
铸态	10	未加	7.24	-1.4
	11	3%Ca	1.95	-2.8
挤压后	20	未加	7.90	-1.4
	22	3%Ca	7.19	-1.4
铸态	07-1	未加	7.10	-2.9
	07-2	1%RE	7.46	-7.3
	07-3	0.5%Sr	7.40	-1.4
	07-4	1%RE+0.5%RE	2.41	-0.0

从原理上讲，可用（100）、（002）和（110）等线的 $FWHM$ 数据求得 $\bar\varepsilon$，然后代入式(8.83)用（101）和（102）的 $FWHM$ 数据，即可求得 f。但计算结果表明，直接把 $\bar\varepsilon$ 对宽化的贡献分配给（101）或（102）线是不合理的。故

$$令\quad\begin{cases} Y=\dfrac{\beta\cos\theta}{\lambda} & Z=\dfrac{4\sin\theta}{\lambda} \\ X=\dfrac{\cos\theta}{2c\lambda}\cos\phi_z & F=2f, A=\varepsilon \end{cases}\qquad(8.100)$$

于是可用表 8.16(a) 中（101）和（102）线条的数据计算 f 和 ε，结果列入表 8.16(b)。由这些结果比较可知：

① 无论是铸态还是挤压后，加 Ca 都使合金的层错概率 f 减小；

② 单加混合稀土（RE）效果不明显，当加 0.5%Sr 或加 1%RE+0.5%Sr 时，也均能使合金的层错概率 f 减小；

③ 合金无论是铸态还是挤压后都存在残余压应变。这一重要结果说明，这类添加元素能提高合金的层错能，降低合金的层错概率，从而明显提高合金的抗腐蚀性能。

8.6.8   石墨堆垛无序度的研究[21,22]

8.6.8.1   2H-石墨 XRD 花样的初步观测

首先观测一个十分典型的 2H-石墨的 X 射线衍射花样（见图 8.25），可见各衍射线的宽化是不一致的，换言之，存在选择宽化的现象。其衍射数据列入表 8.17，分析这些数据可知：

① 当 $h-k=3n$ 或 $hk0$，如像 002、100、004、110、112、006 等，其 $\beta\cos\theta$ 值，除 112、006 外，都大致相近，而 $\beta\cot\theta$ 值却相差较大，表明这些线条仅存在微晶宽化效应，至于各线条间 $\beta\cos\theta$ 有些不同，说明晶格形状并非球形，而呈多面体形状，各 hkl 晶面法向晶粒尺度数据 D_{hkl}（见表 8.17 最后一行）说明这一点；

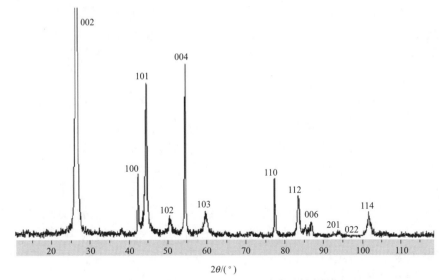

图 8.25　典型的 2H-石墨的 X 射线衍射花样

表 8.17　XRD 数据及分析

hkl	002	100	101	102	004	103	110	112	006
$2\theta/(°)$	27.475	42.342	47.474	50.565	57.602	59.889	77.430	87.526	87.029
$FWHM/(°)$	0.242	0.218	0.409	0.883	0.240	0.892	0.169	0.430	0.386
I/I_1	100	1.1	7.4	1.0	7.2	1.5	1.1	1.8	0.6
$\beta_{1/2}/(°)$	0.110	0.106	0.106	0.105	0.105	0.105	0.104	0.103	0.103
$\beta/\times10^{-3}\,\mathrm{rad}$	2.3038	1.9548	5.2883	17.5787	2.3562	17.7357	1.1345	5.7072	7.9393
$\beta\cos\theta/\times10^{-3}$	2.2426	1.8228	7.8950	12.2780	2.0937	11.9021	0.8852	7.2570	7.5820
$\beta\cot\theta/\times10^{-3}$	9.7934	7.0460	12.9347	28.7487	7.5648	28.7264	7.0676	7.3941	12.7645
D_{hkl}/nm	61.1	77.2	28.0	11.2	67.5	11.5	157.8	32.2	38.3

② 当 $h-k=3n\pm1$，衍射线宽化效应比 $h-k=3n$ 的衍射线大得多，这表明 2H-石墨 XRD 花样中存在明显选择宽化效应；

③ 当 $h-k=3n\pm1$，$l=$ 偶数（如 102）衍射线的宽化效应又明显大于 $l=$ 奇数（如 101）。

上述三点，Hang、Reimers 和 Dahn[23] 在用全谱拟合法测定无序度（P）和用 d_{002} 与 P 之间的关系求石墨化度（g）时都未引起注意，或者是无意中忽略了上述三点实验事实。

8.6.8.2　六方石墨的堆垛无序模型[21]

（1）六方石墨中的堆垛无序　可以这样说，几乎绝大多数碳材料，其结构的基本单位是碳原子组成的六角网平面，不同结晶态的碳材料就是这种六角网平面扩展或重叠堆垛而成的。在理想的石墨中，六角网格面按记号 ABAB⋯或 ABCABC⋯规则沿六角网格面的法线方向堆垛，前者即六方结构的 2H-石墨，属 P_{63}/mmc（No.194）空间群，后者为菱形结构的 3R-石墨，属 3R（No.146）空间群，其点阵参数：

2H-石墨　$a=2.4612\text{Å}$　$c=7.7078\text{Å}$　$c/a=2.7254$

3R-石墨　$a=2.4612\text{Å}$　$c=10.618\text{Å}$　$c/a=7.3945$

然而在实际生产并经 2800℃ 石墨化处理后，2H-石墨总会存在非理想的 ABAB… 的堆垛，如：

① ABABCB…CBCBABAB…堆垛，又出现两个堆垛无序（stacking disorder），或称堆垛层错（stacking faults），分别记为 P_{AB} 或 F_{AB}；

② ABABCAB…ABCABAB…堆垛，又出现两个堆垛无序，可记为 P_{ABC} 或 F_{ABC}。

上述两种堆垛层错类似于密堆六方（理想密堆六方的 $c/a=1.633$）的生长层错和形变（孪生）层错。

由于层错的存在，使 XRD 花样衍射线条产生宽化效应，在 2H-石墨中存在微晶-层错二重宽化效应，因此能用分离微晶-堆垛层错二重宽化效应的方法来处理数据和研究问题。

(2) 编者改进的 Langford 方法　重写式(8.96)，并把 f 换成 P 则有

$$h-k=3n\pm1\begin{cases}l=偶数 & \dfrac{\beta\cos\theta}{\lambda}=\dfrac{0.89}{D}+\dfrac{1}{2c}\dfrac{\cos\theta}{\lambda}\cdot\cos\phi_z\cdot3P \\[3mm] l=奇数 & \dfrac{\beta\cos\theta}{\lambda}=\dfrac{0.89}{D}+\dfrac{1}{2c}\dfrac{\cos\theta}{\lambda}\cos\phi_z\cdot P\end{cases} \tag{8.101}$$

由式(8.48) 和式(8.50) 可知：① $h-k=3n$ 或 $hk0$，无层错宽化效应；② $h-k=3n\pm1$，$l=$偶数的线条严重宽化，而 $l=$奇数的线条宽化较小。

$$令 Y=\frac{\beta\cos\theta}{\lambda}\quad X=\frac{1}{2c}\cdot\frac{\cos\theta}{\lambda}\cdot\cos\phi_z\quad a=\frac{0.89}{D}$$

$$\begin{matrix}f=3P & l=偶数\\ f=P & l=奇数\end{matrix} \tag{8.102}$$

于是可用式(8.65) 求得 D 和 P。

(3) 求解 P_{AB} 和 P_{ABC} 的最小二乘方法[21]　重写式(8.62) 并把 f_D 换成 P_{AB}，f_T 换成 P_{ABC} 得：

$$h-k=3n\pm1\begin{cases}l=偶数 & \dfrac{\beta\cos\theta}{\lambda}=\dfrac{2l}{\pi}\left(\dfrac{d}{c}\right)^2\dfrac{\sin\theta}{\lambda}(3P_{AB}+3P_{ABC})+\dfrac{0.89}{D} \\[3mm] l=奇数 & \dfrac{\beta\cos\theta}{\lambda}=\dfrac{2l}{\pi}\left(\dfrac{d}{c}\right)^2\dfrac{\sin\theta}{\lambda}(3P_{AB}+P_{ABC})+\dfrac{0.89}{D}\end{cases} \tag{8.103}$$

$$令\quad Y=\frac{\cos\theta}{\lambda}\qquad A=\frac{0.89}{D}$$

$$X=\frac{2l}{\pi}\left(\frac{d}{c}\right)^2\frac{\sin\theta}{\lambda}\quad P=\begin{matrix}l=偶数 & 3P_{AB}+3P_{ABC}\\ l=奇数 & 3P_{AB}+P_{ABC}\end{matrix} \tag{8.104}$$

于是可用分离微晶-层错二重效应的式(8.62) 求解。只要 $l=$偶数和 $l=$奇数的衍

射线条 n_{even}，$n_{\text{odd}} \geqslant 2$，就能求解得 D_{even}、P_{even}、D_{odd}、P_{odd}，如果联立

$$\begin{cases} P_{\text{even}} = 3P_{\text{AB}} + 3P_{\text{ABC}} \\ P_{\text{odd}} = 3P_{\text{AB}} + P_{\text{ABC}} \end{cases} \tag{8.105}$$

求得 P_{AB} 和 P_{ABC}。

　　从图 8.25 和表 8.17 中可以看出，在 2H-石墨中 $h-k=3n\pm1$，$l=$ 奇数时，有（101）和（103）线条，在 $l=$ 偶数时，只有（102）线条，而（022）（或 202）线条由于消光或强度太弱而不出现；有时特别是堆垛无序度较大时也难获得（102）和（103）线条的可信的 $FWHM$。这种情况下，如果微晶的形状为多面体或近等轴晶，D_{002}、D_{100}、D_{004} 大致相等，则求：

$$\overline{D} = \frac{D_{002} + D_{100} + D_{004}}{3} \tag{8.106}$$

用下面公式

$$\frac{\beta_{101} \cos\theta_{101}}{\lambda} = \frac{0.89}{\overline{D}} + \frac{1}{2c} \times \frac{\cos\theta_{101}}{\lambda} \cos\phi_{101} \times 2P \tag{8.107}$$

$$\frac{\beta_{101} \cos\theta_{101}}{\lambda} = \frac{0.89}{\overline{D}} + \frac{2}{\pi}\left(\frac{d_{101}}{2c}\right)^2 \frac{\sin\theta_{101}}{\lambda}(3P_{\text{AB}} + P_{\text{ABC}}) \tag{8.108}$$

$$\frac{\beta_{102} \cos\theta_{102}}{\lambda} = \frac{0.89}{\overline{D}} + \frac{4}{\pi}\left(\frac{d_{102}}{2c}\right)^2 \frac{\sin\theta_{102}}{\lambda}(3P_{\text{AB}} + 3P_{\text{ABC}}) \tag{8.109}$$

可分别求得 P、$(3P_{\text{AB}} + P_{\text{ABC}})$ 和 $(P_{\text{AB}} + P_{\text{ABC}})$。

　　(4) 2H-石墨堆垛无序度的测定[21,22]　　为了对 2H-石墨中堆垛无序度进行实验研究，用铜靶，DS=1/6°，SS=1/6°，RS=0.3mm，阶宽 0.05°，每步记录时间为 0.9s 的定时计数（FT）模式获得 X 射线衍射花样，三个典型的花样示于图 8.26。相比之下的明显差别是：①SOFMP 8D 的线形最好，宽化效应最小，SCB-

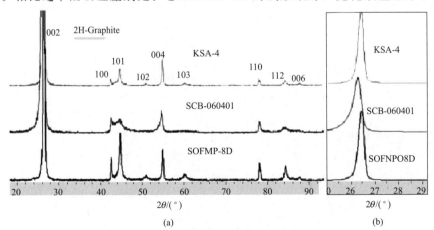

图 8.26　三个典型的 2H-石墨的 X 射线衍射花样（a）和局部放大（b）

060401 的线形最差，宽化最严重。100 和 101 已不能分开，103 已淹没在背景中，说明该样品堆垛无序度最大，石墨化度最低。②相对应（002）峰位向低角度方向位移［见图 8.26(b)］。

为了详细地研究和测定实际样品的堆垛无序，表 8.18 列出 8 个样品的原始数据和为了计算所必要的数据。其中，$\beta(°)$ 是用 Jade6.5 程序扣除背景除去 $K_{\alpha 2}$ 成分，并经 Refine 获得的，$\beta^0_{1/2}$ 是在同样扫描情况下标准硅的 β 和 2θ 关系内插法获得的，称为仪器宽化。

表 8.18　8 个样品的原始数据和为了计算必要的有关数据

hkl		002	100	101	102	004	103	
$d/\text{Å}$		7.3756	2.1386	2.0390	1.8073	1.6811	1.5478	
$2\theta/(°)$		27.47	42.34	47.47	50.56	57.60	59.89	
$\beta^0_{1/2}/(°)$		0.110	0.106	0.106	0.105	0.105	0.105	
$\phi_2/(°)$		0.000	90.000	77.321	77.115	0.000	77.205	
$\cos\theta$		0.9734	0.9325	0.9256	0.9042	0.8885	0.8665	
$\cos\phi_2$				0.2195	0.2737		0.2889	
$\dfrac{\cos\phi_2}{2c}\cdot\dfrac{\cos\theta}{\lambda}/\times10^{-3}$				9.8061	11.9447		12.0824	
$\dfrac{2l}{\pi}\left(\dfrac{d}{c}\right)^2\dfrac{\sin\theta}{\lambda}/\times10^{-3}$				17.3776	28.3974		32.7863	
SCFMP-051024　No. 1	$\beta_{1/2}/(°)$	0.289	0.248	0.603	1.397	0.273	1.369	
	$D_{hkl}/\text{Å}$	450.9	597.3			467.6		
SCFMP-051108　No. 2	$\beta_{1/2}/(°)$	0.242	0.239	0.444	1.296	0.233	0.903	
	$D_{hkl}/\text{Å}$	611.4	637.4			690.7		
SCFMP-051111　No. 3	$\beta_{1/2}/(°)$	0.242	0.218	0.384	0.812	0.240	0.891	
	$D_{hkl}/\text{Å}$	611.4	752.2			657.9		
SNHT-051207　No. 4	$\beta_{1/2}/(°)$	0.267	0.214	0.572	1.303	0.311		
	$D_{hkl}/\text{Å}$	517.0	780.0			429.2		
FSN-HE-060402　No. 5	$\beta_{1/2}/(°)$	0.221	0.173	0.479		0.217	0.614	
	$D_{hkl}/\text{Å}$	727.1	1257.3			789.3		
SCFMP-8D　No. 6	$\beta_{1/2}/(°)$	0.248	0.245	0.477	1.072	0.252	1.06	
	$D_{hkl}/\text{Å}$	587.8	607.1			601.4		
FSN-HE-060401　No. 7	$\beta_{1/2}/(°)$	0.274		0.395		0.263	0.390	
	$D_{hkl}/\text{Å}$	492.1				559.5		
KS-44　No. 8	$\beta_{1/2}/(°)$	0.233	0.228	0.535		0.222	0.689	
	$D_{hkl}/\text{Å}$	657.1	690.5			757.6		

8 个样品的分析计算结果归于表 8.19 中，为了比较也将 Hang 等全谱拟合和 d_{002} 直线计算的结果也列于表 8.19 中。仔细比较可知：

表 8.19　实验数据分析结果和 P_{WSF}、$P_{d_{002}}$ 的比较

样品名称	No.	$\overline{D}$ /nm	按式(8.107) 计算	按式(8.108)和式(8.109)计算			全谱拟合法	d_{002} 直线法[24]
			$P/\%$	$P_{AB}/\%$	$P_{ABC}/\%$	$P_{AB}+P_{ABC}/\%$	$P_{WSF}/\%$	$P_{d_{002}}/\%$
SCHMP-051024	1	50.39	7.04	8.21	5.25	17.46	10.6	9.1
SOFMP-051108	2	67.51	7.36	11.52	1.18	12.70	7.8	7.2
SCFMP-051111	3	67.28	5.52	7.78	2.17	7.95	7.5	7.3
SNHT-051207	4	57.44	11.34	7.28	5.31	12.59	11.5	9.9
			按式(8.107)计算 /%	按式(8.108)计算 /%		全谱拟合法 /%	d_{002} 直线法 /%
			P	$3P_{AB}+P_{ABC}$		P_{WSF}	$P_{d_{002}}$
FSN-HE-060402	5	92.46	10.02	20.51		7.9	1.9
SOFMP-8D	6	59.74	8.16	17.70		7.0	5.5
FSN-HE-060401	7	52.58	7.58	9.35		10.1	1.2
KS-44	8	70.07	10.97	22.45		12.1	2.9

① 除个别样品外，改进的 Landford 方法［式(8.108)］的计算结果（P）基本与 P_{WSF} 相符，只有当 100 与 101 两衍射峰不能很好分开，才产生较大的差别。

② 当能获得 101 和 102 可信的半高宽数据时，按编者提出的方法，求得 $P_{AB}+P_{ABC}$ 结果也与 P_{WSF} 符合较好；当只有 101 而无 102 的数据时，只能求得 $3P_{AB}+P_{ABC}$，而无法求得无序度（$P_{AB}+P_{ABC}$）。

③ 所求得的 P、$P_{AB}+P_{ABC}$ 和 P_{WSF} 都能揭示不同样品间堆垛无序度的差异，换言之，三种方法的计算结果的趋势是一致的。

④ d_{002} 方法虽然较简单，但结果不甚可信，特别是用直线关系时。

(5) 锂离子电池充放电过程中 2H-石墨微结构的变化[25]　　锂离子电池 2H-石墨/Li(Ni$_{1/3}$Co$_{1/3}$Mn$_{1/3}$)O$_2$ 在充放电过程中，由于 Li 离子嵌入 2H-石墨和脱嵌，2H-石墨的微结构会发生变化。忽略晶粒细化，则可用微应变-层错二重效应处理数据，其结果示于图 8.27 中，可见充电从开始到一定时候，2H-石墨中的微应变 ε 和层错概率（无序度）P 随 Li 的嵌入量 x 的增加而增大，然后出现拐点，开始变小，拐点的位置也不对应。这表明应变 ε 和无序度 P 的产生不仅因 Li 原子的嵌入，还伴随着其他的变化；在放电的初期，ε 随脱嵌量的增加而变小，但 P 反而增大。然后出现拐点后，ε 增加，P 反而变小。

8.6.9　应用小结

实际应用发现，由于不同的纳米材料的结构不同，制备的方法不同，微结构的存在状态也不同，数据分析和处理方法也不尽相同。故应对不同情况，合理应用分离微晶-微应力、微晶-层错、微应力-层错二重和微晶-微力-层错三重 X 射线衍射宽化效应的一般理论和方法显得十分重要。

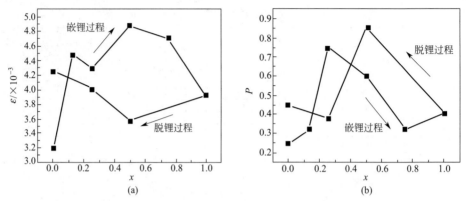

图 8.27　石墨的微应变 ε(a) 和堆垛无序度 P(b) 随嵌锂量 x 的变化

实际应用还发现，所提出的分离多重宽化效应的方法，能用于评价和研究纳米材料及其在使用过程中微结构的变化，从而把材料性能与微结构参数联系起来，建立性能与结构之间的关系，并已获得不少有益结果[26,27]。

参 考 文 献

[1]　Klug H P，Alexander L E. X-ray Diffraction Procedure for Polycrystalline and Amorphous Materials. John Wiley & Sons，1974：618-708.

[2]　王英华. X 光衍射技术基础. 北京：原子能出版社，1987：258-274.

[3]　邱利，胡王和. X 射线衍射技术及设备. 北京：冶金工业出版社，1998：121-187.

[4]　Materials Data Inc. Jade 7.0 XRD Pattern Processing. USA：Materials Data Inc，2004.

[5]　杨传铮，张建. X 射线衍射研究纳米材料微结构的一些进展. 物理学进展，2008，28（3）：280-313.

[6]　Warren B E. X-Ray diffraction. Reading，Massachusetts，Menlo Park，California，London：Addison-Wesley，1969：275-313.

[7]　Langford J I，Bouitif A，et al. The use of pattern decomposition to study the combined X-ray diffraction effects of crystallite size and stacking faults in Ex-oxalate zinc oxide. J Appl Cryst，1993，26（7.7.1）：22-32.

[8]　钦佩，娄豫皖，杨传铮等. 分离 X 射线衍射线多重宽化效应的新方法和计算程序. 物理学报，2006，55（3）：1325-1335.

[9]　娄豫皖，马丽萍，李晓峰等. MH-Ni 电池中稀土贮氢合金微结构研究. 有金属材料与工程，2006，55（7.7.3）：412-417.

[10]　汪保国，李志林，杨传铮等. AB5 储氢合金微观结构 X 射线衍射正确表征. 电源技术，2006，30（12）：1013-1016.

[11]　程利芳，杨传铮，蒲朝辉等. 面心立方纳米材料中微结构的 X 射线衍射表征. 科学研究月刊，2008，8（8）：54-57.

[12]　杨传铮，蒲朝辉，李志林. 纳米镍粉的制备和微结构的 X 射线衍研究. 纳米科技，2009，6（2）：2-7.

[13]　Pu Zhaohui，Yang Chuanzheng，Chen Lifang，et al．X-Ray Diffraction Characterization and Study of the Microstructure in hexagonal close-packed Nano Material．Powder Diffraction，2008，23（3）：213-223；纳米科技，2007，（6）：55-66．

[14]　Lou Yu wan，Yang Chuan zheng，Ma Li ping，et al．Science in China，ser．E：Technological Science，2006，49（7.7.3）：297-312．

[15]　娄豫皖，杨传铮，马丽萍等．2006 中国科学，E 辑：技术科学，2006，36（5）：467-482．

[16]　娄豫皖，杨传铮，夏保佳．镍氢电池的循环性能与电极材料微缺陷的研究．化学学报，2008，66（10）：1173-1180．

[17]　娄豫皖，杨传铮，夏保佳．MH/Ni 电池中电极材料 β-Ni(OH)$_2$ 添加剂效应的研究．电源技术，2009，33（6）：449-453．

[18]　娄豫皖，杨传铮，夏保佳等．MH-Ni 电池储存前后性能与正负极材料的对比研究．电池，2008，38（5）：270-274．

[19]　娄豫皖，杨传铮，夏保佳．MH/Ni 电池用 β-Ni(OH)$_2$ 的 XRD 表征和综合评价．电源技术，2008，32（6）：392-397．

[20]　程国峰，杨传铮，黄月鸿．密堆六方纳米 ZnO 的 X 射线衍射表征与分析．无机材料学报，2008，23（7.7.1）：199-202．

[21]　李辉，杨传铮，刘芳．测定六方石墨堆垛无序度的 X 射线衍射研究新方法．中国科学，B 辑：化学，2008，38（9）：755-850；Liu Hui，Yang Chuan zheng，Liu Fang．Novel method for determining stacking disorder degree in hexagonal graphite by X-ray diffraction．Science in China，Series B：Chemistry，2009，52（2）：117-180．

[22]　李辉，杨传铮，刘芳．碳电极材料石墨化度和堆垛无序度的 X 射线衍射研究．分析技术学报，2008，23（2）：161-167．

[23]　Hang Shi，Reimers J N and Dahn J R．Strcture-Refinement Program for Disordered Carbons．J Appl Cryst，1993，26：827-836．

[24]　Franklin R E．Acta Cryst，1950，3：107-121，158-159；Acta Cryst，1951，4：253-261；Proc R Soc，London sel，A 209：196-212．

[25]　李佳，杨传铮，张建等．石墨/Li（Ni$_{1/3}$Co$_{1/3}$Mn$_{1/3}$）O$_2$ 电池嵌脱锂物理机制的研究．物理学报，2009，58（6）：682-690．

[26]　杨传铮，娄豫皖，李玉霞等．MH-Ni 电池电极活性材料精细结构与电池性能关系研究的一些进展．物理学进展，2009，29（1）：108-126．

[27]　李玉霞，杨传铮，娄豫皖，夏保佳．MH/Ni 电池充放电过程导电物理机制的研究．化学学报，2009，67（9）：901-909．

第**9**章
Rietveld 结构精修原理与方法

　　详细而准确地揭示材料中原子的组成、位置、占有率及能量状态，有助于更有效地揭示材料的性能，改进生产工艺和扩大其应用范围。这些参数通常借助电子、中子及其他电磁辐射的散射、衍射所提供的二维倒易空间信息来得到，但往往要求样品为单晶。一般地，单晶分析对样品要求极为严格，需大量的人力物力去培养符合实验要求的单晶样品。但许多在实践上有重大意义的材料，是很难获得这些实验所要求的单晶；而且，多晶材料在实践上有广泛的应用，一些性质也只有在很细的多晶粉末中才表现出来。因此，准确地揭示多晶材料中原子的排布规律无论是在实践上还是在理论上都具有极其重要的意义。

　　粉末衍射全谱中包含着极其丰富的来自衍射体的信息，如晶体结构和微结构信息。利用粉末衍射数据分析的最大困难是数据的分辨率低。粉末衍射将三维倒易空间的信息压缩成一维衍射花样，衍射峰会出现重叠，特别是那些对结构分析有重要意义的小面间距的高角度数据重叠更为严重。因此，过去利用粉末衍射数据进行结构分析，都是采用尝试法，对高对称晶系和特殊结构才有效，成功率非常低。

　　近几十年来，随着仪器分辨率的提高和衍射数据处理新方法的引入，粉末衍射的应用领域得到极大的拓展，人们已能较成功地提取衍射谱中所包含的多种信息。利用高分辨 X 射线和中子衍射仪收集数据，加上正确的数据处理方法和晶体结构分析方法，如直接法和最大熵方法，晶体结构分析的结果可以和单晶衍射的相媲美；而且还能同时得到大量的微结构信息。在许多中等复杂的晶体结构分析中，粉末衍射成为首选手段。粉末衍射图谱中最终所不能分辨的是那些严格重叠的 Friedel 对极高对称晶系的几何等效衍射[1]。

　　X 射线粉末衍射全谱图拟合的 Rietveld 方法[2,3] 是近些年来最受重视的粉末衍射数据处理方法。特别是由于它在材料科学研究中有着许多实际的重要应用而备受青睐。目前，利用普通实验室 X 射线粉末衍射数据的 Rietveld 方法不仅可用于常规的无机材料、矿物、有机材料及生物材料的晶体结构及微结构分析，还可用于薄膜材料的结构分析，这为揭示材料结构与性能的关系和改进制备工艺提供了一种可靠的方法[4～9]。

9.1　Rietveld 方法的发展史

Rietveld 方法是由 Rietveld 在 20 世纪 60 年代末提出的一种对粉末衍射全谱图拟合来进行晶体结构修正的方法。

1964 年，Rietveld 在利用多晶中子衍射数据进行晶体结构分析中，发现低对称晶系的衍射峰严重重叠。虽然通过增加波长，消除高次衍射峰等方法能提高数据的分辨率，但问题没有得到有效的解决[10]，他们还尝试过采用一组峰而不用单峰强度数据，以高斯函数对重叠峰进行拟合，这也只对重叠不太严重的衍射数据才能较好地解决问题[11]。

考虑到采用步进扫描强度数据可使数据量大大增加，Rietveld 开始在粉末衍射实验中采用等步长的步进扫描方法，收集每一点的衍射强度数据[2]。他同时还编制了处理这种数据的计算机程序[3]。这是最早的 Rietveld 方法计算程序。由于受当时计算机容量的限制，仅只是一个衍射峰峰形拟合程序，拟合的参数也有限。这个程序中，强度数据是要经过背景扣除的，对低衍射角峰的非对称性也能进行校正。在性能更好的计算机出现后，Rietveld 编制了能同时对结构参数和峰形参数进行修正的程序[12]，并广泛分发。这标志着真正的 Rietveld 方法的诞生。后来的 Rietveld 方法计算程序多基于该程序。

Rietveld 方法正式公开于 1966 年在莫斯科举行的第七届国际晶体学大会[13]上，但当时的反应并不强烈，甚至可以说没有人注意。直到 1969 年 Rietveld 方法正式出版，人们才渐渐的给予重视。Rietveld 方法当时主要用于粉末中子衍射的晶体结构分析中。到 1977 年，共有 172 个晶体结构由 Rietveld 方法精修确定[14]。

Rietveld 方法用于处理波长色散 X 射线多晶衍射数据后，才真正使 Rietveld 方法得到飞跃发展并引起越来越多人的重视。随后，Rietveld 方法又拓展到能量色散 X 射线衍射强度数据处理及晶体结构分析中。Rietveld 方法的应用不断增长。图 9.1 给出的是以 Rietveld 为主题检索的历年 SCI 文章数，可见最近几十年一直处于直线上升状态。

Rietveld 最大贡献在于他认识到如果单纯地采用衍射积分强度数据，许多信息将会丢失，他第一个尝试利用粉末衍射图谱的所有信息并将他所编制的程序与他人分享。他的贡献使人们将这种基于步进粉末衍射全图拟合的晶体结构方法称为 Rietveld 方法。

现在，Rietveld 计算程序有多种版本，主要的有：GSAS[15]，即综合结构分析系统，由 C. Larson 和 V. Dreele 编制，可用于多套来源不同的数据，能提

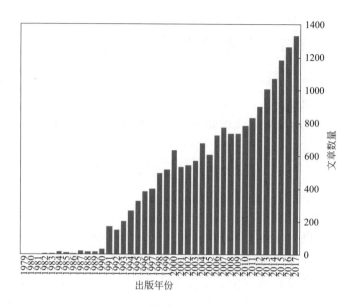

图 9.1　利用 Rietveld 作为主题检索到的 SCI 文章数

供微结构分析结果；DBWS[16] 系列，作者是 S. Sakthivel 和 R. A. Young，是标准的 Rietveld 分析程序；RIETAN[17]，作者 F. IZUNI，是日本通用的程序，它能提供不同的算法；XRS-82[18]，作者 C. Baerlocher，它包括了 Rietveld 计算、晶体结构计算，并能引入晶体学限制条件。这些软件中，常用的是 GSAS，其他软件的应用则具有地区分布性。此外，目前最被广泛应用的通用型软件除了 GSAS 外，还有 Fullprof 和 TOPAS。Fullprof 是基于 Win-PLOTR 软件提供的 GUI 交互界面，而 GSAS 的 GUI 交互界面采用 Brian Toby 的 EX-PGUI。TOPAS 则是布鲁克公司开发的提供宏语言的基本参数 Rietveld 法的商用软件。

9.2　Rietveld 方法的基本原理

Rietveld 方法是将计算强度数据以一定的峰形函数与实验强度数据进行拟合，拟合过程中不断调整峰形参数和结构参数的值，直到计算强度和实验强度间的差别最小。拟合一般采用最小二乘方法，表述为数学算式便是：

$$M = \sum w_i (y_i - y_{ci})^2 \tag{9.1}$$

使 M 最小的过程也就是峰形和晶体结构的精修过程。式中，求和遍及所有强度数据点，y_i 是步进扫描每一点的强度数据，y_{ci} 是计算强度数据，w_i 为权重因子，一般取为 $1/y_i$。

9.2.1 Rietveld 方法的算法

Rietveld 方法区别于其他全谱图拟合方法主要就在于它采用了结构依赖的衍射强度计算方法。这样它就有可能在结构模型的基础上，同时得到各个相的衍射强度及比例关系；对一些影响强度的因素，如择优取向、微吸收等，以一定的模型进行各相的独立校正，使所得的结果更具物理意义。y_{ci} 的计算公式为：

$$y_{ci} = S_j \sum L_k |F_k|^2 \Phi(2\theta_i - 2\theta_k) P_k A_j + Y_{bi} \tag{9.2}$$

式中，求和遍及各已知物相。S_j 为 j 相的标度因子，可用于无标样定量相分析；k 代表 Bragg 衍射的密勒指数，hkl；L_k 包括洛仑兹因子、偏振因子和多重性因子；Φ 为衍射峰的峰形函数，其参数值可用于微结构分析，如晶体大小、微应力等；2θ 为衍射角；P_k 为择优取向修正；F_k 为 Bragg 衍射的结构因子；A_j 是 j 相的微吸收校正项；Y_{bi} 为背景强度。这些因子所包含的参数可分为两类：结构参数和峰形参数。结构参数主要反映晶体结构，如原子位置、位置占有率、温度因子、晶胞参数等，在现有程序中可修正的参数总和最高可达 180 个[19]。峰形参数主要反映仪器的几何设置和样品的微结构对衍射强度分布的影响，包括半高峰宽、衍射峰的非对称因子及混合因子等。因所修正的参数与强度的关系不都是线性关系，为使最小二乘法收敛，初始的结构参数、峰形函数参数及其他相关参数的值必须基本正确或采用的最小二乘算法不会导致稳定的极小值。在各精修阶段采用不同的最小二乘算法有助于发现和克服错误的极小值。同时采用来源不同的数据或加上一些限制条件也可以帮助人们发现不正确的精修结果。

用于 Rietveld 方法的最小二乘算法主要有三种：Gauss-Newton 算法、改进的 Marquardt 算法[20] 和 Conjugate direction 算法[21]。大多数 Rietveld 计算程序采用 Gauss-Newton 算法；其不足之处是收敛域比较窄，精修过程常会导致极小值[22]。改进的 Marquardt 算法对那些非线性较强的模型函数和较粗糙的初始结构模型特别有效。Conjugate direction 算法可不通过计算偏差而搜寻目标函数的最小值，可解决由于参数间高度相关而引起的病态方程问题[23]，可用来检验前两种方法所得的值是否为最小值，但该算法的计算速度较前两种算法慢。结合这三种算法的各自的优点，在 Rietveld 精修程序中的不同阶段采用不同的算法，有助于更好地得到正确的结构模型。

为克服数学计算所出现的无晶体学意义的结果，能计算未知相的结构参数，Rietveld 计算程序中采用一些晶体学限制条件。这些限制条件又可分为强制条件（constraints）、约束条件（restraints）和边界限制条件（boundary restraints）。边界限制条件是通过惩罚函数来实现的[24]，不常采用。强制条件如特殊点原子的对称性，团簇内原子键角及键长等条件都是必须遵守，不能改变的。非限制性条件如键长和键角等，有一定的变化范围，近似的程度由权重给出。

强制条件可通过拉格朗日乘子和消除参数法加入精修过程。消除参数法可降低计算矩阵的阶数，对团簇化合物的结构精修很有效[25]；但因为消除特定的参数同时引入另一些参数，会导致矩阵的不对称。拉格朗日乘子法可避免这种不对称，但使计算量增大，并需一些转化步骤。强制条件使用不灵活，一般也难于计算，不如约束条件方便。

约束条件允许参数值的小范围变动，易于编程计算，无需消除参数，矩阵的阶数也不需改变，可作为准观察量处理。其极小化函数可写作：

$$M_r = \sum w(RE_o - RE_c(x))^2 \tag{9.3}$$

式中，RE_o 可看作一立体化学量的观察值，如键长、键角等；$RE_c(x)$ 是其计算值；w 是权重，观察值的倒数。结合式(9.1)、式(9.3)：

$$M_{yr} = M + CwM_r \tag{9.4}$$

式中，Cw 为一权重，可看作是该约束条件对精修结果的影响程度的量度。对 M_{yr} 的最小化过程可给出更具有晶体学意义的晶体结构模型。

9.2.2　Rietveid 方法结果的评价

评价最终结果的可靠性是通过计算可信度因子，即通常所称的 R 因子值而实现的。一般地，R 值越小，拟合越好，晶体结构正确的可能性就越大。通常使用的 R 值有以下几种：

衍射谱 R 因子（剩余方差因子）　　$R_p = \sum |Y_i - Y_{ci}| / \sum Y_i \tag{9.5}$

权重 R 因子（全谱的加权剩余差方因子）

$$R_{wp} = [\sum w_i (Y_i - Y_{ci})^2 / \sum w_i Y_i^2]^{1/2} \tag{9.6}$$

Bragg R 因子　　　　　　$R_B = \sum |I_{ko} - I_{kc}| / \sum I_{ko} \tag{9.7}$

结构因子 R 因子　　$R_F = \sum ||F_{'obs'}| - |F_{calc}|| / \sum |F_{'obs'}| \tag{9.8}$

其中，I_{ko} 是 k 反射的积分'观察'强度，I_{kc} 是计算积分强度；$F_{'obs'}$，F_{calc} 分别为导出的'观察'结构因子和计算的结构因子。Bragg R 因子和单晶结构分析的 R 因子具有可比性；结构因子 R 因子在从头结构分析中是一很有用的判据。

另有拟合优度（Goodness-of-Fit，GoF）S 和（Durbin-Watson）d 统计值[26]也可用作评价衍射谱图拟合好坏的数字判据：

$$S = R_{wp} / R_{exp} = [w_i (Y_i - Y_{ci})^2 / (N - p + C)]^{1/2} \tag{9.9}$$

$$d = \sum (\mu_i / \sigma_i - \mu_{i-1} / \sigma_{i-1})^2 / \sum (\mu_i / \sigma_i)^2 \tag{9.10}$$

式中，$R_{exp} = [(N - p + C) / \sum w_i Y_i^2]^{1/2}$，$N$、$p$ 和 C 分别为步进点数、计算模型中可变参数和限制条件的数目。正确的晶体结构模型的 S 值在 $1 \sim 2$ 之间。d 值则是一个与所采用峰形函数密切相关的量，其理想值为 2.0[27~29]。

正如我们已经知道的，一般地，R 值结合 S 及 d 值能反映晶体结构模型的正确与否。但应知道 R 因子的值要受多种因素的影响，特别是数据收集和处理方法，如背景的高低、计数的大小、背景是否纳入修正过程中等[30]。在 Rietveld 方法的早期程序中，衍射强度经背景扣除后，再进行结构修正，即两步法。后来的程序中，为了编程和计算的方便，背景以多项式进行拟合，因而背景是作为衍射强度的一部分而参与结构修正，这样处理所得的结构参数同单晶分析和 Rietveld 早期算法的结果能很好地符合[31]。然而由于包含了背景强度，其 R 值则较两步法所得的小[32,33]。这样，两种数据处理方法所得的 R 值失去可比性。在现行的 Rietveld 计算程序中，由于包含背景，在晶体结构模型正确性相同的条件下，实验衍射强度数据的背景越高，其结果的 R 值就越小[34]。因而，R 值失去了物理意义。在分析 R 值与高角数据选取的关系时，R 值也不能像人们所期望的那样能灵敏地反映结构模型的正确性。这就要求在实验中必须特别注意衍射数据的质量，或者建立一套更合理的，能准确反映结构模型正确性的 R 值计算公式。

9.3　Rietveld 方法中衍射峰的线形分析

Rietveld 方法中的线形分析有着重要意义，它不仅直接关系到晶体结构分析结果的好坏；而且由线形分析所得的半高峰宽及其他参数可得到分析相的微结构信息。

9.3.1　峰形函数分析方法

Rietveld 方法的线形分析方法一般有三种：峰形函数拟合、反卷积和学习峰形。峰形函数拟合是最方便也是最实用的线形分析法，在采用合适的峰形函数的条件下，可准确得到多种衍射峰的特征参数，本书也将重点介绍这一方法。反卷积法将仪器函数对衍射峰形的影响剥离出去，剩下"纯"的样品衍射强度分布，进行结构分析；通过对半高峰宽的 Fourier 级数展开分析，可得到研究对象的微结构信息[35~37]。该方法的关键是确定正确的仪器展宽函数，而仪器函数由于受到多种因素的影响而不易准确得到，一般计算量也较大，对分辨率高的仪器，这种方法不实用，因而不作进一步的讨论。学习峰形函数方法仅见于 XRS 计算程序中，对其细节的报道不多见，因此也不加介绍[38]。

9.3.2　峰形函数拟合

通常，衍射仪或照相机所得到的衍射强度由于受到来自仪器的几何设置、样品不完整等因素的影响[39]，而在 Bragg 衍射峰位附近存在一定的分布。这种分布所形成的衍射线形，即式(9.2)中的 Φ，是一些独立线形的卷积，一般简单地处理为仪器函数和本征衍射峰形（样品展宽）的卷积。在 Rietveld 结构分析中，峰形函数 Φ 通常采用以下七种形式：

① Gaussian（G）函数

$$C_0^{1/2}\exp(-C_0 \cdot \text{thelta})/(H_k\pi^{1/2})$$

$$C_0 = 4\ln 2$$

② Lorentzian（L）函数

$$C_1^{1/2} / [\pi H_k (1 + C_1 \cdot \text{thelta})]$$

$$C_1 = 4$$

③ Mod 1 Lorentzian 函数

$$2C_2^{1/2} / [\pi H_k (1 + C_2 \cdot \text{thelta})^2]$$

$$C_2 = 4(2^{1/2} - 1)$$

④ Mod 2 Lorentzian 函数

$$C_3^{1/2} / [\pi H_k (1 + C_3 \cdot \text{thelta})^{3/2}]$$

$$C_3 = 4(2^{2/3} - 1)$$

⑤ 赝 Voigt（pseudo-Voigt）函数[40]

$$\eta L + (1 - \eta) G$$

$\eta = NA + NB \times 2\theta$，$NA$、$NB$ 是可拟合的变量

⑥ Pearson Ⅶ 函数[40]

$$C_4 / [H_k (1 + 4(2^{1/m} - 1) \cdot \text{thelta})^m]$$

$$C_4 = 2m(2^{1/m} - 1)^{1/2} / [(m - 0.5)\pi^{1/2}]$$

式中，$m = NA + NB/2\theta + NC/(2\theta)^2$，$NA$，$NB$ 和 NC 是可拟合的变量。上述各式中，thelta 为 $(2\theta_i - 2\theta_k)^2 / H_k^2$，

$$H_k = (U\tan^2\theta + V\tan\theta + w)^{1/2} \tag{9.11}$$

⑦ 改进的 Thompson-Cox-Hastings pV，TCHZ[41,42] 函数

$$\text{TCHZ} = \eta L + (1 - \eta) G$$

式中，$\eta = 1.36603q - 0.47719q^2 + 0.1116q^3$，$q = \Gamma_L / \Gamma$

$$\Gamma = (\Gamma_G^5 + A\Gamma_G^4 \Gamma_L + B\Gamma_G^3 \Gamma_L^2 + C\Gamma_G^2 \Gamma_L^3 + D\Gamma_G \Gamma_L^4 + \Gamma_L^5)^{0.2}$$

$$\Gamma_G = (U\tan^2\theta + V\tan\theta + w + Z/\cos^2\theta)^{1/2} \tag{9.12}$$

$$\Gamma_L = X\tan\theta + Y/\tan\theta \tag{9.13}$$

$A = 2.69269$，$B = 2.42843$，$C = 4.47163$，$D = 0.07842$，U，V，W，X，Y，Z 为可拟合的变量。

衍射峰常会由于仪器狭缝和样品吸收等因素的影响而变得不对称，而上述的七种峰形函数都是基于对称的 Gaussian 函数和 Lorentzian 函数，因此并不能充分描述实验所得的非对称衍射峰，特别是对那些处于低衍射角度的峰。

于是，便产生了非对称衍射峰形函数。对这些峰形函数的要求是：能拟合非对称衍射峰、数学形式简单、允许计算各参数的偏差、能简单地计算积分强度、有较明确的 Gaussian 函数和 Lorentzian 函数的卷积形式、可分析。非对称峰形函数常采用在对称函数中引入非对称因子方法来构成。常用的非对称性峰形函数是劈裂型

Pearson Ⅶ函数[43]。对低角端，$(C_5/H_k)(1+((1+A)/A)^2(2^{1/mL}-1) \cdot \text{thelta})^{-mL}$，高角端，$(C_5/H_k)(1+(1+A)^2(2^{1/mH}-1) \cdot \text{thelta})^{-mH}$，$C_4=2\pi^{-1/2}(1+A)/(A((m_L-0.5)/m_L(2^{1/mL}-1)^{1/2}+(m_H-0.5)/m_H(2^{1/mH}-1)^{1/2}))$。其他非对称性峰形函数参见文献 [44]，非对称峰形函数的应用能改善拟合结果。

如能对衍射峰非对称来源进行正确的分析，不加非对称拟合参数而对峰的非对称进行直接校正，也能获得较好的拟合效果[45]。

9.3.3　微结构分析

微结构分析是以得到所研究对象的微观结构特征为目的的。由 X 射线衍射能得到样品的各向同性和各向异性的晶粒大小、晶格的应力状况。这些数据的定量获得一般通过半高峰宽得到，近来也有人尝试用其他峰形参数进行微结构分析。

在一般的线形分析中，半高峰宽采用式(9.11) 的表达形式。该公式适用于中等分辨率的仪器[46]。在 Rietveld 计算程序中，U，V 和 W 可通过修正得到，即可以计算任一衍射角处的半高峰宽，扣除仪器展宽的半高峰宽后，应用公式：

$$\beta=\lambda/(\tau\cos\theta) \tag{9.14}$$

$$\beta=K\varepsilon\tan\theta \tag{9.15}$$

即可得到各向同性的 X 射线晶粒尺寸和微应力。在实际的 Rietveld 分析中，有许多不同的方法。其中 Thompson 所采用的方法最精确，能同时确定各向同性的晶粒和应力大小。然而，这对精确的分析而言，是相当粗糙的。这主要是因为峰宽计算公式最初并没有考虑到因样品不完整而引起的展宽，虽然也能用于各向同性的微结构分析中，但结果并不理想，对仪器峰宽的扣除也很粗略。而且该组公式对各向异性的微结构分析则完全无力进行。

晶粒所引起的衍射峰的展宽与衍射体形状有较密切的关系，因此一套衍射谱不同衍射峰的展宽程度会有所不同，相异上述的各向同性展宽，将这种展宽称为各向异性展宽，相应地所得的粒子大小也为各向异性[47]，其值与衍射指标有关。衍射线展宽理论表明晶粒展宽线形拖尾级数展开的首项与距峰位的距离成平方倒数关系[48]，其线形通常是对称，具有洛仑兹（Lorentzian）特征。

应力展宽是由于面间距的微小改变而引起的衍射线形展宽。内应力、微双晶、堆垛层错和点缺陷或其它形式的原子排列紊乱能引起晶胞内面间距的微小改变。应力展宽的线形倾向于高斯（Gausian）分布，但不一定是对称的。一般地，这种展宽也不是随面间距值而平滑地变化，也会因各向异性弹性和非化学计量而呈现各向异性。总的说来，衍射峰的展宽是各向异性行为的。

为了确定样品的各向异性，就需要在 Rietveld 分析中使衍射线的峰宽分析能描述衍射方向依赖的线形展宽。比如，Rossanith[49] 从倒易空间推导出了一组新的 X 射线粉末衍射线形的线宽公式，能非常好地描述晶粒展宽的各向异性，显示了进行精确各向异性微结构分析的可能性。

顺便指出，衍射晶粒大小是平行于衍射矢量方向的，是对衍射晶粒和整个样品的平均。一般分为体积加权和面积加权长度，并且比实际的晶粒厚度要小。由衍射线的半高峰宽所得到的晶粒大小并没有直接的物理意义。也正如谢乐所指出的，计算晶粒体积需要积分宽度，给出的是体积加权晶粒大小。它与实际晶粒的平均半径 T 的关系为：$T = 4\tau/3$。

粉末衍射峰线形与晶粒大小分布也有着一定的关系[50~53]。Allegra 和 Bruckner[54] 研究了晶粒大小分布与峰的邻近最高区域衍射线形的关系。他们表明这个区域内线形可明显偏离洛仑兹线形，引入 σ 以表示峰的锐度。而 σ 与 pearson Ⅶ 函数的 m 值、准 Voigt 函数 η 和体积加权粒径 τ 都存在一定的关系。因此，它们的值可相互确定并起验证作用。

$$\sigma = 2m(2^{1/m} - 1)$$
$$\sigma = 9.23\exp(-3.77(\eta + 0.46)^{1/2}) + 1.29$$
$$\tau = 0.302\sigma^{-2} + 0.232$$

9.4 Rietveld 分析中的校正

Rietveld 方法主要目的是利用多晶衍射的衍射谱得到研究对象的结构信息。为了得到真实信息，就需要对影响衍射图谱（包括强度和峰位）的因素进行校正，对这一问题的详细分析参见文献 [39]。吸收是指 X 射线通过样品时强度的降低，依赖于样品的形状、吸收系数和实验用仪器。消光是衍射的再反射，使衍射强度降低。二者因素都与衍射角无关，其影响被标度因子值的改变所抵消。多重散射主要使背景升高。这些因素对 Rietveld 分析中一般不予以校正。Rietveld 分析中所涉及的校正主要有：择优取向、微吸收、背景。

9.4.1 择优取向校正

择优取向是指多晶样品中晶粒在一个或一组方向上有较强的取向，在极图上表现为相应点的分布密度较大，在衍射图谱上表现为一组峰出现异常大的强度。择优取向可通过对归一化的结构因子的统计分析在结构分析之前予以确定[55]。

择优取向校正在 Rietveld 计算程序中通常采用下面两个公式进行校正：

$$P_k = G_2 + (1 - G_2)\exp(-G_1\alpha_k^2) \tag{9.16}$$
$$P_k = (G_1^2\cos^2\alpha + (1/G_1)\sin^2\alpha)^{-3/2} \tag{9.17}$$

式中，G_1 和 G_2 为可修正的参数；α_k 是晶面衍射矢量与纤维轴向间的夹角；α 是衍射矢量和择优取向矢量的夹角。式（9.16）只能对轻度的择优取向进行校正，只能适用于轴对称性的样品。式（9.17）是 Dollase[56] 在 March 模型[57] 的基础上的改进，称为 March-Dollase 模型，能对不太严重的择优取向进行较好的校正。这些模型的特点是参数少、计算方便，但对于严重择优取向的样品是不适用的。

Ahtee 等[58] 提出的择优取向校正是一种较为有效的方法。该模型将择优取向分布展开为球谐函数，系数可修正。在实际应用中，只需级数的前几项就可对严重的择优取向进行很好的校正，其结果与极图测定的非常接近。Popa[59] 最近认为 Ahtee 等的模型也只对轴向样品有效，他在 Bunge 织构理论[60] 的基础上，将择优取向分布展开为对称调谐函数，能对平板样品的择优取向进行校正，并以实验验证了其正确性。

与择优取向易混淆的现象是一种粒度效应，样品中没有足够的晶粒数目而使得不同的衍射方向上晶粒分布数不一样。这时晶粒不能认为是随机取向，它对强度的影响与择优取向相似。但在这种情况下，同一样品的不同次装填都会使衍射图谱产生较大的差别，而不是像择优取向那样，总是某些方向的衍射强度较强。这种效应在倒易空间中表现为非平滑的密度分布，即表现为粒度特征，消除这种效应的影响只有重新制样而没有办法进行校正。

9.4.2　微吸收校正

微吸收包括来自体孔隙度和表面粗糙度的贡献。它不同于常规的吸收，与散射角度有关，散射角越低，衍射强度降低越严重[61,62]。因而，在 Rietveld 分析中，忽略微吸收的影响，将会得到不正确的结果，尤其是温度参数，甚至可变为负值[63,64]。

在 Rietveld 分析中，微吸收校正通常采用下列模型，各模型的值在衍射角 $\theta = 90°$ 都归一化为 1.00。

① Sparks 和 Sourtti 结合模型[65]

$$A_j = r\{1.0 - p[\exp(-q)] + p[\exp(-q/\sin\theta)]\} + (1-r)[1 - t(\theta - \pi/2)] \tag{9.18}$$

② Sparks 等模型[64]

$$A_j = 1.0 - t(\theta - \pi/2) \tag{9.19}$$

③ Sourtti 等模型[66]

$$A_j = 1.0 - p[\exp(-q)] + p[\exp(-q/\sin\theta)] \tag{9.20}$$

④ Pitschke 等模型[67]

$$A_j = 1.0 - [pq(1.0 - q)] + (pq/\sin\theta)(1.0 - q/\sin\theta) \tag{9.21}$$

式中，p，q，r 和 t 为可修正的参数，与粒子的粒径有关。式(9.19) 对比较强的微吸收能较好地处理，式(9.20)、式(9.21) 对弱的微吸收能精确描述，式(9.18) 是一居间的公式。

微吸收效应对定量相分析结果有严重的影响。Rietveld 分析中加入微吸收校正可改善拟合的结果，得到具有物理意义的热参数；但对晶体结构模型则没有明显的影响。

9.4.3　背底修正

X 射线衍射图谱中的背底主要来源于不连续散射、空气散射、热扩散散射。而来自非晶态的样品架、样品中的非结晶相和结晶不完全等的散射也会构成背底的一部分，这主要是因原子间的短程相互作用引起的，在衍射图谱上表现为加在尖锐的 Bragg 衍射峰上的一个较宽的馒头峰。成功的背底修正必须能对后者的贡献作出准确的描述。

Rietveld 分析中常有三种方法来处理背底：人为提供的背底强度表、选择多点间的线性回归和多项式拟合。前两种方法比较繁琐，需要对背底强度的准确分析后才能确定，不如多项式拟合灵活。多项式一般形式为：

$$Y_{bi} = \sum B_m [(2\theta_i/b) - 1]^m \qquad (9.22)$$

式中，m 为加和变量，其值从 $0 \sim 5$；B_m 为可拟合变量，b 为一指定的背景原点，以 2θ（°）表示。

对背底的单独分析可得到非晶散射的正空间的结构信息。分析的方法可以是 Fourier 滤波[68] 或直接由一组特别构造的正弦函数拟合而得到[15]。Fourier 滤波包括对非晶体散射的背底部分的 Fourier 转换而得到径向分布函数的相关函数，对相关函数的逆 Fourier 转换又可得到馒头背底部分的平滑拟合。直接法是以一组可变高度和位置的 δ 函数来直接拟合馒头背底部分。二者中的大值相应于非晶态中原子间的距离。

对背底的分析还可以得到纳米材料中的微结构和堆垛层错信息[69]。

Rietveld 分析中还包括狭缝对强度的影响校正[5]，对衍射峰位的校正，这方面的内容参见文献［39］相关章节中有详细的阐述。

9.5　Rietveld 方法的晶体结构分析

Rietveld 方法最初的目的就是为了解决多晶材料中的晶体结构问题，它能较好地确定在不同条件下晶胞中原子位置的偏移、取代原子在晶胞中的位置、原子在不同位置的占有率、晶胞参数的微小变化，因此能有效地解决诸如固溶体、同晶型化合物、点缺陷、结构相变、材料的高温高压变化及其他场诱变化中的结构问题。

晶胞中原子参数的确定主要是通过结构因子的计算完成的。结构因子的计算公式为：

$$F_k = \sum N_j f_j \exp[2\pi i(hx_j + ky_j + lz_j)] \exp[-B_j] \qquad (9.23)$$

式中，j 表示求和遍及晶胞内各原子；N_j 为该原子的位置占有率；f_j 为原子的散射因子；B_j 是温度因子，计算公式

$$B_j = 8\pi^2 \bar{u}_s^2 \sin\theta / \lambda^2 \tag{9.24}$$

式中，$\bar{u}_s^2$ 是平行于衍射矢量的均方根热位移。对结构因子中各参数的修正可得到原子位置移动、占有率的变化、热振动的大小。利用这些参数可揭示影响材料性能的内在原因，如 Brown[70] 完成的对 YBCO 系超导材料中氧位置及占有率的确定对揭示该系材料的性能变化规律、改进工艺条件起到了很重要的作用。

Rietveld 方法还可用于无公度结构和超结构的分析中。无公度结构的分析比公度结构的分析复杂得多。对于一维的无公度结构，主衍射线和卫星线需要用 $hklm$ 四个整数来指标化。倒易晶格矢量可写作：

$$q = ha^* + kb^* + lc^* + mk \tag{9.25}$$

$$k = k_1 a^* + k_2 b^* + k_3 c^* \tag{9.26}$$

式中，k 是调制波的波矢；a^*、b^*、c^* 是亚晶胞的倒易晶格矢量。晶格的面间距由下式得到：

$$d = |q|^{-1} \tag{9.27}$$

因此，无公度的调制结构的结构因子的计算就需要加上另外一些参数。原子位置 r 需在平均位置 $\bar{r}$ 加上一以正弦和余弦函数表示的波：

$$r = \bar{r} + u_c \cos(2\pi t) + u_s \sin(2\pi t) \tag{9.28}$$

式中，u_c，u_s 分别为余弦和正弦波的振幅；t 是波的位相。占有率和温度因子可通过相似的方程计算得到。Rietveld 方法对堆垛层错的分析也是非常有效的[71]。

9.6　Rietveld 方法的相定量分析

Rietveld 方法不仅能用来进行晶体结构精修，也可用于精确的多相定量分析。在 Rietveld 定量相分析中，各相的相对含量可由标度因子和一些相应的常数计算而直接得到，绝对含量相分析也只需加入一标准相即可得到。这比传统的以测量积分强度为基础的定量相分析方法要方便得多。

Rietveld 定量相分析是一种无标样，基于晶体结构计算和全粉末衍射图谱的定量相分析方法[72,73]。较其他定量相分析方法，它有以下优点[71,74]：

① 用全谱图可减少一些系统误差对定量结果的影响；

② 可有效地处理重叠的衍射峰，对复杂的衍射图谱（可多至八个相）和宽的衍射峰也可得到较好的结果；

③ 可对晶体结构和衍射峰形同时修正，得到更多的信息；

④ 能在全谱图范围对背底进行校正，而不是仅在峰的附近，这样可更准确地确定衍射峰的强度；

⑤ 可对每一个相的择优取向、微吸收及消光等影响强度的因素进行校正；

⑥ 可依据标度因子的标准偏差对定量分析结果的误差作出准确的估计；

⑦ 在一定的程度上可避免常规定量相分析所要求的繁琐的制样步骤。

Rietveld 定量相分析是根据标度因子与参考强度比间的关系为基础而推导出相的相对含量与标度因子间的关系：

$$W_j = S_j(ZMV)_j / \sum S_j(ZMV)_j \tag{9.29}$$

式中，Z 和 M 分别为晶胞中分子数和分子量；V 为晶胞体积，求和遍及样品中的要求定量的相。如果加入标准相（没有其他方法中对标准相的苛刻要求，只要是已知含量即可），还可求得各相的绝对含量和非晶相的总量。

$$W_{非晶相} = 1 - \sum W_j \tag{9.30}$$

式中，W_j 由下式确定：

$$W_j = W_s S_j(ZMV)_j / S_s(ZMV)_s \tag{9.31}$$

下标，s，j 指混合物中的标准相和所求的其他相。

影响标度因子的量都会影响到定量分析的结果，除非该量对各相的影响程度一样。Taylor[75] 显示了 Brindley 粒子吸收对定量分析结果的影响。其他结果也显示择优取向和微吸收都对定量结果有较大的影响。

9.7　Rietveld 方法的指标化和相分析

指标化对于相分析是一个非常重要的方面。准确的指标化能帮助更好地确定混合物中的各相的存在，发现新的物相。传统的指标化方法（见第 7 章）主要是根据衍射峰的位置，这对于那些重叠严重或复杂相体系的物相分析是非常不利的，甚至是不能进行的，这里的关键是忽视了强度数据。各相及各衍射峰间强度的对比关系对复杂体系的相分析及指标化是非常重要的信息。对那些复杂体系，峰位能基本符合而强度不符，在排除择优取向等影响因素的影响后，就有可能存在新相或杂相。

Rietveld 方法的指标化分析是一个新的领域。Rietveld 分析不仅能提供强度数据，而且能得到准确的峰位，因此，利用 Rietveld 方法就能够提供关于衍射图谱的全面评价，以发现那些来自实验或其他影响衍射数据的因素，而不至于对衍射图谱作出错误的分析（这种错误在 JCPDS 卡中也不能幸免）。Rietveld 方法能对影响峰位的因素，如仪器零点、样品的偏移及吸收、仪器狭缝等进行校正；能以晶体结构模型为基础的强度计算对衍射谱的强度数据作出评价。McCarthy，Weltontol[76] 和 Lowe-Ma[77] 建议的强度品质因子 R、$I_x(N)$ 的计算公式如下：

$$R = \sum |I_{cal.} - I_{obs.}| / \sum I_{cal.} \tag{9.32}$$

$$I_x(N) = 1 / [N(\sum |I_{cal.} - I_{obs.}| / \sum I_{cal.})] \tag{9.33}$$

式(9.32) 中的求和遍及衍射图谱中的每一个可能的衍射峰，而式(9.33) 的求和是强度大于 $x\%$ 的 N 个可能峰。任何 $I_x(N)$ 大于 20% 的衍射数据都意味着相的出现或实验数据存在问题[78]。目前,这方面的工作还不系统,如指标化的标准化、同其他数据的接口、对影响峰位因素的准确模型描述等都需要进一步的完善。

9.8 Rietveld 分析的实验方案

由以上分析可知,Rietveld 方法可将大量的有用信息从多晶衍射图谱中得到,晶体结构分析的正确性也可和单晶结构分析相比拟。然而这些信息的准确获得依赖于可靠的实验数据,这就要求实验者特别注意实验条件的选定以及它们对 Rietveld 分析结果的影响。

在 Rietveld 分析中,有两个重要因素影响实验方案的选择。Rietveld 分析要求所用的数据是步进扫描所得的强度数据,峰强度数据的精度可通过延长计数时间以增加每步累积的计数和减小步长以增加衍射点数来提高。在粉末衍射中,数据分辨率和衍射角度范围内的衍射峰数目是一对矛盾,增加衍射峰数目与参数比,是以牺牲数据的分辨率为代价的。

9.8.1 仪器的选择

通常情况下,选择实验仪器更多地受实验室条件的影响,而不能更多地考虑实验的要求。对一个中等复杂程度的晶体结构精修,中等分辨率的、运行情况良好的能收集步进数据的 X 射线衍射仪即可满足要求。然而,如果样品情况较复杂,如对称性低、原子坐标的变动参数多、样品吸收严重、含有杂相、同时包括轻重原子、超结构等,仪器的选择就变得非常重要,甚至关系到结构分析的成功与否。考虑到仪器分辨率和数据量因素,表 9.1 列出了仪器选择的一般原则。

表 9.1 仪器选择的一般原则

目的	仪器设备
晶体结构分析	单一波长仪器,如同步辐射
一般结构分析	传统的衍射仪器
复杂结构分析	单波长 X 射线或飞行时间中子衍射仪
热力学参数分析	中子衍射
少量样品分析	得拜-谢乐衍射仪或纪尼叶相机
强吸收样品分析	B-B 几何 X 射线衍射仪、中子衍射仪

9.8.2 波长和衍射数据范围选择

对结构解析的基本要求是衍射峰数目和晶体学独立的原子数之比需大于 $10^{[79]}$,对结构精修需大于 5。而衍射图谱的衍射峰数目由晶胞体积及对称性和衍射所用的波长决定,在 θ 角度范围内的衍射峰数目 N 为

$$N = 32\pi V \sin^3\theta / (3\lambda^3 Q) \tag{9.34}$$

式中，V 是晶胞体积；Q 是反射的平均多重性和晶胞中晶格点的数目。衍射峰的密度为[80]：

$$D = 4\pi^2 V \sin^2\theta \cos\theta / (45\lambda^3 Q) \tag{9.35}$$

因此，波长和衍射范围的选择通常是在一定的衍射峰重叠程度上，保持合理的衍射峰和独立变量比的折衷。在峰的分辨率受波长影响不大的情况下，减小波长有利于缩短实验时间。

9.8.3 步进方式选择

Rietveld 分析对步进实验数据有如下要求：

① 步进宽度（步长）数据的收集必须是已知等距离的，如等 2θ、等 d 值等；

② 衍射峰的峰位能很好地被确定；

③ 衍射峰的线形能被参数化，以期能得到准确的微结构模型；

④ 背底能被多项式拟合或能被单独测定，背底能直接影响强度，特别是高角度强度的准确确定[81]；

⑤ 强度数据是三维强度数据的真实投影，能反映正确的晶体结构。

Hill 和 Madsen 详细研究了固定波长的衍射仪中波长、狭缝、衍射角度范围，步进宽度计数时间和步进强度间的精确关系[82]。他们发现对 Rietveld 结构分析的最佳计数值是步进计数的最大值（几千个计数）；增加计数时间，只能浪费时间而不能改善所得参数值的准确度。最佳的步进宽度为独立的衍射峰最小半高宽度的 $1/5 \sim 1/2$ 之间的值；小的步进宽度不能增加参数值的准确度，反而会使衍射谱相邻数据的相关性增大，使参数值的标准偏差增大。如果衍射峰的重叠较为严重，步进宽度可为 $1/5$ 半高宽度以保证一定的分辨率；计数时间应短以减小相关性。对固定数据收集时间，Rietveld 分析结果的精度可通过增加数据点、减少计数时间而提高，这比增加计数时间、增加步进宽度更为有效。

优化的计数时间可克服 X 射线粉末衍射高角数据的低强度所带来的计数误差较大的问题。David 以模拟退火算法确定最优计数时间[83]。Madsen 和 Hill 将可变计数时间方法引入 Rietveld 分析中[84]。在他们的方法里，每步的计数时间与洛仑兹偏振化因子、散射因子和热振动等引起的强度降低成反比。后来，他们又考虑到反射的多重性因子、样品吸收及单色器偏振等对强度的影响，得到了更为精确的可变计数时间实验方法，使收集的强度数据有近似相等的计数统计误差。可变计数时间方法较传统的固定计数时间方法有如下优点：

① 反映拟合质量的 R 因子的值可大大降低，拟合优度值接近于 1.0；

② 原子坐标可更好地确定，尤其是轻原子的坐标；

③ 在相同的精确度和准确度的结果下，可节约实验时间；

④ 定量相分析的结果更为可靠。

9.9　Rietveld 精修的步骤和策略[85,86]

利用 Rietveld 方法进行结构精修，没有严格的步骤，一般根据实际样品的情况有针对性地进行精修。当然也有些经验性的做法可供参考，这可以帮助初学者快速掌握这种方法并获得较好的结果。一般说来，在进行结构精修前，对衍射数据的采集要求高分辨、高准确，在此基础上进行 Rieteveld 结构精修，求得样品的准确的晶体结构数据，同时要求具备结构模型和峰形函数。所谓结构模型，是在精修之前必须要有一个与样品真实结构相近的包括空间群、晶胞参数、原子分数坐标、占有率等的结构模型，以此模型可以计算出样品的衍射峰位置、强度、结构因子等。一般，可以通过查 ICSD 数据库，找到一样或相似结构的 cif 文件作为初始结构模型，如果没有则可以通过相关结构化学和晶体结构数据进行推断，包括利用电子衍射等数据。这个初始的结构模型越接近材料的真实结构，在精修的过程则更省事更准确，更易收敛。此外，还需要正确选择之前提到的各类峰形函数和校正函数，如果选择不正确可能导致衍射强度不准确、数学上收敛但物理上无意义等不准确的结果。在实际精修过程中，一般的经验性步骤如下：

① 采集高分辨、高准确度的衍射图谱，一般要求衍射角度偏差非常小，同时要用标准样品对衍射仪角度偏差进行校正，所采集到的衍射图谱要包含样品所有角度的衍射峰，其最高衍射强度值必须大于 1 万计数（10000 counts）。

② 对图谱进行准确的定性分析，可以通过查 cif 文件、文献和自己编制等方法，给出初始的结构模型。

③ 依据初始结构对衍射谱上各衍射峰的指数进行标定（指标化），并在此基础上对初始晶胞参数进行精修，若不能顺利指标化，则需要改变初始结构或不依靠初始结构直接进行指标化。

④ 依据指标化得到的点阵参数，从初始结构得到原子坐标及占有率；通过标准样品（如 LaB_6，Si）在同样测试条件下的图谱得到峰形参数；各向同性、温度因子等可暂时做限制，不参与精修。

⑤ 利用上述初值计算出一张多晶的理论衍射图谱，将其与实验图谱进行比较，如果相差不是太大，可进行 Rietveld 结构精修，否则需要修改初始结构模型或峰形参数等。

⑥ 通过各种约束条件的加入，并采用精修参数逐步放开的策略，进行全谱 Rietveld 精修，注意观察理论衍射图谱强度与实验图谱的差值，必要时进行择优取向校正；在计算过程中，可以采用分步计算，逐步放开精修参数的办法，对晶胞参数、原子占位、占有率、键长键角、温度因子等各项参数进行修正；如是多相样品，要注意精修得到的质量百分比的合理性。

⑦ 经过上述过程，如果得不到较小的 R 值，则需要综合判断，修改样品的初始结构模型或峰形参数等，重新进行 Rietveld 精修，直到收敛且 R 值最小。特别注意的是，避免出现 R 值很小，即精修在数学上收敛，而物理上没有意义，这个需要操作者具有较高的晶体学知识，以及对样品物理化学性质等的熟练掌握，和实际的工作经验等。

⑧ 对于利用 Rietveld 方法进行多相样品的定量，R 值保留小于 15％就可以使用，而对于进行结构精修，R 值一般要小于 10％，当然这个 R 值应该是越小越好，但特别需要注意的还是数学上收敛同时物理上要有意义。经过多次精修后，R 值和各参数值基本不再改变时，精修即可停止了。最后，仔细观察修正的晶体结构各项参数，包括空间群、晶胞参数、原子占位、占有率、温度因子、键长键角、各向异性、微结构（晶粒尺寸、微观应力等）、质量百分比等，并结合样品的来源、制备方法、物理化学性质等信息，综合判断精修结果的可靠性和准确性，如果发现某些地方的不一致，可以进一步修改各项参数进行再次精修，直到结果满意为止。

实际在做精修时，除了参考上述步骤外，还要特别注意精修的策略。这是因为需要精修的参数很多，合适的策略可以起到事半功倍的效果。一般采用分步精修的策略，先精修 1～2 个参数，然后将其固定住，再增加 1～2 个参数，这样逐步增加参数，逐步进行精修。一般的修正参数顺序见表 9.2。

表 9.2　精修顺序总结

参数	线性	稳定性	修正顺序	备注
比例常数	是	稳定	1	假如结构模型不正确,比例常数可能是错的
试样偏离	非	稳定	1	如果试样非无限吸收,将引起零点偏离
平直背底	是	稳定	2	—
点阵常数	非	稳定	2	一个或多个不正确的点阵常数,将引起衍射峰标定的错误,而导致虚假最小的 R 因子
复杂背底	非	稳定(?)	2 或 3	如果背底参数多于模拟需要,将可能引起偏差相互抵消,导致修正失败
W	非	差	3 或 4	U,V,W 具有很高的相关性,不同数值的组合可导致实质上相同的结果
原子参数	非	好	3	图示和衍射指数可评估是否存在择优取向
占有率与温度因子	非	?	4	二者具有相关性
U,V 等	非	不稳定	最后	U,V,W 具有很高的相关性,不同数值的组合可导致实质上相同的结果
温度因子各向异性	非	不稳定(?)	最后	—
仪器零点	非	稳定	1,4 或不修正	对于稳定的测角仪,零点偏差不具有重要意义,因为试样的不完全吸收,将引起零点偏离

此外，在精修时还要引入约束条件，如设定某些键长和键角的值，或者允许的变化范围等，这样可以大大降低数学上收敛而物理上无意义的可能性。再比如，对

于原子的一些特殊坐标，比如（0，0，0）、（1/2，1/2，1/2）等，可以预先进行约束，这样既可以减小计算的工作量，又不会出现伪收敛。对同一样品用 X 射线衍射和中子衍射数据同时进行精修，在精修时可以用不同的峰形参数，可以得到相同的结构参数，其结果间可以相互比较，以利于得到较为精确的精修结果，这在精修时也是一个常用的策略。而对于混合物相，可以先一个物相一个物相地精修，最后再对所有物相同时精修，这样可以既快速又准确地得到精修结果。

参 考 文 献

[1]　Hill R J. Adv X-ray Anal，1992，35：25.

[2]　Rietveld H M. Acta Cryst，1967，22：151.

[3]　Rietveld H M. J Appl Cryst，1969，3：65.

[4]　Yamamoto A，Onada M，Takayama-Muromachi E，Imuzi F，et al. Phys Rev，1990，B42：4228.

[5]　Ruedinger B，Fisher R X. Mater Sci Forum，1994，169：166～169.

[6]　Frey F，Boyson H，Vogt T. Acta Cryst，1990，B46：724.

[7]　Yamanaka T，Ogata K. J Appl Cryst，1991：24：111.

[8]　Loveday J，Nelmes R J，Besson J M，Well G，et al. ISIS Ann Rep RAL-90-050，Rutherford Appleton Lab.，Chilton，Didcot，Oxon，England，1990.

[9]　Lutterotti L，Scardi P，Tomasi A. Mater Sci Forum，1999，57：133～136.

[10]　Loopstra B O. Nucl Instrum Methods，1966，44：181.

[11]　Rietveld H M. Acta Cryst，1965，20：508.

[12]　Rietveld H M. Research Report RCN-104 Reactor Centrum Nederland，1969.

[13]　Rietveld H M. Acta Cryst，1966，21：A228.

[14]　Cheetham A K，Taylor J C. J Solid State Chem，1977，21：253.

[15]　Larson A C，Von Dreele R B. Los Alamos National Laboratory Report No. LA-UR-86-748，1987.

[16]　Young R A，Wiles D B. J Appl Cryst，1982，15：430.

[17]　Izumi F. J Cryst Soc Jpn，1985，27：23.

[18]　Baerlocher Ch. XRS-82. The X-ray Rietveld System Institut fuer Keistallographie，ETHZUrich.

[19]　Baerlocher Ch. Proc. 6th Int. Zeolite Conf.，Reno，USA，Butterworth Ldondon，1984.

[20]　Fletcher R. AERE-R6799，AERE Harwell.

[21]　Powell M J D. Computer J，1964，7：155.

[22]　Howard S A，Preston K D. In Moedern powder diffraction，Vol 20（ed. D. L. Bish and J. E. Post）. Mineralogical Society of American，Washington DC，1989：217.

[23]　Himmelblau D M. Applied nonlinear programming. Newyork. McGraw-Hill，1972：42.

[24]　Hepp A. Ph D Thesis University of Zurich.

[25]　David W I F，Ibberson R M，Matsuo T，Suga H，et al. International Workshop on the Rietveld Method，Petten. Abstract A12：43.

[26]　Durbin J，Watson G S. Biometrika，1971，58：1.

[27]　Hill R J，Flack H D. J Appl Cryst，1987，20：356.

[28]　Berar J F，Lelann P. J Appl Cryst，1991，24：1.

[29]　Andreev Yu G. J Appl，Cryst，1994，27：188.

［30］ Will G，Krist Z，1989，199：169.

［31］ Young R A，Prince E，Sparks R A. J Appl Cryst，1982，15：357.

［32］ Jansen E，Schafer W，Will G. J Appl Cryst，1988，21：228.

［33］ Hill R J，Madsen I C. J Appl Cryst，1986，19：10.

［34］ Jansen E，Schafer W，Will G. J Appl Cryst，1994，27：492.

［35］ Kogan V A，Kupriyanov M F. J Appl Cryst，1992，25：16.

［36］ Lutterotti L，Scardi P. J Appl Cryst，1990，23：246.

［37］ Honkimaki V，Suoriti P. J Appl Cryst，1992，25：97.

［38］ Hepp A，Baerlocher Ch. Aust J Phys，1988，41：29.

［39］ Klug H P，Mexander L E. X-ray diffraction procedures for polycrystalline and amorphous materials. Newyork：Wiley-Intescience，1974.

［40］ David W I F. J Appl Cryst，1986，19：63.

［41］ Thompson P，Cox D E，Hastings J M. J Appl Cryst，1987，20：79.

［42］ Young A，Desai P. Arch Nauk Mater，1989，10：71.

［43］ Toraya H. J Appl Cryst，1990，23：485.

［44］ Paszkowicz W. Mater Sci Forum，1994，73：144～169.

［45］ Finger L W，Cox D E，Jophcoat A P. J Appl Cryst，1994，27：892.

［46］ Caglioti G，Paoletti A，Ricci F P. Nucl Instrum Methods，1958，35：223.

［47］ Wilson A J C. X-ray Optics. 2nd edn. London：Methuen，1962.

［48］ Vermeulen A C，Delhez R，de Keijser Th H，Temeijer E J. Mater Sci Forum，1991，119：79～82.

［49］ Rossmanith E. Acta Cryst，1994，A50：63.

［50］ De Keijser T H，Langford J L，Mittemeijer E J，Vogels A. J Appl Cryst，1982，15：308.

［51］ Rao S，Houska C R. Acta Cryst，1986，A42：6，14.

［52］ Alvarez A G，Bonetto R D，Guerin D M，Plastino A，Rebollo Neria L. Powder Diffr，1987，2：220.

［53］ Young R A，Sakthivel A. J Appl Cryst，1988，21：416.

［54］ Allegra G，Bruckner S. Powder Diffr，1993，8：402.

［55］ Altomare A，Cascarano G，Giacovazzo C，Guagliardi A. J Appl Cryst，1994，25：1045.

［56］ Dollase W A. J Appl Cryst，1982，19：267.

［57］ March A，Krist Z，1931，81：285.

［58］ Ahtee M，Nurmela M，Suortti P. J Appl Cryst，1989，22：261.

［59］ Popa N C. J Appl Cryst，1992，25：611.

［60］ Bunge H J. Texture Analysis in Material Science. London：Butterworth.

［61］ Hermann H，Ermrich M. Acta Cryst，1987，A43：4019.

［62］ Hermann H，Ermrich M. Powder Diffr，1989，4：189.

［63］ Sparks C J，Kumar R，Specht E D，Zschack P，Ice G E. Adv X-Ray Anal，1991，35：37.

［64］ Pitschke W，Hermann H，Mattern N. Powder Diffr，1993，8：74.

［65］ Young R A，Sakthivel A，Moss T S，Pavia-Santos C O. Program DBWS-9411 for Rietveld analysis and neutron powder diffraction patterns，1995.

［66］ Suortti R. J Appl Cryst，1972，5：325.

［67］ Pitschke W，Mattern N，Hermann H. Powder Diffr，1993，8：223.

［68］ Richardson J W，Faber J. Adv. X-ray Anal，1986，29：143.

［69］　Bondars B，Gierlotka S，Palosz B，Smekhnov S. Mater Sci Forum，1994，732：166～169.

［70］　Brown I D. J Solid State Chem，1989，82：122.

［71］　Palosz B，Stel' makh S，Gielokta S. Mater Sci Forum，1994，603：166～169.

［72］　Madsen I C，Hill R J. Powder Diffr，1990，5：195.

［73］　Taylor J C，Matulus C E. J Appl Cryst，1991，24：14.

［74］　刘红超，郭常霖 . Mater Lett，1996，26：171.

［75］　Taylor J C. Powder Diffr，1991，6：2.

［76］　McCarthy G J，Welton J M. Powder Diffr. ，1989，4：156.

［77］　Lowe Ma C K. Powder Diffr. ，1991，6：31.

［78］　刘红超，郭常霖 . J Mater Sci. & Techno，1996，2.

［79］　Christensen A N，Lehmann M S，Nieelsen M. Austral J Phys，1985：38，497.

［80］　Toraya H. J Appl Cryst，1985，18：351.

［81］　Khattak C P，Cox D E. J Appl Cryst，1977，10：405.

［82］　Hill R J，Madsen I C. Powder Diffr. ，1987，2：146.

［83］　David W I F. Accracy in Powder Diffraction Abstract P2. 6 NIST Special Publication No. 846：210.

［84］　Madsen I C，Hill R J. J Appl Cryst，1994，27：385.

［85］　马礼敦 . 近代 X 射线多晶体衍射——实验技术与数据分析 . 北京：化学工业出版社，2004.

［86］　梁敬魁 . 粉末衍射法测定晶体结构（下册）. 第 2 版 . 北京：科学出版社，2011.

第**10**章
粒度分布和分形结构的小角散射测定

所谓小角 X 射线散射（SAXS）是用 X 射线研究倒易空间原点附近的相干散射现象。由于它仅对样品与介质的电子浓度差（置换无序）灵敏，因此它的强度分布只与散射体的粒子大小及其分布相关，与散射体的应力状态和结构因素无关。它已成为测定大分子的长周期、超细（纳米）颗粒大小及微孔大小（1～100nm）及其分布的有效工具。

10.1 小角 X 射线散射理论简介[1,2]

10.1.1 一个电子的散射

当一束电场为 E、偏振的 X 射线入设到一个电子时，该电子散射波的电场强度振幅是

$$E_e = \frac{e^2 \sin\varphi}{mRc^2} E_0 e^{i\omega t} \tag{10.1}$$

式(10.1) 是电子对入射 X 射线散射的基本公式，称为 Thomson 散射，其实质是自由电子引起的散射，E_0 为振幅。根据电磁理论，一个波的强度定义为波振幅的平方，故 Thomson 散射的强度 I_e 是

$$I_e = \frac{c}{8\pi} E_e E_e^* = \left(\frac{c}{8\pi} E_0^2\right) \left(\frac{e^2}{mc^2}\right)^2 \frac{\sin^2\varphi}{R^2} \tag{10.2}$$

$$= I_0 \left(\frac{e^2}{mc^2}\right)^2 \frac{\cos^2 2\theta}{R^2}$$

式中，$I_0 = \frac{c}{8\pi} E_0^2$，为入射 X 射线的强度；$E_e^*$ 是 E_e 的共轭函数。式(10.2) 称为 Thomson 散射公式。如果入射 X 射线是非偏振的，其电场矢量可分为相互垂直的两相等的分量 E_z 和 E_y，其强度分别为 I_z 和 I_y，则有

$$I_z = I_y = \frac{I_0}{2} \tag{10.3}$$

设散射点 P 在 xz 平面，入射线沿 OP 方向，见图 10.1，与 x 轴的夹角为 2θ，与 z 轴的夹角 $\varphi = 90° - 2\theta$。由两个矢量 E_z 和 E_y 引起的电子散射波的强度分别为

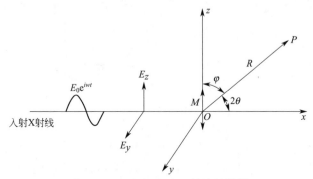

图 10.1　一个电子对 X 射线的散射

$$I_1 = I_z \left(\frac{e^2}{mc^2}\right)^2 \frac{\cos^2 2\theta}{R^2} \tag{10.4}$$

$$I_2 = I_y \left(\frac{e^2}{mc^2}\right)^2 \frac{1}{R^2}$$

因此，通常未经偏振化的 X 射线受一个电子散射的强度为在 P 点的散射强度之和，即

$$I = I_1 + I_2 = I_0 \left(\frac{c^2}{mc^2}\right)^2 \frac{1}{R^2} \left(\frac{1+\cos^2 2\theta}{2}\right) = I_0 \left(\frac{r_e}{R}\right)^2 \left(\frac{1+\cos^2 2\theta}{2}\right) \tag{10.5}$$

这就是非偏振的 Thomson 散射公式。电子的电荷 $e = 4.8 \times 10^{-10}$ 静电单位，电子质量 $m = 9.1 \times 10^{-28}$ g，光速 $= 3.0 \times 10^{10}$ cm/s，则

$$I_e(\theta) = I_0 \frac{7.9 \times 10^{-26}}{R^2} \left(\frac{1+\cos^2 2\theta}{2}\right) \tag{10.6}$$

式中，$r_e = \frac{e^2}{mc^2} = 2.818 \times 19^{-13}$ cm，称为经典电子半径；$(1+\cos^2 2\theta)/2$ 称为偏振因子。在小角散射中，角范围很小，$\cos^2 2\theta \approx 1$，故偏振因子约等于 1。式(10.6)就是一个电子散射 X 射线的强度，其沿不同的方向分布不同，并与质量的平方成反比。因原子核的质量太大，其散射强度很小。因此，一个原子的散射可视为仅仅是电子的散射。

10.1.2　两个电子的散射

图 10.2 示出分别处在 O 和 K 处，其间距离为 r 的两个电子的散射，入射矢量和散射矢量分别为 $\boldsymbol{S}_0$ 和 $\boldsymbol{S}_1$，两者的夹角为 2θ。K 和 O 点的光程差

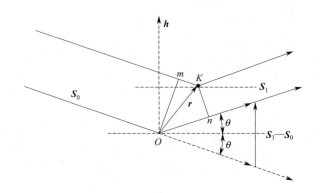

图 10.2 两个电子的散射

$$\delta = On - Km = \boldsymbol{r} \cdot \boldsymbol{S}_1 - \boldsymbol{r} \cdot \boldsymbol{S}_0 = \boldsymbol{r} \cdot (\boldsymbol{S}_1 - \boldsymbol{S}_0) = \boldsymbol{r} - \boldsymbol{S} \tag{10.7}$$

式中，$\boldsymbol{S} = \boldsymbol{S}_1 - \boldsymbol{S}_0$，其模 $|\boldsymbol{S}| = S = 2\sin\theta$，故 $\delta = \boldsymbol{r} \cdot \boldsymbol{S} = \boldsymbol{r} \cdot \sin\theta$。相位差

$$\varphi = \frac{2\pi}{\lambda_0} n\delta = \frac{2\pi\delta}{\lambda} = \frac{2\pi}{\lambda}(\boldsymbol{r} \cdot \boldsymbol{S}) = k(\boldsymbol{r} \cdot \boldsymbol{S}) = \boldsymbol{r}\left(\frac{4\pi\sin\theta}{\lambda}\right) = \boldsymbol{r} \cdot \boldsymbol{h} \tag{10.8}$$

式中，$\boldsymbol{h}$ 称为散射矢量，$|\boldsymbol{h}| = h = 4\pi\sin\theta/\lambda$；$\lambda_0$ 和 λ 分别为入射线在真空和介质中的波长；n 为折射率。设在 K 点的散射波的振幅为 E_K，则

$$E_K = E_e f_K e^{-i(\omega t + \varphi)} \tag{10.9}$$

当 O 和 K 两点的光程差 δ 为波长的整数倍时，发生相互加强的相干散射。

10.1.3 多电子系统的散射

当把 K 点看成多电子组成的散射元，并且散射元中的电子同时散射时，总的散射应该是

$$E_t = \sum_K E_K = E_e e^{-i\omega t}(\sum f_K e^{-i\varphi}) \tag{10.10}$$

令

$$F(h) = \sum_K f_K e^{-i\varphi} \tag{10.11}$$

则式(10.10) 变为

$$E_t = E_e F(h) e^{-i\omega t}$$

式中，$F(h)$ 称为结构振幅。体系的总散射强度是

$$I(h) = \frac{c}{8\pi} E_t E_t^* = \frac{c}{8\pi} E_e^2 F(h) F^*(h) = I_e |F(h)|^2 \tag{10.12}$$

式(10.12) 表明，当体系中包含许多散射点时，它们相互之间的光程差是不相等的，因此位相差也不相等，由此导致散射波的干涉现象。散射波的结构振幅依赖于体系中各散射点之间的相对位置，因此可以通过测定散射强度来研究散射体的结构。

10.1.4　多粒子系统的小角 X 射线散射[3]

前面几节描述的多电子系统的散射，实际上是单个粒子系统的散射。当粒子的尺度远大于 X 射线的波长时，粒子内各散射点产生散射波的相位差不同，散射波的干涉作用使散射强度增强或减弱，这是粒子内部的散射干涉。对于多粒子系统，如果粒子相互之间的距离远远大于粒子本身的尺度，其总的散射强度是单个粒子散射强度的简单加和，并对任何数量的粒子体系都能适用。

10.1.4.1　粒子的形状、大小完全相同时小角散射散射强度及其分布的 Guinier 近似

一个粒子小角散射强度 $I(k)$

$$I(k) = I_e(k) F^2(k) \tag{10.13}$$

式中，$I_e(k)$ 是电子的散射强度，$k = \dfrac{2\pi \sin\theta}{\lambda} \approx \dfrac{2\pi\theta}{\lambda}$。

$$I_e(k) = \frac{7.90 \times 10^{-26}}{l^2} I_0 \left(\frac{1 + \cos^2 2\theta}{2} \right) \tag{10.14}$$

式中，l 为测试点离电子的距离；I_0 为入射线的强度。$F^2(k)$ 为粒子的结构因数：

$$F^2(k) = n^2 \left(1 - \frac{k^2}{3} \frac{\int_\nu \rho_p r_p^2 \, \mathrm{d}\nu_p}{n} + \cdots \right) \tag{10.15}$$

式中，n 为离子总的电子数；ρ_p 为粒子 p 的电子密度；r_p 为观察点 p 点距粒子中心的距离；$\mathrm{d}\nu_p$ 为散射中心的微分体积元。若令 $\bar{R}$ 为粒子的回转半径，即 $\bar{R}$ 为各个电子与其电荷中心间均方距离，则

$$\bar{R}^2 = \int_\nu \frac{\rho_p r_p^2 \, \mathrm{d}\nu_p}{n} \tag{10.16}$$

因此式(10.15) 可化为

$$F_p^2(k) = n^2 \left(1 + \frac{k^2}{3} \bar{R}^2 + \cdots \right) \tag{10.17}$$

但散射角很小时，可以取 $\left(1 - \dfrac{k^2}{3} \bar{R}^2 + \cdots \right) = \exp\left(-\dfrac{k^2 \bar{R}^2}{3} \right)$ 作近似函数，可得

$$F_p^2(k) = n^2 \exp\left(-\frac{k^2 \bar{R}^2}{3} \right) \tag{10.18}$$

当样品中有 M 个这样完全相同的粒子，它们彼此间距离相当远，并且做完全无序分布时，各粒子间的散射互不干涉，则总的散射强度为单个离子的 M 倍：

$$I(k) = I_e(k) n^2 M \exp\left(-\frac{k^2 \bar{R}^2}{3}\right) \tag{10.19}$$

上式就是 Guinier 近似式，给出小角散射强度与散射角的分布关系。这个近似式适用于很小的散射角、理想状态及单色 X 射线情况。式中，$I_e(k) M n^2 = I$ 为 $\varepsilon = 0$ 时的散射强度。不同形状的粒子，通过其相关尺度与回转半径 $\bar{R}$ 相联系，见表 10.1。

表 10.1   几种颗粒形状的尺度与回转半径的关系

1. 圆球形，直径为 D	$D = 2\sqrt{\dfrac{5}{3}}\bar{R} \approx 2.582\bar{R}$	5. 薄圆盘，半径为 R	$R = \sqrt{2}\bar{R}$
2. 外径为 R，内径为 CR	$D = 2R = 2\sqrt{\dfrac{5}{3}}\sqrt{\dfrac{1-C^3}{1-C^5}} \times \bar{R}$	6. 细纤维，长度为 2L	$L = \sqrt{3}\bar{R}$
3. 椭球，半径为 R，VR	$R = \sqrt{\dfrac{5}{2+V^2}} \times \bar{R}$	7. 平行六面体，边长为 $2a$、$2b$、$2c$	$\sqrt{\dfrac{a^2+b^2+c^2}{3}} = \bar{R}$
4. 圆柱体，长度为 $2l$，直径为 2R	$\sqrt{\dfrac{R^2}{2} + \dfrac{L^2}{3}} = \bar{R}$	8. 立方体，边长为 2a	$a = \bar{R}$

10.1.4.2   样品中粒子形状相同但大小不同时的强度

若以 g_m 表示结构因素为 $F_m(k)$ 的粒子数目，那么不同大小粒子组合样品的散射强度是分别独立散射强度的总和，即

$$I(k) = I_e(k) \sum_{m=1}^{i} F_m^2(k) \tag{10.20}$$

类似式（10.14）方式展开成级数形式，则有

$$I(k) = I_e(k) \left(\sum_{m=1}^{i} g_m n_m^2\right) \left(1 - \frac{k^2}{3} \frac{\sum_{m=1}^{i}(g_m n_m^2 \bar{R}_m^2)}{\sum_{m=1}^{i}(g_m n_m^2)} + \cdots\right) \tag{10.21}$$

式中，n_m 是结构因数为 $F_m(k)$ 的每一粒子中的电子数；$\bar{R}_m$ 为这种粒子的回转半径。该式与式（10.19）有些类似，所以从这种曲线所求得的回转半径为下式所表示的平均权重值 $\bar{R}_w^2$。

$$(\bar{R}^2)_w = \frac{\sum g_m n_m^2 \bar{R}_m^2}{\sum g_m n_m^2} \tag{10.22}$$

当散射角较大时，即在小角散射曲线的尾部时，曲线有下列近似关系：

$$I(k) = I_e(k) \left(\sum g_m \rho_m^2 S_m\right) \frac{2\pi}{k^4} \tag{10.23}$$

式中，ρ_m 为这种 m 型粒子的电子密度；S_m 为每一个 m 粒子的表面积。当样品中

有 M 个粒子具有完全相同的电子密度，且是完全无规分布时，则式（10.23）中的 $\left(\sum g_m \rho_m^2 S_m\right)$ 可以写成 $M\rho^2 S$，其中 S 为每一个这样均匀粒子的表面积，故

$$I(k)=I_e(k)M\rho^2\left(\frac{2\pi s}{k^4}\right)=I_e(k)\rho^2\left(\frac{2\pi S}{k^4}\right) \tag{10.24}$$

式中，$S=Ms$，即所有粒子的总表面积。因此对于具有不同粒子大小的样品，可根据小角散射曲线中的散射角很小处的强度求出粒子回转半径的权重值（$\overline{R}_w^2$），以及在较大散射角情况下求出粒子的总表面。此外还可作适当处理计算，以求出样品中粒度分布状况——各种大小的粒子尺度及其所占的百分数。

10.2　小角 X 射线散射实验装置[1,3]

小角 X 射线散射实验装置分射线源、光束准直的光阑狭缝系统和探测器记录系统三大部分。本节主要介绍狭缝系统，目前小角散射研究中常用的光学系统有线状狭缝系统、针孔状狭缝系统、锥形狭缝系统、Kratky 光学系统和聚焦型光学系统。

10.2.1　三狭缝系统

典型的线状狭缝系统是三狭缝系统的 SAXS 装置，示于图 10.3 中，其中 p、r、q 分别为第 1、第 2 和第 3 狭缝，C 为接收狭缝，第 1 和第 2 狭缝比入射光束小些，第 3 狭缝目的是避免 r 狭缝的散射线进入计数管。要使 $2\theta_{min}$ 达到更小，b、a 应该更小，换言之，要求 p、r 的狭缝更小，这样会减小入射线的强度，因此应该选择合适值，这样 $2\theta_{min}$ 就有一个极限值，也就是说 k（$=4\pi\sin\theta/\lambda$）有一个极小值。其适用线状 X 射线源，狭缝的线度方向平行于光源的线状方向。最小的探测角 $2\theta_{min}=0.4°$左右。

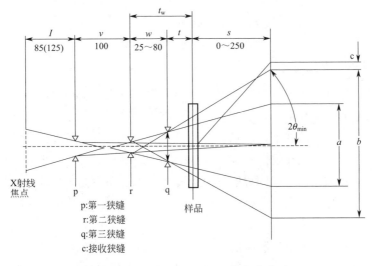

图 10.3　SAXS 的三狭缝系统的光路图

10.2.2　针状狭缝系统

针状狭缝系统适用于点状 X 射线光源，其示意图见图 10.4。试样放在第二针孔后面。通过调节第二针孔孔径的大小和距离获得最小的测量角。根据需要选择 U、V、D 的距离可获得最佳的光路。由于针孔孔径小，不会使散射信息产生模糊效应。因此，可以不需要进行消模糊的工作。但针孔孔径小，造成主光束的强度降低。具备高功率 X 射线源和针孔狭缝光学系统的小角散射仪，理论上可探测的最小角度 $2\theta_{min} = 0.2°$。

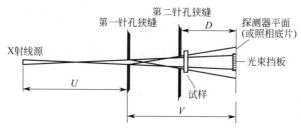

图 10.4　针孔狭缝光学系统

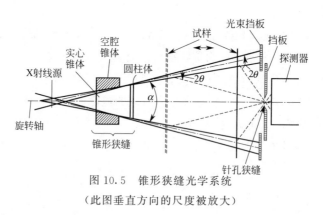

图 10.5　锥形狭缝光学系统

（此图垂直方向的尺度被放大）

10.2.3　锥形狭缝系统

锥形狭缝系统是一种可旋转的对称准直系统，如图 10.5 所示。它由空腔圆锥体、针形实心圆锥体和带有刃边的圆柱体组成，三者的圆心与旋转轴一致。该针形实心圆锥体插入空腔圆锥中，两者之间有很小的缝隙，主光束通过缝隙后呈锥壳形照射到片状样品上，试样垂直于锥轴。带有刃边的圆柱体用于消除由空腔圆锥的圆柱体与针形实心圆锥体之间的缝隙产生的寄生散射。与主光束形成 2θ 的散射 X 射线束呈圆锥壳形会聚进入针孔狭缝，由探测器记录下来。穿过片状样品的主光束射到圆盘形的光束挡板上。

锥形狭缝光学系统记录散射信息的方法与传统的记录方法不同。它是探测器不动，试样移动，由图 10.5 中所示的虚线均匀地缓慢向探测器方向移动，随之散射

角 2θ 缓慢增大，并且获得主光束照射在试样不同位置上的散射信息。

10.2.4　Kratky 狭缝系统

　　为了提高分辨率，消除寄生散射，Kratky 设计了一种特殊的狭缝系统。其结构示于图 10.6 中，人们称之为 Kratky 光闸。该系统由 U 形块（M）、"桥"（B）和刀口（E）组成，为此也称为 U 形狭缝系统。"桥"的作用是挡住寄生散射。刀口固定在 U 形块上，刀口缝隙的大小决定初束断面的大小。因只有一边有"桥"，故入射光束的强度分布并不对称，有桥的一边，强度分布的斜率稍大些，如图 10.6(b) 所示，所以零位以半高峰宽的中心为准。试样测试在有桥的一边进行。Kratky 光学系统的最小可测角度 $2\theta_{min} = 0.06°$，其优点是：散射强度大；分辨率比线形狭缝高很多，但没有消除寄生散射，只是程度减小。由于 Kratky 光闸也存在宽度和高度的强度分布，因此要对数据进行消模糊处理。

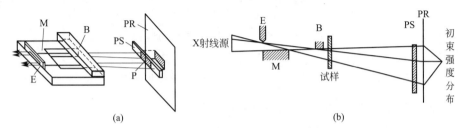

图 10.6　Kratky 狭缝系统（a）和光路图（b）

P 为主光束的断面；PS 为主光束挡板；PR 为探测器的测试面

10.2.5　多重晶反射系统

　　由于线形狭缝系统和 Kratky 狭缝系统或多或少都存在寄生散射的现象，为了解决这一问题，发展了多种类型的多重晶反射的光学系统。图 10.7 示出 Bonse 的光学系统。主光束经晶体反射后，再经第一槽形晶体多次反射，获得极平行的单色光，然后打到薄膜样品上，散射束经第二槽形晶体后，才被探测器接收。这样入射束与散射束严格平行，因此具有高的单色性、低的寄生散射、高的分辨率。

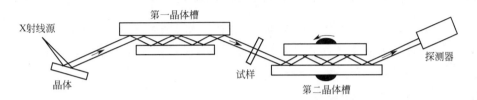

图 10.7　多次反射型光学系统的平面图

10.2.6　同步辐射 SAXS 装置[3]

　　在同步辐射实验室设有专门和兼做 SAXS 的光束线和实验站，最常见的是一种同步辐射小角 X 射线散射（SR-SAXS）装置，它的光束线设备——单色器和镜子都是聚焦型，以提高光束线的准直性和减小光束尺寸。另一类是超小角 X 射线衍射仪，图 10.8 给出它的示意图，图中入射束单色器和准直器 C_1、散射束分析准直器 C_2 都由槽形双晶多重衍射构成，使得能在所指的散射角 $k=10^{-5}Å^{-1}$ 以高的分辨率进行测量，这已在生物物理学和生理（比如肌肉和肉瘤等）方面得到广泛应用。

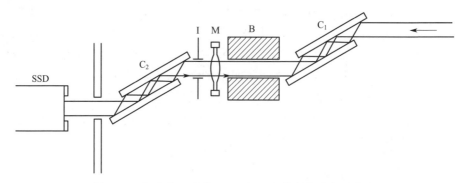

图 10.8　超小角 X 射线（USAX）衍射仪排列的示意图

C_1—入射束单色器和准直器；C_2—散射束分析

准直器；M—研究样品；SSD—固体探测器

10.2.7　小角 X 射线散射的实验配置

　　X 射线小角散射的三大部件间的关系及其与广角衍射装置的关系是配置问题。一般垂直安放的封闭式 X 射线管有四个窗口，即两个提供线状光源，两个提供点状光源，因此可采用一机两用的配置。比如，线状光源的两个窗口，一边配垂直扫描的广角衍射粉末衍射仪，反面的线光源窗口可配置使用三狭缝系统的小角散射仪，或者在空着的端面的点光源，可配以使用针孔或圆锥体狭缝系统的小角散射仪，这样可方便地同时使用广角和小角进行实验。当然也可通过用在一个窗口更换附件的方法来分时进行上述两种实验。

10.3　小角散射的实验技术和方法[1]

　　小角散射实验是一个比较细致的实验工作。如果在制样、光路调整、收集数据时的扫描制定以及数据的初步处理等方面稍不注意，就得不到满意的小角散射数据，也就得不到可信的分析结果。

10.3.1　试样制备技术

　　实验收集数据虽然多用透射方法，但反射法也不可忽视。然而所要研究的试样是多种多样的，可能是块状、片状、薄膜、纤维、粉末、颗粒状和液体等。在用透射法进行 SAXS 时，把试样厚度调整到 $\mu_1 t=1$ 最为理想，即 $t_{最佳}=1/\mu_1$，简便方法可按 $I_0:I=3:1$ 处理，其中 I_0 和 I 分别为无试样和有试样时，探测器在 $2\theta=$

0.00°测得的强度。表 10.2 给出某些材料的 $t_{最佳}$ 以供参考。反射法的样品要求是表面平整。

液态和悬浮液样品的特殊要求有两条：被测物质在液态载体中要均匀分布，要均匀悬浮，无沉淀；被测物质和液态载体的电子密度差应尽可能大。液态和悬浮液样品都置于透明的容器中。由于液态载体和容器都有散射，因此在测定样品的散射数据之后，必须在相同的实验条件下，对盛有液态载体的容器作一次散射数据收集，两者相减，扣除载体和容器的散射，才能获得待测样品的散射数据。

表 10.2　透射小角 X 射线散射的样品最厚度　　　　　单位：μm

材料	CuK$_\alpha$ ($\lambda=0.15518$nm)	MoK$_\alpha$ ($\lambda=0.07171$nm)	材料	CuK$_\alpha$ ($\lambda=0.15418$nm)	MoK$_\alpha$ ($\lambda=0.07171$nm)
Be	3584	18041	Zn	23.2	25.3
C(石墨)	966	7111	Pb	3.8	7.4
Mg	149	1398	H$_2$O	976	8307
Al	76.2	718	C$_2$H$_5$OH	1964	15249
Fe	4.1	33.0	SiO$_2$(石英)	109.5	1018
Ni	24.6	24.1	实验室玻璃	76.7	647
Cu	21.2	22.0			

10.3.2　光路的校准

小角散射入射线准直系统的光路要求十分严格。实验室的温度变化、仪器的微小振动都会影响到光路准直性的零位，因此实验前必须对光路进行严格的调整。一般应按仪器说明书进行，并记录下相关的参数，以便今后进行同类实验时可以参对。

10.3.3　散射数据的前处理

（1）吸收修正　一组被研究的样品的厚度不可能完全一致。在定量计算与质量有关的结构参数时，为了消除试样厚度不同对散射强度的影响，必须进行吸收修正。样品的强度 $I_{试样}$ 由下式求得：

$$I_{试样}(2\theta) = \frac{I_{观测}(2\theta)}{\mu^*} - \frac{I_{载体}(2\theta)}{\mu_{载体}} \tag{10.25}$$

式中，μ^* 和 $\mu_{载体}$ 分别为测试样品和载体的线吸收系数。

$$\mu^* = \frac{I}{I_0} = e^{-\mu(\lambda)t} \tag{10.26}$$

通过实验测得 μ^* 和 $\mu_{载体}$ 后便可代入式（10.25）进行吸收修正。

（2）散射强度的绝对化　经修正后的强度仅为相对强度，它只能用于计算散射体的几何参数，如旋转半径、粒径、面积和体积分数等。如果需要获得与密度相关的参数，如分子量、电子密度差等，必须获得绝对强度。

绝对强度的定义是试样的散射强度与主光束强度之比。目前散射强度绝对化的方法有直接和间接两种方法。这里不作介绍，因为在纳米材料的小角散射分析中多进行粒子大小及其分布和分形结构的研究，使用的仅是相对强度。

10.4　异常小角 X 射线散射和二维小角 X 射线散射[3]

10.4.1　异常小角 X 射线散射

前面介绍的小角 X 射线散射方法都是使用一般的波长（如 CuK_α 辐射）作 X 射线源。如果使用样品中某元素吸收限附近波长的 X 射线作入射线的小角散射，则称为异常小角散射，并有一些特殊的应用。

在三元合金的情况下，存在三个独立的对相关函数，散射强度是三个对相关函数傅里叶变换的线性组合。

$$I(s) = \sum_{i,j=1}^{2} (f_i - f_0)(f_j - f_0) S_{ij}(s) \qquad (10.27)$$

式中，f_i、f_j 是溶质元素的原子散射因子；f_0 是基体散射因子；S_{ij}（s）为对应的对相关函数的傅里叶变换，称为部分结构函数（PSF）。解上述方程至少要用对应于散射因子的三个不同值的三个不同实验数据。一种方法是用不同同位素制备试样的各向同性取代小角中子散射（ISANS），另外就是异常散射小角 X 射线散射（ASAXS）。ASAXS 已在 Al-Zn、Ni-Co 因瓦合金、Al-Zn-Ag、Cu-Zn-Sn 和 Cu-Ni-Fe 合金中应用。Lyon 等用分别低于 Zn 吸收限（9660.3eV）的 11 种能量的入射线测量 ASAXS 强度，发现强度随离吸收限的距离增大而降低，这与异常散射修正量绝对值的增加相对应。在 Al-Zn-Ag 三元合金中，异常散射效应随 Zn 的含量降低而降低，这些结果与"两相"不相混模型符合。Goudeau 等发现，在未修正时，离吸收限 5eV 的散射强度在低角度比其他离吸收限更远的低，这与 Lyon 等的结果是一致的，但在较大角度时，它的强度三倍于其他，见图 10.9。然而，从 ASAXS 强度中扣除热散射和康普顿散射、Al 和 Zn 原子无序分布引起的劳厄散射及非弹性散射之后，这些小角散射的积分强度与理论计算的比较如下：

合　　金	截段 S 值/Å^{-1}	测量强度/计算强度
Al-4.4%Zn	0.95	80%
Al-6.7%Zn	0.80	90%
Al-25.0%Zn	0.6	95%

因此，这些 ASAXS 曲线是 GP 区的结构散射轮廓，而不是其他的贡献。

Simon 和 Lyon 测定了 Cu-Ni-Fe 和 Ni-Co 因瓦合金的 ASAXS 曲线，图 10.10 示出前者，其中，（a）近 Fe 吸收线（7112eV），实线 6990eV，点线 7056eV，虚线 7104eV；（b）近 Ni 吸收限（8333eV），实线 8150eV，点线 8259eV，虚线 8322eV。可见除金属系

统一般随散射角增大而降低强度以外，从 $S \approx 0.2$ 起强度又开始上升，且其凸起的中心近 $0.55nm^{-1}$。前者为极小量粒子效应，而后者，即凸起的尾巴，在合金中，它由表面缺陷、粗糙度或沾污引起，在因瓦合金中，它由残余不溶粒子引起。

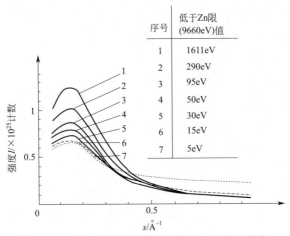

序号	低于Zn限 (9660eV)值
1	1611eV
2	290eV
3	95eV
4	50eV
5	30eV
6	15eV
7	5eV

图 10.9　Al-4.4％Zn 合金室温时的 ASAXS 强度

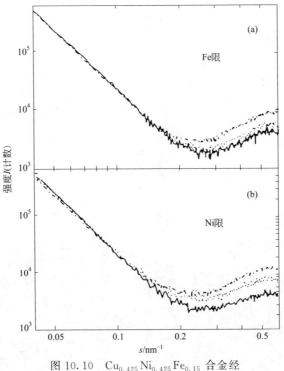

图 10.10　$Cu_{0.425}Ni_{0.425}Fe_{0.15}$ 合金经

773K 时效 56h 后的 ASAXS 曲线

凸起尾巴中心近 $s=0.55nm^{-1}$

10.4.2　二维小角 X 射线散射

小角散射是研究倒易空间原点附近的强度分布。如果倒易空间原点附近三维强度分布是球面对称的，二维强度分布是圆对称的（二维中心对称的），这时可用一维小角散射（1D-SAXS 或 1D-SANS）技术测定倒易空间原点附近一维强度分布，从一维小角散射强度分布曲线分析，可以进行超细颗粒的粒子（微孔）大小及其分布的测定等，这就是通常小角散射技术。然而，许多实际情形并非如此，换言之，倒易空间原点附近二维强度分布不是圆对称的，仅在直径上是中心对称的，这时得用二维探测器来记录二维小角散射花样，并对二维小角散射花样数据进行分析，以获得相干散射区形状的信息，这就是二维小角散射（2D-SAXS），并已有商品仪器出售。

二维小角 X 射线散射的应用已十分广泛，特别是各向异性系统，如单晶体、纤维、高聚合物和层状结构以及复合材料的纳米结构分析中。如 Al-Cu 和 Al-Ag 合金失效后的小角散射研究。下面介绍一个人的脊椎骨的扫描 SAXS 研究的例子。

如图 10.11 所示，样品自动沿 x 和 y 方向扫描，这意味着，二维小角 X 射线散射花样能在样品的不同部位上获得，在样品上 X 射线束的尺度为直径 $200\mu m$，2D-SAXS 花样的空间分辨率也为 $200\mu m$。首先，用辐射照相法对样品每个位置成像，见图左下方。样品是人脊椎骨（vertebra）的一个截面。横膈膜（trabeculae）已清楚可见，因为它对 X 射线的吸收系数比由树枝状物填充的要大。通过样品几个位置的 SAXS 花样十分不同（见图的中下部），其分析结果示于纳米结构作图（mapping）中（见图右下方）。这里疏松的人骨头中矿物晶体的典型取向用小条（bars）的方向指示，取向程度用小条的长度表示。这表明人的骨头质疏松是由于高钙矿物晶体沉积造成的。

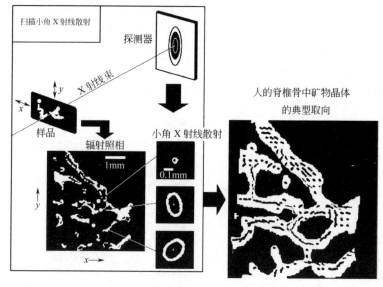

图 10.11　人的脊椎骨的扫描 SAXS 研究

10.5 纳米材料颗粒大小及其分布的测定

10.5.1 一些常用的计算方法

当样品具有相同形状和大小时，可借助一些近似的方法，如逐步切线法、逐级对数法、数值计算法和解析法，求出不同粒子大小和粒度分布。下面介绍几种方法。

Fankuchen-Jellinek 方法[4] 的实质是逐级对数切线法，对式(10.24) 两边取对数得

$$\lg I(k) = \lg[I_e(k)n^2M] - \frac{k^2\bar{R}_o}{3}\lg e$$

或

$$= \lg[I_e(k)n^2M] - \frac{4\pi^2}{3\lambda^2}R_o^2\varepsilon^2\lg e \tag{10.28}$$

令 $\lg[I_e(k)n^2M] = \lg I(o)$，则有

$$\lg I(k) = \lg I(o) - \frac{k^2\bar{R}_o}{3}\lg e \tag{10.29}$$

于是 Fankuchen-Jellinek 方法步骤如下：

① 首先根据散射花样上小角度散射强度分布画出 $\lg I(k)$-k 的关系曲线，结果得一条凹面向上的曲线。

② 在曲线的最大散射角部分作一切线，和纵坐标相交于 K_1，然后在原曲线中各点所表示的强度值中减去这条切线所表示的强度值，得到另一条曲线。

③ 再在这条新曲线的最大散射角部位作第二条切线交纵坐标于 K_2，把第二条曲线中各点所表示强度值减去第二条切线所表示的强度值得第三条曲线。

④ 继续②、③步，直至最低角部分，切线与曲线重合为止。

⑤ 根据每条切线的斜率的负值，$\alpha = \frac{\bar{R}_o^2}{3}\lg e$，求出一系列 $\bar{R}_{on}$ ($n-1,2,3\cdots$)

$$R_{on}\left(\frac{3}{\lg e}\right)^{1/2}(-\alpha_n)^{1/2} = 2.628(-\alpha_n)^{1/2} \tag{10.30}$$

然后根据粒子的不同形状中粒子尺度与回转半径 $\bar{R}_{on}$ 的关系（见表 10.1），求出对应的粒子尺度。

⑥ 根据 $K_n = CK_{on}^3W_{(R_{on})}$ （C 为常数），用下式

$$W_{(R_{on})} \propto \frac{K_n}{R_{on}^3} = \frac{k_n/R_{on}^3}{\sum(k_n/R_{on}^3)} \tag{10.31}$$

求该颗粒 R_{on} 所占的百分数，最后画出粒子分布曲线。作出切线数目尽可能多些。日本 Rigaku 公司已推出基于 Fankuchen-Jellinek 方法的程序。

郭常霖和陆昌伟[5] 改进了这种多级切线法，称为多级斜线法，并编制了计算程序，可把粒径分布从几级增加到 20 级以上。图 10.12 示出两种方法分析铁

红釉结果的比较。多级切线法得到六个粒径数据，结果粗略，最大粒径为240nm也不合理。多级斜线法得到21个粒径数据，范围从6～166nm，粒径主要分布在40nm以下，9nm和33nm各占体积的15.2％和10.5％，相对比较集中，也比较合理。

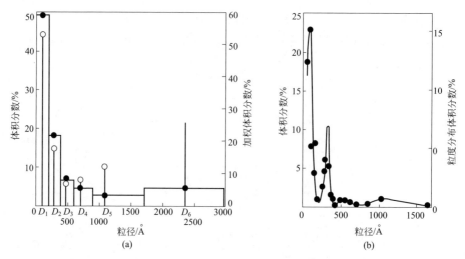

图10.12　用多级切线（a）和多级斜线法（b）分析铁红釉结果的比较

新近发展的模拟（或拟合）计算的方法有日本Rigaku公司已推出的Nano-Solver程序。这两种类型分析SAXS散射数据的程序各有特点和用途，切线法（多级切线与多级斜线法）是$\lg I$-$\lg k$曲线，可得粒度和粒度分布，从曲线的直线部分的斜率P可求得分形维度。Nano-Solver方法是$\lg I$-2θ曲线，求粒度和粒度分布是很方便的。

此外还可用逐级对数作图法、数值计算法和解析法求得不同粒子大小和粒度分布。在同步辐射的小角散射实验站，一般都有专用程序可供实验者使用。

10.5.2　小角散射与其他方法的比较[6]

小角散射方法测得的粒子大小是否可信，历来是人们所关心的问题，一般常与透射电子显微镜所测定的结果相对比。表10.3给出若干种粒子大小两种方法测得结果的比较，可见SAXS和TEM的结果基本相符。这从实验上证明了Ｘ射线小角散射理论公式的正确性和有效性。

表10.3　粒子大小SAXS和TEM两种方法测定结果的比较

所测定的粒子	SAXS/nm	TEM/nm	作者	年代
乳胶球	275, 273.2, 269.2	278	Yudowitch	1951
胶体金粒子	82.4	70.0	Turkevitch	1950
胶体银粒子	13.0	12.0	Fournet	1951
三种沉胶硅球	99.5±2 155±3 410±10	98.9±2 160.8±7 389.3±24	Rieker 等	1999

如果被测样品由微晶组成，用广角 X 射线衍射线形的半高宽，经 Scherrer 公式计算求得的晶粒尺度是比较准确的。这不能与用 X 射线小角测定颗粒（粒子）大小相比较，因为一个颗粒可能由许多微晶组成。可见晶粒大小和颗粒（粒子）大小完全是两个不同的概念。同理，电镜测定的粒子大小也不能与广角 X 射线衍射线形的半高宽测定的晶粒大小相比较。

若不考虑样品的均匀性和致密性，电镜和 SAXS 都能测定粒子的大小和形状，就精确度而言，电镜要高于 SAXS。如果两种方法测得的结果不一致，可以预计 SAXS 所得结果可能较小，其原因是电镜所观察的是局部，而且是被放大了的。SAXS 观测样品的整体，结果是宏观统计性的，故其结果更具有代表性。电镜观测的样品必须经过干燥，干燥可能会引起原有结构的变化或破坏，因此液体样品，如悬浮液和胶体溶液等，不能用电镜测量，而 SAXS 能直接测量。扫描电镜与透射电镜一样，它们的测定结果还与制样时颗粒的分散是否良好有关。如果分散不好，测定结果并不是单个颗粒的大小，而是粒团的大小。这时电镜的结果一般比 SAXS 的结果大得多。SAXS 能测定粒子大小分布，而电镜要配备图像分析设备才能获得颗粒大小分布。

10.6　纳米材料分形结构研究[3,7]

在过去的 36 年间，已发现分形在物理、材料、化学和生物科学的许多领域十分有用，其中包括用于分析和诠释来自畸变系统的小角散射数据。这里仅对小角散射中最重要的分形的概念、性质与小角声子散射的关系作简单介绍，更详细的可参考几篇评述论文。

10.6.1　分形

分形（fractal）起源于数学研究，数学结构是长度的任何标度上的分形，而真实的物体仅仅在由两个长度为边界的间隙内才是分形，这两个长度分别称为内截断 ε_1 和外截断 ε_2，当然 ε_1 至少与分子或原子半径一般大，ε_2 不能大于分形的直径 ξ。ξ 定义为分形系统中分离两点的最大距离。这显然十分抽象，让我们回到测量英国 Britain 西海岸线长度的问题。

海岸线的长度是多少？人们用一把长度为 l 的尺子从海岸线这一头量到那一端，共 N_l 尺，测得海岸线的长度 $C = l N_l$，这似乎是无疑的。然而，当尺子的长度缩小，所测的海岸线的长度必定增加，并涉及海岸线上的半岛和海湾、沙嘴和小海湾等。人们能预计到海岸线的长度接近某有限值，但是，当我们的尺子长度缩小趋近于零时，C 趋向无穷大。可见海岸线的长度对测量的标度（scale）非常敏感。Richardson 在他的创新工作中发现，海岸线的长度 $l N_l$ 可转换到反比于尺子长度的幂，即 $C \propto \dfrac{1}{l^\omega}$，并能用海岸线长度的非欧几里德测量来说明，则有

$$C' = l^D N_l \tag{10.32}$$

这揭示了海岸线长度 C' 具有不依赖于尺子长度 l 的性质。事实上，非整的指数 D（对于 Britain 西海岸线 $D=1.25$）对表观病态的海岸线起着类似维度（分形维度）的作用。把 D 解释为维度似乎是合理的。例如，把绳子的尺度算为 $L = l^1 N_l$，地板的面积是 $A = l^2 N_l$。就一般情况来说，d 维立方体的体积是 $V_d = l^d N_l$。从上可清楚知道，对于小的尺子长度，以上讨论的测量结果（C'、L、A、V_d）都变成与 l 无关了，所以它们都被视为具有不同维度的分形，它们的共同特点是用尺子长度的幂作为度量的标度，而不是把尺子的长度作为度量的标度，所以我们把它们统称为尺幂度体，即能用尺子长度的幂来度量的物体称为尺幂度体——分形（fractal 或 fractal object）。经过如此处理之后，求得尺幂度体海岸线是拓扑学一维表面。用类似的方法我们来讨论胡桃，那么胡桃表面是以三维固体为边界的拓扑学二维表面。推广到一般情况，人们能考虑以 D 维为边界的拓扑学 $(D-1)$ 维表面。在这种情况下，表面尺幂度体的维度被描述为

$$A \sim R^{D_s} \tag{10.33}$$

A 是表面积的 $(D-1)$ 维欧几里德度量，则：

$$A = l^{D-1} N_l \tag{10.34}$$

D_s 的下限由完全光滑的最小表面（一个肥皂泡泡）给出，即 $D_s = D-1$。D_s 的上限由一个卷绕复杂表面给出，即 $D_s = D$，所以表面尺幂度体的维度范围介于 $(D-1)$ 和 D 之间，即 $(D-1) < D_s < D$。式(10.34)是定义尺幂度体维度的一般方法。

畸变系统的小角散射研究的对象主要是分散在合金或溶液中的粒子，或是多孔物质中的微孔洞等等。为此人们引入了"表面尺幂度体"和"质量尺幂度体"这两个概念，质量尺幂度体是在具有半径 R 的以一个球体表面的内部质量为 $M_{(R)}$ 的结构，即

$$M_{\text{mas}(R)} \sim R^{D_{\text{mas}}} \tag{10.35}$$

表面尺幂度体是 $D_{\text{mas}} = 3$ 的质量尺幂度体的一个区域，这个质量尺幂度体被埋置在维度 $D=3$ 的欧几里德空间中，并以表面尺幂度体维度为 D_{suf} 的尺幂度表面为边界。注意区分"表面尺幂度体"和"质量尺幂度体"这两个概念是重要的，因为所有的表面尺幂度体都是以尺幂度表面为边界，但不是所有的尺幂度表面都是表面尺幂度体。

对于理想的三维物体，如表面理想的光滑圆球，维度 $D=3$，小角散射研究的对象（如像微粒或微孔等）几乎都是不规则形状，粒子表面高低凹凸不光滑，微孔内表面粗糙不光滑，所以

$$D_{\text{mas}} \leqslant 3 \qquad 2 \leqslant D_{\text{suf}} \leqslant 3$$

现归纳尺幂度体的两个性质如下：第一，自相似性（self-similarity），即尺幂度体的细节就整体来讲是结构相同的，换言之，物体的结构与观察的特征长度的标度无关；第二，表征尺幂度体的是它的尺幂度体的维度 D。

10.6.2　来自质量和表面尺幂度体的小角散射

如果单个散射体是相对单分散的，小角散射强度 $I(k)$

$$I(k)=\Phi P(k)\bar{S}(k) \tag{10.36}$$

式中，$\Phi=N/V_b$，N 是散射体的数目，V_b 是试样的体积；Φ 是用 cm^{-1} 表示的散射体的密度；$P(k)$ 是形状因子 $F(k)$ 的函数；$\bar{S}(k)$ 是有效的结构因子，其表达式为

$$\bar{S}(k)=1+\frac{|<F(k)>|^2}{<|F(k)|^2>}[S(k)-1] \tag{10.37}$$

对于一个中心对称的粒子，$\bar{S}(k)=S(k)$，所以

$$S(k)=1+\Phi\int[G(r)-1]\exp(ikr)\mathrm{d}r \tag{10.38}$$

经积分得

$$\Phi[G(r)-1]=\left(\frac{D}{4\pi r_0^D}\right)r^{D-3}\exp\left(-\frac{r}{\zeta}\right) \tag{10.39}$$

$\Phi G(r)$ 表示在距离 r 处找到粒子的概率。经推导得到，当 $k\xi\gg1$ 时，对维度 D_{mas} 的质量尺幂度体的小角散射强度 $I_m(k)$ 用下式表示：

$$I_m(k)=I_{om}\Gamma(D_m+1)\{\sin[\pi(D_m-1)/2]/(D_m-1)\}k^{-D_m} \tag{10.40}$$

I_{om} 是与实验条件和尺幂度体的结构两者有关的常数，$\Gamma(D_m+1)$ 为 Γ 函数。

当 $k\zeta\gg1$ 时，维度为 D_s 的表面尺幂体的小角散射强度 $I_s(k)$ 用下式表示：

$$I_s(k)=I_{os}\Gamma(5-D_s)\sin[\pi(D_s-1)/2]k^{-(6-D_s)} \tag{10.41}$$

I_{os} 也为常数，$\Gamma(5-D_s)$ 是 Γ 函数。D、ξ 与回旋半径 R_g 的关系如下：

$$R_g^2=D(D+1)\xi^2/2 \tag{10.42}$$

对于多分散性体系，质量尺幂度体的小角散射强度：

$$I_m(k)=I_{om}\chi_0(M_{om})^2\int_0^R R^{2D_m-r}F(k,R)\mathrm{d}R \tag{10.43}$$

表面尺幂度体的小角散射强度：

$$I_s(k)=I_{os}\chi_0(M_{os})^2\int_0^R R^{2D_s-r}F(k,R)\mathrm{d}R \tag{10.44}$$

这里 I_{om}、I_{os}、M_{om}、M_{os} 和 χ_0 都是常数。$1+D<r<2D+1$

综上得，引入尺幂度体概念之后，

$$I(k) \propto \frac{1}{k^{6-D}} \qquad 2 \leqslant D \leqslant 3 \qquad (10.45)$$

而经典的 Porod 定律是

$$I(k) \propto \frac{1}{k^4}$$

$$I(k) = 2\pi I_e \delta^2 S k^{-4} \qquad (10.46)$$

这显示了尺幂度体概念引入与否的差别。其中，对于声子散射 $I_e = 1$，δ 为散射体的散射长度密度，S 为散射的内部面积。

小角散射研究的尺幂度体多数是无规的，少数是有规的。可供研究的材料很多，如航空硅胶多孔固体等，也可对取向质量尺幂度体作模型计算。

10.6.3　散射强度与尺幂度体维度的关系

在倒易空间中，散射强度 I 与 k 之间有如下关系：

$$I \approx k^P \qquad (10.47)$$

式中，P 称为 Porod 斜率。对于有质量尺幂度体和表面尺幂度体的体系，P 有下列表达式：

$$P = -2D_v + D_s \qquad (10.48)$$

式中，D_v 为该结构体系内的维度；D_s 为该结构体系的表面维度。对于有质量尺幂度体的体系，其表面和体内维度相同，故有

$$D_v = D_s = D \qquad (10.49)$$

则有

$$P = -D$$

其散射曲线 $\ln I$-$\ln k$ 的斜率 P 值在 $-1 \sim -3$ 之间，相应维度值在 $1 \sim 3$ 之间。

对于有表面尺幂度体的体系，$D_v = 3$，则有

$$P = -(6 - D_s) \qquad (10.50)$$

如果体系有光滑表面，其 $D_s = 2$，则 $P = -4$；如果体系有粗糙表面，则 D_s 在 $2 \sim 3$ 之间，P 在 $-4 \sim -3$ 之间。

由 SAXS 的散射曲线 $\ln I$-$\ln k$ 可求出 Porod 斜率 P 的值，再用上述公式，便可求出有质量尺幂度体和表面尺幂体的维度。由于在实际尺幂度体体系中，其自相似性只在一定范围内成立，反映在倒易空间中，SAXS 散射曲线也只在一定范围内成直线，并在不同 k 范围可以有不同斜率的直线，它们分别对应于不同尺幂度体的维度。

图 10.13 给出孤立壁碳纳米管（SWNCT）的 SAXS 散射花样[8]，其 $P = -3.400$，维度 $D_s = 2.600$，吸附法测得的结果为 2.625，模型计算 $D_s = 2.77$，2.83，2.86，2.87。这表明有限长度和不规则集聚的影响，表面维度值表示 SWCNT 的表面粗糙度和不规则性。

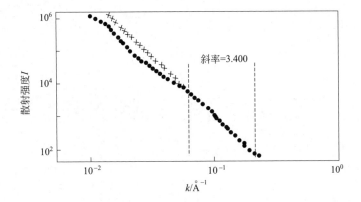

图 10.13　孤立壁碳纳米管

（SWNCT）的 SAXS 散射

参 考 文 献

［1］　朱育平. 小角 X 射线散射——理论、测试、计算及应用. 北京：化学工业出版社，2008.

［2］　Gninier A，Fournet G. Small-Angle Scattering of X-rays. N. Y.：J Wileg & Sons，Inc，1995.

［3］　程国峰，黄月鸿，杨传铮. 同步辐射 X 射线应用基础. 上海：上海科学技术出版社，2009.

［4］　Jellinck W，et al. Ind Eng Chem，1945，27：158；1946，28：172.

［5］　郭常霖，陆昌伟. 硅酸盐学报，1985，13（4）：459-466.

［6］　Glatter O. J Appl Crys，1977，10：415；1980，13：7.

［7］　杨传铮，谢达材，Newsam J M. Fiesher J. 用中子散射研究凝聚态物质的新进展. 物理学进展，1994，14（3）：231-281.

［8］　Dasgupta K，Krishna P S R. Carbon Sci，2003，4（1）：10-13.

第 **11** 章
化学组分和原子价态的 X 射线分析

当 X 射线或其他射线源打在样品上时，用探测器系统探测和分析样品与射线作用时产生的各元素的信号，从而获得被击样品的化学组成、原子价态及有关结构信息的技术，统称为光谱术或谱学。X 射线光谱学方法包括 X 射线发射谱、X 射线吸收谱、俄歇电子能谱、X 射线光电子能谱以及 X 射线磁圆二色谱等。

11.1 X 射线发射谱

11.1.1 激发 X 射线[1~3]

当高能电子束或 X 射线激发样品时，原子内壳层上电子因电离而留下个空位，由较外层电子向这一能级跃迁使原子释放能量的过程，即发射特征 X 射线；另一种弛豫过程是：A 壳层电子电离产生空位，B 壳层电子向 A 壳层的空位跃迁，导致 C 壳层的电子发射，这就是 ABC 俄歇电子发射。图 11.1 给出了原子发射特征 X 射线和特征俄歇电子的能级跃迁示意图。比如，K 层电离，L 层电子向 K 层跃迁发射 K_α X 射线，M 壳层向 K 层跃迁发射 K_β X 射线等等；同样也能激发 K 系俄歇电子，如

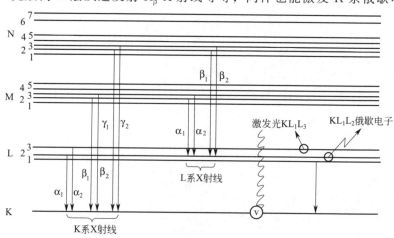

图 11.1　激发态原子的弛豫：X 射线发射和俄歇电子发射的能级图

KL_1L_2、KL_1L_3 等，如果是 L 壳层电子
电离，则会发射 L 系特征 X 射线和 L 系
特征俄歇电子。但两者的平均产额是不
同的，图 11.2 给出 K 系 X 射线和 K 系
俄歇电子平均产额随原子序数的变化，
当 $Z=32$ 时，两者产额相等。就同步辐
射荧光 X 射线实验测量模式来讲有两
种，即白光激发和单色光激发，其实验
安排示于图 11.3(a)、（b）中。其中弯
曲石墨单色器即使选择单色光，也可以
把光束聚焦到样品上。

　　激发 X 射线可用高能电子束，也
可以用 X 射线等其他高能离子。初级
X 射线分析仪、电子探针、扫描电子显
微镜和透射电镜中的 X 射线能谱分析
都是用电子束激发样品的次级 X 射
线的。

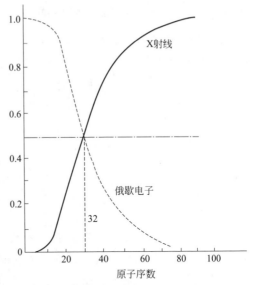

图 11.2　K 系 X 射线和 K 系俄歇电子
平均产额随原子序的变化

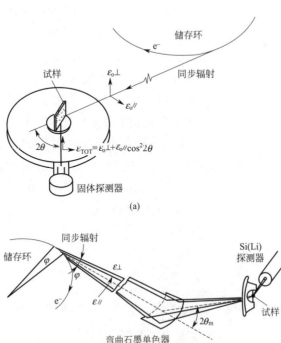

(a)

(b)

图 11.3　同步辐射荧光 X 射线谱分析实验装置示意图

（a）用白光激发；（b）用弯晶单色器获得单色光激发

11.1.2 X射线发射谱化学分析

元素的定性分析是简单的，只需标定谱图中各峰的能量（或波长）与各元素的特征 X 射线谱的数据对比就可完成。定量分析与常规荧光 X 射线中的经验系数法、基本参数法相似，这里称为标样法和无标样法。

所谓标样法就是以纯元素做标样，分别对试样和标样测量选定特征线的强度 I_j 和 I_j°，代入下式

$$C_j = \frac{Q_j I_j (\mu_{s,i} + \mu_{s,f} \sin\psi/\sin\phi) \rho_s}{1 - \exp[-(\mu_{s,i} + \mu_{s,f} \sin\psi/\sin\phi) \rho_s T \sin\psi]} \tag{11.1}$$

$$Q_j = \frac{1}{I_j^\circ}(\mu_{s,i}^\circ + \mu_{s,f}^\circ \sin\psi/\sin\phi)/\rho_s^\circ \tag{11.2}$$

即可求得试样单位质量中元素的质量分数 C_j。式中，ψ、ϕ 分别为入射 X 试样表面的夹角和发出荧光 X 射线对试样表面的夹角；T 为入射线激发试样的厚度；$\rho_s T$ 为均匀厚度样品单位面积的质量；$\mu_{s,i}/\rho_s$、$\mu_{s,f}/\rho_s$ 分别为试样对入射线和荧光 X 射线的质量吸收系数；$\mu_{s,i}^\circ/\rho_s^\circ$、$\mu_{s,f}^\circ/\rho_s^\circ$ 分别为纯元素标样对入射 X 射线和荧光 X 射线的质量吸收系数。

由上可知，元素浓度的测定依赖于人们对纯元素标样和未知成分试样对入射辐射及荧光辐射质量吸收的知识，Sparks[4] 已评论了这些系数的测定方法和荧光测量的数学处理。

无标样法不需要中间标准成分的标样或任何经验系数，通过一系列参数计算而得到结果。入射辐射的光谱分布是无标样法所必需的第一个参数，这对同步辐射是方便且较简单的。其次，对于每种试样，都存在基本吸收和二次荧光，因此必须考虑：①波长为 λ 的一次辐射在试样中的穿透能力；②在 dx 层中各元素的一次激发；③dy 层中各元素受 dx 层中一次激发产生的特征辐射及二次激发产生的二次荧光；④基体对各新生辐射的吸收。计算从各元素 X 射线相对强度测量值估计这些元素的含量开始，计算出应被观测到的假设成分的强度，以此值与测量值比较，然后对假设成分进行修正，并由此又计算出一套估计强度。如此反复，直至假设成分的 X 射线强度与测量 X 射线强度值的符合程度达可预先规定的精确程度，然后打印出分析结果。

对于薄膜样品，设用单色光激发，用能量色散谱仪测量，测试样中 i 元素的含量 C_i 按下式计算[5]：

$$C_i = \frac{I_i 4\pi R^2}{p_o D_i \sum_k [(u_k/\rho)_o w_k f_k]_i \rho_s T/\sin\varphi} \tag{11.3}$$

式中，$\sum_k [(u_k/\rho)_o w_k f_k]_i$ 对各元素是常数，用 λ_i 表示；$p_o D_i \rho_s T/\sin\varphi/4\pi R^2$ 项只与测量有关，令其为 K，则上式可写作

$$C_i = I_i/K\lambda_i \tag{11.4}$$

当用标准曲线或标准加入方法时，分母项（$K\lambda_i$）将消去，即强度与含量成正比。

特征 X 射线谱几乎与元素的物理状态或原子的化合价无关，这是 X 射线荧光分析的优点之一。这个特点并不适用于低原子序元素的 K 系谱线和高原子序元素的 L 系或 M 系谱线。当上述元素的原子价电子发生某种变化时，即出现谱线的漂移和形状畸变。反之，精细测定谱线的漂移和谱线形状是研究原子的电子态的有效方法。

同步辐射 X 射线分析已从开始的岩石、矿样、陨石、海底沉积物等体积较大，待测含量较高的样品，到后来的陶瓷、半导体等材料，现已扩大到宇宙尘埃、组织切片、生物细胞等分析区域小、待测含量低的样品。因此，同步辐射 X 射线荧光分析已经深入到地质矿物、海洋科学、天体化学、材料科学、生物医学、刑侦法学以及工农业生产的各个领域，在科学实验和工农业生产中发挥越来越重要的作用，并能获得二维微量元素分布图[6]，还发展了研究深度仅几纳米的全反射荧光测量方法[7,8]。

X 射线全反射临界角与反射面材料和入射波长有关：

$$\alpha_c = (5.4 \times 10^2 Z\rho\lambda^2/A)^{1/2} \tag{11.5}$$

式中，Z、A、ρ 分别为反射体的原子序数、原子量和密度（g/cm^3）。全反射 X 射线荧光分析较一般 X 射线荧光分析有更高的检测灵敏度。

11.1.3　X 射线发射谱的精细结构

用现代精密的、高分辨率的谱仪可以发现化学键及离子电荷的改变，原子在不同分子中或晶格中对内层电子能级间的跃迁产生影响，一般还是着重于研究与最外层能级有关的谱线，因为最外层能级受化学键、晶格等的影响最大。

（1）外层电子数目与谱线宽度的关系　从自由电子近似得出外层电子数与能带宽度的关系是：

$$n = \frac{8\pi(2m)^{3/2}V_a}{3h^2}(E_{max} - E_0)^{3/2} \tag{11.6}$$

式中，n 为属于每个原子的平均价电子数；m 为电子质量；V_a 为原子体积。电子从层宽为（$E_{max} - E_0$）的能带跃迁到内层宽为 ΔE_i 的能带，发射谱宽为 ΔE。

$$\Delta E - \Delta E_i = E_{max} - E_0 \tag{11.7}$$

如果能量用 eV 表示，原子体积用 Å^3 表示，则

$$n = 0.00453 V_a(\Delta E - \Delta E_i)^{3/2} \tag{11.8}$$

（2）外层电子状态分布与谱线形状的关系　这里所指的谱线是指电子从导带跃迁到内层能级产生的，自由电子状态分布 $n(E)$ 有如下关系：

$$n(E) = \frac{4\pi V_a m\sqrt{2m}}{h^3}(E - E_0)^{1/2} \tag{11.9}$$

目前主要研究结果是：①电子状态分布 $n(E)$ 决定谱线的强度，但不是唯一因素，

谱线强度还取决于跃迁概率；②跃迁概率在谱线的长波方面，s 电子跃迁概率 $|\alpha_s|=$ 常数，p 电子跃迁概率 $|\alpha_p|^2 \approx k^2 \approx (E-E_0)$，故有长波长方面的强度

$$I_p(E) \approx (E-E_0)^{1/2} \tag{11.10}$$

③跃迁概率在谱线短波方面较为复杂。

总之，从 X 发射谱的精细结构来讲，由于价态对特征 X 射线的位移影响太小，故不能借助特征 X 射线峰位移来揭示被激发原子所处的状态。

11.2　X 射线吸收谱[1,3,9,10]

11.2.1　吸收限

实验研究表明，物质对 X 射线的质量吸收系数 μ_m 与波长及物质的原子序数 Z 有如下关系：

$$\mu_m \propto \lambda^3 Z^3$$

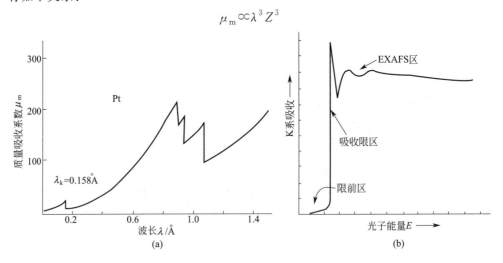

图 11.4　（a）金属铂的 μ_m 与 λ 的
关系，（b）K 吸收限附近的放大

图 11.4 给出吸收系数 μ_m 与入射 X 射线波长（能量）的关系，可见，一般地说，吸收系数随波长的减小急剧下降，但出现一系列吸收突增的峰，对 Pt，$\lambda_k=$ 0.1582Å，$\lambda_{L1}=0.8940$、$\lambda_{L2}=0.9348$、$\lambda_{L3}=1.0731$Å，这些对应于突增峰的波长（或能量）称为吸收限，K 系的吸收限附近放大于图 11.4（b）中，分为限前区、吸收限区、扩展区，后者又称扩展 X 射线吸收精细结构（EXAFS）区。吸收突增的现象解释如下：当原子俘获一个 X 射线光子而发生电离时，这个光子的能量必然等于或大于被击电子的结合能。当入射波长较长（能量较小）时，光子的能量 $h\frac{c}{\lambda}$ 小于某一壳层的电子结合能时，就不能击出这个壳层的电子，但当入射光子能量

恰好等于或略大于该壳层电子的结合能时，光子将被物质大量吸收，吸收系数突增。设 K 壳层的电子结合能为 w_k，则 K 系吸收限波长 λ_k 为

$$\lambda_k = \frac{hc}{w_k} \tag{11.11}$$

11.2.2　用 X 射线吸收谱的化学定性定量分析

由前讨论可知，吸收限的能量和波长是元素的表征。如果试样为多种元素组成，当测定该试样的全吸收谱时，就能获得包含各元素的特征吸收限谱线的吸收谱，标定各谱线的能量或波长就能判断试样中存在的元素。用吸收限法作定量分析如下：

设试样由吸收限元素 A 和非吸收限元素 i 组成，显然这里 $i = 1, 2, \cdots, n$，且 $\neq A$，则试样的吸收系数为

$$\left(\frac{\mu}{\rho}\right)_m = w_A\left(\frac{\mu}{\rho}\right)_A + w_i\left(\frac{\mu}{\rho}\right)_i \tag{11.12}$$

那么透射强度按指数定律衰减，即

$$I = I_0 e^{-\left(\frac{\mu}{\rho}\right)_m \rho_m} = I_0 e^{-\left[\left(\frac{\mu}{\rho}\right)_A w_A + \left(\frac{\mu}{\rho}\right)_i w_i\right]\rho_m t} \tag{11.13}$$

在 A 元素吸收限上下分别进行测量，这时 A 元素的质量吸收系数分别为 $\left(\frac{\mu}{\rho}\right)_{A\pm}$、$\left(\frac{\mu}{\rho}\right)_{A\mp}$，但非吸收限元素的质量吸收系数不变，故有

$$I_\pm = I_0 e^{-\left[\left(\frac{\mu}{\rho}\right)_{A\pm} w_A + \left(\frac{\mu}{\rho}\right)_i w_i\right]\rho_m t} \tag{11.14}$$

$$I_\mp = I_0 e^{-\left[\left(\frac{\mu}{\rho}\right)_{A\mp} w_A + \left(\frac{\mu}{\rho}\right)_i w_i\right]\rho_m t} \tag{11.15}$$

两式相除

$$\frac{I_\pm}{I_\mp} = e^{w_A\left[\left(\frac{\mu}{\rho}\right)_{A\mp} - \left(\frac{\mu}{\rho}\right)_{A\pm}\right]\rho_m t} \tag{11.16}$$

令

$$\left(\frac{\mu}{\rho}\right)_{A\mp} - \left(\frac{\mu}{\rho}\right)_{A\pm} = k_A, \rho_m t = M_m \tag{11.17}$$

则

$$W_A = \frac{\ln(I_\pm / I_\mp)}{k_A M_A} \tag{11.18}$$

于是可测得吸收限元的质量分数 W_A，其中 ρ_m、t 分别为试样的密度和厚度，M_m 为试样单位面积的质量。类似地，可在 i 元素吸收限上下进行测量就可求得 W_i。

11.3　俄歇电子能谱[1,3,11~13]

俄歇电子能谱是能量约几千电子伏特的入射线（可为电子束，也可为 X 射线）

轰击试样表面，使试样表面逸出俄歇电子，再用电子能量探测器、锁相放大器等接收和放大，最后给出能量分布曲线 $[N(E)-E]$ 或能量分布微分曲线 $[dN(E)/dE-E]$，见图 11.5。各种逸出的俄歇电子在分布曲线上对应于一个谱峰，它的形状、位置和强度与表面几个原子层内的成分、浓度、价态和价态密度有关。图 11.5 是用 1keV 电子束激发 Ag 的俄歇电子能谱曲线，除俄歇电子峰外，还包括弹性电子峰和等离子损失电子峰，用 X 射线激发的俄歇电子谱要简单得多。

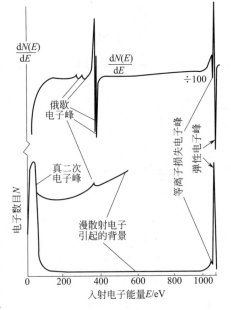

图 11.5   1keV 电子束轰击 Ag
获得的俄歇电子能谱曲线

11.3.1   俄歇电子的能量和强度

俄歇电子的能量有三种表达方式。

基本原理表达式为：

$$E_{ZA(WXY)} = E_{Z(W)} - E_{Z(XY)} \qquad (11.19)$$

式中，$E_{ZA(WXY)}$ 为原子序为 Z 的 WXY 跃迁俄歇电子的能量；$E_{Z(W)}$ 为 W 能级出现一个空位时原子的能量；$E_{Z(XY)}$ 为 X、Y 两个能级上各出现一个空位时原子的能量。

半经验表达式为：

$$E_{ZA(WXY)} = E_{Z(W)} - E_{Z(X)} - E_{Z(Y)} - E_{Z(XY)} + R^{e}_{S(XY)} + R^{ea}_{S(XY)} \qquad (11.20)$$

式中，$E_{Z(W)}$、$E_{Z(X)}$、$E_{Z(Y)}$ 分别为 W、X、Y 三个壳层的电子结合能，可用光电子能谱测出；$E_{Z(XY)}$ 为空位聚合物；$R^{e}_{S(XY)}$ 为原子静态弛豫，表征 X、Y 壳层上各出现一个空位后原子内部其他轨道上电子的弛豫作用；$R^{ea}_{S(XY)}$ 是原子外部静态弛豫能，它表征原子周围电荷由于 X、Y 壳层各出现一个空位后重新分布产生的弛豫作用。

其经验表达式为

$$E_{ZA(WXY)} = E_{Z(W)} - E_{Z(X)} - E_{Z(Y)} - \Delta Z [E_{Z(Y)} - E_{Z+1(Y)}] \qquad (11.21)$$

式中，$E_{Z+1(Y)}$ 是原子序数为 $Z+1$ 时 Y 壳层的电子结合能；ΔZ 为大于 0 小于 1 的经验常数，ΔZ 对不同的 Z 有不同的值。式(11.21) 右边各项都可查表得到，故计算简便而常用。

当样品为均匀的非晶体，表面理想平整时，在 θ 方位角上单位立体角的 WXY 俄歇电子的强度可表达为：

$$\frac{dI_{(WXY)}}{d\Omega} = \frac{\alpha_{(WXY)}}{4\pi} \int_0^\infty f_{[Z,E_P,I_P,\phi,E_{(W)},N]} \exp\left(\frac{-\mu Z}{\cos\theta}\right) dz \qquad (11.22)$$

式中，$\alpha_{(WXY)}$ 为 WXY 俄歇电子的产额；$f_{[Z,E_P,I_P,\phi,E_{(W)},N]}$ 是 W 壳层电离后离子密度的纵向（Z 方向）分布，它是入射线能量 E_P、强度 I_P、入射角 ϕ，以及 W 能级的电离能 $E_{(W)}$、试样的原子密度 N 的函数；Ω 为立体角，$\exp\left(\dfrac{\mu Z}{\cos\theta}\right)$ 为俄歇电子向表面输送过程的衰减因子；μ 为 WXY 俄歇电子的衰减系数；$\dfrac{1}{\mu}$ 为电子的平均自由程 λ。

考虑了产额 α、离子纵向分布函数和衰老减因数对俄歇电子强度影响后得：

$$\frac{\mathrm{d}I_{(WXY)}}{\mathrm{d}\Omega}=\frac{\alpha_{(WXY)}\cos\theta}{4\pi\cos\phi}I_P N\sigma_W\lambda\{1+\gamma[E_{(W)},E_P,Z,\phi]\}R \tag{11.23}$$

式中，σ_W 为 W 能级电子的电离截面；$\gamma[E_{(W)},E_P,Z,\phi]$ 是背散因数，它的经验公式为

$$\gamma[E_{(W)},E_P,Z,\phi]=28\times\left[1-0.9\times\frac{E_{(W)}}{E_P}\right]\eta \tag{11.24}$$

$$\eta=0.00254+0.016Z-0.000186Z^2+8.3\times10^{-7}Z^3$$

R 为表面粗糙度的经验因子。

11.3.2 用俄歇电子谱的元素定性定量分析

俄歇电子的能量对应于电子能谱图中俄歇峰的位置，其主要取决原子、电子壳层的结构。每种元素都有其特定的电子能谱，这就是定性分析的依据。其步骤如下：①实验获得待测试样的俄歇电子能谱；②标定各俄歇峰的能量；③与标准俄歇谱的数据相对照。

试样表面第 i 个组元的某俄歇电子的强度为

$$I_i=C_i\frac{\alpha_i T\cos\theta}{2\cos\varphi}I_P N\lambda_i\sigma_i R(1+\gamma_i) \tag{11.25}$$

俄歇谱通常用微分谱表示，若用转换系数 K_i 表示 I_i 与对应微分峰上下峰高（或称为峰峰高）H_i 之比

$$K_i=\frac{I_i}{H_i}$$

$$H_i=C_i\frac{1}{K_i}\frac{\alpha_i T\cos\theta}{2\cos\phi}I_P N\lambda_i\sigma_i R(1+\gamma_i) \tag{11.26}$$

式中，T 为电子能量分析器的透射率。式（11.25）和式（11.26）是利用俄歇电子强度或俄歇微分峰高作表面组元浓度（原子分数 C_i）的基本方程。其具体方法有以下两种。

（1）标样法 设待测试样中元素 i 的浓度为 C_i^U，标准中该元素的浓度为 C_i^S，则有

$$\frac{C_i^U}{C_i^S}=\frac{H_i^U}{H_i^S}\cdot\frac{\lambda^S}{\lambda^U}\cdot\left(\frac{1+\gamma_i^S}{1+\gamma_i^U}\right) \tag{11.27}$$

这种方法的突出优点是不需电离截面 σ_i 和俄歇电子产额的数据。当待测样品成分与标样成分相似时，逸出深度和背散射系数也可消除，方法的精度可达 $3\% \sim 5\%$。

（2）相对灵敏度因子法　假定所有元素的确切灵敏度因子可以获得，那么样品中元素 i 的原子浓度 C_i 可表达为

$$C_i = \frac{H_i}{S_i} \left(\sum_j \frac{H_j}{S_j} \right)^{-1} \tag{11.28}$$

式中，H_i 和 H_j 为实验测得试样表面 i 元素和 j 元素最大的俄歇峰峰高；S_i，S_j 为元素 i，j 的相对灵敏度因子，它等于纯 i 元素或纯 j 元素的最大俄歇峰峰高与同样实验条件下银的 MNN 351eV 俄歇峰峰高之比，即

$$S_j = \frac{H_j}{H_{Ag}(MNN\ 351eV)} \tag{11.29}$$

美国 Palmberg 等人[11] 已经测出所有元素的相对灵敏度因子，并制成手册和图表。因此只要测量试样俄歇谱中各成分的主要俄歇峰峰高，便可求出各元素的原子浓度。相对灵敏度因子法虽不太准确，但十分有用。

11.3.3　用俄歇谱的化学价态研究

当元素的化学价态发生变化时，在俄歇电子能谱中出现两种效应：①俄歇电子能量的变化，即化学位移；②与价电子带有关的俄歇峰形状的变化，反过来，则可根据化学位移和俄歇峰形状的变化来进行化学价态分析。原则上讲，只要化学位移大于俄歇电子能谱仪的能量分辨率，就可以进行上述工作。

11.4　光电子能谱[3,14,15]

用常规的紫外线或 X 射线激发原子的光电子的紫外线光电子能谱（UPS）和 X 射线光电子能谱（XPS）已经比较成熟和广泛应用，特别是 XPS 能作为化学分析的重要手段，故被称为"化学分析用电子能谱（ESCA）"。

11.4.1　光电子谱的能量和强度

图 11.6 为 Ne 的 K 壳层电子的光电子能谱图，除能量为 616eV 的 1s 主峰外，还伴随着很多峰，峰 1 是能量损失谱，捽离——外层电子跃迁到连续自由态，即电离过程，只增加谱的背景，其余的都是捽激谱线，即内层电子发射时，外层电子跃迁到更外层的束缚能级，此过程称电子捽激。图 11.6(b) 给出了 Ne 的 1s 光电子发射和激发时的捽激、捽离过程的示意图。

光电子进入电子能谱仪后具有的动能 E_e：

$$E_e = h\nu - E_b - \varPhi_{sp} \tag{11.30}$$

式中，E_b 为电子的结合能，所谓结合能就是将某一芯能级的一个电子移到真空能级（气体）或费米能级（固体）所需要的能量；$\varPhi_{sp}$ 为谱仪材料的功函数。因此，

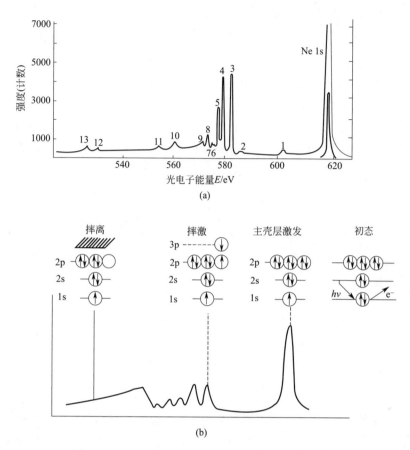

图 11.6　（a）Ne 原子 K 壳层电子的光电子能谱图；
（b）Ne 的 1s 电子发射光电子激发时的捽激和捽离过程图解

只要测得光电子能量 E_e，即可从实验求得电子的结合能。

由捽激出现的伴峰相对应的光电子动能 E_e^* 为：

$$E_e^* = h\nu - (E_f^* - E_i^*) \tag{11.31}$$

E_i^* 和 E_f^* 分别代表捽激初态和末态的能量。伴峰与主峰间的能量间隔 ΔE 为

$$\Delta E = E_e - E_e^* = E_f^* - E_f \tag{11.32}$$

谱图上光电子峰的强度是指光电子峰的面积，其对应于未经非弹性散射的光子信号的强度，即发射光电子数目的多少。对于 i 元素，能量为 E_{ei} 的光电子峰的强度 I_i 可表达为

$$I_i = I_0 C_i \sigma_i \lambda_{T(E_{ei})} D_{(E_{ei})} \tag{11.33}$$

式中，I_0 为入射线的光子能量；C_i 为 i 元素的浓度；σ_i 为光电效应截面，即光致激发概率；$\lambda_{T(E_{ei})}$ 是能量为 E_{ei} 的光电子在试样主体材料中的平均自由程；$D_{(E_{ei})}$ 是探测器对能量为 E_{ei} 的光电子的探测效率。

11.4.2　X 射线光电子能谱化学分析

由于元素周期表中每一种元素的原子结构都与其他元素不同，所以测定某元素一条或几条光电子能谱峰的位置就能很容易识别分析样品表面存在的元素，即使是周期表中相邻元素，它们同种能级的电子结合能相差还是相当远，因此就能鉴定周期表中除 H 以外的所有元素。

由式（11.33）可知，如果 I_0、σ_i、λ_T 和 $D_{(E_{ei})}$ 都知道，则根据测得的 I_i 可计算出浓度 C_i，但 I_0 和 $D_{(E_{ei})}$ 通常不知道，σ 和 λ_T 需作理论计算，因此作定量分析不是一件简单的事。如果作相对浓度测定就简单得多，根据式（11.33）得

$$\frac{C_i}{C_m} = \frac{I_i}{I_m} \cdot \frac{\sigma_m}{\sigma_i} \cdot \frac{\lambda_{T(E_{em})}}{\lambda_{T(E_{ei})}} \cdot \frac{D_{(E_{em})}}{D_{(E_{ei})}} \tag{11.34}$$

式中，C_i 和 C_m 分别表示杂质 i 和主体 m 原子的浓度；I_i/I_m 从实验中得到。如果是二元合金或化合物，则类似有

$$\frac{C_1}{C_2} = \frac{I_1}{I_2} \cdot \frac{\sigma_1}{\sigma_2} \cdot \frac{\lambda_{T(E_{e2})}}{\lambda_{T(E_{e1})}} \cdot \frac{D_{(E_{e2})}}{D_{(E_{e1})}} \tag{11.35}$$

仪器的相对探测效率 $\dfrac{D_{(E_{em})}}{D_{(E_{ei})}}$ 可以测得，因此只要知道相对光电截面和相对光电子平均自由程，就可求得相对浓度。

光电效应截面 σ 可用量子力学计算，例如，Scofield 用相对论，Hartree-Slater 模型对各元素的 σ 作了广泛的理论计算，可作参考使用；对于价电子和内层电子激发，平均自由程可写为

$$\lambda_{T(E_e)} = \frac{E_e}{a(\ln E_e + b)}$$

$$\frac{\lambda_{T(E_{em})}}{\lambda_{T(E_{ei})}} = \frac{E_{em}}{E_{ei}} \cdot \left(\frac{\ln E_{ei} + b_i}{\ln E_{em} + b_m} \right) \approx \frac{E_{em}}{E_{ei}} \cdot \frac{\ln E_{ei} - 2.3}{\ln E_{em} - 2.3} \tag{11.36}$$

这样便可根据式（11.34）或式（11.35）计算原子的相对浓度。

11.4.3　价态研究

光电子发射能够发生的前提是所用入射光源的光子能量必须大到足以把原先位于价带或芯能级上的电子激发到能量高于真空能级的末态，也就是说，在光电子发射过程中能量必须守恒，即

$$E_{f(k)} = E_{i(k)} + h\nu \tag{11.37}$$

可见激发价态电子需要的能量较低，因此紫外光电子谱又称价带光电子能谱，可以用来研究原子价态，以及态密度分布、能带在波矢空间的色散、波函数的对称性等。

　　原子的内壳层电子的结合能受到核内电荷和核外电荷分布的影响，任何引起这些电荷分布发生变化的过程就会使光电子能谱上谱位置的移动。由于原子处于不同化学环境而引起的结合能位移称为化学位移。根据光电子峰的化学位移的测定可得到分析样品的结构和化学信息，激发内层电子而产生的光电子称为芯态光电子能谱。根据激发芯能级结合能的不同，所用光源可以是光子能量为 100eV 的真空紫外辐射，也可是能量为几百到 1～2keV 的软 X 射线，或者硬 X 射线，对于金属及其化合物中元素的芯态激发多用硬 X 射线，故记为 XPS。

　　芯能级上电子的结合能 E_b，也称电离能 I_k，按 Koopmans 近似，它等于其自洽场（SCF）轨道能 E_k^{SCF} 的负值，即

$$E_b = I_k = -E_k^{SCF} \tag{11.38}$$

这一近似还是相当不错的，这是因为造成 I_k（$-E_k^{SCF}$）偏高的两个主要因素：电子弛豫和电子关联作用，在一定程度上两者的作用是相互抵消的。

　　在能量体系中，体现 Koopmans 定则和对体系中电荷分布作基本描述的最简单近似下，两组芯态光电子信号的电离能差——化学位移可表示为

$$I_A - I_B = (E_B - E_A) + e(V_B - V_A) \tag{11.39}$$

这里下标 A 和 B 用以区分同种元素原子的不同价态，轨道能 E_A 和 E_B 严格对应于价态——原子的一种假想状态，通过把原子绝热地从所处化学环境移到自由空间得到。V_A 和 V_B 是原子在各自所处位置受到的静电势，值得注意的是，"非局域"项 $e(V_B - V_A)$ 通常与"局域"项（$E_B - E_A$）符号相反，这是影响化学位移的重要因素。可见，原子周围的化学环境的差异，表现为光电子峰位置在单质和不同化合物中会不一样，相互之间的能量差可以为零点几到十几电子伏特，这正是芯态光电子能谱用于研究原子价态的依据。

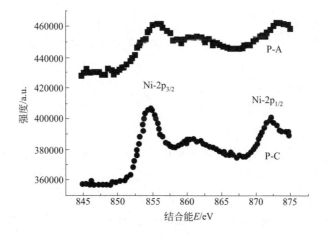

图 11.7　β-Ni（OH）$_2$ 未充态（P-A）和 0.2 充电 50%（P-C）的 X 射线光电子能谱曲线

11.4.4 价态研究实例

(1) 镍-氢电池正极活性材料 β-Ni(OH)$_2$ 中 Ni 原子价态的光电子能谱分析
为了证明镍-氢电池在充电过程中是否出现 +3 价的 β-NiOOH，现选择两个典型样
品进行光电子能谱分析，其 2p$_{3/2}$ 扫描曲线示于图 11.7 中。一般不能从扫描图直
接获得数据，而以 C-1s 的实测峰位，与其标准峰位（284eV）相比较，求得校正
量。用其去校准 Ni-2p$_{2/3}$ 实测峰位，结果列入表 11.1 中。与标准值（见表的右侧）
比较可见，两个样品中均未观测到正三价的 Ni^{3+}。

表 11.1 典型样品的 X 射线光电子能谱的数据分析

状态		C-1s/eV			Ni-2p$_{3/2}$/eV		标准值/eV			
		标准	实验	修正值	实验	修正后	Ni	Ni(OH)$_2$	NiOOH	NiO
P-A	未充电	284.6	287.5	−2.9	858.7	855.8	852.7	856.2	858.2	854
P-C	充电 50%		285.9	−1.3	855.9	854.6	852	856.0		

(2) Li（Ni$_{0.6}$Co$_{0.2}$Mn$_{0.2}$）O$_2$ 合成过程中阳离子的价态研究 图 11.8 给出合
成 Li（Ni$_{0.6}$Co$_{0.2}$Mn$_{0.2}$）O$_2$ 的前驱体 Me(OH)$_2$、500℃ 中间产物（Lncmm）和
900℃ 最终产物的光电子能谱图。由图 11.8(a) 可知，前驱体中不存在 Li 1s 的峰，
中间产物和最终物的 Li 1s 峰都很明显，前者比较宽，后者有分裂的趋向。从图
11.8(b) 看到，前驱体中 Ni 以 +2 存在，中间物和最终物的 Ni 2p 峰都向低能方
向移动，后者移动更大一些。综合起来看，在中间物和最终产物中，Li 有从 +1 价
向 >+1 价的变化，而 Ni 有从 +2 价向 <+2 价的变化，这可能与 Li 和 Ni 在畸变
的 Li（Ni$_{0.6}$Co$_{0.2}$Mn$_{0.2}$）O$_2$（中间产品）和畸变的 Li（Ni$_{0.6}$Co$_{0.2}$Mn$_{0.2}$）O$_2$（最
终产物）中的混合占位有关。

比较以上四节内容可知，上述四种光谱都能进行元素的定性、定量分析，也能
作原子化学电子态的研究，还能分别以各种信号成像，观测元素化试样中的空间分
布，这是它们的共同特点，但它们也有各自的特点。比如：

① X 射线荧光光谱和 X 射线吸收谱适宜大块样品分析，前者为近表面层，后
者为透射排列；俄歇电子能谱和光电子能谱只适宜试样表面几个原子层的分析，因
此在表面科学中有着广泛的应用。

② 在化学位移研究中，两种电子能谱有较高的分辨率，且光电子能谱最常用。
然而，对于某些化学价态的变化（如金属氧化物），原子内外静电弛豫能变化对化
学位移起主要作用，这类变化与空位数目的平方成正比，因此终态包括两个空位的
俄歇电子的化学位移将超过终态只包括一个空位的光电子的化学位移，因此俄歇电
子的化学位移对研究价态变化更为有利。

因此，在元素定性定量和化学位移研究中合理选用有利的方法显得十分
重要。

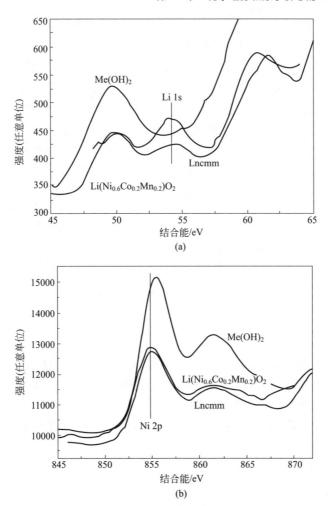

图 11.8　合成 Li（Ni$_{0.6}$Co$_{0.2}$Mn$_{0.2}$）O$_2$ 的三
个主要阶段：前聚体 [Me（OH）$_2$]、中间产物
（Lncmm）和最终产物的光电子能谱图
（a）Li 1s；（b）Ni 2p

11.5　软 X 射线磁圆二色谱[1,3]

11.5.1　X 射线磁圆二色的基本原理

实物与其三维镜像不能重叠，互为对映异构体的现象称为手性（chirality），手性样品对左旋圆偏振光和右旋圆偏振光的吸收不同，这就是圆二色（circular dichroism，CD）性，其吸收差值叫圆二色值，按波长扫描就得到圆二色谱。利用法拉第效应，在外加磁场作用下测得的圆二色谱，就叫做磁圆二色谱（magaetic circular dichriosm，MCD），通过 X 射线同原子的交互作用，产生的 X 射线吸收谱和光电子谱提供了材料

中局域或整体的磁信息，不同偏振方向的 X 射线吸收谱强度非对称反映了磁矩的来源、方向、大小，并能分辨出该信息同材料中某种特定元素的联系，因此，根据探测对象的不同，软 X 射线磁圆二色（XMCD）分为光吸收和光电子发射两种。

（1）X 射线吸收磁圆二色   材料的磁性主要来自过渡金属元素的 3d 态同 $2p_{3/2}$、$2p_{1/2}$ 态之间以及稀土元素的 4f 态同 $3d_{5/2}$、$3d_{3/2}$ 之间，存在很强的偶极跃迁，芯态的光吸收截面很大，这些跃迁能量在软 X 射线范围，因此软 X 射线吸收光谱具有很高的灵敏度，因此 XMCD 是研究芯态-价态相互作用的有效手段。经推导得，方均磁量子数 $\langle m_j^2 \rangle$ 满足下列方程：

$$\langle m_j^2 \rangle = Z^{-1} \sum_{m_j} m_j^2 \exp\left(-\frac{g|\mu_B|m_j H}{k_B T}\right) = J(J+1) + \langle m_j^2 \rangle \coth\left(\frac{g|\mu_B|H}{2k_B T}\right)$$

$$\langle A_{J,J+1}^2 \rangle = \frac{(J+1)^2 - \langle m_j^2 \rangle}{(2J+1)(J+1)(2J+3)}$$

$$\langle A_{J,J}^2 \rangle = \frac{\langle m_j^2 \rangle}{(2J+1)(J+1)}$$

$$\langle A_{J,J-1}^2 \rangle = \frac{J^2 - \langle m_j^2 \rangle}{(2J+1)(2J-1)} \tag{11.40}$$

式中，J 为角量子数；u_B 为磁导率；H 为外加磁场；$g|\mu_B|m_j H$ 为每个能级的移动。

显然，对应于左、右旋圆偏振光的跃迁系数 $\langle A_{J,J-1}^2 \rangle$ 和 $\langle A_{J,J+1}^2 \rangle$ 并不相等，其差值就是软 X 射线磁圆二色值。

（2）光电子发射 XMCD   光电子发射 XMCD 是通过测量内层电子的光电子能谱来研究 MCD 的方法。实验上已证实用平面偏振光可以产生依赖于出射角的光电子偏振现象。

$$P(\theta) = \frac{4\xi \sin\theta \cos\theta}{1 + \beta\left(\frac{3}{2}\cos^2\theta - \frac{1}{2}\right)} s \tag{11.41}$$

式中，s 为 $k \times e$ 方向的单位矢量（k 为光电子的动量矢量，e 为入射光的偏振方向）；θ 为 k、e 间的夹角；ξ 和 β 均为常数，其中 β 与体系的非对称性有关。根据独立电子模型，光电子 XMCD 的最大非对称性可以表示为：

$$A_{(u,l)}^{-1} = \sin(\mu)\frac{4(\boldsymbol{q} \cdot \boldsymbol{M}) - 6(\boldsymbol{q} \cdot \boldsymbol{Z})(\boldsymbol{Z} \cdot \boldsymbol{M})}{2 + 3\sin^2\theta} \tag{11.42}$$

式中，$\boldsymbol{q}$ 为光子动量的单位矢量；$\boldsymbol{M}$ 为磁化强度的单位矢量；θ 为 k、e 间的夹角；$u = \pm\frac{1}{2}$，为方位角量子数；$\boldsymbol{Z}$ 为光电子发射方向的单位矢量。右边分子中的第二项的出现正是由于考虑了光电子发射的角度。

11.5.2   软 X 射线磁圆二色谱实例

Co-Rh 合金中，Rh 为 4d 过渡金属。早先 XMCD 研究比较多的是 3d 过渡金属

的 K_1、$L_{2,3}$ 吸收边，5d 过渡金属以及稀土金属的 $L_{2,3}$ 吸收边。3d 和 5d 元素的 $L_{2,3}$ 对应的是有很高 X 射线吸收信号/背景比的类 d 态价电子，所以实验比较容易做。而 4d 元素的吸收限的能量在 2～3keV 之间。对大多数晶体单色器来讲，这一能量范围所对应的入射角接近 45°，这时单色器输出的仅是线偏振 X 射线。例如，在 Rh 的 L_2 吸收边（3146eV），100% 圆偏振入射光经过 Si（111）晶体单色器以后，偏振度仅剩下 8%，$M_{2,3}$ 吸收边对应的能量范围在 300～600eV 之间。尽管信号/背景强度比不太大（一般 4d 过渡金属 $M_{2,3}$ 边的 XMCD 信号是过渡金属 $L_{2,3}$ 的 1/25），在当时的实验条件下，测量 $M_{2,3}$ 吸收边的 XMCD 谱要比 $L_{2,3}$ 边容易。

图 11.9 示出了 $Co_{0.77}$-$Rh_{0.23}$ 合金对应于 $Co\ L_{2,3}$、$Rh\ M_{2,3}$ 吸收边的 X 射线吸收谱和对应的 XMCD 谱。测量过程中入射光同样品表面法线方向成 65°角。这样，光的偏振方向同样品的磁化方向分别成 25°和 155°角。图中的 XMCD 谱是对应于这两个入射角测得的吸收谱之差，非零的结构对应于吸收边的 XMCD 结构。改变组分，发现 $Co_{0.49}Rh_{0.51}$ 的 XMCD 信号明显减小。在另一个相似的材料 $Co_{0.75}Ru_{0.25}$ 上却没有观测到 Ru 元素的 $M_{2,3}$ 吸收边的 XMCD 峰。研究表明，XMCD 效应同材料的饱和磁化强度以及剩余磁化强度的大小有关。比如 $Co_{0.75}Tu_{0.25}$ 有较小的磁化强度，剩余磁化强度为 52%，$Co_{0.49}Rh_{0.51}$ 的剩余磁化强度仅为 40%，而 $Co_{0.77}Rh_{0.23}$ 达到 66%。

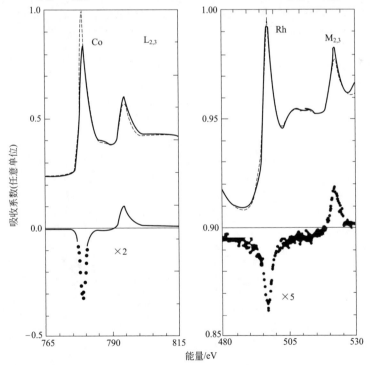

图 11.9 $Co_{0.77}$-$Rh_{0.23}$ 合金中 $Co\ L_{2,3}$、
$RhM_{2,3}$ 吸收边的 X 射线吸收谱和对应的 XMCD 谱

参 考 文 献

［1］ 马礼敦，杨福家主编. 同步辐射应用概论. 第 2 版. 上海：复旦大学出版社，2006.

［2］ 李学军，巢志瑜，冼鼎昌. 物理，1993，22：553.

［3］ 程国峰，黄月鸿，杨传铮. 同步辐射 X 射线应用技术基础. 上海：上海科学技术出版社，2009.

［4］ Sparks C J. Adv X-ray Anal，1976，19：19-52.

［5］ Hashimoto H，Iida Y，et al. Anal Science，1991，(7)：577.

［6］ Baryshev V B，Kulipanov G N and Skrindky A N. Nucl Instrum Method，1986，A 246：739.

［7］ Boumans P，Wobrauschek P and Aiginger H. Total Reflection X-ray Fluorescence Spectrometry. Spectrochimica Acta，1991，46B.

［8］ Pianetta P，Takaura N，Brennan S，et al. Total Reflection X-ray Fluorescence Spectrometry Using Synchrotron Radiation for wafer surface Trace Impunity Analysis. Rev Sci Instrum，1995，66：1293.

［9］ 顾本源，陆坤权. X 射线吸收近边结构理论. 物理学进展，1991，11 (1)：106-125.

［10］ Kizler P. Directory on mumerical X-ray absorption near edge structure (XANES) study. Phys Lett A，1992，172 (1-2)：66-76.

［11］ Palmberg P W，Riach G E，et al. Handbood of Auger Electron Spectroscopy. Physical Electronics Industrial Edina，1972.

［12］ Lee P. Phys Rev，1976，B13：5261.

［13］ Citrin P H，Eisenberger P and Hewitt R C. Phys Rev Lett，1976，41：1309.

［14］ Briggs D. X 射线紫外光电子能谱. 桂琳琳，黄惠忠，郭国森译. 北京：北京大学出版社，1984.

［15］ Eastman D E and Grobman W D. Phys Rev Lett，1972，28：13211.

第 **12** 章
纳米薄膜和一维超晶格材料的X射线分析

12.1　概述

　　纳米薄膜一般是指薄膜厚度 100nm 以下，或薄膜材料的晶粒大小在 100nm 以下的薄膜材料。这种纳米量级薄膜可组成多层薄膜，如果是两层（或三层）分别为不同材料组成且成一维周期性重复排列，这就是一维超点阵材料。

　　现代许多可以利用的技术是从材料的特殊物理性能而兴起的，如像磁体、半导体和磨蚀表面等。这样的许多材料均以块状形式存在，不过，某些特殊物理性能可用降低材料的维度获得，也可用许多薄层组合——所谓多层体获得，以建立更好的性能。这些改造材料以建立所需求的物理性能的可能性已在许多领域引起极大的研究积极性。纳米薄膜和一维超点阵材料就是一个例子。它的第一个重要领域是纳米薄膜材料的应用和相关器件制作已扩展至许多方面，例如电子学和微电子学领域的薄膜电阻、光学薄膜材料、有机聚合物薄膜、磁性薄膜、磁性多层膜、防护涂层、活性涂层、传导层和超导薄膜及相关器件等[1]。第二个重要领域是制备纳米薄膜和一维超点阵材料方法的研究。第三个重要领域是纳米薄膜、多层膜结构和一维超点阵材料的表征，包括已广泛应用的电子显微分析（包括透射电镜、扫描电镜和电子探针等）、椭圆仪、X 射线衍射和散射等。所有这些方法在测定薄膜和多层体结构细节上都起部分作用，且每种方法将测定某些不同的方面。

　　上述纳米薄膜、多层膜和一维超点阵材料的制备、表征和应用三个领域紧密相关，彼此依赖和相互促进。由于 X 射线衍射和散射对于厚度从原子尺度到几百纳米，以至几十微米的薄膜是灵敏的，X 射线方法一般是非破坏性的，用这种方法不需要复杂的试样制备，提供成分和结构信息也最直接，分析能对从完整的单晶膜、多晶膜到非晶膜各种类型的材料进行，因而，X 射线衍射和散射处于举足轻重的位置并成为不可缺少的角色。这方面 Fewster[2] 于 1996 年在 "Reports on Progress in Physics"，杨传铮[3] 于 1999 年在《物理学进展》上给出较新的评论；麦振洪等[4,5] 编辑出版了《低维结构 X 射线表征》和《薄膜结构的 X 射线表征》这两本专著。

　　为了本章的描述方便，把薄膜材料作如下分类：①表面科学意义上的薄膜，它的厚度一般小于 1nm，即原子尺度的薄膜。②表面工程意义上的薄膜，它的厚度从纳米量级到微米量级，特别是信息功能材料多为纳米量级。③多层薄膜，层的数目为 2 或大于 2，单层厚度可以相等或不等，各层材料也不相同。④超点阵和量子阱，它们属多层膜，不同点是两层、三层或多层不同材料的周期排列，每单层厚度在零点几至上百纳米量级范围。

12.2　薄膜分析中常用的 X 射线方法[6,7]

12.2.1　低角度 X 射线散射和衍射

低角 X 射线散射（LAXS），有时又称小角 X 射线散射（SAXS），主要用于微粒和多孔材料的分析，散射线形取决于电子密度差、微粒和微孔的大小、形状及分布，且在粒度分布和分形等数据处理技术上有很大发展。近十几年来，用于薄膜材料和超点阵结构研究有很大发展，特别是高分辨率的多重小角衍射和同步辐射小角衍射的发展应用。对于薄膜和多层膜，不仅由于电子密度差引起低角散射背景曲线，还由于折射效应和厚度涨落引起附加的衍射峰和峰间的强度涨落，因此低角 X 射线衍射成为测定等同周期、折射率、反射率、平均成分和厚度涨落的有力工具。

12.2.2　掠入射 X 射线衍射[8]

掠入射衍射（GID）已在表面科学和表面工程中广泛应用，近些年来在实验技术、衍射理论和在多层膜分析中的应用都有了很大的发展。掠射几何分为三种主要类型，图 12.1(a) 为共面极端非对称衍射（EAD），衍射面与晶片表面形成近布拉格角，入射线和出射线都成掠射；（b）为表面或掠入射衍射，衍射面垂直于试样表面，入射线和出射线都成掠射；（c）为掠射布拉格-劳厄衍射（GBL），其是 EAD 和 GID 的结合，它包括来自与晶体表面法线成小角度的倾斜原子平面的衍射，也可选择非对称衍射。所有这三种几何学在半导体晶体表面结构研究中都被广泛应用，包括扩散、离子注入、外延和多层外延、氧化、腐蚀等形成的表面。

掠入射的临界角为 α_c

$$\alpha_c = (2\delta)^{1/2} = (2.6 \times 10^{-6} \rho \lambda^2)^{1/2} \tag{12.1}$$

式中，α_c 单位为弧度（rad）；ρ 为样品密度，g/cm³；λ 为波长，Å。

当掠入射角 $\alpha_i < \alpha_c$ 时，穿入样品的深度

$$t = \frac{\lambda}{2\pi(\alpha_c^2 - \alpha_i)^{1/2}} \tag{12.2}$$

若 $\alpha_i > \alpha_c$，穿透深度 t 取决于样品的线吸收系数 $\bar{\mu}_e$

$$t = \frac{2\alpha_i}{\bar{\mu}_e} \tag{12.3}$$

因此，当 $\alpha_i < \alpha_c$ 时，可实现全反射，也称镜面反射，对单原子层或几个原子层表面非常灵敏，是研究表面重构、吸附、界面重构、界面弛豫（失配）、表面界面粗糙度的有力工具；当在 α_c 附近改变 α_i 角时，还可作深度轮廓和界面扩散的研究；当 $\alpha_i > \alpha_c$，则可对表面工程薄膜表面作分析。

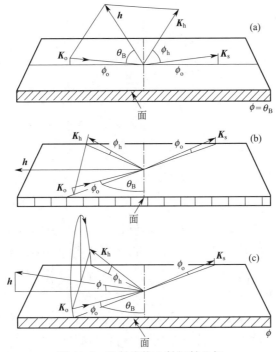

图 12.1　X 射线掠入射衍射几何

（a）共面极端非对称衍射（掠入射情形）；（b）掠入射衍射；（c）掠射布拉格-劳厄衍射矢量 K_o、K_s 和 K_h 分别指明入射、镜面反射和衍射波；h 为布拉格面的倒易矢量；ϕ_o、ϕ_h 和 ϕ 分别是 K_o、K_h 和 h 与表面的夹角；θ_B 为布拉格角

12.2.3　粉末衍射仪和薄膜衍射仪

粉末衍射仪，特别是使用同步辐射 X 射线的高分辨粉末衍射仪已在薄膜和多层膜研究中广泛应用。为了适宜薄膜的测试，已发展了薄膜衍射仪，其主要是在入射光路中采用弯曲多层膜镜全反射，把发散光束变为平行光束，日本理学株式会社则采用弯曲多层膜全反射镜和多重晶单色器的组合。使用薄膜衍射仪进行多晶膜或非晶膜研究时，多采用固定的较小掠射角入射，而作 2θ 扫描。

12.2.4　双晶衍射仪[9] 和多重晶衍射仪

双晶衍射仪的衍射几何示于图 12.2，第一晶体 A 是单色化晶体，第二晶体是被研究测试的晶体。其中（a）称为非平行排列，（b）为平行排列。如果两块晶片为同一种晶体和同一种衍射面，则可写为 (n,n) 和 $(n,-n)$；如果两块晶片为不同晶体或不同的衍射面，则写为 (m,n) 和 $(m,-n)$。

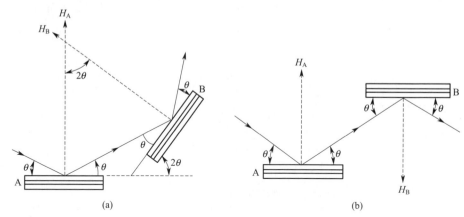

图 12.2　两种常见的双晶衍射仪的衍射几何

（a）（＋，＋）排列；（b）（＋，－）排列

由于双晶衍射仪具有高的分辨率和能够探测极小应变的特点，对存在微小应变的多层膜和超点阵分析特别适用。双晶衍射摇摆曲线能提供如下信息：①从衬底与表面膜衍射的角分离度可得到点阵错配和膜的成分。②当样品绕衬底的衍射矢量转动，从峰的分离角度变化可获得外延膜与衬底的取向差。③从积分强度比和干涉条纹的振荡周期可以获得膜的厚度。④从一系列不对称反射研究有效错配，可得到点阵的相干性。⑤从摆动曲线的宽化和样品扫描时峰位置的位移可得到晶片的弯曲度。⑥从摆动曲线的半峰宽可得到衬底和膜的晶体完整性。⑦从计算机拟合实验的摆动曲线可得到膜厚和成分随深度的变化。

利用多重晶衍射仪获得不完整晶体的三维结构信息，从而获得三维衍射空间测绘的概念，这种方法在解释从高分辨率Ｘ射线衍射仪获得的数据上起着重要的作用。此外，Ｘ射线倒易空间测绘也是研究薄膜应变和弛豫的有效方法。这种衍射空间测绘和倒易空间测绘技术和应用将在 12.8 节详细介绍。

此外，在多层膜和超点阵的结构研究中，除上述四类主要方法外，劳厄法线形分析扩展Ｘ射线吸收精细结构（EXAFS）、能量色散方法和驻波Ｘ射线荧光法以及射线多重衍射、漫散射和 GID-貌相术等都得到应用。

12.3　原子尺度薄膜的研究

掠入射衍射已广泛用于半导体及金属晶体表面重构、吸附单层、材料间的界面和表面相变等的研究，并在表面和界面定量晶体学和表面膜粗糙度研究中得到应用。在有关 Si 表面、Au 粗糙表面的散射、Cu 单晶表面相变、固体电极界面、半导体界面等方面也获得应用，以下作为一个例子介绍铜单晶表面的某些研究结果。
Cu(100) 表面单层铅的低能电子衍射（LEED）研究揭示 Cu(100){$5\sqrt{2}\times\sqrt{2}$}R45°-Pb
的结果，具有 Cmm 衍射对称，单胞大小为 18.074Å×3.615Å。不同模型详细计算
衍射强度-电子能量关系表明，并非膺六方铅坐标，而赞同 C(2×2) 反相畴结构。
用 GID 方法测量了这个系统的 35 组散射强度，经 Lorentz 修正和取样区域因子修
正，计算一般 Patterson 合成图，连同随后结构参数的最小二乘方优化，解释这种
合成图表明，铅的行为相当复杂，表观上呈膺六方和 C(2×2) 反相畴结构，两者
具有相同的占位，两者都具有 C2mm 对称性。对接近 b^* 的超点阵反射观察后提
出，两种结构都在沿 b 呈规则调制的小畴内存在。然而，为了估计这种较大畴结构
的相干程度和完整性，需要详细测量这种超点阵的反射强度。

低指数 Cu 单晶表面一般成光滑的原子平面，但较高指数的表面，如（113）、
（115）、（117）经受粗糙化转变。已经发现，Cu(100) 表面在温度的作用下出现热
粗糙化，Mochrie 测得粗糙化温度 $T_R\approx600℃$，但 Zeppenfeld 等的实验温度已达
627℃ 也未观察到热粗糙化的现象。光滑表面的二维倒易面中的阵点沿表面法线方
向拉长。如果表面粗糙化，使倒易杆的轴向和形状发生变化，GID 是研究表面粗
糙化引起的晶体截短杆（crystal truncation rods）的有效方法。

GID 也是测定界面结构的有效方法，这时一般 $\alpha_i>\alpha_c$。比如，在 GaAs(100)
{2×4} 和 {4×6} 的重构表面分别沉积 90Å 和 150Å 厚的铝后，仅在后一种样品的
Al/GaAs 界面观察到（4×6）的超结构。$Ge_{0.2}Si_{0.8}$(111)［5×5］重构表面用非
晶硅覆盖后，仍保持（5×5）结构。此外，根据表面膜与衬底晶体截短杆的衍射干
涉也能研究薄膜与衬底的界面结构。

12.4　纳米薄膜和多层膜的研究

为了改善材料的表面性能，表面工程中已发展了许多方法，如像前面提到的磁
性薄膜、防护涂层和活性层等，其厚度在几微米到几十微米不等，因此称为厚膜，
其 X 射线分析的内容包括：①膜的结晶形态，单晶、非晶或多晶以及织构、晶粒
大小和分布。②膜的相结构和相变。③膜的厚度，多层膜的各层厚度。④膜的应力
状态和应力弛豫。

另一类工程薄膜是功能材料薄膜，如各种半导体外延膜、信息材料薄膜等，这
些薄膜的厚度在纳米到百纳米量级。前者多为单晶薄膜，它们的主要分析内容是厚
度、成分和膜的完整性测定等。后者则多为多晶薄膜，其分析测试内容与厚膜的相
类似。

12.4.1　膜的厚度测定

厚度是膜层的基本参数。由于厚度会产生三种效应：①衍射强度随厚度而变，

膜愈薄散射体积愈小；②散射将显示干涉条纹，条纹的周期与层厚度有关；③衍射线随膜厚度降低而宽化，因此可从衍射强度分析、线形分析和干涉条纹来实现厚度测定，兹简介如下。

12.4.1.1   衍射强度法

衍射强度法的基本公式为

$$\frac{I_i}{I_0} = 1 - \exp\left[-\mu_i t_i \left(\frac{1}{\sin\omega} + \frac{1}{\sin(2\theta-\omega)}\right)\right] \tag{12.4}$$

式中，I_i 为膜的衍射强度；I_0 为材料与膜相同的无穷厚的衍射强度；μ_i、t_i 为膜的线吸收系数和厚度；2θ 为衍射角；ω 为入射线与试样表面的夹角。这个公式对于多晶、非晶和单晶都是适用的，不过在这些材料中，长程有序或完整的结晶区域要小于消光距离 ζ。

$$\zeta = \frac{\pi V}{r_e C\lambda |F_h|} [|\sin\omega| \sin(2\theta-\omega)]^{1/2} \tag{12.5}$$

式中，F_h 为结构因子；C 为偏振因子，对于两种可能的偏振状态分为 1 和 $\cos 2\theta$；r_e 为经典电子半径；λ 为 X 射线波长。具体有下述几种方法。

(1) 用测量来自膜层和来自等效大块样品衍射强度的方法

$$I_层/I_体 = 1 - \exp(-2\mu_层 t_层/\sin\theta) \tag{12.6}$$

式中，$I_层$ 和 $I_体$ 分别来自膜层和来自同样材料大块样品同一反射的衍射强度。

(2) 利用有膜和无膜的衬底强度

$$I_{有膜衬底}/I_{无膜衬底} = \exp(-2\mu_层 t_层/\sin\theta_{衬底}) \tag{12.7}$$

(3) 利用膜和衬底的强度比

Anderson 和 Thomson 成功地应用这种方法测定 Ni 和氧化锆膜的厚度，其公式是

$$(I_层/I_{衬底}) \times (I_{大块衬底}/I_{大块层材料}) = 1 - \exp(-2\mu_层 t_层/\sin\theta_层)/\exp(\mu_层 t_层/\sin\theta_{衬底}) \tag{12.8}$$

如果衬底和薄膜都属近完整晶体，必须考虑动力学衍射效应。杨传铮[10] 基于对称布拉格反射的动力学衍射强度和运动学吸收效应，推导了外延层与衬底衍射强度比和外延层厚度的关系方程组，适用于单层和多层外延层厚度测度。简介如下。

动力学衍射理论完整晶体的衍射强度为

$$I_D = I_0 \frac{8}{3\pi} \cdot \frac{e^2}{mc^2} N\lambda^2 \frac{1+\cos 2\theta}{2\sin 2\theta} \tag{12.9}$$

令

$$R_D = I_0 \frac{8}{3\pi} \cdot \frac{e^2}{mc^2} \tag{12.10}$$

$$S_D = N\lambda^2 \frac{1+\cos 2\theta}{2\sin 2\theta}$$

并引入运动学吸收因子 A_k，故有

$$I_D = R_D S_D F A_k \tag{12.11}$$

对于对称布拉格衍射，

$$A = e^{-\mu_1 t/\sin\theta} \tag{12.12}$$

式中，N 为单位体积内的晶胞数目；F 为结构因子；μ_1 为线吸收系数。试样中离表面 t 处 dt 层参与衍射的体积元给予的衍射强度 dI_D 由下式给出：

$$dI_D = R_D S_D F e^{-2\mu_1/\sin\theta} dt \tag{12.13}$$

分别在 $t\sim 0$ 和 $t\sim\infty$ 区间积分得：

$$I_{D(0\sim t)} = R_D S_D F \frac{e^{-2\mu_1 t/\sin\theta} - 1}{2\mu_1/\sin\theta} \tag{12.14}$$

$$I_{D(0\sim\infty)} = R_D S_D F \frac{1}{2\mu_1/\sin\theta} \tag{12.15}$$

根据式（12.14）和式（12.15）可写出衬底和各外延层的衍射强度：

$$
\begin{aligned}
I_{Ds} &= R_D S_{Ds} F_s e^{-2(\mu_{11}t_1 + \mu_{12}t_2 + \cdots + \mu_{1n}t_n)/\sin\theta_s} \frac{-1}{-2\mu_{1s}/\sin\theta_s} \\
I_{D1} &= R_D S_{D1} F_1 e^{-2(\mu_{12}t_2 + \mu_{12}t_2 + \cdots + \mu_{1n}t_n)/\sin\theta_1} \frac{e^{-2\mu_{11}/\sin\theta_1} - 1}{-\mu_{11}/\sin\theta_1} \\
&\qquad\qquad\qquad \vdots \\
I_{D(n-1)} &= R_D S_{D(n-1)} F_{(n-1)} e^{-\mu_{1n}t_n/\sin\theta_{(n-1)}} \frac{e^{-\mu_{1(n-1)}t_{(n-1)}/\sin\theta_{(n-1)}} - 1}{-\mu_{1(n-1)}/\sin\theta_{(n-1)}} \\
I_{Dn} &= R_D S_{Dn} F_n \frac{e^{-\mu_{1n}t_n/\sin\theta_n} - 1}{-2\mu_{1n}/\sin\theta_n}
\end{aligned}
\tag{12.16}
$$

将式（12.16）的第 i 与（i　1）式两边相除得：

$$\frac{I_{Di}}{I_{D(i-1)}} = \frac{S_{Di} F_i \sin\theta_i/\mu_{1i}}{S_{D(i-1)} F_{(i-1)} \sin\theta_{(i-1)}/\mu_{1(i-1)}} \cdot \frac{1}{e^{-2\mu_{1i}t_i/\sin\theta_i}} \cdot \frac{e^{-2\mu_{1i}t_i/\sin\theta_i} - 1}{e^{-2\mu_{1(i-1)}t_{(i-1)}/\sin\theta_{(i-1)}} - 1} \tag{12.17}$$

在极限的情况下，半衍射角差 $\Delta\theta$，小的为几百秒，大的约 $2°$，故 $\sin\theta_{(i-1)} \approx \sin\theta_i$，则 $e^{-2\mu_{1(i-1)}t_{(i-1)}/\sin\theta_{(i-1)}} \approx e^{-2\mu_{1i}t_i/\sin\theta_i}$。令

$$
\begin{aligned}
T_i &= e^{-2\mu_{1i}t_i/\sin\theta_i} \\
K_{Di} &= S_{Di} F_i \sin\theta_i/\mu_{1i} \\
K_{Di/(i-1)} &= K_{Di}/K_{D(i-1)} \\
I_{Di/(i-1)} &= I_{Di}/I_{D(i-1)}
\end{aligned}
\tag{12.18}
$$

则式（12.17）变为

$$(I_{D1/0} + K_{D1/0})T_i \qquad\qquad\qquad -K_{D1/0} \qquad = 0$$

$$(I_{D2/1} + K_{D2/1})T_2 \qquad -I_{D2/1}T_1T_2 \qquad\qquad -K_{D2/1} \qquad = 0$$

$$\vdots$$

$$[I_{Di/(i-1)} + K_{Di/(i-1)}]T_i \quad -I_{Di/(i-1)}T_{(i-1)}T_i \qquad\qquad -K_{Di/(i-1)} = 0$$

$$\vdots$$

$$[I_{Dn/(n-1)} + K_{Dn/(n-1)}]T_n - I_{Dn/(n-1)}T_{n/(n-1)}T_{(n-1)}T_n - K_{Dn/(n-1)} = 0$$

$$(12.19)$$

在式（12.19）中，$I_{Di/(i-1)}$ 由实验求得，$K_{Di/(i-1)}$ 是所研究系统组分的函数，对于给定的三元系统（如 $Ga_{1-x}In_xAs$），实验条件可计算求得，这样便可联立式（12.19）求解得各外延层的厚度 t_i

$$t_i = \frac{\sin\theta_i}{-\mu_{li}}\ln T_i \tag{12.20}$$

详细推倒过程请参阅参考文献 [10]。

12.4.1.2　干涉条纹法

来自 X 射线折射率变化衍射束的干涉会形成条纹花样，可用来测定膜的厚度，这种方法能用于晶体或非晶体，要求整个研究范围为平的样品，获得干涉条纹有反射仪和高角衍射两种方法，厚度 t 可由下式求得：

$$t = \frac{(i-j)\lambda}{2\sin(\omega_i\omega_j)} \tag{12.21}$$

式中，i 和 j 是条纹的级；ω_i、ω_j 是半散射角。干涉条纹的观察依赖于衍射仪探针的浸润（smearing）效应、所用波长、样品的弯曲度及层的厚度。如果厚度在遍及研究范围内变化，将十分明显地沾污条纹，而且在样品上投影光束大时，在近 000 反射的小角度处明显；如果样品存在弯曲效应，则要求不同的入射角，以对样品不同小区域满足散射条件。为了克服这种效应，Cowley 和 Ryan 在反射仪中，Fewster 在衍射仪中使用了三重晶方法。Macrader 等用直接傅里叶变换衍射花样实现条纹间距的自动测量。图 12.3 示出一组不同厚度的模拟曲线，它包含了许多厚度特征，如弱的层峰、宽的线形及干涉条纹的数目和间距的变化。Bartels 和 Nijman 利用微分布拉格定律提取厚度的信息：

$$t = \frac{\lambda\gamma_H}{\omega\sin2\theta} \tag{12.22}$$

式中，$\gamma_H = \sin(\theta + \phi)$，$\phi$ 为衍射面与表面法线的夹角；ω 为条纹间的角距离。对图 12.2 所测结果如下：

模拟厚度/μm	测得厚度/μm	绝对误差/μm	相对误差/%
2.000	1.9597	−0.0403	−2.02

1. 0000	0. 9798	−0. 0202	−2. 02
0. 5000	0. 4899	−0. 0101	−2. 02
0. 2500	0. 2398	−0. 0102	−8. 08

可见两者符合良好。

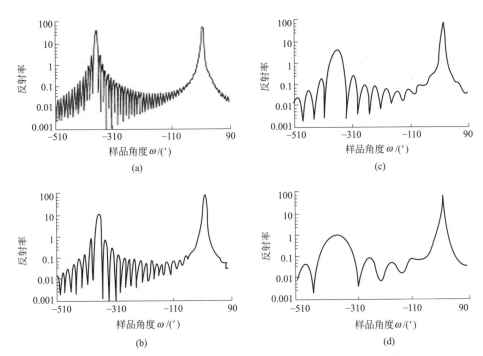

图 12.3　GaAs 衬底上 AlAs 层（004）（CuK$_\alpha$ 辐射）反射的模拟花样层厚

［(a) 2μm；(b) 1μm；(c) 0.5μm；(d) 0.25μm］显示条纹间距和 AlAs 层峰（左边的大峰）宽化的变化

12. 4. 1. 3　线形模拟法

上述通过衍射强度和干涉条纹来测定厚度虽然比较直接，但容易引起严重的分析误差。衍射过程中好的理论模型能产生更可靠的厚度值，但有一迭代（iterat-uve）过程。现已建立了各种理论模型，比如，Tapfer 和 Ploog 、Shufan 和 Zhen-hong 的半运动学模型，Fewster、Wie 等、Chu 和 Tanner、Ferrari 等、Giannini 和 Tapfer 等的动力学模型，以及 Bartels 等、Sivia 等和 De Boer 等的光学模型。利用这些模型输入所需参数可对反射率曲线和高角衍射线形进行模拟，逐渐修改输入参数，进行多次迭代模拟，直到与实验反射率曲线或衍射线形相符合，便可求得薄膜的厚度和有关参数。

12. 4. 2　厚度涨落的研究

显然，厚度涨落（thickness fluctuation）是考虑单层膜或多层膜中每层膜的厚度不均匀问题，有时又称粗糙度（roughness）。Vanderstraeten 等用光学模型来模拟具有厚度涨落薄膜样品的低角散射花样。图 12.4(a)、（b）分别示出单层膜和多层膜的低角散射花样（实线）及模拟计算曲线（点线）。

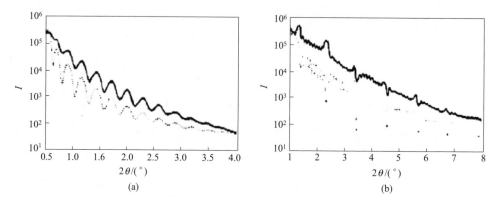

图 12.4　（a）蒸发在 SiO_2 衬底上非晶 Ge(300Å) 单层膜低角散射花样（实线），点线为厚度 296Å，涨落宽度 $\sigma_c = 6$Å 的模拟曲线；（b）[Pb(40Å)/Cu(40Å)]$_{10}$ 多层膜，模拟曲线为 [Pb(42.9Å)/Cu(375Å)]$_{10}$。$\sigma_{Pb} = 1.5$Å，$\sigma_{Cu} = 1.5$Å

　　光学模型把多层膜当作厚度为 t_A 和 t_B 层的均匀堆积，并有 n_A 和 n_B 的复合折射率。每一个界面用一个矩阵来表征，用矩阵乘积表示多层膜或单层膜公式的循环应用。第 j 和第 $j+1$ 种材料的界面的反射率用 Fresnel 系数和它下面的界面反射率来表示。

$$R_{j,j+1} = \exp\left[-i\,\frac{\pi}{\lambda}(n_j^2 - \cos^2\theta)^{1/2} t_j\right] \times \frac{R_{j+1,j+2} + \gamma_{j,j+1}}{R_{j+1,j+2}\gamma_{j,j+1} + 1} \qquad (12.23)$$

式中，$\gamma_{j,j+1}$ 是 Fresnel 反射系数；$R_{j+1,j+2}$ 为反射率，前面的因子包括由第 j 层引起的相位移。计算从衬底 n 开始，由于衬底为无限厚度，故 $R_{n,n+1} = 0$，并循环应用到样品表面。在样品表面处总的反射由 $R_{1,2}$ 给出。然后计算归一化反射强度：

$$I_{(\theta)} = |R_{1,2}|^2 \qquad (12.24)$$

　　为了计算具有随机离散和连续厚度涨落的反射强度，假定式(12.11) 中材料 A 的层厚 t_{jA} 围绕着一个平均值 t_A 作上下涨落：

$$t_{jA} = t_A + a_{j,d} + a_{j,c} \qquad (12.25)$$

并假定变量 $a_{j,c}$ 具有宽为 $\sigma_{A,c}$ 的连续高斯分布，$a_{j,d}$ 则具有宽为 $\sigma_{A,d}$ 的离散高斯分布，它们两者都围绕着零平均。

$$P(a_{j,c}) = \frac{1}{\sigma_{A,c}}(2\pi)^{1/2}\exp\left(-\frac{a_{j,c}^2}{2\sigma_{A,c}^2}\right)$$

$$P(a_{j,d}) = \frac{1}{\sigma_{A,d}}(2\pi)^{1/2}\exp\left(-\frac{a_{A,d}^2}{2\sigma_{A,d}^2}\right) \qquad (12.26)$$

离散涨落的阶梯宽为 d_A，即材料 A 的原子间距。同理，对材料 B 也作类似考虑。

每一多层膜都用式（12.23）建立厚度涨落，然后计算多层总的反射能力并求和。这个平均反射能力的平方给出强度，该强度依次对 V_{av} 多层膜平均，给出平均反射强度：

$$I = \frac{1}{N_{av}} \sum_{n=1}^{N_{av}} \left| \frac{1}{L_{av}} \sum_{L=1}^{L_{av}} R_{n,L} \right|^2 \tag{12.27}$$

L_{av} 和 N_{av} 不得不取足够大的值，典型的 $N_{av}=200$，$L_{av}=20$。应该强调的是，假定所考虑的厚度涨落方法是累积型无序，如果第 j 层厚度有一扩展 σ，在这层顶部和衬底之间距离 $= \sum_{k=n-1}^{j} t_k$ 有一扩展 $(n-j)^{1/2}\sigma$。由于这个原因，超结构的第一级布拉格反射移动一个范围 σ，而第 j 级反射移动 $j^{1/2}\sigma$，因此第 j 级反射将比第一级宽。

图 12.4 中点线是根据上述方法模拟计算的结果，其中（a）的实验曲线是连续涨落所特有的，反射强度单调降低，相邻最低值（谷位）之间的距离通过类似布拉格定律：

$$2t(\sin\theta_{j+1} - \sin\theta_j) = \lambda \tag{12.28}$$

与层厚度 t 联系起来，这里 j 是反射级。图 12.4（b）中附加峰之间的强度涨落即与粗糙度相关。

Manciu 和 Kordos 等则用半运动学方法处理，考虑界面上反射率和相位的变化和层内的吸收：

$$\theta_j = (\theta_0^2 - 2\delta_j - 2i\beta_j)^{1/2} \tag{12.29}$$

$$\phi_j = \frac{2\pi\lambda}{d_j\theta_j} \tag{12.30}$$

$$\gamma_j = \frac{\theta_j - \theta_{j+1}}{\theta_j + \theta_{j+1}} \exp\left(-\frac{8\pi^2}{\lambda^2}\sigma_j^2\theta_j\theta_{j+1}\right) \tag{12.31}$$

式中，θ_j 是第 j 个界面上复数入射角；ϕ_j 是反射波的相位移；γ_j 是这个界面的反射系数；σ_j 表示界面的粗糙度；d_j 是层的厚度。在这样的近似下，多层系统总的反射系数为

$$R = r_0 + r_1\exp(-2i\phi_1) + r_2\exp[-2i(\phi_1 + \phi_2)] + \cdots + r_j\exp[-2i(\phi_1 + \phi_2 + \cdots + \phi_j)] + \cdots \tag{12.32}$$

总的反射强度 I

$$I = RR^* \tag{12.33}$$

式中，r_j 和 ϕ_j 都是复数。Manciu 和 Kordos 等用这种近似详细分析了真实多层系统中厚度涨落对它的掠入射 X 射线反射花样的影响。厚度涨落在反射花样中引起下列效应：①峰高类 Debye-Waller 衰减，从而因真实界面粗糙度的影响而干涉；②花样包络（pattern envelope）的变化，从而畸变由拟合导出 d_1/d_2 的比率；

③峰随 θ 增加而宽化；④峰随 θ 增加而位移。图 12.5 示出了 $Ga_2O_3/[3\times(GaAs/AlAs)]/GaAs$ 多层膜的情况。用表 12.1 给出的 23 个参数和矩阵方法拟合实验数据表明，直至 $\theta=1.7°$ 计算与实验符合很好，在较高 θ 时，拟合变坏，表明对背景强度提取的灵敏度，见图 12.5(a)。(b) 显示同一系统高分辨 X 射线衍射花样，用表 12.1 单个厚度值模拟的曲线 2 与实验符合相当好，用平均值模拟的曲线 3 也很类似，但这种测量不方便对粗糙度的研究。

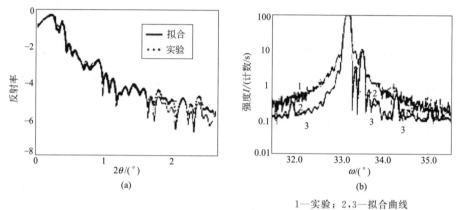

1—实验；2,3—拟合曲线

图 12.5 $Ga_2O_3/[3\times(GaAs/AlAs)]/GaAs$ 多层系统的反射花样

(a) 实验结果和矩阵法拟合结果；(b) 高分辨衍射花样

表 12.1   图 12.5 中 $Ga_2O_3/[3\times(GaAs/AlAs)]/GaAs$ 系统的拟合参数

层	厚度 d_i/Å	粗糙度 σ_j/Å	密度/(g/cm³)
(1)Ga_2O_3	18.19	8.59	3.97
(2)GaAs	68.21	1.82	8.38
(3)AlAs	78.5	8.47	8.02
(4)AaAs	69.29	3.77	8.58
(5)AlAs	78.91	3.24	8.24
(6)GaAs	68.9	2.96	8.47
(7)AlAs	68.44	2.16	8.60
(8)GaAs(埋层)		2.56	8.52
平均值			
Ga_2O_3	18.93	8.59	3.97
GaAs	68.49	3.29	8.48
AlAs	72.30	3.10	8.29

12.4.3 薄膜组分测定

薄膜成分一般使用驻波 X 射线荧光法，然而同步辐射 X 射线光源因光斑小、准直性良好，可用特殊的光学聚焦元件将光斑缩小至 $10\mu m$ 大小，再加上试样扫描系统，可获得二维微量元素的分布图，因此常常利用同步辐射 X 射线全反射荧光测量技术，通过调节掠射角来改变 X 射线照射度，就能测定不同深度的成分。当掠射角调至全反射临界角以下时，X 射线的穿透深度会突然降至薄膜表面几纳米以内，故对表面特别灵敏，其灵敏度可达 1×10^{11} 原子$/cm^2$。

在半导体外延中，常有 $A_{1-x}C_xB/AB$ 或 $D_{1-x}C_xB/AB$ 体系，如，$Ga_{1-x}Al_xAs/GaAs$、$In_{1-x}Al_xAs/GaAs$，这里 AB 为衬底，$A_{1-x}C_xB$ 和 $D_{1-x}C_xB$ 为外延层，它们分别为 AB-CB 和 DB-CB 准二元连续固溶体。Vegard 定律指出：固溶体的点阵参数与溶质原子浓度近似呈线性关系，因此可用下列方法实验测定它们的成分。

（1）点阵参数（晶面间距）法

$$x = \frac{a_x - a_{x=0}}{a_{x=1} - a_{x=0}} = \frac{d_x - d_{x=0}}{d_{x=1} - d_{x=0}} \tag{12.34}$$

（2）$\Delta\theta$ 法　当 $x=0$ 和 $x=1$ 时，点阵参数 a 或 d 之差不大时

$$x = \frac{d_x - d_{x=0}}{d_{x=1} - d_{x=0}} \approx \frac{C(\theta_{x=0} - \theta_x)}{C(\theta_{x=0} - \theta_{x=1})} = \frac{\Delta\theta_x}{\Delta\theta_{0-1}} \tag{12.35}$$

（3）双线衍射角差法[11]

$$x \approx \frac{\delta_x - \delta_{x=0}}{\delta_{x=1} - \delta_{x=0}} \tag{12.36}$$

可见组分 x 与衍射线对的半衍射角差 δ_x 近似成线性关系。对于偏离线性的情形，引入修正项 Δx，它满足下列抛物线方程

$$-(K\Delta x - 0.25) = (x - 0.5)^2 \tag{12.37}$$

当 $x=0.5$ 时，$\Delta x = \Delta x_{max}$，$K = 0.25/\Delta x_{max}$，故最后得：

$$x \approx \frac{\delta_x - \delta_{x=0}}{\delta_{x=1} - \delta_{x=0}} + \Delta x = \frac{\delta_x - \delta_{x=0}}{\delta_{x-1} - \delta_{x-0}} + \Delta x_{max} \times \frac{4(\delta_x - \delta_{x=0})(\delta_x - \delta_{x=1})}{(\delta_{x=1} - \delta_{x=0})^2} \tag{12.38}$$

对于给定的系统和实验条件，$\delta_{x=0}$、$\delta_{x=1}$ 和 Δx_{max} 均为已知，于是利用式（12.36）可求得精确的组分 x。

12.4.4　薄膜的相分析和相变[12]

薄膜中的元素以什么样的状态存在，是单质元素或化合物，以及它们的晶体结构；薄膜与衬底之间、多层膜的层与层之间在温度的作用下会发生互扩散，进而形成新相或发生相变，这些都需要了解。进行相分析的方法见本书第 5 章的介绍，对于薄膜材料仅需在实验安排和数据收集上加以考虑。带有平行光阑系统的薄膜衍射仪（TFD）、掠射角 X 射线衍射仪以及带有试样倾斜装置的 X 射线衍射（STD）的一般衍射仪已得到应用，并对沉积在 M_0 衬底上的金刚石薄膜、Ni/Ti 多层膜及 Co/Nb 和 Co/Zr 多层膜的相结构和相变作过详细的研究。

陶昆等[13] 用改变掠射角的非对称衍射方法给出确定深度处约 20nm 范围的 Pd/Ag 双层膜退火后的结构深度分布，见图 12.6。由图可以看出：①退火过程中 Pd/Ag 膜层发生互扩散，符合金属物理的基本规律。②490℃退火样品中，平行于表面各层中的结构都不是微观均匀，是由两种具有不同点阵参数的固溶体组成的，520℃退火样品的表层也如此。以上两点是借助于深度增加时，右（111）峰（对应于 Pd）的移动很小而其强度下降很大，而左（111）峰（对应于 Ag）的移动很大而其强度的变化相对却不太大所观测到的。③左（111）峰的强度在表层略有上升，这可能与 Ag 在表层偏聚有关。

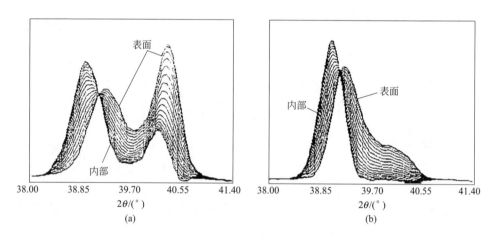

图 12.6　Pd/Ag 双层膜退火后的结构深度分布图

(a) 490℃，20min；(b) 520℃，20min

12.4.5　薄膜晶粒大小和嵌镶块大小的测定

(1) 晶粒大小和微应变的测定　晶粒大小和微应变的测定方法已在第 8 章作了介绍。值得注意的是：①所测试表明微晶宽化和微应变宽化效的存在状况，是两种效应单独存在，还是两者共存；②实测的 β 和 β_0 问题，掠入射几何和对称布拉格几何中的 β 式明显不同，因此 β 和 β_0 都必须在相同的实验条件下获得。

(2) 嵌镶块大小的观测　当人们对"晶体质量"感兴趣时，分析嵌镶结构、尺度和取向分布是经常的。Koschinski 等和 Capper 等做了不少工作。为了重现从三重晶或双晶衍射仪观察到的倒空间图，Holy 和 Abranof 等运用运动学衍射理论作模拟，但仅考虑层厚远小于消光深度，衬底衍射可忽略的情况。他们应用这种方法成功地研究了 GaAs 衬底上 $7.2\mu m$ 和 $1.4\mu m$ 的 ZnTe 衍射，测得嵌镶块的方均根直径为 $0.2\mu m$。随着高分辨率多重晶多重反射衍射仪（HRMCMRD）的发展，获得带有最小人为干扰的衍射空间图已成为可能，因此能观测漫散射，这就是 Holy 和 Wolf 等所用的构型方法。衍射峰的形状对显微倾斜和横向相关长度是灵敏的，这些能用一种非常实用的方法分开，因此嵌镶块的尺度几乎直接从这些图来理解。穿过显微形状、取向和畸变边界的技术进一步发展是三维倒空间作图，Fewster 和 Andrew 给出测量例子，示于图 12.7 中，这里能观察到带有相应 AlGaAs 层四块 GaAs 衬底嵌镶块的衍射形状。

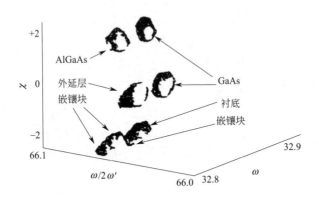

图 12.7　薄层中四个 GaAs 嵌镶块和相应
AlGaAs 嵌镶块的三维倒易空间图

(3) 近垂直于表面的混乱排列的量子线　由于光学器件和硅中互联的需要，多孔硅获得应用，因此了解有关硅线尺度的相关长度是重要的。Bellet 和 Dolino 已用双晶方法测定了各种结构中的这种特征长度，50％的多孔结构由"缺陷空隙"组成，而另 50 ％以上由 Si 柱组成。这种结构的漫散射非常强，很容易用双晶方法测量，而漫散射线形的宽度直接与相关长度联系，并给出平均量子线宽度。Fewster 认为这种漫散射是 Si 柱这种小散射体的贡献。为了获得这种量子线在氧化改变后有关线尺度的信息，漫散射相当精细，但仍需用同步辐射 X 射线源才能测量。Naudon 等用 Porod 理论解释来自小角散射实验的漫散射。

12.4.6　单晶膜完整性的观测

单层和多层单晶膜，如果成分不同，且厚度大于微米量级，可以通过对称布拉格几何、掠入射衍射、非对称衍射以及掠入射貌相获得各层完整性的信息，最后一种方法是通过观测和分析貌相图中的衬度细节而得知的，其他方法则是测量摆动曲线的半宽度来估计的。对于对称布拉格几何和 GID 技术，则是把测得半宽度与理论半宽度

$$\Delta\theta_{1/2} = \frac{2N\lambda^2}{\pi\sin 2\theta_B} |F_g| C \frac{e^2}{mC^2} \qquad (12.39)$$

相比较，相对比较简单；其他方法需考虑非对称效应及色散的影响。此外从漫散射的强度分布可获得有关点缺陷的信息。

12.5   薄膜材料中的应力测定[14,15]

薄膜中存在应力首先考虑的是膜与衬底间的点阵错配造成的。影响薄膜中的应力存在状况的因素很多，首先是膜的厚度，一般厚度较薄时，会产生较大的应力，随着厚度的增加，应力先急剧下降，随后逐渐下降并接近一个定值。大概膜厚为零点几纳米时就会受错配的影响，100nm 时的影响将下降，到了 200nm 以后薄膜内的应力主要受薄膜生长过程的影响。

12.5.1   单晶薄膜的应变和弯曲度的测定[9]

单晶薄膜均生长在一定取向的单晶片衬底上，两者之间可能存在取向差和点阵参数差。所谓取向差是指两者取向非平行性，即膜平面内取向发生一定角度的旋转和膜平面的倾斜。如果仅存在点阵参数差，应变测定是简单的，即

$$\varepsilon = \frac{\Delta a}{a} = \frac{\Delta d}{d} = \frac{d_t - d_s}{d_s} = -\cot\theta_B \cdot \Delta\theta \qquad (12.40)$$

式中，d 的下标 t、s 分别表示薄膜和衬底；θ_B 为衬底或薄膜层的布拉格角；$\Delta\theta$ 是薄膜和衬底两衍射峰的分离角，rad。如果 $d_t > d_s$，ε 为负值，表明薄膜存在压应力，相反，$d_t < d_s$，ε 为正值，表明薄膜中存在张应力。

如果取向差和点阵参数差同时存在，首先必须把两者分开。如在无磁性的钆镓石榴石 $Gd_3Ga_5O_{12}$（简称 GGG）单晶片衬底上，异质外延一层磁性石榴石单晶膜 $[(Eu,Er)_3(Fe,Ga)_5O_{12}]$，或在 GaAs 衬底上外延 $Ga_{1-x}Al_xAs$ 等，外延层与衬底之间存在膜面取向旋转 $\Delta\alpha$ 与点阵参数差 Δd。用图 12.2(b) 的双晶衍射仪测量衬底与外延层衍射峰的分离角 $\Delta\theta$，并逐步绕第二晶体衍射面的法线旋转，获得 $\Delta\theta\text{-}\lambda$ 的关系曲线，从而求得 $\Delta\theta_{max}$、$\Delta\theta_{1/2}$、$\Delta\theta_{min}$，其中

$$\Delta\theta_{max} = \theta_e + \Delta\alpha - \theta_s \qquad (12.41)$$
$$\Delta\theta_{min} = \theta_e - \theta_s - \Delta\alpha$$

联立求解得：

$$\Delta\theta_d = \theta_e - \theta_s = \frac{1}{2}(\Delta\theta_{max} + \Delta\theta_{min})$$
$$\Delta\alpha = \frac{1}{2}(\Delta\theta_{max} - \Delta\theta_{min}) \qquad (12.42)$$

当外延层与衬底之间存在如图 12.8 所示点阵参数差和点阵倾斜时，也可从实验分开，其衍射几何示于图 12.9 中，(1)、(2) 两种情况为绕表面法线相对旋转 180°。如果衬底与外延层晶面平行，见图 12.8(a)、(b)，则两种衍射情况所得的衍射角差相等，即

$$\Delta\theta_{(1)} = \theta_s - \theta_e = \Delta\theta_{(2)} \qquad (12.43)$$

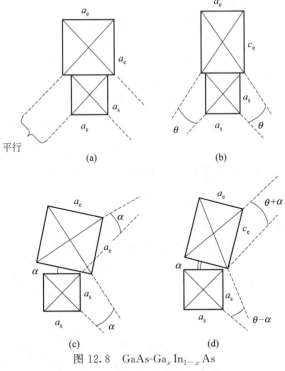

图 12.8　GaAs-Ga$_x$In$_{1-x}$As

系统中外延层与衬底间的点阵畸变

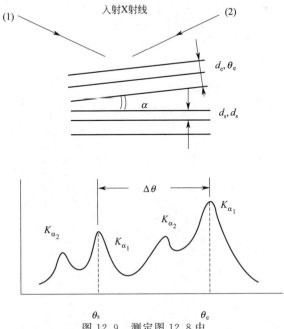

图 12.9　测定图 12.8 中

畸变的 X 射线方法

如果两晶面倾斜，见图 12.8(c)、(d)，则

$$\Delta\theta_{(1)} = (\theta_s - \theta_e) + \alpha$$
$$\Delta\theta_{(2)} = (\theta_s - \theta_e) - \alpha \tag{12.44}$$

这样可求得

$$\Delta\theta = (\theta_s - \theta_e) = \frac{1}{2}\left[\Delta\theta_{(1)} + \Delta\theta_{(2)}\right]$$
$$\alpha = \frac{1}{2}\left[\Delta\theta_{(1)} - \Delta\theta_{(2)}\right] \tag{12.45}$$

这样就可根据式(12.40)求得点阵参数畸变、平面旋转畸变和倾斜畸变。

12.5.2 多晶膜的应力测定

多晶膜可长在一定取向的单晶衬底上，也可能长在多晶或非晶材料衬底上。其中应力一般均属二维（平面）应力状态，见图 12.10(a)，应力测定的衍射几何示于图 12.10(b) 中。应力的表达式为

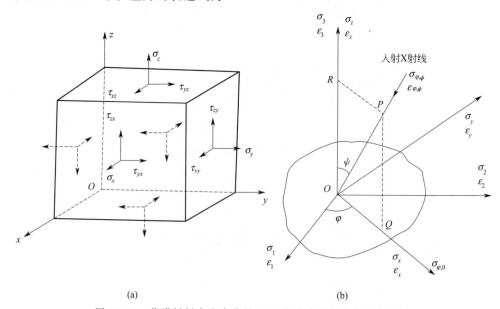

(a)   (b)

图 12.10 薄膜材料中应力分量（a）与应力测量衍射几何（b）

$$\varepsilon_{\phi,\psi} = \frac{1+\nu}{E} \cdot \sigma_{\phi,0} \sin^2\psi - \frac{\nu}{E}(\sigma_1 + \sigma_2)$$

$$\varepsilon_{\phi,\psi} = \frac{d_{\phi,\psi} - d_0}{d_0} = -\tan\theta \cdot \Delta\theta \tag{12.46}$$

$$\sigma_x = \sigma_{\phi,0} = \cos^2\phi \cdot \sigma_1 + \sin^2\phi \cdot \sigma_2$$

根据 ψ 平面与测角仪 2θ 扫描平面的几何关系，可分为同倾法与侧倾法两种测量方式。在条件许可的情况下，建议采用侧倾法。

12.5.2.1　同倾法

同倾法的衍射几何特点，是 ψ 平面与测角仪 2θ 扫描平面重合。同倾法中设定 ψ 角的方法有两种，即固定 ψ_0 法和固定 ψ 法。

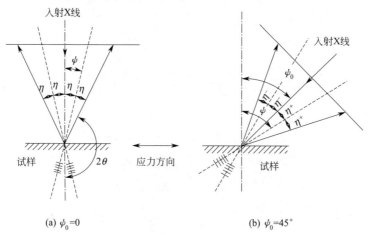

(a) $\psi_0=0$　　　　　　　　　　　(b) $\psi_0=45°$

图 12.11　同倾法中的固定 ψ_0 法的衍射几何

（1）固定ψ_0法　此方法的要点是，在每次探测扫描接收反射 X 射线的过程中，入射角 ψ_0 保持不变，故称之为固定 ψ_0 法，如图 12.11 所示。选择一系列不同的入射线与试样表面法线的夹角 ψ_0 来进行应力测量工作。根据其几何特点不难看出，此方法的 ψ 与 ψ_0 之间关系为

$$\psi=\psi_0+\eta=\psi_0+90°-\theta \tag{12.47}$$

同倾固定 ψ_0 法既适合于衍射仪，也适合于应力仪。由于此方法较早应用于应力测试中，故在实际生产中的应用较为广泛。其 ψ_0 角设置要受到下列条件限制：

$$\psi_0+2\eta<90°\rightarrow\psi_0<2\theta-90°$$
$$2\eta<90°\rightarrow2\theta>90° \tag{12.48}$$

（2）固定ψ法　此方法要点是，在每次扫描过程中衍射面法线固定在特定 ψ 角方向上，即保持 ψ 不变，故称为固定 ψ 法。测量时 X 射线管与探测器等速相向（或反向）而行，每个接收反射 X 射线时刻，相当于固定晶面法线的入射角与反射角相等，如图 12.12 所示。通过选择一系列衍射晶面法线与试样表面法线之间夹角 ψ，来进行应力测量工作。

同倾固定 ψ 法同样适合于衍射仪和应力仪，其 ψ 角设置要受到下列条件限制：

$$\psi+\eta<90°\rightarrow\psi<\theta \tag{12.49}$$

12.5.2.2　侧倾法

侧倾法的衍射几何特点是 ψ 平面与测角仪 2θ 扫描平面垂直，如图 12.13 所示。由于 2θ 扫描平面不再占据 ψ 角转动空间，二者互不影响，ψ 角设置不受任何限制。在通常情况下，侧倾法选择为 ψ 扫描方式，即不同于 ψ 法或 $\sin^2\psi$ 法。图 12.14 给

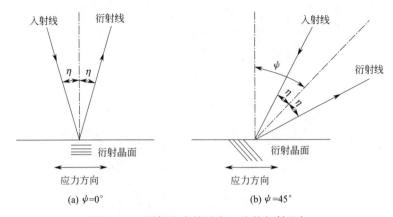

图 12.12   同倾法中的固定 ψ 法的衍射几何

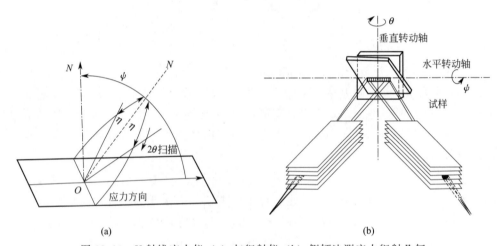

图 12.13   X 射线应力仪 (a) 与衍射仪 (b) 侧倾法测应力衍射几何

出 $\varepsilon_{\phi,\psi}$-$\sin^2\psi$ 的关系图，由此可得，在张应力的情况下，设 $\phi=0$ 则 $\sigma_x=\sigma_1=\sigma$，$\sigma_2=0$，则有

$$\varepsilon_{0,\psi}=\frac{1+\nu}{E}\sigma \cdot \sin^2\psi-\frac{\nu}{E}\sigma \qquad (12.50)$$

当 $\varepsilon_{0,\psi}=0$ 时，则有

$$\sin^2\psi=\frac{\nu}{1+\nu}$$

$$\frac{\partial}{\partial\sigma}\left(\frac{\partial\varepsilon_{\phi,\psi}}{\partial\sin^2\psi}\right)=\frac{1+\nu}{E} \qquad (12.51)$$

于是联立式（12.51）可求得弹性常数 E 和 ν。

侧倾法主要具备以下优点：①由于扫描平面与 ψ 角转动平面垂直，在各个 ψ 角衍射线经过的试样路程近乎相等，因此不必考虑吸收因子对不同 ψ 角衍射线强度的影响；②由于 ψ 角与 2θ 扫描角互不限制，因而增大这两个角度的应用范围；③由于几何对称性好，可有效减小散焦的影响，改善衍射谱线的对称性，从而提高应力测量精度。

12.5.3　纳米薄膜材料应力测定的特征

正如纳米薄膜的定义那样，其厚度或晶粒度在纳米量级，厚度薄，参与衍射的体积

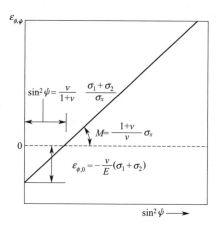

图 12.14　$\varepsilon_{\phi,\psi}$-$\sin^2\psi$ 的关系图

就小，X 射线衍射花样的强度就比较低，而且衍射线条又比较宽化，衍射峰位很难测准，因此应注意以下三点：

① 尽可能选择相对强度较高的衍射线进行测量，这显然与一般应力测定要求选择较高衍射角的衍射线为探测线相矛盾，因此小 ψ 角的同倾法是无法使用的，小 ψ 角的同倾法要求衍射角 2θ 必须＞90°。但可选用大 ψ 角的同倾法，用较低衍射角的衍射线，这相当于把（$90-\psi$）作掠入射角的 2θ 扫描模式。如果选用侧倾法，普通的粉末衍射仪无法进行这种测试，除非附有应力测定附件。

② 由于强度较低、衍射峰较宽，准确的峰位测量比较困难，因此正确选择测定峰位的方法也显得十分重要，建议用抛物线自动寻峰，或用拟合法测定峰位，并保持一系列对比测定中方法不变。

③ 多晶薄膜一般都存在织构（择优取向），某些线条会异常增强，而另一些则异常降低，这不仅影响到衍射线的选择，也影响用于计算应力的弹性常数（E、ν），因为只有 $\{hkl\}$ 晶面与测试方向垂直的晶粒对 $\{hkl\}$ 衍射有贡献，所测得的应力是这些晶粒在测试方向应变的平均值。

12.6　一维超晶格材料的 X 射线分析

随着超点阵材料及其应用的发展，一维超点阵结构又显示出它的复杂性。除按层中材料的结晶特性分为非晶超点阵、多晶超点阵和单晶超点阵以外，还可按一维超点阵的势垒结构分为单势垒、双势垒和多势垒超点阵，比如（$Ga_{1-x}Al_xAs$-GaAs）/GaAs、（AlAs-GaAs-AlAs-$Ga_{1-x}Al_xAs$）/GaAs（分母表示衬底）等；还可按一维超点阵堆积周期性分为周期超点阵和准周期超点阵。本节按一维超点阵膜的结晶特性分别介绍。

12.6.1　非晶超点阵的研究

Vatva、Ionov 和 Nesheva 研究了 Se/ CdSe、SeTe/ CdSe 系统，图 12.15 示出 SeTe/CdSe 一维超点阵的小角散射花样，根据

$$2\Lambda \sin\theta_m = m\lambda \tag{12.52}$$

求得等同周期分别为 294Å 和 70Å，总厚度为 2000Å，故两种超点阵有 8.8 和 28.6 个周期。图 12.16 给出 $\Lambda = 294$Å 超点阵的大角度 X 射线散射谱，它能分解为三个峰，如虚线所示，它们对应地与 SeTe 层中原子间距 2.3Å 和 3.36Å 以及 CdSe 层中 Cd-Se 原子间距 2.6Å 相联系。

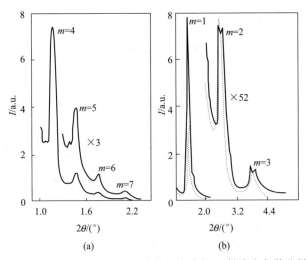

图 12.15　$Se_{0.85} Te_{0.15}$/CdS 非晶超点阵的 X 射线小角散花样

(a) $\Lambda = 294$Å；(b) $\Lambda = 70$Å，点线为计算机模拟结果

Vateva 和 Nesheva 研究了 Se/ CdSe 超点阵小角散射强度，周期为 Λ 的第一个峰的强度 I

$$I \approx \sin^2\left(\frac{\pi t}{\Lambda}\right)\exp\left(-\frac{2\pi\delta}{\Lambda}\right)^2 \tag{12.53}$$

式中，t 是层的厚度；σ 为有效界面半宽度，其定义如下：

$$\sigma^2 = \sigma_m^2 + \sigma_r^2 + \sigma_f^2 \tag{12.54}$$

式中，σ_r 为界面的粗糙度；σ_f 为厚度涨落；σ_m 是考虑材料相互混合而引入的因子。为了测定有效界面宽度（2σ），引入具有不同周期的多层样品，三个峰强度之和对第一个峰归一化强度，即 $I = I_1/(I_1 + I_2 + I_3)$，则

$$\frac{I_1/(I_1 + I_2 + I_3)}{\sin^2\left(\dfrac{\pi t}{\Lambda}\right)} = \left(\frac{-2\pi\sigma}{\Lambda}\right)^2 \tag{12.55}$$

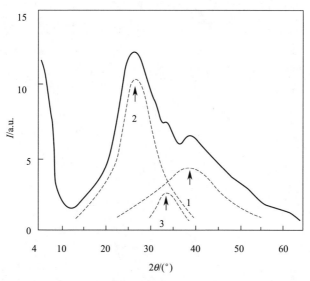

图 12.16　对应于图 12.15(a) 的广角散射花样

分解峰 1、2 分别对应 SeTe 层第一和第二个坐标球；

3 与 CdSe 层中 Cd-Se 原子间距相关

$$\ln \frac{I_1/(I_1+I_2+I_3)}{\sin^2\left(\dfrac{\pi t}{\Lambda}\right)} = \left(\frac{-2\pi\sigma}{\Lambda}\right)^2 \tag{12.56}$$

对 $\ln \dfrac{I_1/(I_1+I_2+I_3)}{\sin^2\left(\dfrac{\pi t}{\Lambda}\right)}$ - $\left(\dfrac{2\pi}{\Lambda}\right)$ 作图求得有效界面宽度 2σ。对刚沉积的 Se/CdSe 系

统，$2\sigma=18.0\text{Å}$，363℃退火 30min 后，$2\sigma=12.3\text{Å}$。

为了研究 2σ 与退火温度和时间的关系，采用 Hattori 小角近似法，即当入射角较小时，形状因子接近零，每个峰的强度 I_N

$$I_N \approx \sin^2\left(\frac{N\pi t}{\Lambda}\right) N^{-3} \exp\left[-\left(\frac{2\pi N\sigma}{\Lambda}\right)^2\right] = F_N \exp\left[-\left(\frac{2\pi\sigma}{\Lambda}\right)^2 N^2\right] \tag{12.57}$$

然后对 $\ln\left(\dfrac{I_N}{F_N}\right)$ - N^2 作图，如此能研究 2σ 与温度和时间的关系，并进一步求得扩散系数 D。

$$D = -\frac{\Lambda}{8\pi^2} \times \frac{\Lambda}{\Lambda_t} \ln\left(\frac{I}{I_0}\right) \tag{12.58}$$

求得 Se(48Å)/CdSe(43Å) 超点阵在退火温度 $T_a=380\text{K}$ 下退火 30min 后，扩散系数 $D=2\times10^{-8}\text{cm}^2/\text{s}$。

12.6.2　多晶超点阵的研究

多晶超点阵的研究已很多，比如 Ni/Ti、Si/Ge、Si/Mo、Cu/Ti、Co/Re156、

W/C、Nb/Al、Nb/Gd、Ta/Al、Co/C、W/Ti，以及 CuO/MgO、FeF$_2$/ZnF$_2$、CdF$_2$/CaF$_2$ 等。由于巨磁阻效应和巨磁阻材料的发现和发展，金属元素多层膜和氧化物新型巨磁阻材料的超点阵研究正在迅速发展。这里只能举些例子介绍如下。

图 12.17 示出周期超点阵 Ni/Ti 的 X 射线衍射花样。低角区显示 16 级峰，用已改进的布拉格定律：

$$(m\lambda)^2 = 4\Lambda^2(\sin^2\theta_m - 2\delta + \delta^2) \tag{12.59}$$

忽略二次项 δ^2，则有

$$\sin^2\theta_m = \left(\frac{\lambda}{2\Lambda}\right)^2 m^2 + 2\delta \tag{12.60}$$

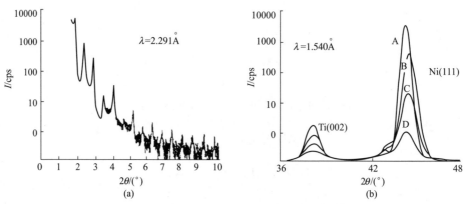

图 12.17　Ni/Ti 周期超点阵的 X 射线衍射花样

(a) 刚制备试样的低角散射，显示 16 级（00m）峰；(b) 经 523K 退火后高角区衍射花样，退火时间为 A: 0, B: 1h, C: 2h, D: 4h

式中，m 为衍射级；Λ 为等同周期。将 $\sin^2\theta_m$-m^2 作图，由斜率求得 $\Lambda=21.75\mathrm{nm}\pm0.02\mathrm{nm}$，由 $\sin^2\theta_m$ 轴上的截距求得 δ，而 $1-\delta=n$，故可求折射率的实部。图 12.17(b) 为 523K 退火 0、1h、2h 和 4h 后的大角度衍射花样，峰强度随退火时间增长而降低，而 Ni(111) 峰位开始向大角度方向有较大位移，然后逐渐向低角度方向恢复，这显示 Ni、Ti 互扩散和合金相的形成，还求得 Ti 中 Ni 的扩散系数 $D=8.4\times10^{-20}\mathrm{m}^2/\mathrm{s}$，这比自扩散系数（$D_{\mathrm{Ni}}=1.1\times10^{-32}\mathrm{m}^2/\mathrm{s}$，$D_{\mathrm{Ti}}=8.5\times10^{-25}\mathrm{m}^2/\mathrm{s}$）大许多量级。

图 12.18 给出三个 FeF$_2$/ZnF$_2$ 超点阵的大角度衍射花样，其最佳拟合参数如下：

图号	平均层数		层的变动数		原子间距/Å		总周期数
	FeF$_2$	ZnF$_2$	FeF$_2$	ZnF$_2$	FeF$_2$	ZnF$_2$	m
(a)	8.3(6)	8.6(8)	1.2(1.3)	1.6(1.8)	1.617(7)	1.593(9)	168
(b)	8.9(1.3)	42(4)	2.8(2.1)	0.8(5)	1.644(5)	1.612(20)	75
(c)	38.7(210)	8.1(5)	8.0(310)	1.1(6)	1.646(4)	1.616(29)	40

从拟合数据求得三个样品的等同周期 Λ 分别为 20.68Å、38.20Å 和 68.62Å。图中除显示主峰 ZnF_2 和 FeF_2 外，还显示 0 级和高级卫星峰，卫星峰之间的角距明显与 Λ 相关。

准周期超点阵从 A 开始，重复使用替代法则 A→AB，B→A 的 Fibonacci 顺序，即 A→AB→ABA→ABAAB→ABAAB→ABA→ABAABABAABAAB→…。很明显，Fibonacci 顺序拥有自相似性，其中 A 或 B 固定的周期 d，且 $d_A/d_B = (\sqrt{5}+1)/2$ 或 $d_B/d_A = (\sqrt{5}+1)/2$。图 12.19 给出：

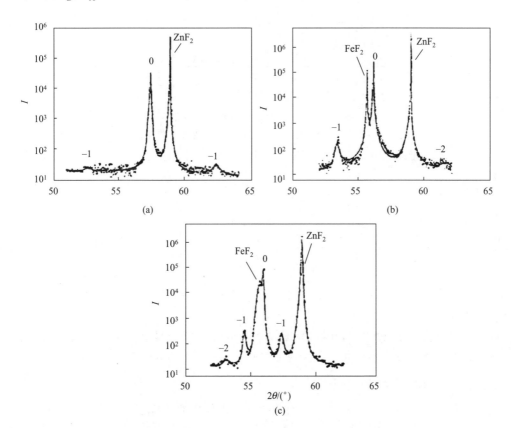

图 12.18　三个 FeF_2/ZnF_2 周期超点阵 θ-2θ 扫描花样

(a) $[(FeF_2)_{8.3}(ZnF_2)_{8.6}]\times168$；(b) $[(FeF_2)_{8.9}(ZnF_2)_{8.2}]\times75$；(c) $[(FeF_2)_{38.7}(ZnF_2)_{8.1}]\times40$

$$\begin{array}{ccccc} & W & Ti & W & Ti \\ A = & 8.8\text{Å} & 18.5\text{Å} & B = & 8.8\text{Å} & 28.4\text{Å} \end{array}$$

准周期超点阵的低角衍射花样，其 $dA/dB = 2/(\sqrt{5}+1)$。在倒易点阵空间，衍射矢量 $\boldsymbol{K}(m,n)$ 与平均调制波长 D 有如下关系：

$$\boldsymbol{K}(m,n) = 2\pi[m+n(\sqrt{5}+1)/2]D^{-1} = 2\pi(m+\tau n)D^{-1} \qquad (12.61)$$

其中 $D = \tau d_A + d_B$。

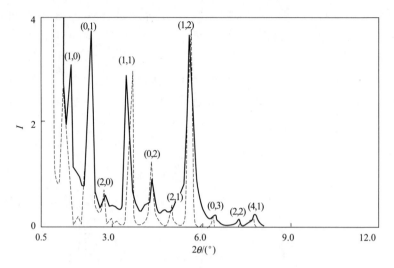

图 12.19　一准超期超点阵的衍射花样

实线为实验曲线，虚线为计算曲线

图 12.19 中某些衍射峰的指数、2θ 和衍射矢量如下：

指数(m,n)	$2\theta/(°)$	$(K_1=4\pi\sin\theta/\lambda)/\text{Å}^{-1}$	$[K_2=2\pi(m+n\tau)D^{-1}]/\text{Å}^{-1}$
(1,0)	1.56	0.111	0.094
(0,1)	2.26	0.161	0.153
(2,0)	2.80	0.199	0.189
(1,1)	3.52	0.250	0.247
(0,2)	8.30	0.306	0.305
(2,1)	8.78	0.340	0.341
(1,2)	8.60	0.398	0.399

散射矢量的实值 $\pi\sin\theta/\lambda$ 和计算值 $2\pi(m+n\tau)D^{-1}$ 符合良好，但计算曲线与实验曲线存在偏离，这可能由于折射和吸收效应的关系。

12.6.3　单晶超点阵的研究

元素半导体或 Ⅲ～Ⅴ 族和 Ⅱ～Ⅵ 族化合物半导体的一维超点阵多为单晶膜超点阵，这方面的研究报道很多，比如，$In_{1-x}Al_xAs/GaAs$、$Ga_{1-x}Al_xAs$、GaAs/A-lAs、InGaAsP/InP、$Ga_{1-x}InAs/GaAs$、$Ga_{1-x}In_xAs/InP$、$Ge_{0.5}S_{0.5}/Si$、Si/SiGe、GaAs/Si，双势垒的 $AlAs\text{-}GaAs\text{-}AlAs\text{-}Ga_{1-x}Al_xAs/GaAs$、ZnSe/GaA、CdMgTe/CdTe、$HeTe\text{-}Hg_{0.1}Cd_{0.9}Te/Cd_{0.96}Zn_{0.04}Te$ 等。因此，这里也只能举一些典型例子作介绍。

12.6.3.1　低角散射方法的研究

图 12.20 给出杨传铮[16] 用同步辐射（$\lambda=0.9687\text{Å}$）、高分辨粉末衍射仪（美国 BNL NSLS X10B）和 CuK_α 辐射（$\lambda=1.5418\text{Å}$）、实验室普通粉末衍射仪获得

的 $In_{1-x}Al_xAs/GaAs$ 一维超点阵系统的低角 X 射线散射花样，其主要数据列入表 12.2 中，按式（12.60）用 $\sin^2\theta_m\text{-}m^2$ 作图求得等同周期 Λ 和 2δ 及折射率 n，如下：

对于同步辐射　　$\Lambda = 71.5\text{Å}$　　　$\delta = 2.0\times10^{-5}$　　　$n = 0.99998$

CuK$_\alpha$ 辐射　　$\Lambda = 65\text{Å}$　　　$\delta = 2.0\times10^{-4}$　　　$n = 0.9998$

也可按改进的布拉格方程：

$$Ld_{002} = \Lambda\left(1 - \frac{1-n}{\sin^2\theta_L}\right) \tag{12.62}$$

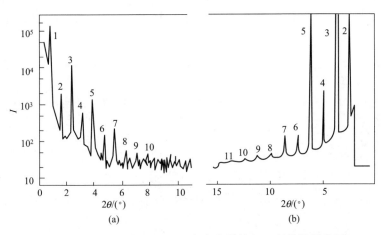

图 12.20　$In_{1-x}Al_xAs/GaAs$ 超点阵的低角 X 射线散射花样

（a）同步辐射 X 射线（$\lambda = 0.9687\text{Å}$）；（b）CuK$_\alpha$ 辐射（$\lambda = 1.5418\text{Å}$）

表 12.2　$In_{1-x}Al_xAs/GaAs$ 系统低角散射花样的数据分析

CuK$_\alpha$ 辐射　$\lambda = 1.5418\text{Å}$					同步辐射 X 射线　$\lambda = 0.9687\text{Å}$				
m /00L	2θ /(°)	D_{00L} /Å	$\sin^2\theta_m$	$\sin^{-2}\theta_m$	m /00L	2θ /(°)	D_{00L} /Å	$\sin^2\theta_m$	$\sin^{-2}\theta_m$
					1	0.88	63.07	8.897×10^{-5}	16956
2	2.40	38.81	8.38×10^{-4}	2280.6	2	1.62	38.26	1.998×10^{-4}	5003.8
3	3.70	23.88	1.04×10^{-3}	959.5	3	2.39	23.22	8.349×10^{-4}	2299.2
4	8.96	8.82	1.87×10^{-3}	538.1	4	3.17	8.51	8.650×10^{-4}	1308.1
5	8.12	18.35	2.89×10^{-3}	348.4	5	3.93	18.76	1.176×10^{-4}	850.3
6	8.44	11.88	8.21×10^{-3}	238.6	6	8.72	11.76	1.697×10^{-3}	589.7
7	8.69	10.09	8.83×10^{-3}	171.4	7	8.51	10.08	2.310×10^{-3}	432.8
8	9.80	9.03	8.29×10^{-3}	138.1	8	8.28	8.84	3.000×10^{-3}	333.3
9	11.26	8.86	8.69×10^{-3}	103.9	9	8.06	8.87	3.791×10^{-3}	263.8
10	12.44	8.12	11.74×10^{-3}	88.2	10	8.78	8.14	8.602×10^{-3}	28.3
11	13.76	8.43	18.39×10^{-3}	69.5					

用 $Ld_{00L}\text{-}\sin^{-2}\theta_L$ 作图求得 Λ：对于 CuK_α，$\Lambda = 66\text{Å}$；对于同步辐射，$\Lambda = 71\text{Å}$，两种处理结果符合良好，其中 d_L 是 00L 反射用布拉格定律算得的面间距。

Miceli 等用低角散射实验研究 $Ga_{1-x}Al_xAs/GaAs$ 系统，求得 δ，按下式

$$\delta = \frac{1}{2}\left[\delta_{Ga} + \delta_{As} - x\left(1 - \frac{t}{\Lambda}\right)\right](\delta_{Ga} - \delta_{Al}) \tag{12.63a}$$

$$\delta = c(\delta_{Ta} + 1 - c)\delta_{Nb} \tag{12.63b}$$

$$\delta_j = \lambda^2\frac{r_e n_j}{2\pi}(f_j + \Delta f_j' + i\Delta f_j'') \tag{12.63c}$$

式中，r_e 为经典电子半径；n_j 为原子密度；f_j 为正常散射因子；$\Delta f_j'$ 和 $\Delta f_j''$ 为异常散射修正的实部和虚部，求得超点阵的平均成分如下，Miceli 等认为结果是可信的。

	$\Lambda/\text{Å}$	$\delta/\times 10^{-6}$	x（由 δ）	x（由角分离度）
$GaAs/Ga_{1-x}Al_xAs$	142.3 ± 0.3	2.69 ± 0.04	0.58 ± 0.04	0.53 ± 0.04
$GaAs/Ga_{1-x}A_xAs$	249.0 ± 0.3	3.18 ± 0.04	0.05 ± 0.04	0.08 ± 0.08
Nb/Ta	52.81 ± 0.03	8.37 ± 0.14	0.12 ± 0.03	

12.6.3.2　高角度卫星衍射的研究

对于典型单势垒超点阵可写成 A-B/B 或 A-B/C，其中分母表示衬底。其结构为：衬底-埋层 B-AB-AB-…AB，其中 AB 为一超点阵周期，又称等同周期 Λ，其定义

$$\Lambda = t_A + t_B = (n_A a_A + n_B a_B)/2 = n_A d_{A002} + n_B d_{B002} \tag{12.64}$$

式中，t_A、t_B 为一个周期内两组元的厚度；a 为点阵参数；n 为晶胞数。

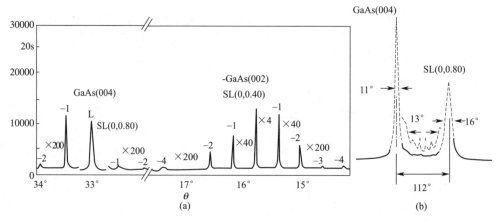

图 12.21　$(Ga_{0.520}Al_{0.480}As)25\text{-}(GaAs)15/GaAs(001)$ 超点阵的衍射花样

(a) 在 GaAs(002) 和 (004) 反射附近的衍射图；(b) 在 GaAs(004) 附近的双晶衍射，衬底峰与 SL0 卫星间发生振荡现象，振荡周期 $\omega = 13''$

图 12.21 示出 $(Ga_{1-x}Al_xAs)n_1\text{-}(GaAs)n_2/GaAs(001)$ 超点阵的高角度 X 射

线衍射花样，其包括：

① 强的衬底布拉格衍射峰，分别以 GaAs(002)、GaAs(004) 表示。

② 超点阵主反射峰，一般在衬底峰附近，称为零级卫星峰（SL0），它对应于超点阵平均点阵参数

$$a = (n_A a_A + n_B a_B)/(n_1 + n_2) \qquad (12.65)$$

的实际晶体，a_A、a_B 为垂直于界面的点参数。

③ 弱的高级卫星反射峰，标以 SL±1，SL±2，…，它们的强度比衬底及主卫星峰低得很多。卫星峰间的角距离由超点的等同周期 Λ 决定。

这种结构的全面表征包括 n_A、a_A、n_B、a_B、Λ 及平均成分 $\bar{x}$。可先测定 Λ，然后求平均成分 $\bar{x}$，最后求出成分 x，有时还可测得总的超点阵厚度 t。

超点阵周期 Λ 满足广义布拉格定律：

$$2\Lambda \sin\theta_L = L\lambda \qquad (12.66)$$

式中，L 表示未知周期的指数，即 SL0 的指数，它可由指数 $L-i$ 和 $L+j$ 的卫星峰反射角 θ_{L-i}、θ_{L+j} 计算。

$$\frac{\theta_{L-i} - \theta_{L+j}}{\theta_{L+j}} = \frac{i+j}{L-i}$$

$$L = \frac{\theta_{L+j}}{\theta_{L-i} - \theta_{L+j}} \times (i-j) + i \qquad (12.67)$$

$$\frac{\Delta L}{L} = \frac{\Delta\theta_L}{\tan\theta_L} \times \frac{2L}{i+j} \qquad (12.68)$$

由式(7.68) 可知，当 $(i+j)$ 大，而 L 小时，则 L 有较高的精度。图 12.21 中超点阵花样的分析列入表 12.3，平均成分 $\bar{x}$ 由下式求得：

$$\bar{x} = k\Delta\theta \qquad (12.69)$$

表 12.3 超点阵花样的测量分析结果

$X = 0.475$ $\quad n_{Ga_{1-x}Al_xAs} = 25$ $\quad n_{GaAs} = 15$									
$n_A + n_B = 40$ $\quad \bar{x} = 0.3$									
卫星峰	$h\ k\ l$	F_{ob}	F_c		卫星峰	$h\ k\ l$	F_{ob}	F_c	
0 0 2					0 0 4				
−4	0 0 36	1.12	2.30						
−3	0 0 37	0.16	1.27						
−2	0 0 38	2.86	3.09		−2	0 0 78	1.23	1.39	
−1	0 0 39	8.64	8.57		−1	0 0 79	未观察到	1.76	
0	0 0 40	+002GaAs	28.11		0	0 0 80	+004GaAs	139.52	
−1	0 0 41	8.51	8.67		+1	0 0 81	10.34	10.53	
+2	0 0 42	2.78	3.15		+2	0 0 82	3.43	3.23	
+3	0 0 43	未观察到	0.98						
+4	0 0 44	1.08	2.16						

$\Delta\theta$ 为 GaAs 衬底峰与 SL0 峰角分离度，k 由给定系统和实验条件可以求得，于是可求得平均成分 $\bar{x}$、成分 x 的公式为：

$$x = \frac{\bar{x}(n_A + n_B)}{n_A} \tag{12.70}$$

Kervarec 等则从衍射强度求出观测的结构振幅 F_{ob}，见下式：

$$F_{c(00L)} = 2(f_{As} + f_{GaAl}R_A^{1/2})\frac{R_A^{n_A} - 1}{R_A - 1} + 2(f_{As} + f_{Ga}R_B^{1/2})\frac{R_A^{n_A}(R_B^{n_B} - 1)}{R_B - 1} \tag{12.71}$$

其中

$$R_A = \exp\left(\frac{2\pi iLd_A}{\Lambda}\right)$$

$$R_B = \exp\left(\frac{2\pi id_B}{\Lambda}\right) \tag{12.72}$$

$$f_{GaAl} = xf_{Al} + (1-x)f_{Ga}$$

计算结构振幅 F_c，用求极小方法计算 $|F_{ob}|$ 和 $|F_c|$ 的校正量，最后求得 x。Kervarec 等研究三个样品的结构参数如下：

	$\Lambda/\text{Å}$	n_A	n_B	$\bar{x}$	x	
$Ga_{1-x}Al_xAs/GaAs(1)$	398.4 ± 1.5	71	69	0.179	0.345	
$Ga_{1-x}Al_xAs/GaAs(2)$	113.1 ± 0.3	25	15	0.300	0.480	对应图 12.21
$Ga_{1-x}Al_xAs/GaAs(3)$	51.4 ± 0.4	9	9	0.144	0.290	

此外，由图 12.22(b) GaAs(004) 和 SL0 之间振荡周期 $\omega = 13''$，借助 $t = \dfrac{\lambda}{2\omega\cos\theta}$ 求得此超点阵的总厚度 $t = 1.45\mu m$。

In$_{1-x}$Al$_x$As/GaAs 超点阵的近 GaAs(002) 的高角 X 射线衍射花样示于图 12.22 中，除 GaAs(002) 峰外，还有一系列超点阵卫星衍射峰。在识别各峰的属性时，首先在衬底衍射峰的理论角位置，对于 CuK_{α_1}，$2\theta = 31.625°$ 处，对于 $\lambda = 0.9687\text{Å}$，$2\theta = 19.732°$ 处找到衬底衍射峰，图中用 GaAs(002) 示出。其次注意超点阵的主反射峰，称为零级卫星峰 SL0，它对应于具有平均点阵参数 $a_{平均} = (n_1a_1 + n_2a_2)/(n_1 + n_2)$ 的实际晶体。n_1 和 n_2 分别为一维超点阵一个周期内 In$_{1-x}$Al$_x$As/ 和 GaAs 的分子数目，a_1 和 a_2 为垂直于界面的点阵参数。弱的高级卫星峰标以 SL±1，SL±2，…，常简称为 ±1，±2…，其峰的多少及强度不对称地分布在 SL0 的两侧。低角度一侧卫星峰多且强度较高，造成这种情形的原因是所研究的系统是一正应变超点阵。由于 $CuK_{\alpha1}$ 辐射的分辨率较低、强度较弱，故仅对同步辐射的花样作分析，其数据列入表 12.4。

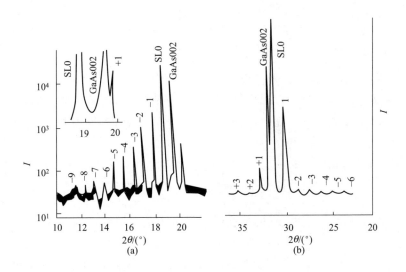

图 12.22　$In_{1-x}Al_xAs/GaAs$ 超点阵的近 GaAs(002) 的高角 X 射线散射花样

(a) 同步辐射 X 射线（$\lambda = 019687$Å）；(b) CuK_α 辐射（$\lambda = 115418$Å）

表 12.4　近衬底 GaAs(002) 衍射花样的数据分析

项目	−8	−7	−6	−5	−4	−3	−2	−1	SL0	GaAs	+1	+2
$2\theta_{观}$(o)	12.48	13.31	18.06	18.87	18.66	16.44	18.04	18.02	18.80	19.58	19.80	20.40
$2\theta_{测}$(o)	12.63	13.46	18.21	18.02	18.81	16.59	18.17	18.17	18.95	19.73	19.52	20.55
00L	0015	0016	0017	0018	0019	0020	0021	0022	0023		0024	0025

以 GaAs(002) 的 2θ 理论值与测定值之差作角度修正后，$2\theta_{SL0} = 18.952°$。按 $2\Lambda\sin\theta_{SL0} = L\lambda$ 式计算，取 $\Lambda = 130\sim142$Å，计算得 $L = 22\sim24$，取 $L = 23$，对卫星峰指标化，列入表 12.4 中。由 θ_{SL0} 和 $2d_{00L}\sin\theta_{SL0} = \lambda$ 求得平均点阵参数 $\bar{a} = 8.8839$Å，代入下式：

$$(6.058 - \bar{a})/(6.058 - 8.6611) = \bar{x}$$

求得平均成分 $\bar{x} = 0.438$。式中，6.058 和 8.6611 分别为 InAs（$x = 0$）和 AlAs（$x = 1$）的点阵参数。

根据定义 $\Lambda = n_1 d_1 + n_2 d_2$，取 $\Lambda = 65\sim71$，$d_2 = d_{GaAs(002)} = 2.8276$，$d_1 = 2.942$，估算 n_1 和 n_2 值，得 $n_1 = 11, 12, 13$，对应的 $n_2 = 12, 11, 11$。根据

$$x = \bar{x}(n_1 + n_2)/n_1$$

设 $n_1 = 12, n_2 = 11$；$n_1 = 13, n_2 = 12$；$n_1 = 12, n_2 = 12$；分别求得一维超点阵中 $In_{1-x}Al_xAs$ 层的成分为 0.839，0.808，0.876。其中只有 0.808 与制样成分 0.80 符合良好。故最后得一维超点阵的结构参数为：

$$\Lambda = 68.38\text{Å}$$

$$d_1 = 2.8686\text{Å} \qquad d_2 = 2.8267\text{Å}$$

$$n_1 = 13 \qquad n_2 = 11$$

$$\bar{x} = 0.438 \qquad x = 0.81$$

从这个例子的求解可知，把小角和高角衍射结合起来，能方便求得一维超点阵材料的全部结构参数。一个超点阵周期中 $In_{0.19}Al_{0.81}As$ 的厚度和 GaAs 的厚度分别为 38.29Å 和 31.09Å。

从以上例子得知，卫星峰似乎对称地分布在主卫星峰的两侧，但事实并非如此，只有当主卫星峰与衬底峰完全重叠时，换言之，超点阵与衬底的法向应变为零时，才是如此。若 $\dfrac{\Delta a_L}{a_s} < 0$，正的卫星峰明显多于负卫星峰，且正卫星峰的强度也高得多，反之，$\dfrac{\Delta a_L}{a_s} > 0$，负的卫星峰明显多于正卫星峰，负卫星峰强也高得多，主卫星峰在衬底峰的低角度一侧，这表明，超点阵与衬底间存在应变，其量可用

$$\varepsilon_L = \frac{\Delta a_L}{a_s} = -\cot\theta \times \Delta\theta \tag{12.73}$$

求得，其中 $\Delta\theta$ 为主卫星峰与衬底峰角分离度（以弧度为单位）。

12.7 超点阵界面粗糙度的 X 射线散射理论

12.7.1 一般介绍

在一维超点阵材料中，界面的数目是很大的，界面特性事关重要，因此界面的粗糙度和表面的粗糙度的研究引起人们的极大关注。早期发展的粗糙表面散射波的矢量理论已用于多层膜界面粗糙度的研究。Bousquet 发展了接纳不同界面粗糙度之间在任意关联多层膜散射的综合理论，还对这种结构的 X 射线散射作完全关联粗糙度的纯运动学描述，并与实验结果作了比较。此外还有非镜面散射的能量色散方法和漫散射研究等。这里仅介绍 Stearns 描述的从具有粗糙界面多层结构的非镜面散射的定量理论。

先考虑用介电常数 ε 和 ε' 描述的两种介质间略微粗糙界面的散射情况，见图 12.23(a)。在具有偏振 $\hat{e}$ 的方向上传播的一平面波 $E\hat{e}\exp(ik\hat{n}\cdot\boldsymbol{x})$ 从上表面入射到粗糙界面 $f(x,y)$ 上，并散射到 $\hat{m}$ 方向，经受动量转移为

$$\boldsymbol{q} = k(\hat{m} - \hat{n}) \tag{12.74}$$

这里的 k 是真空中的波数，两种介质的介电常数差 $\Delta\varepsilon = \varepsilon - \varepsilon'$ 总是小的（$\Delta\varepsilon \leqslant 1$），应用散射场的一级波恩近似，反射到具有偏振 $\hat{a}$ 方向的散射场的振幅密度由下式给出：

$$\gamma(\hat{m},\hat{a};\hat{n},\hat{e}) = i\boldsymbol{E}_0 \frac{\Delta\varepsilon k^3}{8\pi^2 m_z}(\hat{a}^* \cdot \hat{e})\widetilde{f}(S_x,S_g) \tag{12.75}$$

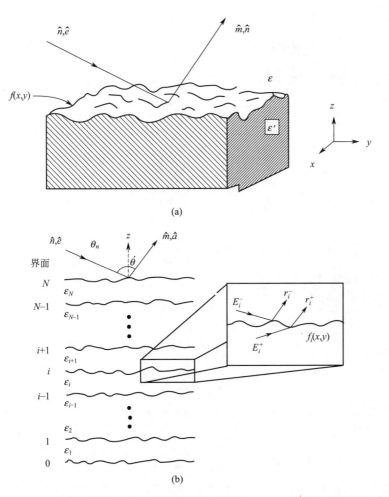

图 12.23 （a）从由两种均匀介质分开的粗糙界面 $f(x,y)$ 散射辐射场的组态；
（b）具有粗糙界面多层结构的示意图，插图表示第 i 个界面的散射

$\widetilde{f}$ 是 f 的 Fourier 变换，$\boldsymbol{S}=S_x$，S_g 是 q 在 x-y 平面的投影，$\hat{a}^*$ 表示由于圆偏振情况的复杂结合。波恩近似仅当散射场和透射场的折射能忽略时才适用。对于 X 射线，当入射角和散射角小于全反射角时，条件一般能满足。从界面 A 面积上反射到一立体角 $\Delta\Omega$ 的反射微分功率由下式给出：

$$\frac{\mathrm{d}Pr}{\mathrm{d}\Omega}(\hat{m},\hat{a};\hat{n},\hat{e}) = \frac{4\pi^2 m_2^2}{k^2 A n_2}|\gamma(\hat{m},\hat{a};\hat{n},\hat{e})|^2 \tag{12.76}$$

类似的，对从下表面入射到粗糙界面的平面波 $\boldsymbol{E}_0\hat{e}\exp(ik\hat{n} \cdot \hat{e})$，透射到具有偏振 $\hat{a}$ 方向 $\hat{m}$ 的散射场密度有

$$t(\hat{m},\hat{a};\hat{n},\hat{e})=i\boldsymbol{E}_0\frac{\Delta\varepsilon k^3}{8\pi^2 m_z}(\hat{a}^*\cdot\hat{e})\widetilde{f}(S_x,S_g)\tag{12.77}$$

微分功率是

$$\frac{\mathrm{d}P_t}{\mathrm{d}\Omega}(\hat{m},\hat{a};\hat{n},\hat{e})=\frac{4\pi^2 m_2^2}{k^2 An_2}|t(\hat{m},\hat{a};\hat{n},\hat{e})|^2\tag{12.78}$$

现在让我们参考多层结构中第 i 个界面，从上表面和下表面入射到第 i 个界面的镜面场

$$\boldsymbol{E}_i^-(x)=E_i^-\hat{e}^-\exp(ikn_y y)\exp(-ik_j n_z^j Z)\tag{12.79}$$

$$\boldsymbol{E}_i^+(x)=E_i^+\hat{e}^+\exp(ikn_y y)\exp(-ik_j n_z^j Z)\tag{12.80}$$

这里 $j=i+1$，类似式(12.75) 和式(12.77) 有

$$r_i(\hat{m}^j,\hat{a};\hat{n}^j,\hat{e}^-)=-E_i^-\frac{\Delta_i k_j^3}{8\pi^2 m_z^j}(\hat{a}^*\cdot\hat{e}^-)\widetilde{f}_i(S_x,S_g)\tag{12.81}$$

$$t_i=(\hat{m}^j,\hat{a};\hat{n}^j,\hat{e}^+)=-E_i^+\frac{\Delta_i k_j^3}{8\pi^2 m_z^j}(\hat{a}^*\cdot\hat{e}^+)\widetilde{f}_i(S_x,S_g)\tag{12.82}$$

这里 $\Delta i=\varepsilon_j-\varepsilon_i$，最后得

$$\frac{\mathrm{d}P}{\mathrm{d}\Omega}(\hat{m},\hat{a};\hat{n},\hat{e})=\frac{4\pi^2 m_2^2}{k^2 An_2}\Big|\sum_{i=0}^{M}\mathrm{e}^{i\Phi}(\gamma_i+t_i)\Big|^2\tag{12.83}$$

式中，Φ_i 是相角。

$$\Phi_i=\sum_{p=i+1}^{M}\phi_p\tag{12.84}$$

式中，ϕ_p 是穿过第 p 层对相角的贡献，由下定义

$$\phi_p=kt_p\sqrt{\varepsilon_p-m_x^2-m_{y'}^2}\tag{12.85}$$

对于多层结构，界面粗糙度模型分为内在和外在两部分，与频率谱 $\widetilde{h}(x)$ 相关的内粗糙度 $h(x)$ 对应于界面形成非相干界面结构的那部分，如果下界面是完整光滑的，内在粗糙度实验上能观测到，外在粗糙度源于下界面粗糙度的复制。因此，对多层结构界面粗糙度写为

$$\widetilde{f}_i(s)=\widetilde{h}_i(s)+\widetilde{a}_i\widetilde{f}_{i-1}(s)\tag{12.86}$$

等式右边第一项和第二项分别表示第 i 个界面的内在粗糙度和外在粗糙度，复制因子 $\widetilde{a}_i(s)$ 为任意函数形式，但物理学上被限至有 1 和 0 有限值，因为 $|s|$ 接近 0 和 ∞。在式(12.86) 中循环代替，我们获得

$$\widetilde{f}_i=\sum_{i=0}^{i}C_{in}\widetilde{h}_{n'}\tag{12.87}$$

$$C_{in}=\frac{\prod_{m=0}^{i}\widetilde{a}_m}{\prod_{m=0}^{n}\widetilde{a}_m}\tag{12.88}$$

式(12.87) 清楚表明，第 i 个界面的粗糙度由自己内在粗糙度 $\tilde{h}_i$ 和下界面的内在粗糙度 $\tilde{h}_n$ 组成，因子 C_{in} 表示 i 层从下面一层 n 继承的内在粗糙度的数目，复制因子 $\tilde{a}_i(s)$ 的物理学的正确意义是做式(12.86) 的傅里叶变换，以获得实空间界面结构的描述。

$$f_i(x) = h_i(x) + a_i(x)^* [f_{i-1}(x)] \tag{12.89}$$

对于非镜面 X 射线散射，重写式(12.83)，得

$$\frac{\mathrm{d}P}{\mathrm{d}\Omega}(\hat{m},\hat{a};\hat{n},\hat{e}) = \frac{k^4}{16\pi^2 A n_x} \sum_{ij} (W_i W_j^* \tilde{f}_i \tilde{f}_j^*) \tag{12.90}$$

这里量 W_i 定义为

$$W_i = \Delta_i [E_i^+ (\hat{a}^* \cdot \hat{e}^-) - E_i^- (\hat{a}^* \cdot \hat{e}^-)] e^{i\Phi_i} \tag{12.91}$$

从式(12.87) 我们有

$$\tilde{f}_i \tilde{f}_j^* = \left(\sum_{n=0}^{i} C_{in} \cdot \tilde{h}_n\right) \left(\sum_{e}^{j} C_{je} \cdot \tilde{h}_e^*\right) \tag{12.92}$$

利用无序相位近似，式(12.92) 变为

$$\tilde{f}_i \tilde{f}_j^* = \sum_{n=0}^{j} C_{on} \tilde{h}_n \tilde{h}_n^*, j \leqslant i, = A \sum_{n=0}^{j} C_{in} C_{jn} \sigma_n^2 G_n \tag{12.93}$$

这里 σ_n 是方均根粗糙度 h_n 的标准化功率谱，其定义为

$$G_n(s) = \frac{|\tilde{h}_h(s)|^2}{\int |h_n(s)|^2 \mathrm{d}s} \tag{12.94}$$

最后将式(12.93) 代入式(12.92) 得

$$\frac{\mathrm{d}P}{\mathrm{d}\Omega}(\hat{m},\hat{a};\hat{n},\hat{e}) = \frac{k^4}{16\pi^2 n_z} \sum_{i=0}^{M} \left[\left(\sum_{n=0}^{i} C_{in} \sigma_n^2 G_n\right) W_i W_i^*\right.$$
$$\left. + \sum_{j=0}^{i-1} \left(\sum_{n=0}^{i} C_{in} C_{jn} \sigma_n^2 G_n\right) \times (W_i W_j^* + W_i^* W_j)\right] \tag{12.95}$$

这个表达式就是由 M 个粗糙界面组成多层结构有关散射功率的散射理论的中心结果。每个界面都用几个基本参数来表征：内在方均根粗糙度 σ_n，内在粗糙度功率谱 $G_n(s)$ 和一组复制因子 C_{in}。包含 G_n 的圆括弧中的因子对应于 X 射线衍射理论语言中的结构因子。关于界面结构组态的所有信息都包含在这些因子中。很显然，式(12.95) 中散射自然分成两项：第一项对应于无关联的散射，是每个独立界面散射强度的简单加和；第二项对应于关联的散射，这种贡献表明由从层到层的粗糙度复制而经关联结构的界面散射场的干涉。

如果表明粗糙度的组态或测量几何学变化为一微分散射问题，式(12.95) 变为

$$\frac{\mathrm{d}P}{\mathrm{d}\Omega}(\hat{m},\hat{a};\hat{n},\hat{e}) = \frac{k^4}{16\pi^2 n_z}\sum_{i=0}^{M}\left[\left(\sum_{n=0}^{i}C_{in}^2\sigma_n^2 G_n^1\right)W_i W_i^*\right.$$

$$\left. + \sum_{j=0}^{i-1}\left(\sum_{n=0}^{j}C_{in}C_{jn}\sigma_n^2 G_n^1\right)\times\left(W_i W_j^* + W_i^* W_j\right)\right] \tag{12.96}$$

这里 G_n^1 是第 n 个界面内在粗糙度的一维功率谱。

12.7.2 来自不同粗糙界面的散射

(1) 来自单个粗糙界面的散射 对于来自能用具有一个平方均根粗糙度 σ 和一个功率谱 $G(s)$ 的表面 $h(x)$ 来描述的单个粗糙界面散射情况，式(12.95) 变为

$$\frac{\mathrm{d}P}{\mathrm{d}\Omega}(\hat{m},\hat{a};\hat{n},\hat{e}) = \frac{k^4 \sigma A}{16\pi^2 n_z}|\hat{a}^* \cdot \hat{e}|^2 G(s) \tag{12.97}$$

考虑非镜面散射被限制在镜面方向附近环形区域的特殊情况，式(12.97) 能近似为

$$\frac{\mathrm{d}P}{\mathrm{d}\Omega} = \left(\frac{1}{\pi^2}\right)k^4\sigma^4 n_z^3 R_0 G(s) \tag{12.98}$$

这里

$$R_0 = \frac{\Delta^2}{16n_z^4}|\hat{a}^* \cdot \hat{e}|^2 \tag{12.99}$$

这就是一完整光滑表面的镜面反射率。$\hat{e}$ 和 $\hat{a}$ 分别为入射偏振和镜面反射场。

(2) 来自无关联粗糙界面的散射 下面考虑由 M 个无关联界面组成的多层膜的散射情况。由于无粗糙度的传播，复制因子都同样为零，每个界面的粗糙都是纯内在的。

$$\tilde{f}_i(s) = \tilde{h}_i(s) \tag{12.100}$$

很容易说明，$C_{in} = \delta_{in}$，所以式(12.97) 变为

$$\frac{\mathrm{d}P}{\mathrm{d}\Omega}(\hat{m},\hat{a};\hat{n},\hat{e}) = \frac{k^4}{16\pi^2 n_z}\sum_{n=0}^{i}\sigma_i G_i W_i W_i^* \tag{12.101}$$

散射是来自每个界面散射的简单求和。如果每个界面的粗糙度是统计相等的，方均根粗糙度和功率谱是相同的，那么

$$\frac{\mathrm{d}P}{\mathrm{d}\Omega}(\hat{m},\hat{a};\hat{n},\hat{e}) = \frac{k^4\sigma^2 G}{16\pi^2 n_z}\sum_{i=0}^{M}W_i W_i^* = \frac{k^4\sigma^2 G\Delta}{16\pi^2 n_z}\sum_{i=0}^{M}|E_i^+(\hat{a}^* \cdot \hat{e}^+) - E_i^-(\hat{a}^* - \hat{e}^-)|^2$$

$$\tag{12.102}$$

(3) 来自完全关联粗糙的多层膜的散射 最后，考虑来自具有 M 个完全关联界面多层膜的 X 射线散射情况。假定不存在内在粗糙度，对于所有 $i \neq 0$ 时，$G_i = 0$，所以每个界面的粗糙度都是衬底表面 $h_{\mathrm{sub}}(x)$ 的严格复制。在这种情况下，所有复制因子 C_{in} 都为 1，式(12.97) 变为

$$\frac{\mathrm{d}P}{\mathrm{d}\Omega}(\hat{m},\hat{a};\hat{n},\hat{e}) = \frac{k^4}{16\pi^2 n_z}\sigma_{\mathrm{sub}}^2 G_{\mathrm{sub}}\sum_{i=0}^{M}\left[W_i W_i^* + \sum_{j=0}^{i-1}(W_i W_j^* + W_i^* W_j)\right]$$

$$\tag{12.103}$$

这里 σ_{sub} 和 G_{sub} 都是衬底的方均根粗糙度和功率谱，求和中的第一项对应于无复制散射，第二项说明每个界面上散射场的干涉，这种公式干涉项对于给定散射角和 X 射线波长或是增加或是降低非镜面散射，其依赖于场的位相关系。

12.8　不完整性和应变的衍射空间或倒易空间图研究

膜与衬底间的法向应变已在 12.6 节最后提到，这里介绍非法向应变和不完整性研究的新方法。

12.8.1　衍射空间绘制

前面几节所介绍的方法几乎都是以收集衍射强度进行的，而且是来自一个大范围的衍射空间。比如，用具有高分辨的双晶衍射仪，所探测到的由图 12.24 中 AB 线给出，AB 线的宽度是入射束的发散度和波长色散的函数，衍射空间的体积就由该线的宽度、长度和轴向发散度决定。然而我们需要研究如图 12.24 所示（或更大）的空间，这就要求把一次探测到的衍射空间缩至足够小，然后沿 CD 方向 [001] 扫描和垂直于 CD 方向扫描，前者显示点阵参数和相干衍射深度的变化，后者显示相对倾斜和相干衍射宽度，这样就能把应变和晶体不完整性分开。

Ryan 和 Hotton 等用标准的三重晶衍射能分开单层的应变和倾斜成分，见图 12.25(a)，但仪器调整十分困难，特别是不同材料或不同反射。高分辨多重晶多重反射衍射仪（HRMCMRD）见图 12.25(b)，建立一个 $10''$ 弧度大小的 δ-函数衍射空间，因此衍射探针像一非常薄的棒，Fewster 已给出这种仪器和应用的介绍。利用这种仪器收集数据，其基本扫描包括：通过角度 ω 的旋转试样和通过 2ω 的旋转探测器和分析器晶体，这等效于沿图 12.24 中 CD 的扫描；另一种运动是倾斜试样 ΔX，这相当于沿图 12.24 中 AB 方向扫描。这两种运动的结果就能获得一定范围的三维衍射空间的强度分布，最后连接等强度线，这就是一张衍射空间图（DSM）。

另外，人们把约 $0.25\mu m$ 乳胶粒度的照相底板放在分析器之后，当衍射仪不扫描时，底板 2 收集图上一个数据点。为了俯视衍射图像的总体特征，底板能放于分析器之前，这样就把貌相术与衍射空间绘制结合起来，能观察位错，检查表面损伤。这种技术已应用于应变弛豫估价、周期结构和侧向周期结构研究。

12.8.2　倒易空间测绘

为了检测不完整外延和超点阵材料，发展了两种新方法：①把结构不完整性作为摆动曲线模拟的干扰相干参数；②倒易空间测绘。倒易空间图（RSM）表示层状结构的倒易阵点附近衍射强度分布，用这种图能分开如嵌镶性、成分变化、有限嵌镶尺度或宏观应变和应变弛豫等各种效应，这可能是因为不同类型的不完整性在倒易阵点附近强度中沿不同方向宽化，宽化的程度以特殊的方式依赖于布拉格反射级。

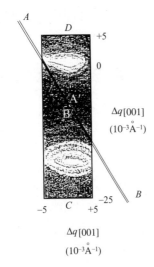

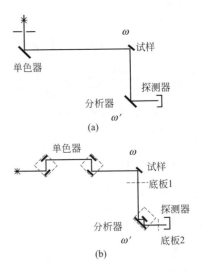

图 12.24　衬底 InP（004）附近的反射
（上面的峰）和 InAlAs 层（004）反射
（下面的峰）的散射强度分布
平行线 AB（实际是圆弧）表示 Ewald 球表面的
轨迹，$A'B'$ 对应于 HRMCM RD 的探测尺度

图 12.25　（a）标准的三重晶衍仪几何学；
（b）带有貌相术底片位置的高分晶多重
反射衍射仪 HRMCMRD 几何

倒易空间测绘的所有实验测量都在高分辨 X 射线衍射仪上进行，它由四反射
Bartels 单色器、试样本身和单个分析器晶体组成，即（＋，－，－，＋，＋，＋）
排列，这与图 12.25（b）所示 HRMCMRD 相似，仅分析晶体为一次反射。Heinke
等使用四重 Ge（220）反射的单色器，由试样辐射用对称 Si（111）反射分析，最后
用正比计数管探测。特殊的计算机程序使得能沿倒易空间中任何方向扫描。用垂直
于表面法线的扫描获得倒易空间图，所描的强度等高线图显示强度的对数随散射矢
量 q 坐标的变化，$q=(q/\!/, q\perp)=([hh0]\times\sqrt{2}/a_s, [00l]\times 1/a_s)$，就一般而言，
$|q|=(h^2+k^2+l^2)^{1/2}/a$。用标绘图（in plot）来体现相临等强度线间的强度差。
一张倒易空间图的记录大约要花 12～14h，至少 100×150 点，每点取样时间
2～3s。

图 12.26 给出两种不同外延层的（004）反射的倒易空间图：（a）为 GaAs 衬
底上外延 ZnSe 膜的情况，上面的峰属于衬底，下面的峰属于具有较大点阵参数的
ZnSe；（b）CdMgTe/CdTe 情况下，下面峰属于 CdTe 衬底，上面峰属于
$Cd_{0.35}Mg_{0.65}Te$ 外延层，左图中清楚可见的沿 Ewald 球的条纹是分析器造成的，它
是因只用单个 Si（111）反射来分析衍射强度引起的。图 12.26 中两张倒易空间图明
显的共同特点是外延层的倒易阵点有独特形状，这种形状是不同 Ⅱ～Ⅵ 族材料应变
部分弛豫层的典型表现，这里 γ 称为弛豫参数，$\gamma=0$ 对应于全弛豫层，$\gamma=1$ 为全

应变状态。在 GaAs 衬底上的 ZnSe 外延层中，$\gamma < 0$。

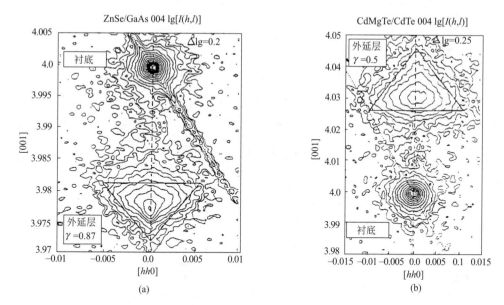

图 12.26　两种外延层（004）反射的倒易空间图

（a）GaAs 衬底上 3100Å 厚的 ZnSe 外延层；（b）CdTe 衬底上 $1\mu m$ 厚 $Cd_{0.33}Mg_{0.65}Te$ 外延层

－－－辅助线沿表面法线；……Ewald 球；——镶嵌度弛豫三角形

　　从图 12.26（a）可知，衬底与外延层的点阵参数在垂直方向是错配的，并由它们对应峰位的分离度来测定。对于薄的（低于 $1\sim2\mu m$）外延，由峰位分离度来估价错配会引起显著误差。用动力学模拟发现，对于厚度小于 1000Å 的 ZnSe/GaAs 系统，误差能够忽略。外延层峰位置对辅助线的微小偏离是由外延层点阵平面相对于衬底有小的倾斜引起的。一般来讲，点阵平面倾斜引起倒易点阵沿垂直于散射矢量位移，并正比于散射矢量的长度。

　　图 12.26 中外延层倒易点阵的独特形状由两种宽化效应引起：第一，倒易点阵沿表面法线的宽化是非对称的；第二种效应对应于镶嵌性，并随 l 值的增加和应变弛豫参数 γ 的减小而宽化增加。

　　如果对宽化所提出的理由被确认的话，这将会给出弛豫程度与镶嵌度之间的直接关系。为了证实这点，外延层倒易点阵的独特形状必须用其他反射的倒易空间来检查，为此目的，能用反映倒易点阵基本形状的三角形来描述 004 倒易点阵（RL P），这种三角形称为弛豫-镶嵌度三角形（RMT）。对于非对称反射，RMT 将以特征的方式形变。在不同布拉格反射的倒易空间图测得 RMT 形状的变化能用坐标变化来模仿。对于对称反射，由于弛豫和镶嵌度，坐标系统属于宽化方向的直角轴；对于非对称反射，坐标系统会变成斜角轴。在获得正确 RMT 后，可以建立应变弛豫模型。

　　Li 和 Becker 等研究了（112）取向的 $HgTe/Hg_{0.1}Cd_{0.9}Te$ 超点阵的倒易空间图，并用

$$\varepsilon_{\perp}=(a_{\perp}-a_s)/a_s=\Delta q_{\perp}^{224}/Q_{\perp}^{224}$$

$$\varepsilon_{//}=(a_{//}-a_s)/a_s=\Delta q_{//}^{115}/Q_{//}^{115} \tag{12.104}$$

来计算外延层相对于衬底的垂直点阵错配 $\varepsilon_{\perp}$ 和平面内点阵点错配 $\varepsilon_{//}$，这里 $Q_{//}$ 和 $Q_{\perp}$ 是衬底的倒易阵点的位置，$\Delta q_{//}$ 和 $\Delta q_{\perp}$ 是外延层的 RLP 和衬底的 RLP 位置之差，因此要测绘对称反射（224）和非对称反射（115）两张倒易空间图。

参 考 文 献

［1］ 谢孟贤. 纳米电子材料与器件. 北京：电子工业出版社，2008.

［2］ Fewster P F. Rep Prong Phys，1996，59（11）：1339-1407.

［3］ 杨传铮. 薄膜、多层膜和一维超点阵材料的 X 射线分析新进展. 物理学进展，1999，19（2）：183-216.

［4］ 麦振洪等. 低维结构 X 射线表征. 北京：科学出版社，2008.

［5］ 麦振洪，李明，姜晓明等. 薄膜结构的 X 射线表征. 北京：科学出版社，2008.

［6］ 杨传铮，谢达才，Newsam J M，Fischer J E. 用中子散射衍究凝聚态物质的新进展. 物理学进展，1994，14（3）：231-280.

［7］ 杨传铮，Newsam J M. 用同步辐射 X 射线衍究材料的结构. 物理学进展，1992，12（2）：129-167.

［8］ Fuoss P H，Liang K S and Eisenberger P. //Bachrach R Z. Synchrotron Radiation Research，Advance in Surface and Interface Science：Vol. 1. New York：Plenum Press，1992. 385.

［9］ 许顺生，冯端主编. X 射线衍射衬貌相学. 北京：科学出版社，1987.

［10］ 杨传铮. GaGs 三元异质外延层厚度测定的 X 射线衍射比强度法. 半导体学报，1983，4（2）：154-160.

［11］ 杨传铮，姜小龙. 立方晶系固溶体组份测定的 X 射线双衍射线法. 金属学报，1981，17（2）：196-205.

［12］ Lin J C，Hoffman R A. Phase Transormation Kinetics in thin Film Sumposium Anaheim. Pittsburgh，1991：73-78.

［13］ 陶昆，骆建，殷宏. 物理学报，1995，44（11）：1788-1792，1793-1797；金属学报，1997，33（7）：742-748.

［14］ Welzel U，Ligot J，Lamparter P，et al. Stress analysis of polycrystalline thin films and surface regions by X-ray diffraction. J Appl Cryst，2005，38：1-29.

［15］ 姜传海，杨传铮. 材料射线衍射和散射分析. 北京：高等教育出版社，2010.

［16］ 杨传铮. $In_{1-x}Al_xAs/GaAs$ 一维超点阵结构 X 射线和 Ramam 散射研究. 应用科学学报，2000，18（1）：27-31.

第13章
介孔材料的 X 射线表征

13.1　介孔材料的分类

介孔材料是一种特殊材料。1992 年，美国 Mobil 公司的 Kresge[1] 首次在"Natrure"杂志报道一类硅铝酸盐为基的新颖的介孔氧化硅材料，从此就开始了介孔材料研究、开发的热潮。介孔材料按其化学组成可分为无机、有机-无机和有机三大类，按孔径的大小可分为微孔、介孔和大孔三类。介孔材料一般也按孔结构特征来分类，而不按空间的材料类型来分类。表 13.1 列出某些介孔材料的归类。

表 13.1　不同孔结构的介孔材料归类

孔道结构特征	晶系	最高对称性的空间群(No.)	典型材料	小角衍射特征(XRD 衍射峰,衍射条件)
有序程度低,多为一维	六方		MSU-n,HMS KIT-1	较宽的 1~2 个衍射峰
一维层状(无孔道)			MCM-50	$1/d_{002}=1/a$　001,002,003,004,$\cdots$
二维(直孔道)	六方	P6mm(17)	MCM-41,SBA-3,15 FSM-16,TMa-1	$(1/d_{hk0})^2=4/3[(h^2+h^2+l^2)/a^2]$ 100,110,200,210,$\cdots$
	四方	C2mm(9)	SBA-8,KSW-2	$(1/d_{hk})^2=(h^2/a^2)+(k^2/b^2)$ 11,20,22,31,40,$h+k=2$
三维(笼形孔道、空穴)	六方	P6$_3$/mmc(194)		$1/d^2=(4/3)[(h^2+hk+k^2)/a^2]+l^2/c^2$ $hhl:l=2n$
	立方	Pm-3n(223)	SBA-1,SBA-6	$(1/d^2)=(h^2+k^2+l^2)/a^2$ 110,200,210,211,220,310,222,320,321,400,$\cdots$ $hhl:l=2n$,(第一个峰没被观察到)
		Im-3m(229)	SBA-16	110,200,211,220,310,222,321,$\cdots$ $h+k+l=2n$
		Fd-3m(227)	FDU-2	111,220,311,222,$\cdots$全奇,全偶之和$=4n$
		Fm-3m(225)	FDU-12	111,200,220,311,222,400$\cdots$,全奇,全偶

孔道结构特征	晶系	最高对称性的空间群(No.)	典型材料	小角衍射特征(XRD 衍射峰,衍射条件)
三维(笼形孔道、空穴)	立方	Pm-3m(221)	SBA-11	无消光限制
	立方六方共存	Fm-3m(225) P6$_3$/mmc(194)	SBa-2,7,12 FDU-1	$1/d^2 = (4/3)[(h^2 + hk + k^2)/a^2] + l^2/c^2$ hhl：l = 2n
三维交叉孔道	立方	Im-3m(229)	SBA-16	110,200,211,220,310,222,321,400,··· h + k + l = 2n
		Ia-3d(230)	MCM-48 FDU-5	211,220,321,400,420,332,422,431, 440,532,···,h + k + l = 2n, hhl：2h + l = 4n
		Pn-3m(224)	HOM-7	110,111,200,211,220,221,310,311, 222,···,0kl：k + l = 2n
	四方	I4$_1$/a(88)	CMK-1 HUM-1	110,211,220,···
二维交叉孔道	三方	R-3m(166)	无	101,102,003,110,201,202,104,113, 211(按六方晶系指标化)

　　笼形结构的几何特点及有关性能示于表 13.2 中，可以看出，六方密堆（HCP）和立方密堆（FCC）非常接近，因此很难合成它们的纯相，而合成的材料多为两种结构共存。

表 13.2　笼形结构的几何特征（基于球形密堆模型，D_{me} 为笼的直径，a 为晶胞参数）

性质	结　　构			
	简单六方	体心六方	面心六方	密堆六方
空间群	Pm-3m	Im-3m	Fm-3m	P6$_3$/mmc
单位晶胞内空穴的数量	8	2	4	2
最小孔壁厚度	$(a/4)(5)^{1/2} - D_{me}$	$(a/2)(3)^{1/2} - D_{me}$	$(a/2)(2)^{1/2} - D_{me}$	$a - D_{me}$
最大介孔空穴率	$(5\pi/48)(5)^{1/2} = 0.7318$	$(\pi/8)(3)^{1/2} = 0.6802$	$(\pi/6)(2)^{1/2} = 0.7405$	$(\pi/6)(2)^{1/2} = 0.7405$
最大孔体积/(cm^3/g)	1.240	0.967	1.297	1.297

13.2　介孔材料的 X 射线表征

13.2.1　X 射线表征的特点和实验要求

　　由于尺度在 2～50nm 的孔呈现一定对称关系有序排列，故在倒易原点附近的电子密度也呈对称有序关系，因此是 X 射线小角衍射很好的研究对象。这种介孔材料的 X 射线小角衍射花样呈在一单调降低曲线上出现若干衍射峰的特点，如果使用 CuK$_\alpha$ 辐射（λ=1.5418Å），其 2θ 角范围大都在 0.5°～10°之间。小角衍射实验中角度的分辨率和准确的峰位值对于表征孔结构至关重要，因此在实验中要求光阈要小，尽量避免过多的直射线出现。

　　介孔材料孔间墙（孔壁）材料的结晶状态则需用广角 X 衍射（散射）来表征。前面几章介绍的方法，如相分析、微结构、非晶局域结构、光谱术等，也在介孔材料 X 射线分析中应用。不过本章主要还是通过一系列具体实例介绍小角衍射的表征和分析，当然有时也用到广角衍射表征孔壁材料的结构特征。

13.2.2　孔结构参数的计算[3]

　　对于六方介孔结构的理想 MCM-41，可由下式求出孔壁厚度 W_d。

$$W_d = c d_{100} [(\rho V_P)/(1+\rho V_P)]^{1/2}$$

式中，c 为几何结构因子（圆孔时为 1.213，六角形孔为 1.155）；d_{100} 为（100）面的面间距；ρ 为孔壁的密度；V_P 为单位质量样品的介孔体积。其实 $(\rho V_P)/(1+\rho V_P)$ 即为空隙率（样品中介孔体积与样品总体积的比值）。

　　因此，根据 MCM-41 的晶体学特征和上式，介孔壁厚可由下式表达：

$$b_d = a - W_d$$

式中，a 为晶胞参数，并且 $a = [2/(3^{1/2})] d_{100} = 1.1547 d_{100}$。

　　根据以上两式可得出结论，孔壁厚度 W_d 的精确度在很大程度上依赖于 d_{100} 值测量的准确度（因为它们之间呈线性关系），而较少依赖于 ρ 或 V_P 值的测量精度。这可以通过 ρ 和 V_P 为横坐标对 W_d 作图看出，除非 V_P 值很小（实际 V_P 值一般较大）。

　　对于非理想情况，即假设样品中存在无序相的情况，且无序相的孔径远大于有序介孔的孔径。设此时有序部分占整体样品的质量分数为 x，则有：

$$W_d = c d_{100} [(\rho V_P)/(x+\rho V_P)]^{1/2}$$

　　如果孔壁存在微孔，单位质量的总体积为 $(1/\rho)+V_P+V_{mi}$，则有下式：

$$W_d = c d_{100} [(\rho V_P)/(1+\rho V_P+V_{mi})]^{1/2}$$

式中，V_{mi} 为孔壁中的微孔体积。

　　对于具有立方结构的笼形孔穴的介孔材料，其空穴壁厚可由下式计算：

$$W_d = [(6/\pi\nu) \times \rho V_P/(1+\rho V_P+V_{mi})]^{1/3}$$

式中，ν 为单位晶胞中空穴的数量。

　　在实际应用中，由于模型的理想化及有关参数很难测准，计算一般只作参考。

13.3　介孔氧化硅材料的 X 射线表征[1,7,8]

13.3.1　二维六方结构[3,10]

　　MCM-41 呈有序的"蜂巢状"多孔结构，即由一维线性孔道呈六方密堆的阵列。其孔径可以在 1.5～10nm 范围内调节，最典型的孔径约 4nm。介孔的纵横比可以很大，其在小角区花样示于图 13.1 中，主要出现 100、110、200 和 210 四个衍射峰，后面的衍射峰强度很低，只有放大后才可观察得到。这些峰的位置与六方晶格的 $hk0$ 衍射峰的位置相符。

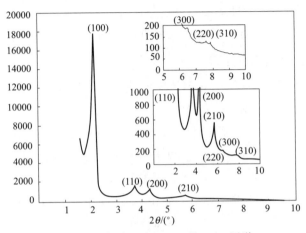

图 13.1　高质量 MCM-41 的 XRD 图谱

SBA-15 为高有序度的平面六方相，它是在酸性合成体系中用双亲性非离子高分子表面活性剂（聚乙烯醚-聚丙烯醚-聚乙烯醚三嵌段共聚物，PEO-PPO-PEO）为模板合成的，500℃ 焙烧后得到的多孔材料。SBA-15 的介孔是可调节的。孔壁中的微孔也可调节，微孔的比体积（cm^3/g）也可变化。图 13.2 给出焙烧过的 SBA-15 的 XRD 谱（b）和孔结构示意图（a），明显可见 100 峰的漂移，一般的 SBA-15 的 $a=10.4nm$，而含 TMB 的 $a=13.0nm$。

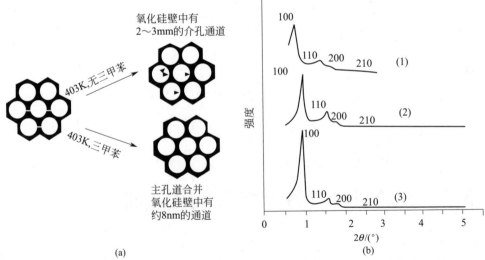

图 13.2　3D 介孔 SBA-15 的孔结构示意图（a）和焙烧过 SBA-15 的 XRD 图谱（b）

（1）在 130℃下合成，含有 TMB；（2）在 130℃下合成，无 TMB；（3）100℃下合成

以 MCM-41 为代表的平面六方结构是比较完美的二维结构，但在实际材料中有时这种完美结构会变形，例如以云母等基体上生长的 MCM-41 或 SBA-3 薄膜，在干燥或焙烧过程中会发生收缩，由于介孔膜与基体间的强烈相互作用（或许已有共价键生成），因此平行于基体表面方向的收缩要远小于垂直的方向，从而生成形变的六方结构。通过控制合成条件和选择合适的表面活性剂或添加剂，会改变表面活性剂的堆积常数 g，使得能够生成平面六方相的体系向层状方向位移，在接近平面六方相区的边界区域得到六方结构的变体，SBA-8 和 KSW-2 的成功合成就是例证。

表面活性剂 $[(CH_3)_3N^+(CH_2)_{12}—C_6H_4—C_6H_4—O—(CH_2)_{12}—N^+(CH_3)_3]$ $(Br^-)_2$（简称为 R12）被选为模板剂来合成"中间相"，结果发现使用 R12 在碱性条件下

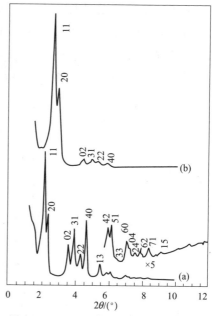

图 13.3　SBA-8 介孔材料的 XRD 图谱

（a）焙烧前；（b）焙烧后

TEOS 为硅源，室温下得到新相 SBA-8，它们的 XRD 图谱示于图 13.3 中，可见它们有很高的"结晶度"，并能用二维四方相（C2mm）指标化。合成未焙烧的样品 $a=75.7Å$，$b=412.2Å$，$a/b=1.53$；焙烧后样品 $a=60.0Å$，$b=312.6Å$，$a/b=1.51$。晶胞收缩 20% 是由于样品合成温度较低，硅酸盐聚合不完全所致。其透射电镜（TEM）像示于图 13.4 中，可见 SBA-8 是变形的 MCM-41，注意图 13.4(a) 中的电子衍射斑点已经不是正六角形了。

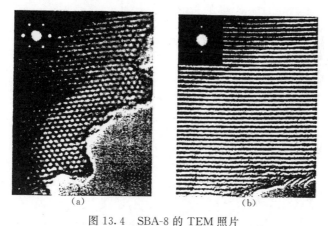

图 13.4　SBA-8 的 TEM 照片

（a）垂直于孔道方向；（b）平行于孔道方向

13.3.2　立方孔道结构[3,11,12]

（1）Ia-3d 对称——MCM-48　MCM-48 的结构可从两方面来理解，即孔道和孔壁，两种相互独立的三维孔道系统，具有 Ia-3d 对称性。图 13.5 为 MCM-48 的 XRD 图谱，所有衍射峰都属于 Ia-3d 结构，而且低角度的衍射峰都清楚可见。

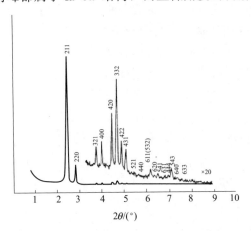

图 13.5　MCM-48 的 XRD 图谱（同步辐射 X 射线，$\lambda = 0.17nm$）

（2）Pm-3n 对称——SBA-1　将表面活性剂 C16TEA（十六烷基三乙基溴化铵）溶于水中，加入盐酸，然后在搅拌条件下加入 TEOS，HCl 和 C16TEA 的摩尔比为 1:280，搅拌 30min，经过滤、干燥得到原粉，调节反应-晶化时间，1~72h，可得到不同孔性质（孔径 2.3~3.0nm，比表面积 1430~1100m^2/g，孔体积 0.7~1.03cm^3/g）的材料。其 XRD 图谱示于图 13.6(a) 中，指标化为 Pm-3m。SBA-11 也属 Pm-3m 对称，其 XRD 图谱示于图 13.6(b) 中。

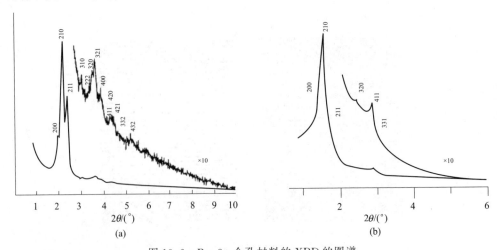

图 13.6　Pm-3n 介孔材料的 XRD 的图谱

（a）SBA-1 同步辐射 X 射线，$\lambda = 0.17nm$；（b）SBA-11，CuK$_\alpha$ 辐射

（3）Im-3m 对称——SBA-16　介孔二氧化硅 SBA-16 属三维立方孔空穴结构，其 XRD 图谱示于图 13.7 中，能用 Im-3m 对称指标化。其合成方法是将具有较大的 PEO 比例的双亲性非离子嵌段高分子表面活性剂 $F127$（$EO_{106}PO_{70}EO_{106}$）或 $F108$（$EO_{132}PO_{50}EO_{132}$）、水、酸和硅源混合，在室温下搅拌一段时间后，经过滤、水洗、空气下干燥，并经高温焙烧而成。

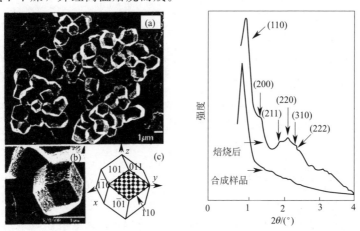

图 13.7　SBA-16（Im-3m）合成样品和焙烧过的 XRD 图谱

（4）Fm-3m 对称——FDU-12　FDU-12 合成步骤为：2.0g F127、2.0g TMB、5g KCl 加到 120mL 2mol/L 的 HCl 中，搅拌 24h 后，加入 8.3g TEOS，在 40℃ 搅拌 24h，然后转移到反应釜中高温处理 72h，之后经过过滤、干燥、550℃ 焙烧 6h 得到 FDU-12 介孔材料，其 XRD 图谱见图 13.8（a），能用全奇全偶的面心立方（Fm-3m）指标化。图 13.8（b）示出不同温度下合成材料的氮气吸附等温线。

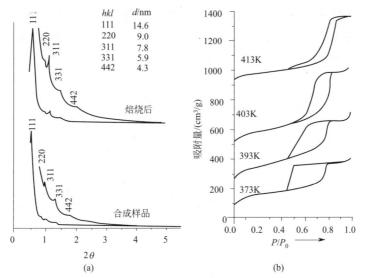

图 13.8　FDU-12（Fm-3m）的 XRD 图谱（a）和氮气吸附等温线（b）

（5）Fd-3m 对称——FDU-2 FDU-2 氧化硅介孔材料是在碱性条件下合成的，以三头季铵盐阳离子表面活性剂 C18-3-1：$CH_3(CH_2)_{17}N^+(CH_3)_2CH_2N^+(CH_3)_2CH_2CH_2N^+(CH_3)_3 3Br^-$ 作为模板剂。首先将阳离子表面活性剂、水、碱源和硅源混合，在搅拌一段时间后，经过滤、水洗、空气下干燥，并于 500～550℃ 下焙烧 5h。其 XRD 谱示于图 13.9 中，能用全奇和全偶之和等于 4n 的金刚石立方（Fd-3m）指标化。

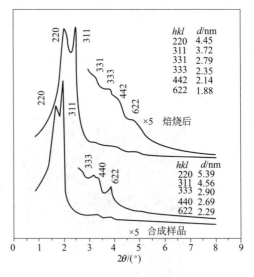

图 13.9 氧化硅介孔材料 FDU-2 的 XRD 谱图

13.3.3 三维六方-立方共生结构

SBA-2、SBA-12 和 FDU-1 均为三维六方（P6₃/mmc）和立方（Fm-3m）共存结构，在 TEM 像中可以观察到立方和六方两种孔道结构，但 SBA-2 偏向六方，而 SBA-12 和 FDU-1 偏向立方相。两种结构的局域环境几乎相同：紧密堆积的球形（或近球形的多面体），每个空穴与相邻的 12 个空穴通道（窗口）相连。

根据 XRD 和 TEM 分析得知，其具有三维六方密堆（HCP）结构，P6₃/mmc 空间群。后来发现 SBA-2 应为介孔六方密堆（HCP）和立方密堆（CCP），Fm-3m 空间群的共生结构。一个具体例子：先将表面活性剂 C13-3-1 和氢氧化钠溶于水中，然后在搅拌条件下加入 TEOS，反应物摩尔比为：0.05C16-3-1：0.5NaOH：1TEOS：150H₂O。室温搅拌 2h，经过滤、洗涤、干燥得到原粉，500℃ 焙烧 2h 脱除模板剂，

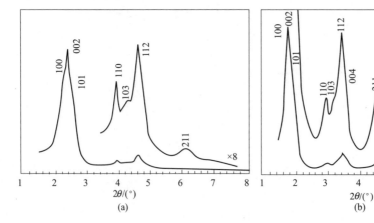

图 13.10 SBA-2 的 XRD 图谱

得到 SBA-2 介孔材料，其 XRD 谱见图 13.10。

　　合成 FDU-1 的模板剂为聚乙烯醚-聚丁烯醚-聚乙烯醚三嵌段共聚物 B50-6600-($EO_{39}BO_{47}EO_{39}$)，硅源为正硅酸乙酯，也可用廉价的硅源。一个合成的例子是：将表面活性剂 B50-6600(2g) 溶于 120g 盐酸 （2mol/L） 中，室温下搅拌至均匀，加入 TEOS(8.32g)，室温下强烈搅拌 1 天，然后水热处理 3h 至数天，经过滤、水洗、干燥，并于 540℃下焙烧。其 XRD 图谱示于图 13.11 中。开始被确定为 Im-3m 结构，后被详细研究表明，其应为 $P6_3/mmc$-Fm-3m 共存结构。这是因为两种线条重叠。从晶体学知识可知，对于六方有

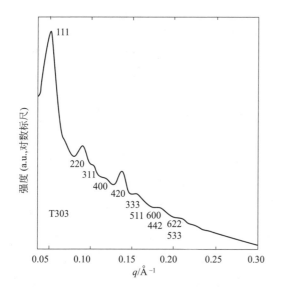

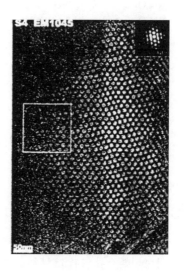

图 13.11　FDU 1 的 XRD 图谱和 TEM 照片

$$\frac{1}{d_{hkl}^2}=\frac{4}{3}\cdot\frac{h^2+hk+k^2}{a_{hex}^2}+\frac{l^2}{c_{hex}^2}$$

而立方晶系

$$\frac{1}{d_{hkl}^2}=\frac{h^2+k^2+l^2}{a_{cub}^2}$$

如果我们考虑立方密堆 （Fm-3m） 和六方密堆 （$P6_3/mmc$），那么有

$$a_{cub}=\sqrt{2}a_{hex}=1.4321a_{hex}$$

而且

$$c_{hex}/a_{cub}=(8/3)^{1/2}=1.633$$

　　$P6_3/mmc$ 的特征衍射峰 100_h、002_h 和 101_h 以及 $102_h/110_h/103_h/200_h$ 和 112_h，而 Fm-3m 的特征峰，除 200_c 外均与 $P6_3/mmc$ 完全重叠，故容易忽视 Fm-3m 和 $P6_3/mmc$ 共存。

13.4 金属氧化物介孔材料的 X 射线表征[3,4]

13.4.1 金属氧化物介孔材料的结构特征

配位体辅助模板合成非硅组成有序金属氧化物介孔材料举例如下：

名称	无机前聚体	表面活化剂	介孔相结构	合成路径
ZrO_2	$Zr(OPr)_4$	$C_{16}H_{33}PO_3H_2$	六方	共价连接（SI）
ZrO_2	$Zr(SO_4)_2 \cdot 4H_2O$	$(C_{20}TMA)Br$	六方	SI
ZrO_2	$ZrCl_2 \cdot 8H_2O$	CAPB	六方	SI
Nb_2O_5	$Nb(OEt)_5$	$(C_{18}TMA)Br$	片状,立方,六方	SI
Nb_2O_5	$Nb(OEt)_5$	$C_{14}H_{31}N$	六方	SI
Ta_2O_5	$Ta(OEt)_5$	$C_{18}H_{39}N$	六方	SI
TiO_2	$Ti(OPr)_4$	$C_{14}H_{29}OPO_3H_2$	六方	SI
V_2O_5	未知	$C_{18-3}Si_3$	类螺纹状	
V_2O_5	$VOSO_4 \cdot 3H_2O$	P123	类螺纹状	
V_2O_5	NH_4VO_3	CTA-氯化物	薄片状或六方	
Cr_2O_3	$Cr(NO_3)_3$	F-127	立方	
Mn_xO_y	$MnCl_2$	CTAB	六方	
NiO	$NiCl_2$		六方	
ZnO	$Zn(NO_3)_2$	SDS 等	薄片状	

13.4.2 氧化钛介孔材料[2,4,13]

图 13.12 示出在 333K 下用 3mol/L $TiOSO_4$＋60mmol/L C_{16}TAB 的水溶液中反应不同时间得到的介孔氧化钛材料的 XRD 花样，其中（a）为低角（1°～10°），（b）为宽角范围，显示了反应时间对介孔结构和孔壁晶体结构的影响。当反应时间为 12h、24h、48h，小角衍射花样显示出有六方对称的介孔结构，而宽角衍射花样显示，反应初期阶段（24h 内）形成的粒子为无定形结构，反应中期（24～48h）形成几十纳米级的锐钛矿结构；当反应时间近 70h 后，发生从锐钛矿变成锐钛矿和金红石的混合物，晶粒也在长大，而低角衍射花样显示无明显的六方介孔结构，这表明介孔塌陷了。

图 13.13 是介孔二氧化钛经不同温度焙烧处理过的小角度和相应大角度的粉末衍射图。由图 11.13（a）曲线 1 可见，所制备的 TiO_2 在 380℃ 焙烧后在小角度 $2\theta=1.2°(d=7.2nm)$ 显示出一个较强的衍射峰，它是由于介孔结构的高规整性而产生的（100）晶面布拉格反射。我们也可以在 1.5°和 1.7°观察两个微弱的衍射峰，进一步表明所得到的介观结构具有较高的有序性。相应的大角度粉末衍射图显示合成的介孔二氧化钛具有半晶化介孔孔壁。为了考察介孔 TiO_2 的热稳定性，将样品 380℃ 焙烧后的样品进一步在不同温度下处理，并分别进行了低角和高角的 XRD 粉末衍射检测。可观察到，较高温度处理使得介孔结构有序性有所降低，其相应小角度衍射峰的强度减弱。但总体的介孔结构在 460℃ 处理后仍然能够较为完

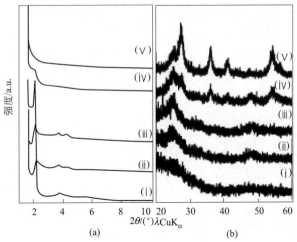

图 13.12　加热时间对介孔和孔墙材料晶体结构的影响

（ⅰ）～（ⅴ）分别为 12h、24h、48h、72h、120h

整地保存，其样品低角度 XRD 衍射峰依然能清晰地被观察到，直到 500℃焙烧后小角度衍射峰消失，表明所合成的介孔 TiO_2 材料具有较高的热稳定性。相应的高角度 XRD 表明，随着焙烧温度的升高，介孔 TiO_2 的孔壁的结晶度逐渐增强，460℃已经具有明显的锐钛矿晶相。

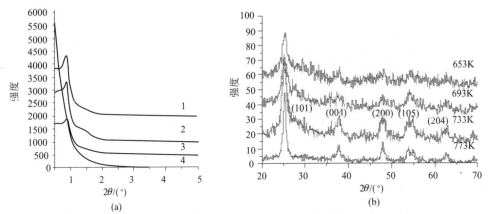

图 13.13　不同温度焙烧后 TiO_2 的低角度（a）和高角度（b）XRD

1—380℃焙烧 5h；2—400℃焙烧 2h；3—460℃焙烧 2h；4—500℃焙烧 2h

13.4.3　介孔氧化铁的 X 射线表征

利用介孔二氧化硅为模板，具有良好有序性的介孔 $\alpha\text{-}Fe_2O_3$ 纳米线已经被合成出来。特别是在此基础上，Jiao 等人通过 H_2 还原的方法，首次得到了具有尖晶石结构的超顺磁 Fe_3O_4、$\gamma\text{-}Fe_2O_3$ 材料，这种结构的材料很难通过溶胶凝胶获得。但遗憾的是，得到的介孔 $\gamma\text{-}Fe_2O_3$ 材料具有较低的比表面积，仅有 $86m^2/g$。这与利用介孔二氧化硅为硬模板有关，也与 α-Fe_2O_3 还原过程中缺少有效的支撑，介孔结构在转变中部分坍塌有关。

　　以介孔碳为模板，通过二次复制的方法可以获得类似 SBA-15 结构的介孔材料，而且因为碳骨架的相对惰性，可以合成用二氧化硅模板无法复制的一些结构，如有序的介孔 MgO、CuO、Al_2O_3、SiN 等。孔爱国[4] 试图以介孔 CMK-3 碳为模板，通过纳米浇筑的方法来得到具有较高比表面积的介孔 γ-Fe_2O_3 材料。

　　图 13.14 是介孔 SBA-15、CMK-3 以及介孔 Fe_2O_3 的小角度粉末衍射图。从图中我们可以看出，介孔 SBA-15 和以 SBA-15 为模板得到的介孔 CMK-3 具有与文献报道一致的有序介孔结构。而以 CMK-3 为硬模板复制得到的介孔氧化铁材料在小角度粉末衍射图 $2\theta = 1°$ 左右显现出一个较为明显的衍射峰，表明所得到的介孔氧化铁具有一定的有序性，但有序性较差。

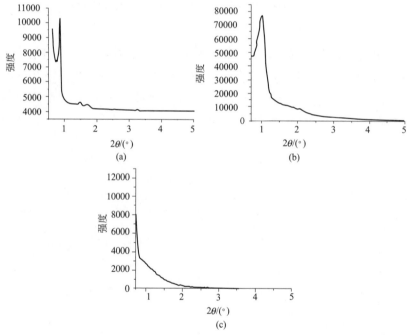

图 13.14　介孔 SBA-15（a）、介孔 CMK-3（b）以及以介孔 CMK-3（c）为硬模板合成介孔氧化铁的小角度粉末衍射图

　　图 13.15 大角度的粉末衍射图显示，在第一次纳米浇注过程中，250℃空气中焙烧后得到的是非晶化的水合氧化铁物相。而在最后通过较高温度焙烧，并在 350℃ 最终除去模板后，得到的是较为纯净的立方 γ-Fe_2O_3 相。与普通 γ-Fe_2O_3 粉末衍射峰相比，得到样品的大角度的粉末衍射峰都比较宽，这主要是由材料孔壁的纳米晶粒骨架造成的。另外，这个结果也表明，在第二次浇注后的较高温度焙烧中，铁氧化物的无定形骨架发生了晶化。同时，在这个过程中可能还发生了较为复

杂的化学反应。如碳介孔骨架的氧化燃烧以及与铁氧化物的氧化还原反应，并最终导致了尖晶石结构 Fe_2O_3 的生成。

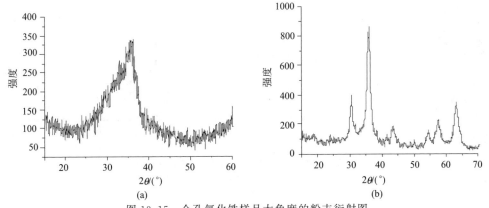

图 13.15　介孔氧化铁样品大角度的粉末衍射图

(a) 第一次纳米浇注 250℃焙烧后；(b) 350℃除去模板后

13.4.4　介孔 Co_3O_4 和 Cr_2O_3 的 X 射线表征

Wang 等利用高度有序的乙烯基修饰的二氧化硅作模板，来改善无机前驱物与介孔孔壁之间的作用力，以 $Co(NO_3)_2$ 为无机前驱物，在有机溶剂乙醇中通过多次浸渍步骤合成了有序的具有立方对称性的磁性氧化物介孔材料 Co_3O_4。孔爱国[4] 采用一次真空纳米浇注新方法，其合成策略，首先通过高真空处理介孔二氧化硅模板，使其孔道表面的 N_2、O_2 等小分子完全去除，并在介孔孔道内形成高负压；然后将其沉浸在浓的前驱物水溶液中，从而在主体介孔孔道内外形成了强大的压力。这种创造的压力大大增加了前驱物定向进入介孔孔道的作用力，从而一次灌注就能够实现前驱物的有效填充。另外，通过将多余前驱物溶液过滤，有效避免了非介孔金属氧化物相的生成。通过这种一次真空纳米浇注的方法，一系列具有晶化孔壁的介孔金属氧化物被成功地合成，而且这种方法也被有效地用于有序介孔稀土金属氧化物的合成制备中。用这种方法制备的 Co_3O_4 样品在小角度粉末衍射（见图 13.16）中表现出一个强的衍射峰和多个较弱衍射峰，这表明所制备的介孔结构表现出良好的孔道有序性。

将一次真空纳米浇注法应用到合成介孔 Cr_2O_3 材料。从其图 13.17 样品的 Cr_2O_3 的大角度和小角度粉末衍射图可以看出，得到的 Cr_2O_3 材料也是 KIT-6 介孔二氧化硅的完美复制。其相应的小角度衍射峰，分别归为立方 Ia3d 结构的 211、220、321、400、422、332 方向衍射峰。其相应大角度粉末衍射，表明得到的样品是高晶化的 Cr_2O_3 样品。

13.4.5　介孔 NiO 的 X 射线表征

应用一次真空纳米浇注法，以 38.5%（质量分数）的硝酸镍溶液为前驱体，

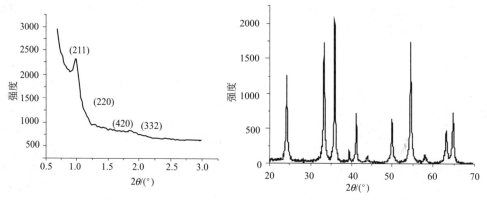

图 13.16   介孔 Co_3O_4 的小角度和大角度粉末衍射图

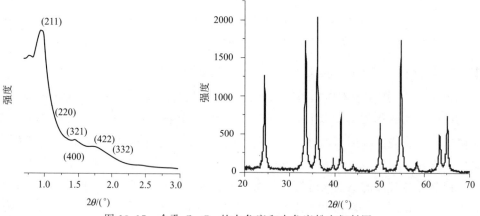

图 13.17   介孔 Cr_2O_3 的大角度和小角度粉末衍射图

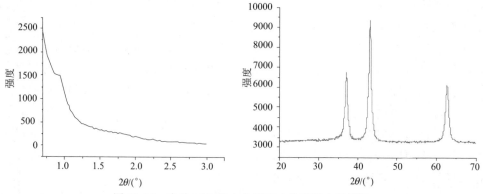

图 13.18   介孔 NiO 的大角度和小角度粉末衍射图

得到了介孔 NiO 结构。从其小角度粉末衍射图（图 13.18）可以看出，得到的样品只有在 211 方向的一个衍射峰，表明样品的介孔有序性较低。其大角度的粉末衍射图表明材料具有很好的晶化孔壁。

13.4.6　介孔 MnO_2 的 X 射线表征

用离子表面活性剂为导向剂，以 $Mn(OH)_2$ 的溶胶为无机前驱体，通过有机-无机界面上的自组装以及随后的缓慢氧化得到混合价的锰基介孔材料，经焙烧后最终得到壁式组成的介孔 Mn_2O_3 或 Mn_3O_4 材料。

第二种方法是以介孔氧化硅 KIT-6 为模板，用反相复制法半晶化的二氧化锰介孔材料。图 13.19(a) 和（b）分别给出 KIT-6 和介孔 MnO_2 的 XRD 花样。由图 13.19 可知，由于 KIT-6 具有 $Ia\bar{3}d$ 空间群，故介孔 MnO_2 也具有这种空间群的孔结构。

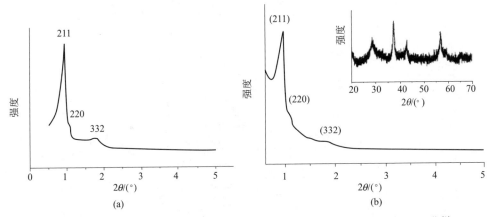

图 13.19　KIT-6 无机模板（a）和复制的 MnO_2（350℃烧结）（b）的 XRD 花样

13.4.7　介孔稀土氧化物的 X 射线表征

CeO_2 是一种廉价、用途较广的轻稀土氧化物。它具有独特的储存氧和在特定条件下释放氧的特殊性能。具有大比表面积、规则孔道结构的介孔 CeO_2 材料可以通过有机模板法来制备。然而以这种方法得到的 CeO_2 材料常常介孔孔壁结晶度低，热稳定性差。利用无机模板法也可以获得有序性很好的介孔氧化铈材料。采用介孔 KIT-6 或 SBA-15 为硬模板，通过多次纳米浇注的方法，可以得到有序性较好的介孔 CeO_2。孔爱国[4] 尝试用一次真空纳米浇注法来合成介孔二氧化铈材料。其 X 射线衍射花样示于图 13.20 中。

图 13.21 是二氧化硅模板用氢氧化钾溶液处理后得到二氧化镧样品的粉末衍射图。ICP-AES 分析显示绝大部分介孔二氧化硅模板已经被去除了，但是相对于其他金属氧化物，残留的二氧化硅相对较多，约有 7%（以硅计算，质量分数）没有去除。这可能是由于在高温镧硝酸盐分解过程中与硬模板介孔二氧化硅孔壁相互作用，生成少量镧-硅的共生化合物的缘故。一部分残留的二氧化硅可能增强这种介孔材料的催化性能。从其小角度粉末衍射可以观察到，得到的材料在 $2\theta = 1°$ 左右显示出一个衍射峰，表明得到的材料具有一定的有序性。其大角度的粉末衍射图表明得到的介孔材料的孔壁是无定形的。

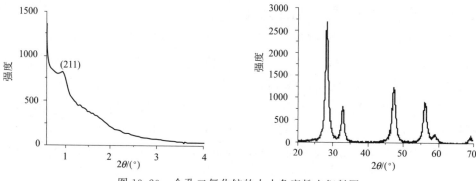

图 13.20　介孔二氧化铈的大小角度粉末衍射图

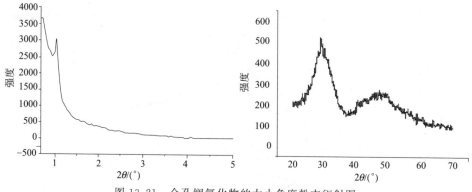

图 13.21　介孔镧氧化物的大小角度粉末衍射图

13.5　介孔碳材料的 X 射线表征[3,9,10]

利用介孔氧化硅为模板合成多孔碳材料，不仅是介孔氧化硅的一个应用，也为制造介孔碳材料提供了有效方法。表 13.3 中列出了几种多孔碳材料的合成和性质。

表 13.3　多孔碳材料的合成与性质

碳材料	模板	孔对称性	孔性质	参考文献
CKM-1	MCM-48	$I4_1/a$，3nm	3nm，1500~1800m^2/g，0.9~1.2mL/g	J. Phys. Chem.，B2002，106：1256
SNU-1	Al-MCM-48	$I4_1/a$		Chem. Commun. 199，2177
CMK-2	SBA-1	立方		Adv. Mater.，2001，13：677
CKM-3	SBA-15	六方	4.5nm，1600m^2/g，1.3mL/g	J. Am. Chem. soc.，2000，122：10713
CKM-4	NCN-48	立方 Ia-3d		J. Phys. Chem.，B2002，106：1256
CKM-5	SBA-15	六方排列的碳管	1500~2200m^2/g，1.5mL/g	Chem. Mater. 2003，15：2815

碳材料	模板	孔对称性	孔性质	参考文献
SNU-2	HMs	低有序		Adv. Mater. ,2000,12:359
C-MSU-H	MSU-H(SBA-15)	低有序	3.9nm,1230m^2/g, 1.26mL/g	Chem. Commun2001:2418
MCF-C	MCF-Si（氧化硅泡沫）	碳球	7～9nm,290m^2/g, 0.39mL/g	Elect. Chem. ,2002,79:953
C-41	MCM-41	无序碳棒（柱）	<2nm,1170m^2/g	J. Phys. Chem. ,B,2000:7960

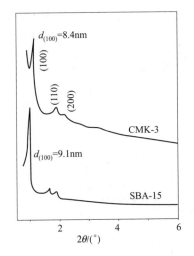

图 13.22　介孔碳 CMK-3 及模板 SBA-15
的 XRD 图谱

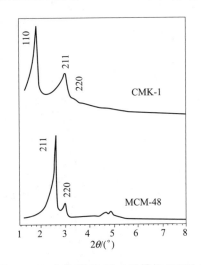

图 13.23　介孔碳 CMK-1 及模板 MCM-48
的 XRD 图谱

　　由于介孔氧化硅 MCM-48 由两套不相连的孔道组成，这些孔道将变成碳的固体部分，而 MCM-48 中氧化硅部分变成碳材料的孔道。因此介孔碳 CMK-1 并不是 MCM-48 的真正复制品，在脱除 MCM-48 的氧化硅过程中，其结晶对称性下降，这与所用的碳前聚体有关。其中一个具有 I4$_1$/a 对称性，通过控制介孔氧化硅 MCM-48 模板的壁厚来控制介孔碳材料 CMK-3 的孔径（2.2～3.3nm）。当使用修饰过的 MCM-48（有序程度低），则可以得到具有相同对称性（Ia-3d）的介孔碳 CMK-4。图 13.22 给出了完全反转保持对称性（CMK-3）的 XRD 图谱，图 13.23 给出了在制备过程中生成新对称性（CMK-1）的图谱。由于 MCK-41 的直孔道相互没有连通，因此得到的碳材料为无序的碳棒（柱）的堆积，而由于介孔孔道之间有微孔连通，因此用 SBA-15 为模板得到的介孔碳材料 CMK-3 保持六方结构，如果 SBA-15 的介孔只有表面被碳膜所覆盖，脱除氧化硅部分后则得到六方排列的空心碳管 CMK-5。图 13.24 为 CMK-5 的 XRD 图谱、TEM 照片和结构示意图，XRD 衍射峰相对强度的变化可能是由于碳管壁与管间的联结部分的衍射干扰所致。图 13.25 为 SBA-15 模板和六方介孔结构碳的小角衍射花样，介孔结构为 P6mm。

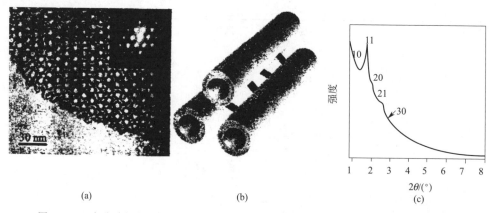

（a）　　　　　　　（b）　　　　　　　（c）

图 13.24　介孔碳材料 CMK-5 的 TEM 照片（a）、结构示意图（b）和 XRD 图谱（c）

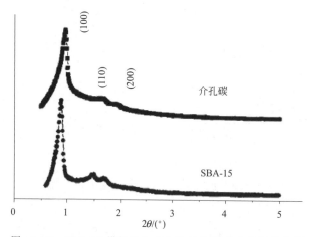

图 13.25　SBA-15 模板和六方介孔结构碳的小角衍射花样

图 13.26（a）示出具有六方反射特征的硅石模板的低角衍射花样，所有样品都呈现（100）、（110）和（200）三个衍射峰；图 13.26（b）为用对应模板制备的介孔碳材料的低角衍射花样，也呈现（100）、（110）和（200）三个衍射峰，其主要数据示于表 13.4 中。图 13.27 是它们的 TEM 照片，可见介孔的有序排列。

表 13.4　六方对称介孔碳材料主要数据

温度 /℃	硅石模板	单胞参数 /nm	SiO$_2$墙厚 /nm	比表面积 /(m^2/g)	比体积 /(cm^3/g)	微空比体积 /(cm^3/g)	介孔碳	单胞参数 /nm	比表面积 /(m^2/g)	比体积 /(cm^3/g)	微空比体积 /(cm^3/g)
90	S-1	10.3	3.4	840	0.93	0.06	D-1	12.5	1550	1.10	0.25
105	S-2	10.7	2.9	940	1.19	0.05	C-2	12.8	1790	1.43	0.32
120	S-3	10.7	2.1	820	1.24	0.06	C-3	10.3	1560	1.30	0.34
135	S-4	10.7	1.5	670	1.25	0.02	C-4	10.5	1540	1.47	0.32
150	S-5	10.9	<1.0	510	1.25	0.00	C-5	10.5	1450	1.46	0.34

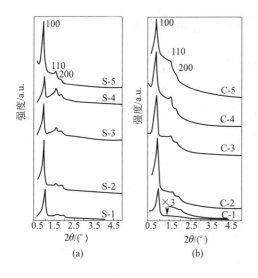

图 13.26　硅石模板（a）和介孔碳（b）的 XRD 花样

图 13.27　介孔结构 SBA-15 硅石的 TEM 图像
（沿沟道方向和垂直于沟道方向拍摄）

(a)S-2(105℃)；(b)S-3(120℃)；(c)，(d) S-5(150℃)；
(d) 中箭头指示 SBA-15（150℃）中近邻介孔
沟道间存在介孔通道

图 13.28(a)、（b）分别为以 $q=2\pi\sin\theta/\lambda$ 和 2θ 为横坐标，在氩气氛下 1400℃焙烧制得的介孔碳材料 FDU-16-14 和 FDU-15-1400 的 XRD 花样，可见介孔碳材料是十分稳定的。这可能与碳的高熔点有关。

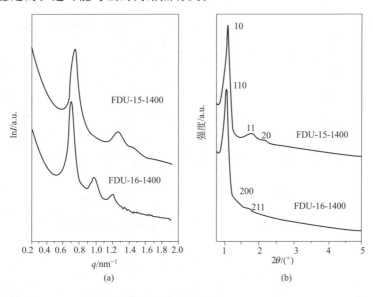

图 13.28　氩气氛下 1400℃焙烧制得的介孔碳材料 FDU-16-14 和 FDU-15-1400 的 XRD 花样

13.6　介孔聚合物和高分子材料的 X 射线表征[6]

13.6.1　以介孔氧化硅为模板制备的高分子介孔材料

以 A 阶酚醛树脂为高分子前聚体，100℃和 130℃水热合成的 SBA-15（S1）为模板，经 500℃热聚得到的高分子介孔材料的 XRD 花样示于图 13.29（a）和（b）中，可见，10 峰位随苯酚/氧化硅质量比而变化。有关数据列于表 13.5 中。

表 13.5　对应于图 13.29 的相关数据

样品编号 ［图（a）］	苯酚/氧化硅质量比	d_{10} nm	a nm	D nm	S_{BET} m²/g	S_{mi} m²/g	V_t cm³/g	样品编号 ［图（b）］	苯酚/氧化硅质量比	d_{10} nm	a nm
S1		9.0	10.4	6.4	645	130	0.81	S2		9.8	12.3
S1-1-500	0.61	8.4	9.7		990	100	0.69	S2-1-500	0.61	8.8	10
S1-2-500	0.92	8.5	9.9	3.3	1000	110	0.74	S2-2-500	0.92	8.5	9.8
S1-3-500	1.22	8.8	10.1	3.5	1180	230	0.91	S2-3-500	1.22	9.2	10.4
S1-4-500	1.53	8.6	9.9	3.5	950	360	0.74	S2-4-500	1.53	9.4	10.8
S1-5-500	1.83	8.6	9.9	3.5	740	340	0.53	S2-5-500	1.83	9.3	10.7

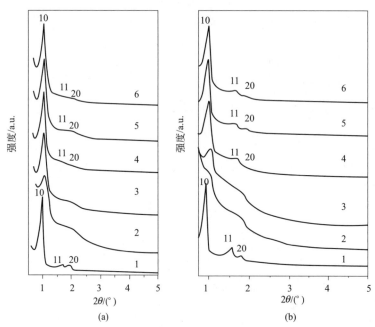

图 13.29　经 100℃（a）和 130℃（b）水热氧化硅介孔模板合成的高分子介孔材料的 XRD 花样

曲线 2～6 苯酚/氧化硅质量比分别为：0.60，0.92，1.22，1.53，1.83

100℃水热氧化硅 KIT-6 为模板，经 500℃热聚得到的高分子介孔材料的 XRD 花样示于图 13.30。从图 13.30（b）可见，K1-2-500、K1-3-500 和 K1-4-5-00 都具有六个明显的衍射峰，其对应于 $Ia\bar{3}d$ 空间群的 211、220、321、400 和 332，确认这三个介孔高分子材料都具有 $Ia\bar{3}d$ 对称性。值得注意的是，K1-3-500 在更高 q 值看到 422 和 431 峰。此外，对于填充量较低的 K1-1-500 和 K1-2-500 出现对应于 $Ia\bar{3}d$ 结构的 110 峰，随填充量的增加，110 峰难以察觉。

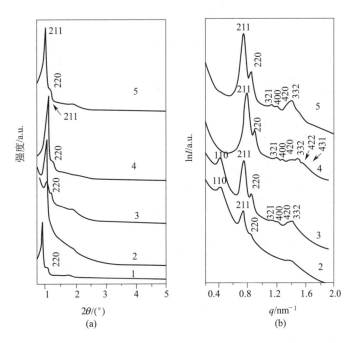

图 13.30　100℃水热氧化硅 KIT-6 为模板，经 500℃热聚得到的
高分子介孔材料的 XRD 花样

1— 模板 KIT-6，记为 K1；2—K1-1-500；3—K1-3-500；

4—K1-4-500；5—K1-5-500

130℃水热氧化硅 KIT-6 为模板，经 300℃（a）、400℃（b）和 500℃（c）热聚得到的高分子介孔材料的 XRD 和 SAXS 花样分别给于图 13.31 和图 13.32 中。从图可以看出，经 300℃和 500℃处理后得到的样品显示 6 个峰，分属于 $Ia\bar{3}m$ 结构的 211、220、321、400、420 和 332，但 K2-1-400 和 K1-2-400 仅出现 211 峰，而较高填充量的 K2-3-400、K2-4-400 仍可见 6 个峰，与 100℃的情况相比，130℃下的 110 峰不明显，表明 130℃情况下两套螺旋孔之间存在更多连接，更有利于高分子骨架的稳定性。

13.6.2　以 Pluronic F127 为模板制备的高分子介孔材料

采用 Pluronic F127 为模板，通过 EISA 方法可以合成具有 $Im\bar{3}m$ 对称的高分子介孔材料。其衍射花样示于图 13.33 中。从图可见，在 $q=0.47\text{nm}^{-1}$、0.64nm^{-1}、0.80nm^{-1} 处有三个明显的衍射峰，在 $q=0.88\text{nm}^{-1}$、1.04nm^{-1}、

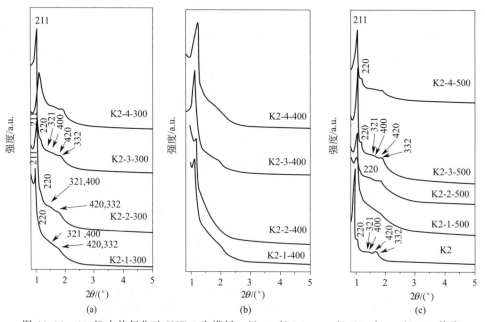

图 13.31   130℃水热氧化硅 KIT-6 为模板，经 300℃（a）、400℃（b）和 500℃（c）热聚
得到的高分子介孔材料的 XRD 花样

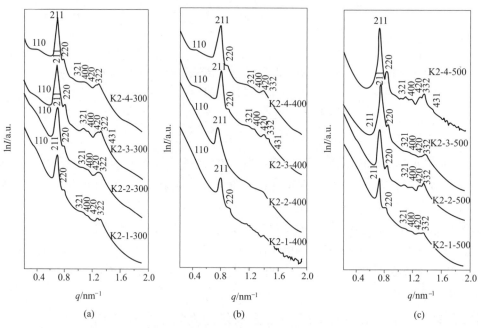

图 13.32   130℃水热氧化硅 KIT-6 为模板，经 300℃（a）、400℃（b）、500℃（c）热
聚得到的高分子介孔材料的 SAXS 花样

1.12nm^{-1}、1.22 nm^{-1} 处有四个衍射峰。这 7 个峰的 q 值比为 $1:\sqrt{2}:\sqrt{3}:\sqrt{4}:$

$\sqrt{5}:\sqrt{6}:\sqrt{7}$，故可确认为体心立方（$\mathrm{Im}\overline{3}m\mathrm{Im}\overline{3}m$）的 110、200、211、220、310、222、321 衍射峰。不同温下氮气氛处理使各衍射峰向大角度方向移动，使晶胞参数发生变化：

	未处理	350℃	600℃	1200℃	1400℃
a/nm	19.0	16.1	13.9	12.7	12.6

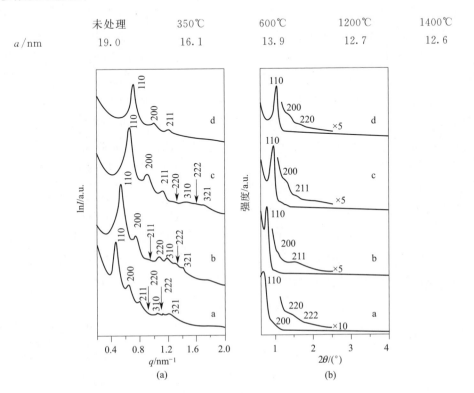

图 13.33 采用 Pluronic F127 为模板，通过 EISA 方法合成的高分子介孔材料的其衍射花样
刚制备的 FDU-16(a)，氮气氛下 350℃(b)、600℃(c) 和 1200℃(d) 焙烧

13.7 介孔材料的分形结构 SAXS 研究[14]

分形分为表面分形、质量分形和孔分形三种。表面分形是指致密物体具有不规则自相似性的表面，其表面积服从标度定律；质量分形是指体系质量 M 或密度 ρ 分布的不规则性；孔分形是指致密物体内存在具有自相似性结构的空隙。

在使用三狭缝系统准直时，SAXS 强度分布为

$$I(q)=I_0 q^{-(\alpha-1)} \text{ 或 } \ln I(q)=\ln I_0-(\alpha-1)\ln q$$

式中，$q=2\pi\sin\theta/\lambda$，α 是与分形维度有关的参数，介于 $0\sim4$ 之间。当 $3<\alpha<4$ 时，表明表面分形存在，维度 $D_s=6-\alpha$（但 $\neq3$），即在 $2\sim3$ 之间，2 为平面，3 近似实体，D_s 越大则表面越不光滑，不平整；当 $0<\alpha<3$ 时，则表明质量分形或孔分形的存在，$D_m=\alpha$，$D_p=\alpha$，介于 $1\sim3$ 之间，1 为线，3 为实体，D_m、D_p 越大，则质量或孔的分布不规律。如果 $\ln I(q)$-$\ln q$ 曲线中有线性（直线）范围存在，

则表明分形存在。从斜率可判断分形是否为表面分形、质量分形或孔分形，求出 D_s、D_m、D_p，但难以区分质量分形和孔分形，这是因为根据 Babinet 光学交互作用的原理，某物体的散射图形和互补物体的散射图形相同，因此很难区分空间中粒子散射和连续介质中孔的散射，而孔分形与质量分形相比较，两者的本体和孔道正好互补，只能结合其他依据才能判断出是质量分形还是孔分形。

李志宏、孔雁军、吴东[14] 按表 13.6 所列条件合成介孔氧化硅，利用北京同步辐射装置（BSRF）4B9A 光束线进行 SAXS 测量，其一 SAXS 花样示于图 13.34，其维度已标于图上，8 个样品的分析结果列入表 13.7 中。可见，G1 和 G7 对 Porod 定律无偏离，证明它们属于理想的两相体系，即它们由电子密度均一的氧化硅骨架和孔隙组成的介孔材料，有机官能化后（G2～G6），有机基团连在硅基骨架上，增加了孔道的活性，使表面粗糙，所以表面分形维度高。将有机基团高温焙烧分解去除后（G5 和 G7）的孔道光滑，表面维度降低。从表面分形维度 D_s 也可以初步判定介孔氧化硅中有机界面层的存在与否，如 D_s 接近 2，则表明有机基团已基本不存在。就 G1～G7 中不同尺度空隙具有统计意义上的自相似性，孔尺度越小，空隙率越大，孔越发达，孔分形越高。各样品的空隙率大约 57%～65%，且氧化硅的体相是连续的，因此低角度区的 $\ln I(k)$-$\ln k$ 的线性部分应归属于孔分形，而不是质量分形。

表 13.6　介孔氧化硅合成条件

| 样品 | 前　驱　体 | | | 有机组分 | 焙烧温度/℃ |
	TEOS 的摩尔分数	MTES 的摩尔分数	PTES 的摩尔分数		
G1	100%	0	0		
G2	95%	5%	0	甲基	
G3	90%	10%	0	甲基	
G4	80%	20%	10%	甲基	
G5	80%	20%	0	苯基	
G6	80%	10%	20	甲基+苯基	
G7	80%	20%	0	苯基	600

注：TEOS—正硅酸乙酯；MTES—正硅酸乙酯与有机硅氧烷；PTES—苯基三乙氧硅烷。

表 13.7　介孔氧化硅（模板剂已去除）的 SAXS 的分析结果

| 样品 | Porod 偏离 | 平均孔径/nm | $\ln I(k)$-$\ln k$ 的斜率 | | 分行维度 | |
			高角	低角	D_s	D_p
G1	无偏离	4.27	−2.96	−0.76	2.04	1.76
G2	负偏离	3.62	−2.22	−1.34	2.67	2.34
G3	负偏离	3.66	−2.28	−1.46	2.72	2.46
G4	负偏离	3.57	−2.20	−1.67	2.80	2.67
G5	负偏离	3.71	−2.31	−0.87	2.69	1.87
G6	负偏离	4.45	−2.35	−0.38	2.65	1.38
G7	无偏离	4.63	−3.00	−0.39	2.00	1.69

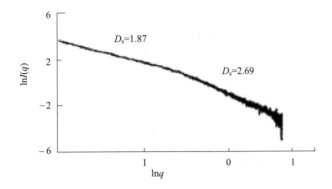

图 13.34 苯基官能化介孔氧化硅
(G5) 的 $\ln I(q)$-$\ln q$ 曲线 ($\lambda = 1.54$Å)

参 考 文 献

[1] Kresge C T, Leonowicz M E, Rofh WJ, et al. Nature, 1992, 359: 710-712.

[2] 严东生. 院士论坛, 1998, 20 (6): 9-12.

[3] 徐如人, 庞文琴, 于吉红等. 分子筛与多孔材料化学. 北京: 科学出版社, 2004.

[4] 孔爱国. 新颖功能介孔金属氧化物的制备及其性能研究 [博士论文]. 上海: 华东师范大学, 2008.

[5] 储彬. 新型有序介孔材料的合成与表征 [博士论文]. 长春: 吉林大学, 2007.

[6] 孟岩. 有序的有机高分子介孔材料的合成和结构 [博士论文]. 上海: 复旦大学, 2006.

[7] 陈德宏. 介孔材料结构和孔道可控合成及其在电化学和生物分离中的应用 [博士论文]. 上海: 复旦大学, 2006.

[8] 赵岚. 介孔材料的合成及高分辨电子显微镜表征 [博士论文]. 长春: 吉林大学, 2005.

[9] 周琴. 以嵌段共聚物 P123 为软模板制备纳米和介孔材料及电化学性质研究 [博士论文]. 上海: 复旦大学, 2005.

[10] Fuertes A B. Micropoporous and Mesoporous Mater, 2004, 67: 273-281.

[11] Freddy Kleitz, Shin Hei Choi and Ryong Ryoo. Chem Commun, 2003, (17): 2136-2137.

[12] Che Shunai, Alfonso E Garcia-Bennett, Liu Xiaoying, et al. Chem Int Ed, 2003, 42: 390-393.

[13] Shibata H, Mihara H, Mukai T, et al. Cem Mater, 2006, 36 (11): 2256-2260.

[14] 李志宏, 孔雁军, 吴东. 核技术, 2004, 22 (1): 14-16.